全国高等学校（安徽考区）计算机水平考试配套教材

计算机应用能力体系培养系列教材

工程应用型院校计算机系列教材

安徽省高等学校“十三五”省级规划教材

总主编◎胡学钢　　主　编◎胡学钢

计算机应用基础

（Windows 10+MS Office 2016）

主　编◎郑尚志

副主编◎丁亚涛　王永国　杨振亚　宁肖丽　潘光翠　陈　滨

编　者◎（按姓氏笔画排序）

丁亚涛　王永国　宁肖丽　孙　玉

杜海峰　杜博诚　杨振亚　陈　滨

郑尚志　徐艳霞　黄　焱　潘光翠

JISUANJI YINGYONG JICHU

(WINDOWS 10+MS OFFICE 2016)

北京师范大学出版集团

BEIJING NORMAL UNIVERSITY PUBLISHING GROUP

安徽大学出版社

图书在版编目(CIP)数据

计算机应用基础 ：Windows 10＋MS Office 2016 / 郑尚志主编. -- 合肥 ：安徽大学出版社，2024. 8(2025. 7 重印). (计算机应用能力体系培养系列教材).
ISBN 978-7-5664-2822-6

Ⅰ. TP316. 7；TP317. 1

中国国家版本馆 CIP 数据核字第 2024KP4788 号

计算机应用基础：Windows 10＋MS Office 2016 **郑尚志 主编**

出版发行： 北京师范大学出版集团
安 徽 大 学 出 版 社
(安徽省合肥市肥西路 3 号 邮编 230039)
www. bnupg. com
www. ahupress. com. cn

印　　刷： 安徽利民印务有限公司
经　　销： 全国新华书店
开　　本： 787 mm×1092 mm　1/16
印　　张： 24. 75
字　　数： 528 千字
版　　次： 2024 年 8 月第 1 版
印　　次： 2025 年 7 月第 3 次印刷
定　　价： 68. 00 元
ISBN 978-7-5664-2822-6

策划编辑： 刘中飞　宋　夏
责任编辑： 宋　夏
责任校对： 陈玉婷
装帧设计： 李　军
美术编辑： 李　军
责任印制： 赵明炎

编写说明

近年来，随着计算机与信息技术的飞速发展，社会及用人单位对高等学校学生的计算机应用能力要求不断提高。为此，各高等学校高度重视计算机基础教学的质量，也高度重视学生参加全国高等学校(安徽考区)计算机水平考试。安徽省教育厅及安徽省教育招生考试院大力推进安徽省计算机基础教学改革与计算机水平考试改革，于 2023 年 11 月对 2019 年版《全国高等学校(安徽考区)计算机水平考试教学(考试)大纲》进行了修订，颁布《全国高校(安徽考区)计算机水平考试一级计算机应用基础及 MS Office(111)考试纲要》，并于 2024 年开始正式实施。

为配合《全国高等学校(安徽考区)计算机水平考试教学(考试)大纲》的实施，促进安徽省高等学校计算机基础教学与考试的改革，2014 年，安徽省高等学校计算机教育研究会召开专题研讨会，成立安徽省计算机基础教学课程组。课程组由一批长期从事高等学校计算机基础教学的专家组成，以推进安徽省计算机基础教学的改革与发展。2019 年 3 月，安徽省高等学校计算机教育研究会召开课程组专门会议，研究安徽省计算机基础教学改革，同时决定出版与《全国高等学校(安徽考区)计算机水平考试教学(考试)大纲》配套的教材，成立新版教材编写委员会。本系列教材由安徽省高等学校计算机教育研究会理事长胡学钢教授担任总主编，由安徽省高等学校计算机教育研究会课程建设专委会副主任、全国高等学校(安徽考区)计算机水平考试专家组组长郑尚志教授担任总主审，拟于 2024 年开始陆续出版相应课程的新教材。

本系列教材的编写主要是根据目前安徽省高等学校计算机基础教学的现状，本着出新品、出精品、高质量的原则，着力提高安徽省计算机基础教学的质量，为安徽省计算机基础教学水平的提高作出贡献。

丛书编委会
2024 年 8 月

编委会名单

前　言

“计算机应用基础”是高等学校开设最为普遍、受益面最广的一门计算机基础课程。学生通过本课程的学习，能够深入了解计算机基础知识，熟练掌握计算机的基本操作，了解网络等计算机应用方面的知识和相关技术，具有良好的信息收集、处理和呈现能力。本课程也为学生后续学习公共课程和专业课程奠定坚实的计算机技能基础。

本书主要内容包括计算机基础知识、新技术、Windows 10 操作系统、文字处理软件 Word 2016、电子表格处理软件 Excel 2016、演示文稿处理软件 PowerPoint 2016、计算机网络基础和考试指导等。本书内容结构紧凑、操作性和针对性强，非常适合高等学校学生学习计算机应用基础、信息技术基础，以及参加全国高等学校(安徽考区)计算机水平考试一级“计算机应用基础及 MS Office”使用。

本书主要特点如下。

1. 针对性强。本书由安徽省计算机基础教学“计算机应用基础”课程组编写。课程组成员都是有多年从事计算机应用基础课程教学经验的专家，内容紧紧围绕 2023 年 11 月颁布的《全国高校(安徽考区)计算机水平考试一级计算机应用基础及 MS Office(111)考试纲要》编写，针对性强。

2. 内容最新。本书纳入了最新信息技术，如物联网、大数据、云计算、区块链、人工智能、虚拟现实和移动互联网等。

3. 内容全面。本书不仅有丰富的理论知识和客观习题，部分章节还配有操作题，便于教师教学和学生自学，同时配有最新的全国高等学校(安徽考区)计算机水平考试的考试指导相关内容。

4.新理念。本书根据计算机教学改革新理念、新思想及计算机基础教学“案例式教学”等新要求，力图在教学内容和教学方法上寻求新突破，以达到培养学生操作能力、思维能力和创新能力的目标。

本书由郑尚志教授担任主编，由丁亚涛、王永国、杨振亚、宁肖丽、潘光翠、陈滨担任副主编，由孙玉、杜海峰、杜博诚、徐艳霞、黄焱等参与编写，并由胡学钢教授主审。

由于编者水平有限，书中不足之处恳请读者指正。

安徽省计算机基础教学“计算机应用基础”课程组

2024年8月

请扫码下载素材!

目录

第1部分 知识讲解

第2部分 考试指导

第1部分

知识讲解

单元1 计算机基础

【引言】

计算机是20世纪最伟大的发明之一，计算机及其应用已经渗透到社会生活的各个领域，计算机技术的飞速发展彻底改变了人们传统的工作、学习和生活方式。计算机作为信息处理的重要工具，是培养具有计算思维和科研能力的必修基础课程，也是21世纪每个人都应该掌握的技术。

项目1.1 认识计算机

1.1.1 项目要求

(1)了解计算机基础知识。

(2)掌握计算机系统的组成和工作原理。

1.1.2 项目任务

通过图文掌握计算机基础知识。

1.1.3 项目实现

任务1 计算机概述

计算机是一种能按照事先存储的程序，自动、高速、精确地进行大量数值计算和信息处理的现代化电子设备。

1946年2月，世界上第一台电子计算机在美国宾夕法尼亚大学诞生，名为“电子数字积分计算机(Electronic Numerical Integrator And Calculator，ENIAC)”。它是宾夕法尼亚大学莫克利教授和他的学生埃克特博士为军事目的而研制的，如图1-1所示。

图1-1 ENIAC

ENIAC以电子管为基本部件，占地167 m^2，重30余吨，每秒可做5000次加减法或400次乘法运算，相当于手工计算的20倍，主要应用领域为数值计算。至今人们公认，“ENIAC”的问世表明了电子计算机时代的到来，具有划时代意义。

在计算机发展过程中，有两位杰出的科学家：英国科学家艾兰·图灵和美籍匈牙利科学家冯·诺依曼。图灵的贡献是建立了图灵机的理论模型，发展了可计算性理论，奠定了人工智能的基础。冯·诺依曼提出了在电子计算机中存储程序的概念，确立了现代电子计算机硬件的基本结构，即计算机由运算器、控制器、存储器、输入装置和输出装置五大部件组成，这种结构一直沿用至今。因此，现代计算机也被称为“冯·诺依曼型计算机”。

1. 计算机的发展阶段

自第一台计算机诞生以来，计算机获得了突飞猛进的发展，根据计算机制造过程中采用的电子元器件，将计算机的发展划分为电子管计算机、晶体管计算机、中小规模集成电路计算机、大规模和超大规模集成电路计算机四个时代，每个时代在技术上都有一次新的突破，在性能上都有一次质的飞跃。

(1)第一代计算机——电子管计算机(1946～1957年)。

第一代计算机采用电子管作为计算机的逻辑元件，主存储器采用汞延迟线、磁鼓、磁心，外存储器采用磁带，软件使用机器语言或汇编语言编写，应用以科学计算为主。其特点是体积庞大、运算速度慢、可靠性差、价格昂贵、耗电量大且维修困难。

(2)第二代计算机——晶体管计算机(1958～1964年)。

第二代计算机其逻辑元件采用晶体管，主要存储器采用磁芯，外存储器采用磁带或磁盘，运算速度约为每秒几十万次，内存容量扩大到几十KB。与此同时，计算机软件也有了较大发展，出现了FORTRAN、COBOL、ALGOL等高级编程语言，提出了操作系统概念。计算机除了用于科学计算外，还逐渐被工商企业用于商务处理。相对于第一代计算机而言，第二代计算机的特点是体积减小、重量减轻、耗电量减少、运算速度加快、可靠性增强。

(3)第三代计算机——中小规模集成电路计算机(1965～1970 年)。

第三代计算机其逻辑元件采用中小规模集成电路，主要存储器采用半导体，外存储器采用磁盘。第三代计算机的运算速度约为每秒几十万次到几百万次。其特点是体积更小，耗电量和价格进一步下降，运算速度进一步加快，可靠性进一步增强。在这一时期，计算机开始被广泛应用在社会的各个领域。

(4)第四代计算机——大规模和超大规模集成电路计算机(1971 年至今)。

第四代计算机采用大规模和超大规模集成电路作为主要功能部件，其特点是体积、重量、耗电量、价格等比上一代计算机进一步下降，运算速度和可靠性等大幅度提高，并不断地向大存储容量、高速度方面发展。

1971 年，微型计算机开始出现，微型计算机具有体积小、重量轻、功能强、可靠性高、结构灵活、使用环境要求低、价格低廉等一系列特点和优点，在 20 世纪 80 年代得到迅速发展，目前已渗透到我们工作生活的各个方面。

各代计算机的主要特征如表 1-1 所示。

表 1-1　各代计算机的主要特征

年代 特点	第一代 1946～1957	第二代 1958～1964	第三代 1965～1970	第四代 1971 至今
电子器件	电子管	晶体管	中小规模集成电路	大规模和超大规模集成电路
存储器	磁芯、磁鼓、磁带、纸带	磁芯、磁鼓、磁带、磁盘	半导体存储器、磁盘、磁带	半导体、磁盘、光盘、U 盘
处理方式	机器语言、汇编语言	监控程序、高级语言	实时处理、操作系统	实时/分时处理、网络操作系统
运算速度	5 千次/秒～3 万次/秒	几十万次/秒～百万次/秒	百万次/秒～几百万次/秒	千万次/秒～千万亿次/秒
典型设备	ENIAC、EDVAC、IBM701	UNIVACⅡ、IBM7090	IBM360、PDP11	ILLIAC-Ⅳ、VX11、IBM PC
应用领域	科学计算、军事领域	科学计算、数据处理、过程控制	科学计算、数据处理、系统与工程设计	各行各业

随着计算机技术的飞速发展，科学家们正在研究第五代计算机，它是一种非冯·诺依曼型计算机，完全采用新的工作原理和体系结构，如量子计算机、神经网络计算机等等。

2. 我国计算机的发展

1958 年 8 月，我国第一台通用数字电子计算机“103 机(即 DJS-1 型)”诞生，拉开了我国计算机发展的序幕。1965年生产的我国第一台大型晶体管计算机(109乙机),在我国两弹试验中发挥了重要作用,被誉为“功勋机”。1971年,研制成功第一台集成电路计算机TQ-16,速度达到每秒1000万次。1977年,第一批小型机DJS-050系列研制成功。1983年,中国人民解放军国防科技大学研制成功银河-Ⅰ亿次巨型计算机,这是我国高速计算机研制的一个重要里程碑。中国人民解放军国防科技大学在1992年又研制成功银河-Ⅱ通用并行巨型机,其峰值速度达每秒4亿次浮点运算(相当于每秒10亿次基本运算操作)。1994年,银河-Ⅱ在中国气象局投入运行,用于天气中期预报。1997年,银河-Ⅲ百亿次并行巨型计算机和1999年银河四代巨型机相继研制成功。2000年,我国自行研制成功高性能计算机“神威Ⅰ”,其主要技术指标和性能达到国际先进水平。至此,我国成为继美国、日本之后,世界上第三个具备研制高性能计算机能力的国家。2008年,我国百万亿次超级计算机“曙光5000”问世,使中国成为继美国之后第二个能制造和应用百万亿次商用高性能计算机的国家。2009年10月,中国生产的第一台千万亿次超级计算机“天河一号”在湖南长沙问世(如图1-2所示),这是目前世界上最快的计算机。

图1-2 天河一号

2001年,中国科学院计算所研制成功我国第一款高性能通用CPU——“龙芯”。超级计算机“天河一号”使用的就是中国自主研发的CPU——“龙芯”,这充分展示了中国的科技力量。

1985年,中国第一台IBMPC兼容微机——长城0520CH研制成功,其后长城、联想、方正等公司纷纷推出国产微机,1998年,中国微机销量达408万台,国产占有率高达71.9%。2002年,曙光公司推出具有完全自主知识产权的“龙腾”服务器。

在软件方面,银河-Ⅰ巨型计算机的操作系统YHOS是中国研制成功的第一个巨型机操作系统,第一套中文通用操作系统CCDOS于1983年问世;我国自主研发的第一套服务器操作系统,名为“麒麟”;1989年,第一套中文文字处理系统WPS推向市场。中文排版系统、财会系统等行业应用软件和游戏软件进入市场。受国外大公司的冲击,我国在系统软件方面仍然落后于发达国家。

3. 计算机的特点

计算机是一种可以进行自动控制、具有记忆功能的现代化计算和信息处理工具。它具有以下特点。

(1)运算速度快。

运算速度是标志计算机性能的重要指标。衡量计算机的处理速度一般使用计算机每秒所能执行加减运算的次数。我国的“天河一号”为千万亿次超级计算机。

(2)计算精度高。

计算机内部采用二进制,数的精度主要是由表示数的二进制位数来决定的。计算机的字长越长,其数值计算越精确。对圆周率的计算,数学家经过长期努力只算到小数点后500位,而计算机很快即可算到小数点后200万位。

(3)具有逻辑判断能力。

计算机除了能进行算术运算外,还能进行逻辑运算和逻辑判断,并根据判断的结果自动选择后面应执行的操作,从而解决各种各样的问题。在1997年举行的人机国际象棋大战中,名为“深蓝”的超级计算机击败了国际象棋世界冠军。

(4)工作自动化。

计算机的内部操作是根据人们事先编制好的程序自动执行的。一旦向计算机发出运行命令,计算机就能在程序控制下,按事先规定的操作步骤一步一步地执行,直到完成任务,整个过程都是在程序控制下自动进行的。

(5)存储容量大。

计算机的存储设备可以把原始数据、中间结果、计算结果、程序等数据存储起来以备使用,存储数据的多少取决于存储设备的容量。目前的计算机不仅提供了大容量的内存储器来存储计算机运行时的数据,同时还提供了各种外部存储设备,如硬盘光盘等,以长期保存和备份数据。目前标准配置的微型机内存容量已达4G,有的达到8G,硬盘容量已达1TB。

常用的存储计量单位有:位(bit,b)、字节(Byte,B)。

1B=8b

1KB=1024B

1GB=1024MB

1TB=1024GB

另外,计算机还具有可靠性强、通用性强的特点。

4. 计算机的分类

计算机种类很多,分类方法也很多,主要从计算机处理数据的方式、作用范围和处理信息的综合性能等几个方面来分类。

(1)按计算机处理数据的方式分类,计算机可分为数字计算机、模拟计算机和数模混合计算机。

(2)按计算机的使用范围分类,计算机可分为通用计算机和专用计算机。

通用计算机是指为解决各种问题而设计的具有较强通用性的计算机。这种计算机适用于一般的科学计算、学术研究、工程设计和数据处理等。

专用计算机是指针对某种特殊应用而设计的,具有运行效率高、速度快、精度高等特点。专用计算机一般用于过程控制,如智能仪表、飞机和导弹的自动控制等。

(3)按计算机的规模和综合性能分类,计算机可分为巨型机、大型机、小型机、工作站、微机等。

①巨型计算机。巨型计算机现在又称为高性能计算机。高性能计算机的运算速度在每秒一万亿次以上,数据存储容量很大,结构复杂,价格昂贵。其数量虽然不多,但却有重要和特殊的用途。在军事上,巨型计算机可用于战略防御系统、大型预警系统、航天测控系统等;在民用方面,其可用于大区域中长期天气预报、大面积物探信息处理、大型科学计算和模拟等。近年来,我国高性能计算机的研发也取得了很大成绩,“天河”“银河”“曙光”等代表国内最高水平的巨型机系统相继推出,并在国民经济的关键领域得到了应用。

②大型机。大型机在国外被称为“主机”,大型机采用多处理、并行处理等技术,运行速度仅次于巨型机,大型机具有很强的数据管理和处理能力,一般在大企业、银行、高校和科研院所等单位使用。

③小型机。小型机的机器规模小、结构简单、设计试制周期短,便于及时采用先进工艺技术,软件开发成本低,易于操作维护,广泛应用于工业自动控制、大型分析仪器、测量设备、企业管理、大学和科研机构。

④微型机。微型机又称为个人计算机(Personal Computer,PC),主要分为两类:台式微型机和便携式微型机(如笔记本)。微型机近年来发展迅猛,更新换代快,广泛应用于办公自动化、数据库管理、图像识别、语音识别、专家系统、多媒体技术等领域。

⑤工作站。工作站是一种介于微型机和小型机之间的高档微机系统,是主要用于处理某类特殊事务的独立的计算机类型。工作站通常配备高分辨率的大屏幕显示器和大容量的内、外存储器,具有较强的数据和图形处理能力。

5. 计算机的现代应用

目前,计算机的应用非常广泛,已渗透到社会的各个领域,无论是科研、生产、学习,还是人们的日常生活,都涉及计算机。归纳起来,计算机的应用主要体现在以下几个方面。

(1)数值计算。

数值计算是计算机的一个传统应用领域,也是应用最早、最重要的一个应用领域。发明计算机的最初目的就是解决工程研究与设计中所涉及的各种复杂的数学问题的计算。目前计算机已被广泛应用于航空航天、造船、建筑等方面。

(2)数据/信息处理。

数据/信息处理也称非数值计算,是指计算机对外部设备送来的各种复杂的数据信息进行采集、加工、分类、存储、传送、检索等综合性的处理工作。它包括办公自动化(Office Automation,OA)系统和管理信息系统(Management Information System,MIS),如生产管理、财务管理、档案管理、情报检索、飞机票订票系统等,已深入社会生活各个方面,它是计算机,特别是微机的主要应用领域。

(3)过程控制。

过程控制是指利用计算机对生产过程、制造过程或运行过程等进行监测与控制,典型的有:生产过程控制、交通自动管理、火警自动警报系统、导弹控制系统等。

(4)计算机辅助系统。

计算机辅助系统包括辅助设计、辅助制造、辅助教育、辅助测试、计算机模拟等。

计算机辅助设计 CAD(Computer Aided Design):是利用计算机帮助各类设计人员进行设计的技术,它可以取代传统的图纸设计,使设计速度加快,使精度和质量大大提高,在建筑工程、机械部件、家电产品和服装设计等领域应用非常广泛。

计算机辅助制造 CAM(Computer Aided Manufacturing):是利用计算机进行生产设备管理、控制和操作的技术,它能提高产品质量、降低成本、缩短生产周期,对经济的发展起着重要的作用。例如,在超大规模集成电路的设计和生产过程中,要经过设计制图、照相排版、光刻、扩散、内部连接等复杂工序,采用人工技术难以进行,计算机辅助制造技术则可方便完成。

计算机辅助教育 CAE(Computer Aided Education):包括计算机辅助教学 CAI,计算机管理教学 CMI。其中 CAI 是通过人机交互方式帮助学生自学,代替教师提供丰富的教学资料,进行各种问答式教学,使教学内容生动形象、图文并茂。随着多媒体技术和网络技术的发展与应用,远程教学和网上学习越来越普及,为学习者提供了更多、更便利的学习方式。

计算机辅助测试 CAT(Computer Aided Test):利用计算机处理大量数据,完成各种复杂的测试工作。

计算机模拟 CS(Computer Simulation):利用计算机模拟进行工程、产品、决策的试验,模拟军事演习及训练。

(5)数据通信与网络。

计算机通过网络互联可以实现计算机之间的硬件、软件资源共享,促进国际通信与各种数据的传输和处理。随着互联网的发展,计算机通信的应用已达到前所未有的境界。其中电子商务是指在 Internet 上进行的商务交易,它涉及企业和个人的各种形式的基于数字化信息处理和传输的商业活动。

(6)人工智能应用。

人工智能AI(Artificial Intelligence)是计算机科学的一个分支,主要目的是利用计算机来模拟人的智能,在一定程度上具有“思维”能力。人工智能的应用主要包括:模式识别、专家系统、机器人、智能检索等。

(7)多媒体应用。

多媒体技术是指通过计算机对文字、数据、图形、图像、动画、声音等多种媒体信息进行综合处理和管理,使用户可以通过多种感官与计算机进行实时信息交互的技术,又称为计算机多媒体技术;具有多样性、交互性、集成性、数字化、实时性等特点。多媒体技术的发展拓宽了计算机的应用领域,使计算机得以广泛地应用于教育、广告宣传、文化娱乐、家庭等方面。

网络技术的发展更使得计算机的应用产生了许多新理念,引起了人类社会从经济基础到上层建筑、从生产方式到生活方式的深刻变革。

6. 计算机未来的发展趋势

从目前来看,计算机未来主要向巨型化、微型化、网络化、智能化和多媒体化等五个方向发展。

(1)巨型化。巨型机并不是指它体积大,而是指它具有高速度、大容量、功能强的计算机系统,在军事、天文、气象及航天等尖端科学领域,以及在探索新兴科学技术时发挥巨大的作用。

(2)微型化。微型机以它的体积小、功能全、价格低、可靠性高等特点,渗透到社会各个领域。

(3)网络化。计算机网络是计算机技术与通信技术相结合的产物,它将分布在不同地点的多台计算机通过通信线路相互连接起来,以达到资源共享的目的。计算机技术的发展已离不开网络技术的支持。

(4)智能化。智能化要求计算机具有人的智能,能进行逻辑推理和完成判断、决策任务,并且有一定的学习能力。

(5)多媒体化。多媒体技术是将计算机系统与图形、图像、声音、视频等多种信息媒体结合于一体进行处理的技术。多媒体计算机将真正改善人机界面,可使计算机向人类接受和处理信息的最自然的方式发展。多媒体时代的来临,为人们提供了一个多姿多彩的视听世界。

7. 计算机领域的新热点

计算机领域的新热点不断涌现,以下是一些当前和未来的主要新热点。

(1)人工智能(AI)与机器学习:随着计算能力的提升和大数据的普及,AI和机器学习已经成为计算机领域的重要热点。这些技术被广泛应用于图像识别、自然语言处理、自动驾驶、智能推荐等领域,并持续推动各个行业的智能化升级。

(2)区块链技术:区块链技术以其去中心化、不可篡改、透明公开等特性,在金融、供应链管理、版权保护等领域展现出巨大的应用潜力。此外,区块链技术还可以与物联网、人工智能等技术结合,实现更广泛的应用场景。

(3)云计算与边缘计算:云计算提供了强大的计算和存储能力,使得企业可以更加灵活地部署和管理 IT 资源。而边缘计算则将计算任务部署在靠近数据源的网络边缘,以提高响应速度和降低网络带宽需求。这两种计算模式正在推动 IT 行业的变革,为企业提供更多样化的服务。

(4)物联网:物联网技术通过将各种设备连接到互联网,实现数据的实时采集、传输和分析。它为智能家居、智慧城市、工业自动化等领域带来了革命性的变化。随着 5G 技术的普及和应用,物联网技术将迎来更广阔的发展空间。

(5)网络安全与隐私保护:随着互联网的普及和数字化程度的提高,网络安全和隐私保护问题日益突出。如何保护用户的隐私和数据安全,防止网络攻击和恶意软件的侵害,已经成为计算机领域的重要研究方向。

(6)量子计算:量子计算是一种基于量子力学原理的新型计算模式,具有比传统计算更强大的计算能力和更高效的算法。虽然目前量子计算还处于研究和实验阶段,但其潜在的应用前景已经引起了广泛关注。

计算机领域的新热点不断涌现,这些新技术和新应用将推动计算机行业的持续发展和创新。

任务 2 计算机系统的组成和工作原理

1. 计算机系统的组成

计算机系统包括硬件和软件两个部分,如图 1-3 所示。硬件泛指实际的物理设备。软件,是指为解决问题而编制的程序及其文档。在计算机系统中,硬件是物质基础,软件是指挥枢纽,是灵魂。计算机是依靠硬件和软件的协同工作来执行任务的。

2. 计算机的工作原理

计算机的工作原理,即"存储程序"原理,由冯·诺依曼提出。该原理确立了现代计算机的基本组成和工作方式。

计算机通过一系列指令完成复杂任务。指令用二进制代码表示,使计算机完成某一基本操作的命令。一台计算机所能执行的全部指令称为计算机的指令系统。

指令包括地址码和操作码两部分。地址码指出要操作的数据在存储器中的存放地址，以及操作结果要存放的地址。操作码指出机器要执行的操作。

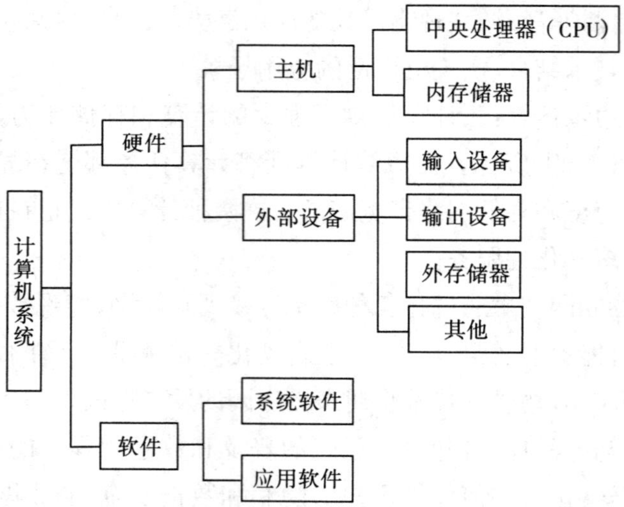

图1-3 计算机系统

程序由一系列指令组成，是为解决某一具体问题而设计的一系列排列有序的指令的集合。设计及书写程序的过程称为程序设计。

计算机的工作过程就是执行程序的过程。将设计好的程序通过输入设备送到存储器保存起来，即"程序存储"。了解计算机执行程序的过程即可明白计算机的工作原理。计算机执行一条指令的全过程如下。

(1)取出指令：从内存储器取出当前要执行的指令，并将指令送往控制器的指令寄存器和指令译码器中。

(2)分析指令：对指令译码分析，即根据指令中的操作码确定计算机要进行的操作。

(3)执行指令：控制器按指令分析结果，发出控制信号，控制部件完成该指令的操作，同时为取出下一条指令做准备。

由此可见，计算机的工作过程就是取指令、分析指令和执行指令的过程。计算机的工作就是执行程序，即自动连续地执行一系列指令。一台计算机的指令是有限的，但可供用户通过指令编制出不同的程序，计算机可以完成的任务是无限的。程序开发人员的工作就是编制程序，使计算机不断地工作。

程序是由机器指令按一定顺序组合而成的，实现自动运行需要把程序存储起来，计算机根据程序中的指令自动完成任务，该原理称为存储程序原理。

计算机的基本结构如图 1-4 所示。

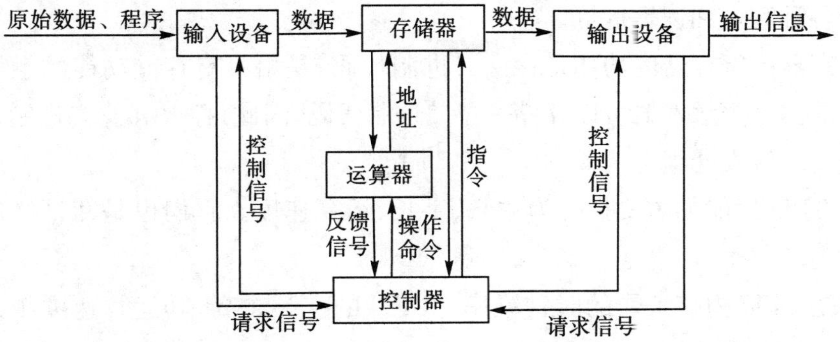

图 1-4 计算机的基本结构

计算机一切工作都由控制器控制，而控制器能够控制计算机工作的主要依据是存放于存储器中的程序。

3. 微型计算机的硬件

微型计算机的硬件如图 1-5 所示，主要包括控制器、运算器、存储器、输入设备和输出设备等，各部件之间采用总线连接，并与外界实现数据传送。

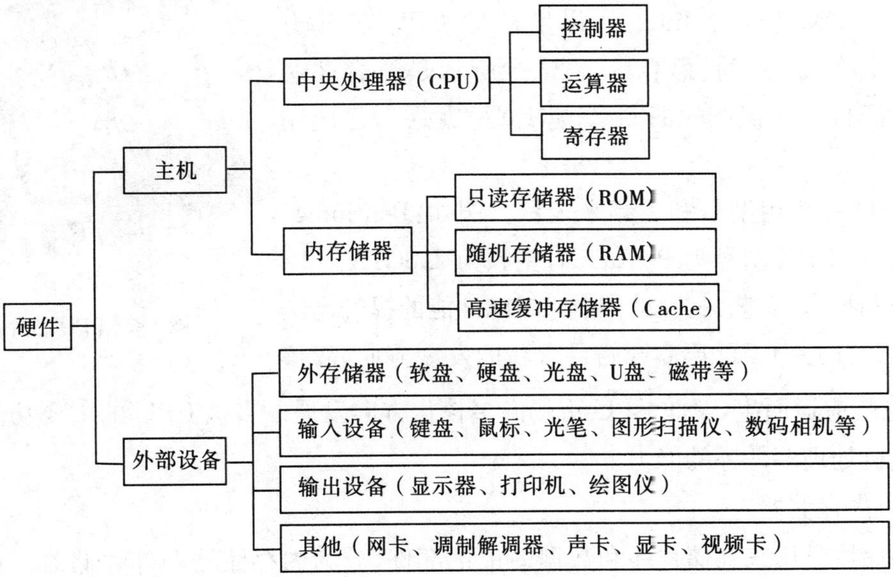

图 1-5 微型计算机的硬件系统

(1)中央处理器(CPU)。

中央处理器(Central Processing Unit，CPU)是计算机硬件系统的核心部件，由控制器、运算器和寄存器组成。

①控制器。控制器是计算机的“大脑”，是神经中枢和指挥中心，它根据程序指令的要求，向其他各部件发出控制信息，控制各部件协调一致地工作。

②运算器。运算器是计算机运算的中心，是对信息进行加工、处理的部件，主要用来进行各种算术和逻辑运算。

③寄存器。寄存器的功能是存储二进制代码，是由具有存储功能的触发器组合起来构成的。一个触发器可以存储一位二进制代码，因此，存放 n 位二进制代码的寄存器需用 n 个触发器组合构成。

衡量 CPU 性能的主要指标为主频、字长、运算速度。它们也是衡量微机性能的重要指标。

主频是 CPU 内核工作的时钟频率。CPU 的主频越高，其运算速度越快。其单位为赫兹(Hz)。如 $1GHz=1000MHz=10^6kHz=10^9Hz$。

字长是指 CPU 一次可以并行处理的二进制位数。字长决定其信息宽度，字长越长，数据处理能力越强，计算的精度越高。目前 CPU 已发展到 64 位，即计算机一次可传送 64 位二进制数。

运算速度是指 CPU 每秒执行的指令条数，单位用每秒执行的百万条指令数表示(MIPS)。

目前市场上最大的 CPU 芯片生产商是 Intel 公司，其次是 ADM 公司。Intel 公司生产的 CPU 芯片有 Pentium(奔腾)系列、酷睿等，图 1-6 所示是酷睿-2 芯片。我国自主知识产权的 CPU 芯片是“龙芯”，已应用于国产机。

图 1-6 CPU 芯片

CPU 一般用型号和主频来表示。例如：Pentium4/2.8G 表示 CPU 型号为 Pentium4，主频为 2.8GHz。

受到技术、工艺、材料的限制，CPU 性能的提升已经遭遇瓶颈，因此 CPU 厂商开始寻求新的发展方向，双核 CPU 电脑应运而生，至此 CPU 市场向多核化方向发展。多核 CPU 的主要功能是提升计算机处理多任务的能力。

(2)内存储器。

存储器是用来存储程序和数据的记忆部件，分为内存储器和外存储器。在计算机中直接与 CPU 交换信息的存储器称为内存储器，简称内存。内存主要用于存放正在运行的程序和数据(包括原始数据、中间数据、最后结果)。内存又可分为随机存储器(RAM)和只读存储器(ROM)。

随机存储器(RAM)其内存的存储信息是可以改变的，它允许随机地按任意指定的地址存取信息，一旦系统断电，RAM 中的信息将全部丢失。随机存储器俗称“内存条”，如图 1-7 所示。内存条插在主板上。通常所说的内存容量一般是指随机存储器容量，它是计算机执行程序和处理信息时存放指令和数据的地方，内存存取速度很快，但制造成本较高，因此容量不是很大。

只读存储器（ROM）是只能够读出信息而不允许随意写入信息的存储器，通常 ROM 中的内容是生产厂商在制造芯片时就写入的，它不会因系统断电而丢失信息，计算机的基本输入输出系统（BIOS）、初始化引导程序、开机自检程序等均在出厂前被固化在 ROM 中，无论有无电源，信息都不会丢失。

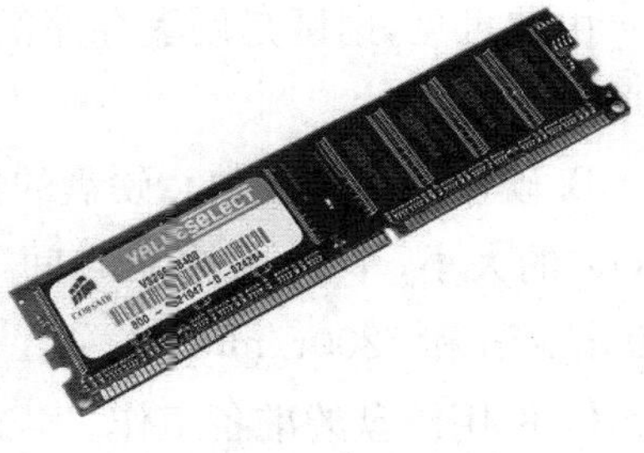

图 1-7 内存条

高速缓冲存储器（Cache）位于 CPU 上，是为了解决高速 CPU 与低速内存之间的矛盾而采取的技术措施，它的容量比内存小但信息传输速度更快。

内存主要有以下技术指标。

①容量。容量这一指标直接制约系统的整体性能。近年来，内存发展很快，其单位为字节（B）。

②存取时间。存储器完成一次读/写操作所需的时间称为存储器存取时间，内存储器的存取时间决定了内存的速度。

③奇偶校验位。内存条的奇偶校验位可以用于保证数据的正确读写，对于常见的机型，有无奇偶校验位一般均可正常工作。

④接口类型。内存的接口类型一般包括 SIMM（Single Inline Memory Module，单边直线内存模块）接口和 DIMM（Dual Inline Memory Module，双列直插式内存模块）接口。

（3）外存储器。

外存储器即外存，也称辅存，是内存的延伸。外存是计算机的外部设备，主要功能是记录各种信息、保存系统软件和用户程序及数据，外存是可以重复使用的。外存储器有磁盘、光盘和移动存储器等。必须将外存储器中保存的程序和数据调入内存才能由 CPU 处理。

①硬盘。

A. 硬盘的结构。传统硬盘一般是在铝合金圆盘上铺上磁性材料，其特点是把磁头、盘片和驱动器密封在一起固定在主机箱内，如图 1-8 所示。硬盘上每个存储面划分为若干个磁道，每个磁道划分为若干个扇区。硬盘通常有多张盘片组成，也有多个磁头，每个存储面的同一道形成一个柱面。硬盘容量的计算方法为：

图 1-8 硬盘及硬盘驱动器

磁头数×柱面数×扇区数×每个扇区的字节数（通常为 512B）

由此可见,扇区是硬盘存储信息的最小单位,由扇区组成的“簇”是文件存储的最小单位。

B. 硬盘的性能参数。硬盘的性能参数除了存储容量外,还有电机的转速和内置 Cache 的大小,平均无故障时间等。目前硬盘的容量以 TB 为单位,电机转速有 5400r/min 和 7200r/min。

C. 使用硬盘的准备工作。若想要新硬盘能够正常使用,须经过三个处理过程:硬盘的低级格式化、硬盘分区和硬盘的高级格式化。

硬盘的低级格式化:即硬盘的初始化。其主要目的是对一个新硬盘划分磁道和扇区,并在每个扇区的地址域上记录地址信息。初始化工作一般由厂家在硬盘出厂前完成。

硬盘分区:硬盘分区是将硬盘划分成若干个相对独立的逻辑存储区,目的是建立系统使用的硬盘区域,并将主引导程序和分区信息表写到硬盘的第一个扇区上。只有分区后的硬盘才能被系统识别,经过分区的硬盘具有自己的标识名,即盘符,如 C:。

硬盘的高级格式化:使用前必须对硬盘每个分区进行高级格式化,格式化后磁盘才能使用。高级格式化的作用有两个:一是装入操作系统,使硬盘兼具系统盘作用;二是对指定的硬盘分区初始化,建立文件分配表以便系统按指定的格式存储文件。

需要注意,格式化操作会清除硬盘上的所有信息,应慎重操作。另外,低级格式化最易磨损硬盘。硬盘是非常精密的机械,最怕震动,在使用过程中尽量避免搬动。

硬盘优点:容量大、体积小、读写速度快、价格低。

②光存储器。光存储器简称光盘,光盘有存储容量大、稳定、可长期保存等优点,但是读写速度慢。光盘的大小为 13cm,有 CD 和 DVD 两种格式,是多媒体计算机的关键部件之一,如图 1-9 所示。

图 1-9 光盘和光盘驱动器

光盘主要分成三大类:

A. 只读型光盘(CD-ROM、DVD-ROM);

B. 一次性可写入光盘(CD-R、DVD-R);

C. 可反复擦写光盘(CD-RW、DVD-RW)。

硬盘、光盘、软盘等磁盘都需要驱动器。光盘驱动器简称光驱,光驱的速度是指光驱的数据传输速率。最初 CD 光驱的速度为 150KB/s,后来 CD 光驱的速度就以这个速度为计量单位，称为单倍速，其后发展为 2 倍速、4 倍速……现在光驱的速度在 48 倍速以上。DVD 最初光驱速率为 1350KB/s，目前达到十几倍速。

目前常用的 CD-ROM 的单面标准容量为 650MB。DVD 的容量有 4.7GB、7.5GB和 17GB 等多种，比 CD-ROM 容量大 8～25 倍，速度也快，具有良好的应用前景。

③移动存储器。移动存储器有移动硬盘、U 盘(有的称为闪存盘、优盘)等，是一种可以直接插在通用串行总线 USB 端口上进行读写的外存储器，具有容量大、体积小、携带方便、保存信息可靠等优点，目前已被人们普遍使用。

(4)输入设备。

输入设备是用于将信息输入计算机的装置，输入设备有键盘、鼠标、扫描仪、视频摄像头、数码相机和数码摄像机等，键盘和鼠标是必须具备的部件。

①键盘。键盘是计算机的基本输入设备，专门向主机发送信息。键盘的按键数随键盘型号不同而有所不同。图 1-10 是 104 标准键盘，其布局按照不同的功能分为三个区：主键盘区、功能键区、控制键区和小键盘区。

图 1-10 键 盘

②鼠标。

鼠标是一种光标移动和定位的设备，一般分为机械鼠标、光学鼠标和光学机械鼠标三种。按照鼠标按键数目不同，鼠标可分为两键鼠标、三键鼠标和四键鼠标。按照鼠标与计算机连接的方式来分，鼠标又可分为有线和无线两类。无线鼠标以红外线遥控，其遥控距离不能太长，通常在两米以内。目前用户主要使用有线鼠标，它通过一根细电缆线与计算机相连。

③扫描仪。

扫描仪是用来将文字、照片等进行数字化的设备，可以将图片、文字等转化成在电脑上可以使用的文件形式。扫描仪可以分为台式扫描仪和手持式扫描仪两种，如图1-11 所示。

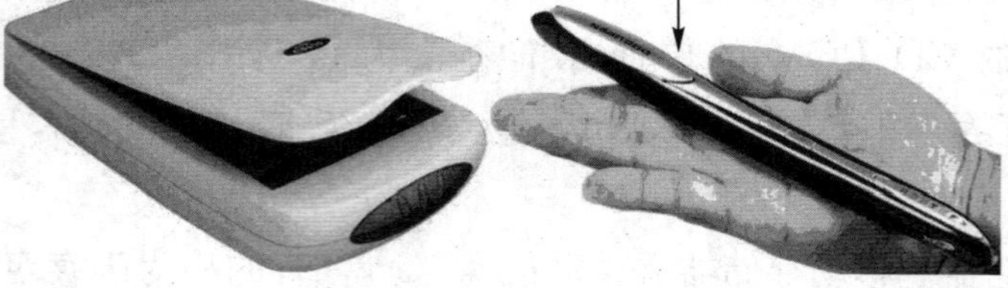

图1-11 扫描仪

(5)输出设备。

输出设备有显示器、打印机、绘图仪、语音设备、调制解调器和数模转换器等。显示器是必须具备的部件。

①显示器。

显示系统由显示器、显示适配器(又称显示卡)和相应的驱动软件组成。显示器是PC机最基本的输出设备。常用显示器有CRT显示器、LCD液晶显示器、PDP等离子显示器,目前市场主流是LCD液晶显示器。

显示器主要参数有尺寸、像素(Pixel)、支持的最大分辨率、显示器的点距等。一般而言,像素值越大越好,点距越小越好,分辨率越高,清晰程度越高。

显示分辨率是指显示器水平方向和垂直方向显示的像素(光点)数的乘积(即横向点数×纵向点数),数目越大,分辨率就越高。通常使用的分辨率有1024×768或1280×1024。一般而言,显示器的清晰程度主要取决于分辨率。

显示适配器简称“显卡”,是主机与显示器之间的连接桥梁,能将主机输出的数字信息转换成字符、图形、颜色等信息传送到显示器上。显卡分为独立和集成两种。若显卡与主板是独立的,则称显卡为独立显卡。若显卡与主板是集成在一起的,则称显卡为集成显卡。

显示器的显示效果与所选用的显卡有关,显卡存储容量越大,显示质量越好。

显卡主要有:彩色图像显示卡(CGA)、增强型图形显示卡(EGA)和视频图形显示卡(VGA)等。目前流行的是增强型VGA显示卡,如SVGA、TVGA。

②打印机。

打印机是重要的输出设备,通过电缆线连接在主机箱上的并行接口或USB口上,分为击打式打印机和非击打式打印机两大类。前者有针式打印机,后者有激光打印机、喷墨打印机、热敏打印机及静电打印机。每类打印机又分为单色(黑色)和彩色两种。目前最流行的是激光打印机,它具有打印速度快、质量好、噪声低、分辨率高等优点,缺点是价格较高、耗材贵,如图1-12所示。

图1-12 激光打印机

(6)主机板。

主机板(Main Board)又名主板、母板、系统板等,是微机中最大最重要的一块集成电路板,起传输信息固定支架作用。主板上不仅集成了基本 I/O 接口、中断控制器以及连接系统各部件的各种总线,还提供了包括 CPU 模块、内存模块、显示模块等在内的插槽来接插 CPU、内存、显示卡等部件。主机板上有一些插槽,可以插入其他扩展卡,用以扩大计算机的能力,提高计算机的性能和效率。如图 1-13 所示是常见的主板。

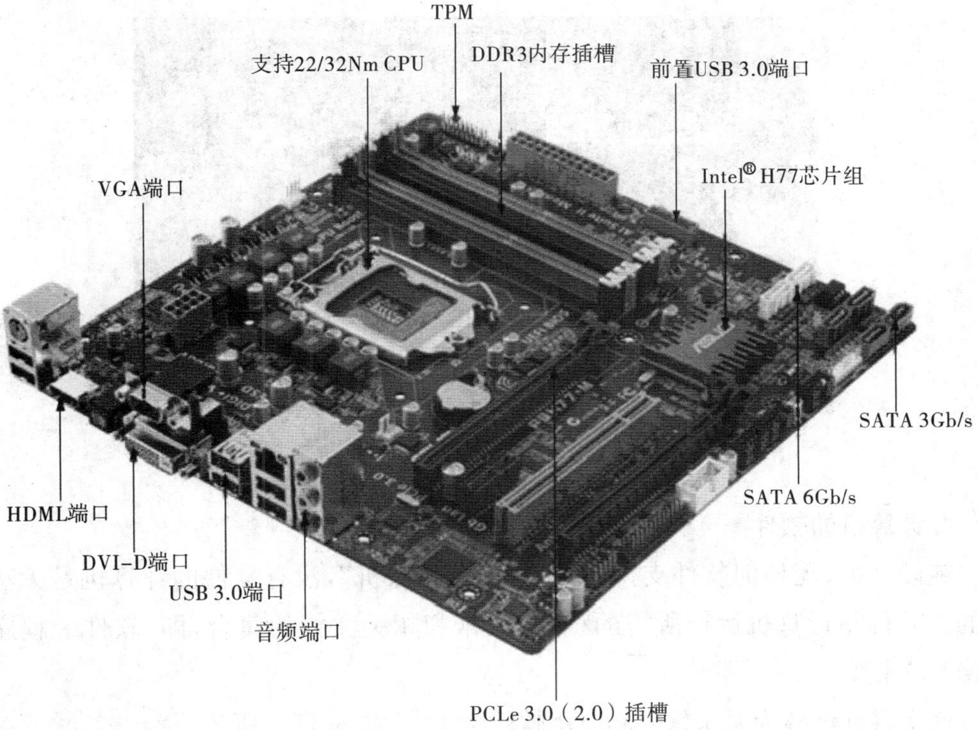

图 1-13　主　板

(7)系统总线。

在 PC 机中,总线(Bus)是硬件之间交换信息的通道,有三种类型:数据总线(Data Bus)、地址总线(Address Bus)、控制总线(Control Bus)。数据总线是 CPU 与内存储器、I/O 接口之间相互传送数据的通道;地址总线是 CPU 向内存储器和 I/O 接口传递地址信息的通道,它的宽度决定了 PC 机的直接寻址能力;控制总线是 CPU 与内存储器和 I/O 接口之间相互传递控制信号的通道。

(8)接口。

接口是主机与外部设备之间信息交换的部件,起"桥梁"作用。现在的 PC 机通常把常用的一些接口电路都集成在主机板上。图 1-14 所示为主机箱后的接口主要有以下几个。

①串行通信接口(COM1,COM2):将信息一位一位地按次序传送,常用来连接鼠标、绘图仪、调制解调器等。

②并行接口(LPT1,LPT2):传送信息时一次同时传送若干位,常用于连接打印机。

③硬盘控制器接口:用于连接硬盘驱动器。

④通用串行总线接口(USB):主要用作计算机与外设之间的连接。支持热插拔,支持即插即用。目前,许多外设都使用USB标准接口。

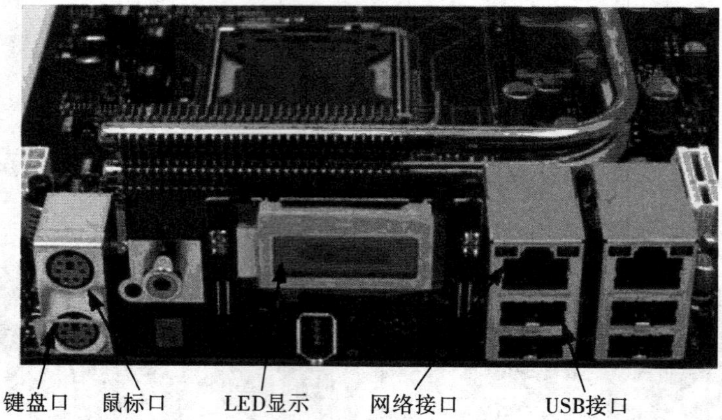

图1-14 接 口

4. 计算机的软件

纯硬件的、无任何软件支持的计算机称为"裸机",没有软件的计算机是无法工作的。软件是计算机运行所需的程序、数据和相关文档的集合,即:软件＝程序＋数据＋文档。

通常将软件分为系统软件和应用软件两大类,如图1-15所示。

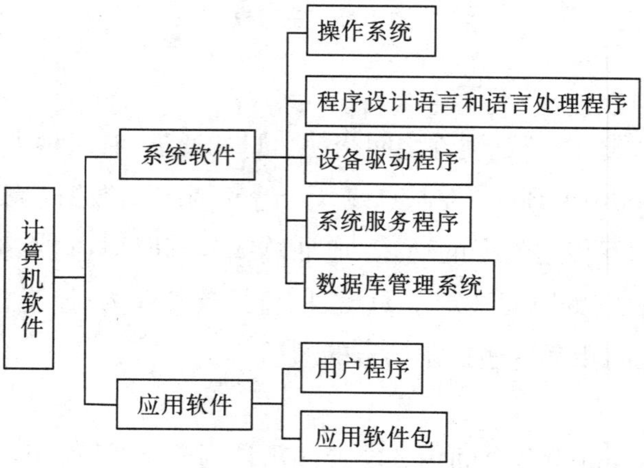

图1-15 计算机软件

（1）系统软件。

系统软件是指管理、监控和维护计算机资源（包括硬件和软件）的软件。系统软件内容较杂，主要有操作系统、语言处理系统、设备驱动程序、系统服务程序、数据库管理系统等。

①操作系统。

操作系统（Operating System）负责管理计算机的硬件和软件资源，是位于底层的系统软件，其他系统软件和应用软件都是在操作系统上运行的。它是用户使用计算机的界面，如图 1-16 所示。

可以说，操作系统是软件中最基本、最重要的系统软件。

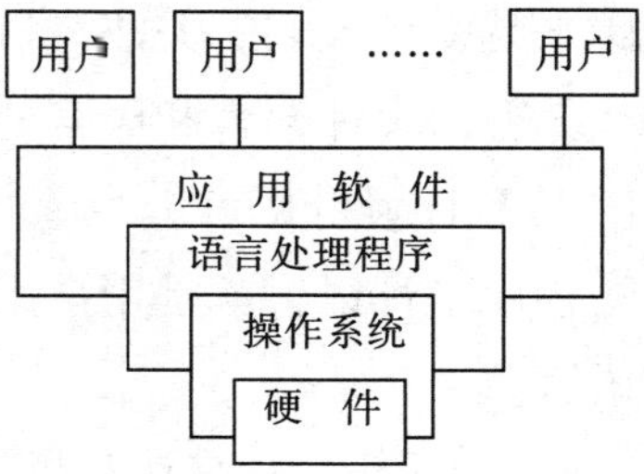

图 1-16　计算机系统的层次结构

A. 操作系统的功能。

从管理的角度看，操作系统有五大管理功能。

a. CPU 管理功能：CPU 的工作速度比其他硬件快得多，而且任何程序只有占用 CPU 才能运行。CPU 管理系统就是负责管理计算机的处理器，为用户合理分配 CPU 的时间，以提高 CPU 的使用效率，从而提高整个计算机系统的效率。

b. 存储管理功能：存储管理系统是对存储“空间”的管理，主要指内存储器管理，负责内存的分配与回收、内存的共享与扩充，以及信息的保护等。当前的操作系统利用“虚拟内存”技术（将硬盘的某区域作为临时内存），把内、外存结合起来，扩大了内存的寻址空间，达到“扩充”内存的目的。

c. 文件管理功能：文件系统由文件、管理文件的软件、相应的数据结构及有关的文档组成。文件管理系统负责管理文件、实现用户信息的存储、共享和保护，为文件的“按名存取”提供技术支持，合理地分配和使用外存空间。文件管理是对计算机系统的软件资源进行管理。

d. 外设管理功能：外设管理系统负责管理各种外部设备，实现外部设备的分配和回收，并控制外部设备的启动与运行。外设管理是对计算机系统的硬件资源进行管理。

e. 作业管理功能：作业管理功能包括任务管理、界面管理、人机交互、图形界面语音控制和虚拟现实等。一个作业从进入计算机系统到执行结束要经过几个不同的状态，在某个时间段，计算机可能有多个作业，此时作业管理系统负责实现作业的调度并控制作业的执行。

B. 常见的操作系统。

常见的操作系统有以下几类。

a. Windows 操作系统：它是微软开发的基于窗口图形界面操作系统，也是多任务操作系统,也是目前世界上使用最广泛的操作系统。

b. Linux 操作系统:一种自由和开放源码的类 Unix 操作系统,可安装在各种计算机硬件设备上。

c. 移动操作系统:随着移动通信技术的飞速发展以及手机的智能化,移动操作系统越来越受到人们的关注。目前最流行的有 iOS、Android、Windows Phone 等。

②程序设计语言和语言处理程序。

A. 程序设计语言。

程序设计语言就是用户用来编写程序的语言,一般分为机器语言、汇编语言和高级语言。

a. 机器语言:它是计算机唯一能直接识别和执行的语言,机器语言使用二进制形式的指令代码,由操作码和操作数组成。其优点是:面向机器、占用内存少、执行速度快;缺点是:通用性差、编写难度大。

b. 汇编语言:它是采用一定的助记符号表示的语言,即用助记符代替了二进制代码,每条汇编语言的指令通常对应一条机器语言的代码。其优点是:比机器语言易学、易记、易修改;缺点是:不具备通用性和可移植性。汇编语言不能直接被机器识别,需要通过汇编程序翻译成机器语言才能被执行。

c. 高级语言:它接近自然语言,易被人们接受和掌握。高级语言种类很多,主要可分为结构化程序设计语言(面向过程)和面向对象的程序设计语言。结构化程序设计语言有 BASIC、Pascal、C 语言等;面向对象的程序设计语言有 Java、C＋＋、VB 等。程序设计的核心是数据结构和算法。高级语言的优点是:通用性强、面向问题、便于阅读、易于查错;缺点是:不能直接执行,需要编译或解释。

B. 语言处理程序。

语言处理程序负责将汇编语言和高级语言转换为计算机能够识别的机器语言。语言处理程序分为汇编程序、编译程序、解释程序。汇编程序和编译程序是将汇编语言、高级语言编写的程序(源程序)翻译成机器语言程序(目标程序),再执行程序,如图1-17所示。解释程序是将高级语言编写的程序(源程序)边解释边执行,不生成目标程序。

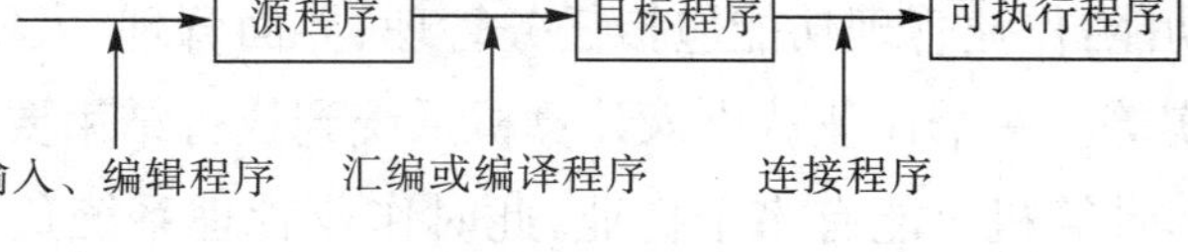

图 1-17 可执行程序的生成过程

③数据库系统。

数据库系统是以一定组织方式存储起来且具有相关性的数据集合。数据库模型有:关系型、网状型、层次型。数据库管理系统是对数据库中的资源进行统一管理和控制的软件，是数据库系统的核心，是进行数据处理的有力工具。目前，被广泛应用的数据库管理系统有 FoxPro、SQL Server 等。

(2)应用软件。

应用软件是为解决计算机各类应用问题而开发的软件系统，实用性强。它是在系统软件支持下开发的，又分为用户程序和应用软件包。

①用户程序：为解决用户特定问题而开发的计算机软件。例如，计算机辅助设计软件、财务软件、情报检索程序等。

②应用软件包：为实现某种特殊功能而开发的计算机软件系统。如 Office 2010 是微软公司推出的一套办公自动化集成软件，其中包括：用于文稿编辑的 Word 2010、用于表格处理的 Excel 2010、用于制作演示文稿的 PowerPoint 2010、用于关系数据库管理的 Access 2010，以及用于邮件、会议或约会管理的 Outlook 2010 五个常用组件。

项目 1.2 计算机数制与编码

1.2.1 项目要求

(1)掌握计算机中常用的数制知识。

(2)掌握计算机中的数据与编码知识。

1.2.2 项目任务

(1)学习计算机中常用的数制。

(2)学习不同进制数之间的转换。

(3)了解计算机中的数据与信息编码。

1.2.3 项目实现

任务 1 计算机中常用的数制

1. 进位计数制

(1)进位计数制。

数制是指用一组固定的符号和统一的规则来表示数值的方法，通常指进位计数制。进位计数制的种类很多，除了常见的十进制，还有六十进制(如六十秒为一分钟)、十二进制(如十二个月为一年)等。

(2)数码、基数和位权。

进位计数制有数码、基数和位权三个要素。

①数码:数制中表示基本数值大小的数字符号。例如,十进制有10个数符,分别是0、1、2、3、4、5、6、7、8、9;二进制有2个数符,分别是0、1。

②基数:数制所使用数码的个数。例如,二进制的基数为2,十进制的基数为10。

③位权:是指在某种进位计数制中,每个数位上的数码所代表的数值的大小,等于在这个数位上的数码乘上一个固定的数值,这个固定的数值就是此种进位计数制中该数位上的位权。数码所处的位置不同,代表数的大小也不同。例如,十进制的$123=1\times100+2\times10+3$,其中1的位权是100,2的位权是10,3的位权是1。

(3)进位计数制规则。

一切进位计数制都有两个规则:按基数进位、借位;用位权来计数。所谓进位、借位是指在执行加减法时遵循“逢R进一,借一当R”(R表示某一进制)。R进制的最大数码是$R-1$,每个数码只能用一个字符来表示。

(4)进位计数制数字书写。

进位计数制数字的几种常见的写法如下。

①数字用括号括起来再加下标进制的基数,例如$(123)_{10}$、$(3F4)_{16}$、$(101)_2$。

②将进制的字母符号B(二进制)、D(十进制)、O(八进制)、H(十六进制)放在数字的后面来表示,例如123D,表示十进制的123。

注意: 由于字母O和数字0在外观上非常相似,有时为了避免混淆,也会使用其他符号来表示八进制,如Q等。但在大多数情况下,O仍然是八进制最常用和标准的表示符号。

2. 常用的进位计数制

(1)十进制。

十进制的基数为10,有10个数码:0、1、2、3、4、5、6、7、8、9。逢十进一,借一当十,位权是以10为底的幂次方。

例如,$(2008.2)_{10}=2\times1000+0\times100+0\times10+8\times1+2\times0.1$

$$=2\times10^3+0\times10^2+0\times10^1+8\times10^0+2\times10^{-1}$$

在计算机中,一般用十进制数作为数据的输入和输出。

(2)二进制。

二进制的基数为2,有两个数码:0、1。逢二进一,借一当二,位权是以2为底的幂。

例如,$(11011.101)_2$

$$=1\times2^4+1\times2^3+0\times2^2+1\times2^1+1\times2^0+1\times2^{-1}+0\times2^{-2}+1\times2^{-3}$$

$$=(27.625)_{10}$$

计算机内部使用的都是二进制。

(3)八进制。

八进制的基数为8,有8个数码:0、1、2、3、4、5、6、7。逢八进一,借一当八,位权是以 8 为底的幂次方。

例如，$(123.24)_8 = 1\times8^2 + 2\times8^1 + 3\times8^0 + 2\times8^{-1} + 4\times8^{-2} = (83.3125)_{10}$

(4)十六进制。

十六进制的基数为 16，有 16 个数码：0、1、2、3、4、5、6、7、8、9、A、B、C、D、E、F。逢十六进一，借一当十六，位权是以 16 为底的幂次方。

例如，$(3AB.48)_{16} = 3\times16^2 + 10\times16^1 + 11\times16^0 + 4\times16^{-1} + 8\times16^{-2}$

$= (939.28125)_{10}$

十六进制数是计算机常用的一种计数方法，它可以弥补二进制数书写位数过长的不足。

总结以上四种计数制，可将它们的特点概括如下。

①每一种计数制都有一个固定的基数 R（R 为大于 1 的整数），它的每一个数位可取 $0\sim R-1$ 的数码；

②每一种计数制都有自己的位权，并且遵循"逢 R 进一"的原则。

对于任一种进位计数制数 S，可表示为：

$$(S)_R = S_{n-1}R^{n-1} + S_{n-2}R^{n-2} + \cdots + S_1R^1 + S_0R^0 + S_{-1}R^{-1} + \cdots + S_{-m}R^{-m}$$

其中，S_i 为数位上的数码，其取值范围为 $0\sim R-1$；n 为整数位位序号，m 为小数位位序号。

表 1-2 给出了十进制、二进制、八进制和十六进制四种数制的对照表。

表 1-2 常用数制对照表

十进制	二进制	八进制	十六进制	十进制	二进制	八进制	十六进制
0	0000	0	0	9	1001	11	9
1	0001	1	1	10	1010	12	A
2	0010	2	2	11	1011	13	B
3	0011	3	3	12	1100	14	C
4	0100	4	4	13	1101	15	D
5	0101	5	5	14	1110	16	E
6	0110	6	6	15	1111	17	F
7	0111	7	7	16	10000	20	10
8	1000	10	8				

3. 不同进制数的相互转化

(1)二进制数、八进制数、十六进制数转化为十进制数。

转换原则：按位权展开，相加求和。例如，

$(101001.101)_2 = 1\times2^5 + 1\times2^3 + 1\times2^0 + 1\times2^{-1} + 1\times2^{-3} = (41.625)_{10}$

$(62.1)_8 = 6\times8^1 + 2\times8^0 + 1\times8^{-1} = 48 + 2 + 0.125 = (50.125)_{10}$

$(ABC.D)_{16} = 10\times16^2 + 11\times16 + 12 + 13\times16^{-1} = (2748.8125)_{10}$

(2)十进制数转化为二进制数、八进制数、十六进制数。

转换原则:整数部分:除 R(基数)取余,倒排列;

小数部分:乘 R(基数)取整,顺排列。

例如,将十进制数 212.625 转化为二进制数,计算方式如下。

整数部分:除 2 取余;小数部分:乘 2 取整。

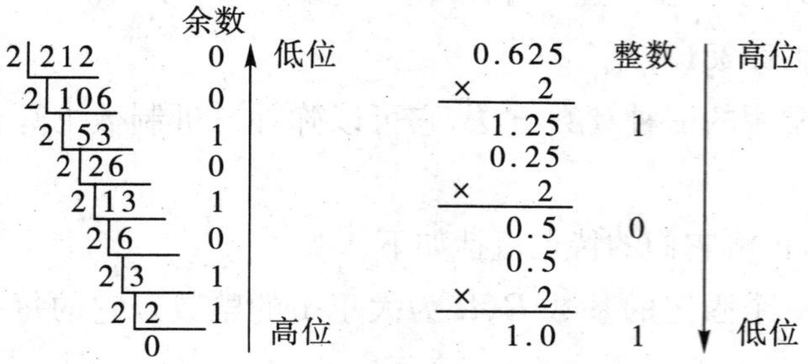

由此可得:$(212.625)_{10}=(11010100.101)_2$。

类似地,将十进制数 165 转化为八进制数,计算方式如下。

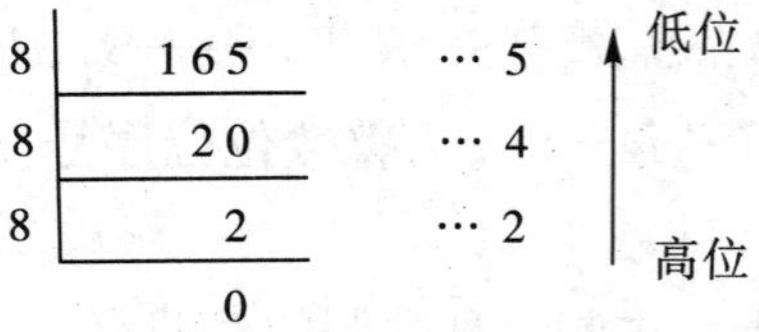

所以,$(165)_{10}=(245)_8$。

将十进制数 586.125 转化为十六进制数,计算方式如下。

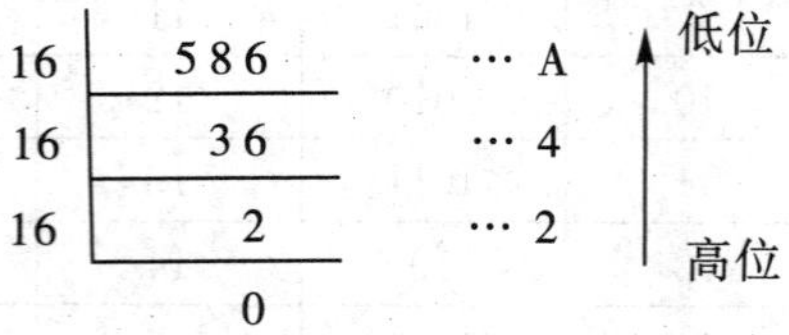

0.125×16=2,取整数 2。

所以,$(586.125)_{10}=(24A.2)_{16}$。

(3)二进制数转换为八进制数、十六进制数。

转换原则:以小数点为中心,分别向左或向右每三位或四位分成一组,不足三位或四位的以“0”补足,每个分组用一位对应的八进制数或十六进制数代替即可。

例如,将二进制数 11101011.1 转化为八进制数,计算方式如下。

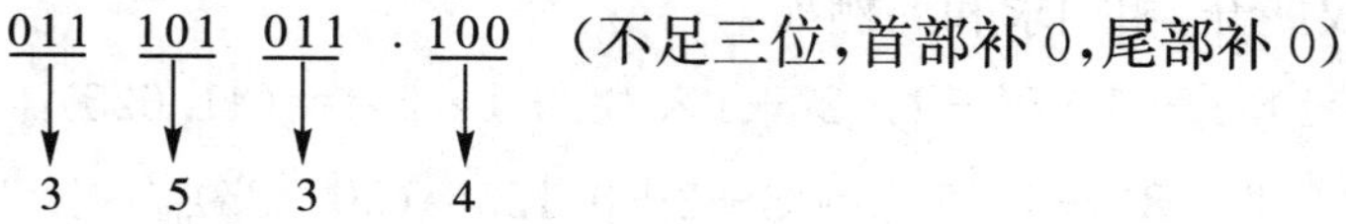

所以,$(11101011.1)_2=(353.4)_8$。

同理，将二进制数 1001101110.1 转化为十六进制数，计算方式如下。

$$
\begin{array}{cccccc}
\underline{0010} & \underline{0110} & \underline{1110} & . & \underline{1000} & \text{（不足四位，首部补 0，尾部补 0）} \\
\downarrow & \downarrow & \downarrow & & \downarrow & \\
2 & 6 & E & & 8 &
\end{array}
$$

所以，$(1001101110.1)_2=(26E.8)_{16}$。

(4)八进制数、十六进制数转换为二进制数。

转换原则：把每位的八进制（或十六进制）数码展开为三位（或四位）二进制数码，最后去掉整数首部的 0 和小数尾部的 0。

例如，将八进制数 472.3 转化为二进制数，计算方式如下。

$$
\begin{array}{cccc}
4 & 7 & 2 & 3 \\
\downarrow & \downarrow & \downarrow & \downarrow \\
100 & 111 & 010 & 011
\end{array}
$$

所以，$(472.3)_8=(100111010.011)_2$。

同理，将十六进制 27C.A 转化为二进制数，计算方式如下。

$$
\begin{array}{ccccc}
2 & 7 & C & A & \\
\downarrow & \downarrow & \downarrow & \downarrow & \\
0010 & 0111 & 1100 & 1010 & \text{（去掉首部两个 0 和尾部一个 0）}
\end{array}
$$

所以，$(27C.A)_{16}=(1001111100.101)_2$。

4. 二进制数的运算

二进制数在计算机中可进行算术运算和逻辑运算。

(1)二进制数的算术运算。

①加法运算法则：0+0=0，0+1=1，1+0=1，1+1=10。

例如，求$(10011.01)_2+(100011.11)_2$。

$$
\begin{array}{r}
10011.01 \\
+)\ 100011.11 \\
\hline
110111.00
\end{array}
$$

所以，$(10011.01)_2+(100011.11)_2=(110111.00)_2$。

②减法运算法则：0−0=0，10−1=1，1−0=1，1−1=0。

例如，求$(10110.01)_2-(1100.10)_2$。

$$
\begin{array}{r}
10110.01 \\
-)\ \ 1100.10 \\
\hline
1001.11
\end{array}
$$

所以，$(10110.01)_2-(1100.10)_2=(1001.11)_2$。

③乘法运算法则：0×0=0，0×1=0，1×0=0，1×1=1。

例如，求$(1101.01)_2\times(110.11)_2$。

```
          1 1 0 1 . 0 1
   ×)       1 1 0 . 1 1
  ---------------------
            1 1 0 1  0 1
          1 1 0 1 0  1
        0 0 0 0 0 0
      1 1 0 1 0 1
    1 1 0 1 0 1
  ---------------------
  1 0 1 1 0 0 1 . 0 1 1 1
```

所以，$(1101.01)_2 \times (110.11)_2 = (1011001.0111)_2$。

④除法运算法则：0÷1=0，1÷1=1。

例如，求$(1101.1)_2 \div (110)_2$。

```
              1 0 . 0 1
  1 1 0 ) 1 1 0 1 . 1 0
          1 1 0
          -------------
                1  1 0
                1  1 0
                -------
                     0
```

所以，$(1101.1)_2 \div (110)_2 = (10.01)_2$。

(2)二进制数的逻辑运算。

①或运算。

运算符：∨。

运算法则：0∨0=0，0∨1=1，1∨0=1，1∨1=1。

只要参与“或”运算的任意一个逻辑变量为 1，“或”运算的结果就为 1；只有参与“或”运算的逻辑变量都为 0 时，结果才为 0。

例如，逻辑运算$(10101010)_2 \vee (01100110)_2$，

```
       1 0 1 0 1 0 1 0
   ∨)  0 1 1 0 0 1 1 0
  --------------------
       1 1 1 0 1 1 1 0
```

所以，$(10101010)_2 \vee (01100110)_2 = (11101110)_2$。

②与运算。

运算符：∧、*、·。

运算法则：0*0=0，0∧1=0，1·0=0，1∧1=1。

只要当参与“与”运算的逻辑变量都为 1 时，“与”运算的结果才为 1；只要其中有一个逻辑变量为 0，其结果就为 0。

例如，逻辑运算$(10101111)_2 \wedge (10011101)_2$。

```
       1 0 1 0 1 1 1 1
   ∧)  1 0 0 1 1 1 0 1
  --------------------
       1 0 0 0 1 1 0 1
```

所以，$(10101111)_2 \wedge (10011101)_2 = (10001101)_2$。

(3)非运算。

运算符:在变量上方加“-”。

运算法则:$\overline{1}=0,\overline{0}=1$。

逻辑非运算是逻辑否定的意思,用二进制进行逻辑运算就是“求反”操作。

例如,求$(10101100)_2$的非运算结果。

$$\overline{1\ 0\ 1\ 0\ 1\ 1\ 0\ 0}=0\ 1\ 0\ 1\ 0\ 0\ 1\ 1$$

所以,$(\overline{10101100})_2=(01010011)_2$。

(4)异或运算。

运算符:⊕。

运算法则:$0\oplus0=0,0\oplus1=1,1\oplus0=1,1\oplus1=0$。

只有参与“异或”运算的两个逻辑变量值不同时,“异或”运算结果才为 1;否则结果为 0。

例如,逻辑运算$(10101010)_2\oplus(00001111)_2$,

$$\begin{array}{r} 1\ 0\ 1\ 0\ 1\ 0\ 1\ 0 \\ \oplus\ 0\ 0\ 0\ 0\ 1\ 1\ 1\ 1 \\ \hline 1\ 0\ 1\ 0\ 0\ 1\ 0\ 1 \end{array}$$

所以,$(10101010)_2\oplus(00001111)_2=(10100101)_2$。

逻辑运算的优先级:非>异或>与>或。

任务 2 计算机中的数据与信息编码

1. 计算机中的数据

(1)数据的概念:数据是可以输入计算机并由计算机处理的对象,包括数字、字符、符号、表格、声音、图形和图像等。数据经过加工并赋予一定的意义后,便成为信息。计算机系统中的每一个操作都是对数据进行某种处理。

(2)数据的表示:无论是数值数据还是非数值数据,在计算机中都是以二进制形式表示的,采用二进制的原因如下。

①电路简单。计算机是由逻辑电路组成的,逻辑电路通常只有两个状态,这两种状态正好可用二进制数 0 和 1 表示。

②可靠性好。数字传输和处理不易出错。

③逻辑性强。计算机工作原理是建立在逻辑运算基础上的,逻辑代数是逻辑运算的理论依据。二进制只有两个代码,可以代表逻辑代数中的“真”和“假”。

④运算简单。二进制运算法则简单且算术运算都可通过逻辑运算来实现。

(3)数据的表示单位。计算机常用的基本数据单位有位、字节、字三种。

①位(bit)。位又称为比特,是计算机中表示信息的最小信息单位,一 bit 表示一位二进制数,它可能是 1,也可能是 0,即表示两种状态。若要表示更多的信息,则须

多位组合起来，每增加一位，所能表示的信息量增加一倍。如 ASCII 码用 7 位二进制组合编码，能表示 $2^7=128$ 个信息。

②字节(Byte)。字节是计算机数据处理的基本单位，即计算机以字节为单位存储和解释信息。1Byte(通常简记为 1B)用 8 位二进制数表示，共能表示 $2^8=256$ 种不同的状态。下面是常用的一些字节单位。

1KB(千字节)$=2^{10}$B=1024B

1MB(兆字节)$=2^{10}$KB$=2^{20}$B

1GB(吉字节)$=2^{10}$MB$=2^{20}$KB$=2^{30}$B

1TB(太字节)$=2^{10}$GB$=2^{20}$MB$=2^{30}$KB$=2^{40}$B

我们常说的 1KB 指 1024B，而不是 1000B。

③字(Word)。计算机在处理数据时，CPU 通过数据总线一次可以并行处理的二进制位数称为字，一个字由若干个字节组成，用于表示数据或信息的长度。一个字的二进制位数称为字长，字长总是 8 的倍数。微机中的字长由 CPU 决定，如 Intel 公司生产的微处理器 486/586/PentiumⅢ三种型号都是 32 位，PentiumⅣ是 64 位，目前 CPU 的字长为 64 位。一般来说字长越长，计算机的性能也就越好。通常运算器是以字节为单位进行运算的，而控制器是以字为单位进行接收和传递数据的。

2. 信息编码

计算机把一些常用的字母、符号、数字和文字等非数值信息用规定的代码表示，这一过程称为计算机信息编码。计算机只有采用统一的编码方案，才能便于进行信息的存储、处理和传送。

计算机常用的字符编码有 ASCII 码和汉字编码两种。

(1)ASCII 码。

ASCII 码(美国标准信息交换码)是国际上通用的西文字符编码，它表示 10 个十进制数码，26 个英文字母(大、小写)和一定数量的专用符号，如＄、%、＋、＝等 128 个字符。每个字符占一个字节，最高位数值为 0，余下的 7 位分别表示不同的字符信息。ASCII 字符编码如表 1-3 所示。

表 1-3 ASCII 字符编码表

$b_6b_5b_4$ / $b_3b_2b_1b_0$	000	001	010	011	100	101	110	111
0000	NUL	DEL	空格	0	@	P	`	p
0001	SOH	DC1	!	1	A	Q	a	q
0010	STX	DC2	"	2	B	R	b	r
0011	ETX	DC3	#	3	C	S	c	s
0100	EOT	DC4	$	4	D	T	d	t

续表

$b_6 b_5 b_4$ / $b_3 b_2 b_1 b_0$	000	001	010	011	100	101	110	111
0101	ENQ	NAK	%	5	E	U	e	u
0110	ACK	SYN	&	6	F	V	f	v
0111	DEL	ETB	'	7	G	W	g	w
1000	BS	CAN	(	8	H	X	h	x
1001	HT	EM	)	9	I	Y	i	y
1010	LF	SUB	*	:	J	Z	j	z
1011	VT	ESC	+	;	K	[	k	{
1100	FF	FS	,	<	L	\	l	|
1101	CR	GS	-	=	M	]	m	}
1110	SO	RS	.	>	N	∧	n	~
1111	SI	US	/	?	O	—	o	DEL

利用表 1-3 可查出字母、数字及不同符号的 ASCII 码，首先确定其所在位置对应的列和行，根据列确定被查字符的高 3 位编码，根据行确定被查字符的低 4 位编码，然后将编码连在一起即为被查字符的 ASCII 码。

例如，字符 A 的 ASCII 码为 1000001，转换为十六进制是 41H，十进制为 65。根据 A 的 ASCII 码，可推测 C 的 ASCII 码为 1000011，转换为十六进制是 43H，十进制为 68。

字符 ASCII 码的大小规律是：a～z>A～Z>0～9>空格>控制符。

例如，按照 ASCII 码从小到大的顺序排列 A、W、a、g、3、0 等字符顺序，结果为：0<3<A<W<a<g。

(2)汉字编码。

汉字为象形字，不可能像英文一样一字一码，汉字编码要复杂得多。由于汉字具有特殊性，因此随着汉字输入、输出、存储和处理的过程不同，所使用的汉字代码也不同，如图 1-18 所示。

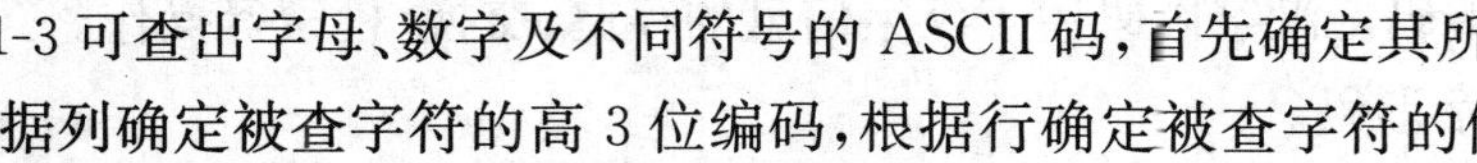

图 1-18　汉字输入流程

A. 汉字输入码。

为了能直接使用西文标准键盘将汉字输入到计算机，就必须为汉字设计相应的输入编码方法。当前采用的方法主要有以下三类。

数字编码：常用的是国标区位码。数字编码输入的优点是无重码，缺点是代码难以记忆。

拼音码：拼音码是以汉字拼音为基础的输入方法。使用简单方便，但汉字同音字太多,输入重码率很高,同音字选择影响输入速度。常见的有智能ABC、搜狗拼音输入法。

字形编码:字形编码是用汉字的形状来进行的编码。优点是:重码少,速度快。缺点是:学习起来困难。常见的有五笔字型输入法。

除了键盘输入法外还有手写笔输入法、语音输入法、扫描识别输入等。

B. 汉字交换码。

中华人民共和国国家标准局1981年发布的《信息交换用汉字编码字符集(基本集)》,代号GB2312-80,是汉字交换码的国家标准,简称国标码。在这个集中,收录汉字6763个,另外还收录了各种符号682个,共计7445个字符。规定一个字符由连续的两个字节组成。

由于GB2312-80是20世纪80年代制定的标准,在实际应用时常常感到不够,因此中华人民共和国国家标准总局于2000年推出GB18030-2000标准。

C. 汉字内码。

在计算机内表示汉字的代码是汉字内码,汉字内码由国标码演化而来,把表示国标码的两个字节的最高位都规定为"1",即为汉字内码,计算机根据字节的高位数字判断中西文编码。汉字内码用于汉字信息的存储、交换、检索等操作。

D. 汉字字形码。

汉字字形码是汉字字库中存储的汉字字形的数字化信息,用于汉字的显示和打印。通常用点阵、矢量函数等方式表示,用点阵表示字形时,汉字字形码一般指确定汉字字形的点阵代码,也称字模码,它是汉字的输出形式,如图1-19所示。根据汉字输出的要求不同,点阵的多少也不同。简易型汉字为16×16点阵,提高型有24×24点阵、48×48点阵等等。点数愈多,输出的汉字愈美观。字模点阵的信息量是很大的,占用的存储空间也很大,以16×16点阵为例,每个汉字占用32(16×16÷8=32)个字节。因此字模点阵只能用来构成"字库",而不能用于机内存储。汉字字模库中存储了每个汉字的点阵代码,当显示输出时才检索字库,输出字模点阵得到字形。

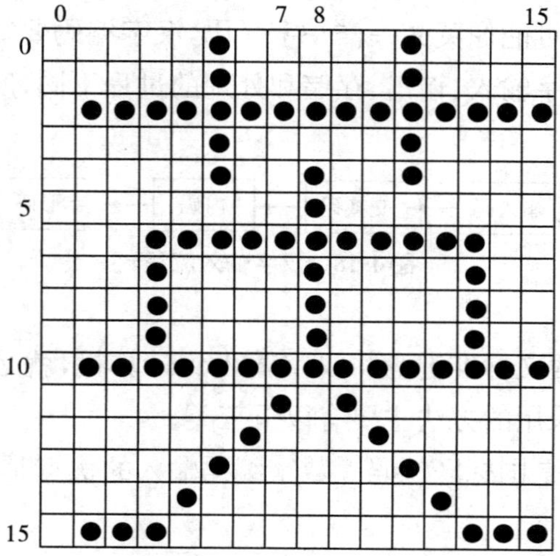

图1-19 汉字的字模点阵

根据汉字库中汉字字形的存储方式不同，可将汉字库分为软字库和硬字库，软字库是存储在软盘或硬盘上的。而硬字库是利用汉卡安装在机器的扩展槽中的。

注意： 汉字的输入码、内码、字形码是计算机中分别用于输入、内部处理、输出的编码，不能混为一谈。

习题 1

一、单项选择题

1. 现在我们常常听说或在报纸电视上看到IT行业各种各样的消息。那么这里所提到的“IT”指的是________。

   A. 信息　B. 信息技术　C. 通信技术　D. 感测技术

2. 邮局利用计算机对信件进行自动分拣的技术是________。

   A. 机器翻译　B. 自然语言理解　C. 过程控制　D. 模式识别

3. 把计算机分巨型机、大中型机、小型机和微型机，本质上是按________划分。

   A. 计算机的体积　B. CPU的集成度

   C. 计算机总体规模和运算速度　D. 计算机的存储容量

4. 计算机中采用二进制，是因为________。

   A. 硬件易于实现　B. 两个状态的系统具有稳定性

   C. 二进制的运算法则简单　D. 上述三个原因

5. 计算机术语中，英文CAT是指________。

   A. 计算机辅助制造　B. 计算机辅助设计

   C. 计算机辅助测试　D. 计算机辅助教学

6. 现在的网上银行系统在计算机应用上属于________。

   A. 过程控制　B. 文件处理　C. 数据处理　D. 人工智能

7. 在微型计算机性能的衡量指标中，________用以衡量计算机的稳定性和质量。

   A. 可用性　B. 兼容性

   C. 平均无障碍工作时间　D. 性能价格比

8. 在微机的性能指标中，内存的容量通常是指________。

   A. RAM的容量　B. ROM的容量

   C. RAM和ROM的容量之和　D. CD-ROM的容量

9. 微型计算机中内存储器所用的材料通常为________。

   A. 光介质　B. 磁介质　C. Flash　D. 半导体

10. 相同容量的计算机的内存储器比外存储器________。

    A. 更便宜　B. 能存储更多的信息

    C. 速度快　D. 体积大

11. 在微机内存储器中，其内容由生产厂家事先写好的，并且一般不能改变的是________。
A. SDRAM B. DRAM C. ROM D. SRAM
12. 关于随机存储器(RAM)功能的叙述，________是正确的。
A. 只能读，不能写 B. 断电后信息不消失
C. 读写速度比硬盘慢 D. 作为内存能直接与CPU交换信息
13. 在计算机中，高速缓冲存储器(Cache)的作用是________。
A. 提高CPU访问内存的速度 B. 提高外存与内存的读写速度
C. 提高CPU内部的读写速度 D. 提高计算机对外设的读写速度
14. 衡量内存的性能有多个技术指标，但不包括________。
A. 容量的大小 B. 存取时间的长短
C. 有无奇偶校验位 D. 转速的快慢
15. 微型计算机中的内存储器是按________进行编址的。
A. 二进制 B. 字节 C. 字 D. 位
16. 下列操作中，对硬盘寿命有影响的是________。
A. 在硬盘上建立目录 B. 对硬盘进行分区
C. 高级格式化 D. 低级格式化
17. 在微型机中，硬盘分区的目的是________。
A. 将一个物理硬盘分为几个逻辑硬盘
B. 将一个逻辑硬盘分为几个物理硬盘
C. 将DOS系统分为几个部分
D. 一个物理硬盘分成几个物理硬盘
18. 下列有关存储器读写速度排列正确的是________。
A. RAM>Cache>硬盘>软盘 B. Cache>RAM>硬盘>软盘
C. Cache>硬盘>RAM>软盘 D. RAM>硬盘>软盘>Cache
19. 下列属于计算机输入设备的是________。
A. 显示器 B. 扫描仪 C. 绘图仪 D. 打印机
20. 在计算机系统层次关系中，应用软件处于________。
A. 系统软件之下 B. 系统软件之上 C. 最底层 D. 不一定
21. 下面两个都属于系统软件的是________。
A. Windows和Excel B. Windows和Word
C. Windows和Linux D. Word和Excel
22. 计算机操作系统协调和管理计算机的软硬件资源，同时还是________之间的接口。
A. 主机和外设 B. 用户和计算机
C. 系统软件和应用软件 D. 高级语言和计算机语言

23. 计算机能直接识别和执行的语言是________。

A. 机器语言　　B. 高级语言　　C. 数据库语言　　D. 汇编程序

24. 某程序段内存在条件P，当P为真时执行A模块，否则执行B模块。该程序片段是结构化程序设计三种基本结构中的________。

A. 连续　　B. 选择　　C. 循环　　D. 顺序

25. 在关系型数据库中，实体集合可看成一张二维表，则二维表中的一行被称为________。

A. 字段　　B. 数据　　C. 记录　　D. 数据视图

26. 评价一个压缩算法的优劣要由多个指标来综合考虑，但不包括________。

A. 算法的通用性　B. 编码解码速度　　C. 压缩质量　　D. 压缩比

27. 将二进制数10000001B转换为十进制数应该是________。

A. 126　　B. 127　　C. 128　　D. 129

28. 十六进制数3FC3H转换为相应的二进制数是________。

A. 11111111000011B　　B. 0111111100001lB

C. 01111111000001B　　D. 11111111000001B

29. 下列不同进制的四个数中，最大的数是________。

A. 1010011B　　B. 557Q　　C. 512D　　D. 1FFH

30. ASCII码就是________。

A. 国际标准信息交换码　　B. 欧洲标准信息交换码

C. 中国国家标准信息交换码　　D. 美国标准信息交换码

二、简答题

1. 计算机有哪些特点？
2. 计算机的分类有哪些？
3. 计算机系统的组成有哪些？请详细论述。
4. 计算机编码常用的进位计数制有哪些？
5. 简述计算机编码的二进制运算的相关概念。

三、操作题

1. 任意列举一个三位的十进制数，并将其转换成二进制数。
2. 将上题二进制数转换成八进制数和十六进制数。

单元2 计算机新技术

【引言】

计算机技术在近年来的发展可谓突飞猛进，其应用已经深入我们生活的方方面面。无论是生活还是工作，无一不被计算机新技术所影响。下面，我们就来了解一下这些计算机新技术。

项目2.1 物联网

2.1.1 项目要求

(1)掌握物联网的概念。

(2)了解物联网的特征。

(3)了解物联网的意义。

2.1.2 项目任务

(1)学习物联网的概念。

(2)学习物联网的特征。

(3)学习物联网的使用领域。

2.1.3 项目实现

任务1 认识物联网

物联网(Internet of Things，IoT)是一个涵盖广泛的概念，它描述的是一种基于互联网，通过信息传感设备，如射频识别、红外感应器、全球定位系统、激光扫描器等装置，按照约定的协议将人、物、机器等各种事物与网络相连接，进行信息交换和通信，实现智能化识别、定位、跟踪、监控以及管理的一种网络概念。

任务 2 了解物联网的特征

物联网的构成元素包括感知层、网络层和应用层。感知层主要负责收集各种物体的信息，然后通过嵌入式系统进行数据处理，形成具有特定格式的消息；网络层则负责通过各种网络协议，将感知层处理过的数据进行传输；应用层则是根据不同行业、不同用户的需求，对数据进行处理和应用，实现对物理世界的智能控制。

物联网，以其无处不在的连接性、实时数据交换以及自动化控制等核心特征，正在引领一场技术革命。它通过将各种设备和系统连接起来，形成了一个庞大的网络，使得信息的获取、处理和传输变得无比便捷。在这个网络中，数据的交换不再受限于时间和空间，可以实时进行，为决策提供了及时、准确的信息支持。此外，物联网还实现了设备的自动化控制，大大提高了效率，降低了成本，为人类带来了更加便捷的生活方式。总的来说，物联网的特点体现了其在技术应用中的广泛性和深远性，预示着未来技术的发展趋势。

任务 3 了解物联网的应用领域及意义

物联网其实已经深入我们生活的每一个方面，尤其在智能家居、工业自动化、智慧城市、智慧医疗和物流行业等领域有着广泛的应用。

物联网的实际意义在于它对生活、工作和经济的全面影响，它是推动社会进步的重要动力。在智能家居领域，物联网技术通过连接各种家居设备，实现设备之间的信息交换和通信，从而使家居生活更加智能化、便捷化。例如，智能冰箱可以自动识别并记录食品的存储状况，智能灯泡可以根据主人的生活习惯自动调节亮度和色温，智能门锁可以实现远程控制等。在工业自动化领域，物联网也发挥了重要作用。通过物联网连接各种设备和机器，工厂可以实时监控设备的运行状态，预防设备故障，提高工作效率。同时，物联网还可以帮助工厂进行精细化生产管理，如实时追踪产品的生产过程，提高产品质量。在智慧城市领域，物联网可以帮助城市管理者更好地管理和运营城市。例如，通过连接交通信号灯和监控摄像头，物联网可以有效地调度交通，减少交通堵塞；通过连接公共设施，物联网可以及时发现和处理公共设施的故障，提高公共服务的质量。在智慧医疗领域，物联网的应用也是不可或缺的。通过将医疗设备连入物联网，医生可以随时获取病人的生命体征信息，及时调整治疗方案，提高治疗效果。此外，物联网还可以帮助医疗机构进行远程医疗，使得医疗资源可以得到更有效的利用。在物流行业，通过对货物的实时追踪和管理，大大提高了运输效率。物联网还促进了经济发展,推动了新产业、新业态的产生,为社会进步作出了重要贡献。

物联网的应用领域广泛而深远,它正在逐步改变我们的生活和工作方式,让我们的世界变得更加美好。物联网作为一种新兴的信息技术,正在以其独特的方式改善我们的日常生活。通过连接各种智能设备,它让我们的生活变得更加便捷,无论是智能家居的舒适性,还是智能交通的便利性,都为我们的生活带来了极大的改善。同时,物联网也在提升工作效率方面发挥着重要作用,物联网技术正在以前所未有的速度发展,其未来的发展趋势充满了无限的可能性。首先,从技术革新的角度来看,物联网将会与人工智能、大数据、云计算等技术深度结合,推动物联网的智能化和自动化程度不断提高。同时,随着5G网络的商用化,物联网的连接能力也将得到极大的提升。然而,随着物联网的发展,安全挑战也日益凸显。如何在保障数据安全的同时,实现设备的高效连接,成为摆在我们面前的一大难题。此外,物联网在应用扩展方面也有着广阔的前景。无论是智能家居、智慧城市,还是工业4.0、智慧医疗,物联网都将扮演重要的角色。总的来说,物联网的未来充满了机遇和挑战,我们期待着它带来的美好未来。

项目2.2 大数据

2.2.1 项目要求

(1)掌握大数据的概念。
(2)了解大数据的特征。
(3)了解大数据的意义。

2.2.2 项目任务

(1)学习大数据的概念。
(2)学习大数据的特征。
(3)学习大数据使用领域。

2.2.3 项目实现

任务1 认识大数据

大数据,这个概念在近年来频繁出现在我们的视野中。它指的是一种庞大的、复杂的数据集合,这些数据量大到无法用传统的数据处理工具进行捕捉、管理和处理。

这种数据规模通常以海量、高速度和多样性为特征。从社交媒体的点滴信息，到全球气候模式的复杂计算，再到每个人的购物习惯和健康记录，这些都是大数据的组成部分。

大数据对我们处理信息的方式产生了深远影响。在大数据的环境下，我们不再依赖于随机样本，而是可以对整体数据进行分析，这无疑会提高我们分析的准确性。同时，大数据还催生了新的技术和方法，如机器学习和人工智能，使得我们从中获取洞见成为可能。然而，大数据也带来了挑战。如何有效存储、处理和保护这些海量的数据，以及如何在尊重隐私的同时利用这些数据，都是我们必须面对的问题。因此，理解和掌握大数据，对于任何一个希望在信息时代立足的个人或组织来说，都是至关重要的。

任务 2 了解大数据的特征

在信息爆炸的当下时代，大数据已经成为科技进步的重要驱动力。它涉及数据的收集、存储和分析等多个领域，并且对经济、科研和社会生活等方面产生了深远的影响。大数据的核心特征主要包括四个方面：数据量大（Volume）、处理速度快（Velocity）、数据类型多样（Variety）和价值密度低（Value）。这些特征决定了大数据的独特性，并对其应用产生了重要影响。

数据量大是大数据的显著特征之一。随着互联网、物联网等技术的发展，我们每天都在产生海量的数据。这些数据包括了社交媒体的互动记录、传感器收集的实时数据、企业运营的商业数据等。大数据的处理和分析需要借助高效的算法和技术手段，以从中提取有价值的信息。大数据的处理速度快也是其重要特征之一。在实时应用场景中，如金融交易、网络安全等，数据处理速度至关重要。高速的数据处理能力可以确保及时获取和应用数据，从而给出准确的决策和响应。大数据类型的多样性也是一个显著特点。大数据不仅包括结构化数据，还包括非结构化数据，如图像、音频、视频等。这要求我们在数据分析过程中采用不同的技术和方法，以充分利用各类数据的价值。大数据往往具有较低的价值密度。这意味着我们需要从海量的数据中筛选出有用的信息，并进行深入挖掘和分析，以发现其中蕴含的有价值信息。大数据的核心特征决定了其在各个领域的重要性和广泛应用。通过合理利用大数据，我们可以推动科技创新、优化业务流程、提升生活质量。

任务 3 了解大数据的应用领域及意义

大数据技术已经深入我们生活的各个角落，无论是在商业智能、智慧医疗，还是在智慧城市等领域，都发挥着重要的作用。例如，在商业智能领域，大数据分析帮助企业洞察消费者行为，优化产品和服务，推动销售增长。在智慧医疗领域，通过分析患者的大量数据,医生可以更准确地诊断疾病,提供个性化的治疗方案。而在智慧城市的建设中,大数据技术则被用来分析城市运行的各种数据,以优化城市管理,提高公共服务的效率。这些例子只是大数据技术应用的一部分,但它们都充分展示了大数据技术的巨大潜力和价值。在当今这个信息化的社会,大数据已经成为我们获取信息,理解世界的重要途径。通过对大数据的分析和挖掘,我们可以从中发现一些隐藏的、有价值的信息,这对于我们的决策具有重要的指导意义。比如,在商业领域,通过对消费者行为数据的分析,企业可以更准确地把握市场动态,制定出更有效的营销策略。同时,大数据分析也在医疗、教育、交通等领域发挥着重要作用,为我们的生活带来了极大的便利。然而,仅仅拥有大数据是不够的,如何将这些数据转化为智能决策,实现智能化管理,才是我们面临的重要挑战。因此,我们需要不断提高自身的数据分析能力,以便更好地利用大数据,为我们的社会带来更多的可能性。

大数据,这个词语在当今社会中频繁出现,它已经深入到我们生活的各个角落。从社交媒体的点赞、分享,到购物网站的浏览、购买,再到智能设备的使用,无一不在产生着海量的数据。这些数据,被统称为“大数据”。大数据的存在,对社会、经济和技术发展产生了深远影响。它改变了我们的生活方式,推动了社会的进步,促进了经济的发展,加速了技术的创新。然而,与此同时,我们也面临着巨大的挑战。如何有效地采集、存储、处理和保护这些大数据,成为我们必须面对的问题。大数据的采集需要大量的人力、物力和时间,而存储则需要巨大的空间和高效的管理系统。处理大数据更是需要强大的计算能力和高效的算法。而在保护大数据方面,我们需要防止数据的丢失、泄露和滥用。因此,大数据不仅是一种机遇,也是一种挑战。

项目2.3 云计算

2.3.1 项目要求

(1)掌握云计算的概念。

(2)了解云计算的特征。

(3)了解云计算的意义。

2.3.2 项目任务

(1)学习云计算的概念。

(2)学习云计算的特征。

(3)学习云计算的使用领域。

2.3.3 项目实现

任务 1 认识云计算

云计算，这个在当今科技领域频频出现的词汇，其实源自早期的计算机科学概念。简单来说，云计算是一种基于互联网的计算方式，它将数据存储、管理以及处理等任务交给了远程的数据中心和服务器，而不是本地的个人电脑或企业的独立服务器。这种模式的出现打破了传统计算的局限，使得数据和应用能够随时随地被访问和共享。随着技术的发展，云计算也从最初的基础设施即服务（Infrastructure as a Service，IaaS）、平台即服务（Platform as a Service，PaaS）和软件即服务（Software as a Service，SaaS）三种基本模式，逐渐演化出了更多的细分领域，如大数据处理、人工智能等等。

任务 2 了解云计算的特征

云计算是一种通过网络提供共享计算资源和数据的服务模式，它将大量的计算资源集中在一起，通过互联网向用户提供按需使用、按需付费的服务。云计算的核心特征主要包括以下几点。

1. 按需自助服务

云计算允许用户根据自己的需求，自行选择和使用计算资源，无需人工干预。这种自助服务的便捷性使得用户可以快速获取所需资源，提高了资源的利用率。

2. 广泛的网络访问

云计算通过互联网提供服务，用户可以在任何地点、任何时间访问云中的资源。这种广泛的网络访问能力使得云计算具有很高的可访问性和可用性。

3. 资源池化

云计算将所有计算资源集中在一起，形成一个庞大的资源池。用户无需关心资源的具体位置和分配情况，只需关注自己所需的服务。这种资源池化的方式使得云计算具有很高的资源利用率和扩展性。

4. 快速弹性伸缩

云计算可以根据用户需求的变化，快速调整计算资源的分配。当用户的需求增加时，云计算可以迅速提供更多资源；当需求减少时，云计算可以将多余的资源回收。这种快速弹性伸缩的能力使得云计算能够灵活应对各种业务场景。

5. 可计量的服务

云计算可以对用户的资源使用情况进行实时监控和计量，根据实际用量进行收费。这种可计量的服务模式使得用户可以根据自己的需求选择合适的服务，降低了成本。

6. 多租户隔离

云计算支持多个租户同时使用同一套计算资源，但租户之间的数据和应用程序都是相互隔离的。这种多租户隔离的能力使得云计算具有很高的安全性和可靠性。

了解了云计算的核心特征后，我们可以看到云计算为IT行业带来了很多优势。首先，云计算降低了企业的硬件投资成本和维护成本，使得企业可以将更多精力投入核心业务。其次，云计算提供了强大的计算能力和存储能力，帮助企业轻松应对大数据、人工智能等复杂应用场景。此外，云计算还为创新和创业提供了便利条件，使得创业公司和个人开发者可以快速搭建和部署自己的应用。

任务 3 了解云计算的应用领域及意义

云计算作为一种先进的信息技术，其应用领域广泛渗透到了我们生活和工作的各个领域。在金融服务领域，云计算提供了高效、安全、可靠的数据储存和处理服务，极大地提升了金融业务的运行效率。在医疗保健领域，通过云计算，可以实现医疗数据的共享，提高医疗服务的质量和效率。在教育领域，云计算则能够提供丰富的教学资源，支持在线学习和远程教育。对于政府来说，利用云计算可以实现政务信息化，提升公共服务的效率和质量。而在零售行业，云计算则能够帮助企业进行精准的市场分析，提升销售效果。它对社会、经济以及信息技术发展的重要性和长远意义不言而喻。从社会角度来看，云计算的出现，极大地推动了信息社会的进程，使得信息的传播、处理和存储变得更加便捷高效，这对于推动社会的信息化、智能化发展具有重大的推动作用。从经济角度来看，云计算的应用，极大地降低了企业的运营成本，提高了经济效益，这对于推动经济的发展具有重要的意义。从信息技术发展的角度看，云计算的出现，推动了信息技术的发展，为信息技术的研究和应用提供了新的可能，这对于推动信息技术的发展具有重大的意义。因此，我们可以说，云计算对于推动社会、经济以及信息技术的发展具有重大的意义和深远的影响。

云计算的部署模型主要有公有云、私有云、混合云和社区云这四种类型。公有云是最常见的云服务模式，由第三方云服务提供商运营，用户可以通过网络访问并使用其提供的资源和服务。这种模式的优势在于成本较低，因为服务提供商可以通过规模经济降低成本，并且用户无需担心设备的维护和升级。私有云则是由单个组织拥有和运营的，它提供了更高的安全性和控制性，因为它是在内部网络中运行的，外部无法直接访问。这种模式适合对数据安全和隐私要求极高的组织。混合云则是公有云和私有云的结合，它允许数据和应用程序在两者之间移动，提供了更大的灵活性。组织可以根据需要选择何时何地使用公有云或私有云，以满足不同业务需求。社区云是由多个组织共享的云服务，这些组织通常有共同的关注点或者任务。社区云可以由组织自己运营，也可以由第三方服务提供商运营。这种模式可以帮助组织分享资源、降低成本、提高效率。总的来说，不同类型的云服务部署模式各有优势，适用于不同的业务场景。选择合适的部署模型,可以有效提高组织的运营效率,降低 IT 成本,同时保障数据的安全和隐私。

在实施云计算的过程中,我们可能会遇到各种挑战和风险。首先,数据安全和隐私问题是最让人担忧的问题之一。尽管云服务提供商会采取各种措施来保护用户的数据,但由于数据存储在远程位置,且传输过程中可能经过不安全的网络,因此数据可能会受到攻击或被泄露。此外,合规性也是一个重要的问题。不同的地域有不同的数据保护法规,而云服务通常跨越国界,这可能导致一些合规性问题。最后,云计算的技术复杂性也是一个挑战。云计算涉及大量的技术支持和运维工作,如果缺乏专业知识,可能会导致系统的运行不稳定或者效率低下。因此,我们需要对这些问题有所了解,并制定相应的策略来应对。在未来,云计算技术的发展将更加迅猛,其影响力也将深入各个行业和领域。首先,随着人工智能、大数据、物联网等技术的快速发展,云计算将在这些领域发挥更大的作用,为各行各业提供更强大、更灵活的计算能力和数据处理能力。其次,随着 5G 技术的普及,边缘计算将成为云计算的重要补充,使得数据的处理更加快速、高效。此外,随着企业对数据安全和隐私保护的重视程度不断提高,云安全也将成为云计算发展的重要方向。

在行业预测方面,随着数字化转型的深入推进,越来越多的企业和机构将选择使用云计算服务,以提高工作效率,降低成本。特别是在医疗、教育、金融等行业,云计算的应用将更加广泛。同时,随着公有云、私有云和混合云等多种云服务模式的发展,企业将根据自身的业务需求和数据安全考虑,选择最适合自己的云服务模式。总的来说,未来的云计算将呈现多元化、个性化、智能化的发展趋势,将为全球的企业和机构带来更高效、更安全、更灵活的计算服务。

项目 2.4 区块链

2.4.1 项目要求

(1)掌握区块链的概念。

(2)了解区块链的特征。

(3)了解区块链的意义。

2.4.2 项目任务

(1)学习区块链的概念。

(2)学习区块链的特征。

(3)学习区块链的使用领域。

2.4.3 项目实现

任务1 认识区块链及其特征

区块链是一种分布式账本技术，其核心概念是将数据以区块的形式链接在一起，形成一个不可篡改的链条。它的起源可以追溯到2008年，当时一个神秘人物或团体化名为中本聪(Satoshi Nakamoto)发布了一篇名为《比特币：一种点对点的电子现金系统》的白皮书，首次提出了区块链技术的概念。区块链的基本工作原理是通过去中心化的方式，实现数据的存储和验证。在区块链网络中，每个参与者都有一份完整的账本拷贝，当新的交易发生时，所有参与者共同验证这些交易的有效性。一旦交易被确认，它们将被打包成一个新的区块并添加到区块链上。这种结构使得区块链具有高度的透明度和安全性，一旦数据被写入区块链，就几乎不可能被篡改。

区块链技术以其去中心化的特性改变了传统的数据存储和传输方式。这种特性使得所有参与者都可以在网络中平等地共享数据、信息和资源，而无需依赖任何中心服务器或者权威机构。此外，区块链还具有不可篡改性，一旦信息被写入区块链，就无法被修改或删除，这为数据的可靠性和信任度提供了强有力的保障。透明性和匿名性也是区块链的重要特点。所有的交易记录都会被公开到区块链网络上，任何人都可以查看，但是交易的参与者却可以通过加密技术保持匿名，这就在保障了透明度的同时，也保护了用户的隐私。区块链的这些核心特征，如去中心化、不可篡改性、透明性和匿名性等，不仅为数据的存储和传输提供了新的可能，而且为信息安全和用户隐私的保护开辟了新的道路。

区块链技术作为一种新兴的分布式账本技术，以其独特的安全性、透明性和不可篡改性受到了广泛关注。根据参与权限和管理方式的不同，区块链可以分为不同的类型。公有链，如比特币和以太坊，是一种去中心化的网络，任何人都可以参与交易验证和区块创建，其公开透明的特性使得所有交易记录对所有参与者可见。私有链则是由单一实体控制，只允许特定的参与者进行交易和验证，适用于企业内部或特定群体之间的应用。联盟链介于公有链和私有链之间，由多个组织共同管理，只对这些组织的特定成员开放，既保持了一定的去中心化特性，又能满足特定群体间的合作需求。每种类型的区块链都有其独特的优势和应用场景，为不同领域的创新提供了可能。

任务2 了解区块链的应用领域及意义

区块链技术在各个领域的应用已经深入我们生活的各个方面。在金融行业，区块链技术被广泛应用于数字货币、跨境支付、证券交易等领域。例如，比特币、以太坊等数字货币就是基于区块链技术的，它们通过去中心化的方式，实现了货币的发行和流通。此外，区块链技术还被应用于供应链管理，通过区块链的分布式账本技术，可以实现供应链中各个环节的信息透明化，提高供应链的效率。例如，沃尔玛公司就在使用区块链技术追踪食品的来源，确保食品安全。在医疗保健领域，区块链技术也被用于保护病人的隐私，同时实现医疗信息的共享。例如，美国的医疗机构已经开始使用区块链技术存储和分享病人的电子健康记录。总的来说，区块链技术正在以其独特的优势改变着我们的世界。

区块链技术，作为一种分布式账本技术，已经对现有的商业模式和行业产生了深远的影响。它改变了数据的存储和管理方式，使得信息更加透明，交易更加公开，从而为许多领域带来了革命性的变革。然而，这种创新技术也面临着一些挑战。

在技术层面，尽管区块链具有去中心化、不可篡改的特点，但如何确保数据的真实性和安全性仍然是一个问题。此外，区块链的可扩展性、处理速度和能源消耗等问题也需要得到解决。在法律层面，由于区块链是跨地域的，因此如何在法律上进行监管和约束，以及如何处理跨境交易中的法律责任问题，都是需要面临的挑战。区块链带来的变革是巨大的，但同时也面临着技术和法律的挑战。我们需要不断探索和研究，以充分发挥其潜力，同时妥善应对这些挑战。

随着科技的不断进步，区块链技术正逐渐渗透到各个领域，展现出巨大的潜力和广阔的前景。未来，区块链有望在金融、物流、医疗、教育等多个领域实现深度融合，为人们的生活带来更多便利。在金融领域，区块链技术将进一步提高交易效率，降低成本，提升安全性。通过智能合约技术，区块链可以实现自动化、智能化的交易执行，从而简化金融交易流程，降低金融风险。此外，区块链技术还可以为跨境支付提供更加便捷、高效的解决方案，促进全球金融市场的融合与发展。在物流领域，区块链技术将助力实现全程透明化、可追溯的物流体系。通过将物流信息上链，各个环节的数据将得到实时更新和共享，有助于提高物流效率，降低运营成本，提升客户满意度。同时，区块链技术还可以有效打击假冒伪劣产品，保障消费者权益。在医疗领域，区块链技术将有助于实现医疗数据的安全存储与共享。通过建立基于区块链的电子病历系统，患者可以方便地管理自己的健康数据，医生可以实时查看患者的病历信息，提高诊断准确率。此外，区块链技术还可以用于药品溯源、疫苗安全等领域，保障公共卫生安全。在教育领域，区块链技术将推动教育资源的公平分配与共享。通过建立基于区块链的教育资源共享平台，学生可以随时随地获取优质教育资源，提高学习效果。同时，区块链技术还可以用于学历认证、学术成果保护等方面，促进教育事业的发展。

总之，未来的区块链技术将在各个领域发挥更大的作用，为人类社会带来更加美好的生活。然而，区块链技术的发展也面临诸多挑战，如技术瓶颈、监管难题等，需要我们共同努力，不断探索和创新，以实现区块链技术的更广泛应用。

项目2.5 人工智能

2.5.1 项目要求

(1)掌握人工智能的概念。

(2)了解人工智能的特征。

(3)了解人工智能的意义。

2.5.2 项目任务

(1)学习人工智能的概念。

(2)学习人工智能的特征。

(3)学习人工智能的使用领域。

2.5.3 项目实现

任务1 认识人工智能及其分类

1. 人工智能的概念

人工智能(Artificial Intelligence,AI)是指由人造系统所表现出来的智能。它使得机器能够模拟、延伸和扩展人类的认知功能,包括理解语言、识别图像、解决问题以及学习等复杂的思维活动。在科技飞速发展的今天,人工智能已经渗透我们生活的方方面面,从智能手机、自动驾驶汽车到智能家居、医疗诊断,甚至金融市场预测,人工智能的应用无处不在,改变了我们的工作和生活方式。

2. 人工智能的分类

根据其功能和应用程度不同,人工智能大致可以分为三类:弱人工智能、强人工智能和超人工智能。弱人工智能是指专门设计来执行特定任务的系统,如语音识别或面部识别系统;强人工智能则是指具有自我意识,可以自我学习和理解的系统,但目前这类人工智能还处于理论研究阶段;而超人工智能则是指超越人类智慧的智能系统,它们在理论上可能存在,但在实际中尚未实现。

任务2 了解人工智能的特征及应用领域

在现代社会中,AI的重要性不言而喻。无论是在医疗、教育、交通、金融等领域,还是在我们日常生活中,AI都发挥着越来越重要的作用。例如,AI可以帮助医生进行疾病诊断,帮助教师进行教学,帮助交通管理者优化交通流量,等等。因此,我们可以说，AI 已经深深地改变了我们的生活，也预示着未来社会的一种可能。

1. 人工智能的特征

人工智能作为一种模拟人类智能的技术，其关键特征在于其学习能力、自适应能力以及自主决策能力。首先，AI 的学习能力使其能够通过大数据分析和机器学习，从海量的信息中提取有用的知识，不断提升自身的处理和分析能力。其次，AI 的自适应能力使其能够在不断变化的环境中，自动调整自身的策略和方法，以适应新的环境和需求。最后，AI 的自主决策能力使其能够在接收到任务或问题时，自行进行推理和判断，独立作出最优的决策。这些特征使得 AI 在处理复杂问题和完成高级任务上具有极高的效率和准确性，从而极大地推动了科技的发展和社会的进步。

2. 人工智能的应用领域

人工智能的应用领域广泛，涵盖了许多行业。在医疗保健领域，AI 可以通过图像识别技术帮助医生进行疾病诊断，如癌症的早期检测。在金融服务领域，AI 能够分析大数据以预测市场趋势，同时在风险评估和管理中也起到了关键作用。在交通物流领域，AI 的路径规划和实时调度能力大大提高了运输效率，例如自动驾驶汽车和无人机配送等应用。在教育领域，个性化学习计划的制定、在线辅导以及智能作业批改都得益于 AI 的介入。而在娱乐行业，AI 不仅助力游戏开发者设计更富有吸引力的游戏体验，还在音乐制作、影视特效等领域展现出其独特的魅力。总之，人工智能正逐步深入我们生活的各个角落，不断优化各行各业的工作流程，提升我们的生活质量。

3. 人工智能的影响

人工智能技术作为一种新兴的技术力量，正在逐渐渗透到社会的每一个角落。它以无可比拟的速度和效率，对社会结构、经济发展以及就业市场等产生了巨大的影响。

首先，人工智能技术对社会结构产生了深刻的影响。在人工智能的推动下，社会的信息化进程得到极大的提升，人们的生活方式、工作方式甚至思维方式都在发生翻天覆地的变化。其次，人工智能技术对经济发展起到了重要的推动作用。无论是制造业、服务业还是农业，人工智能技术的应用都极大地提高了生产效率，推动了经济的高质量发展。最后，人工智能技术也对就业市场产生了深远的影响。一方面，它创造了大量新的就业机会，另一方面，它也使一些传统的就业岗位面临被淘汰的风险。

人工智能技术正以其独特的优势塑造着未来的社会。它不仅改变了我们的生活方式，也正在影响着社会的发展进程。可以预见，随着人工智能技术的进一步发展，它对社会和经济的影响将会更加深远。未来的人工智能发展将会是多元化、深层次和全方位的，它将深刻改变我们的生活和社会，带来无尽的可能和机遇。

项目2.6 虚拟现实

2.6.1 项目要求

(1)掌握虚拟现实的概念。

(2)了解虚拟现实的特征。

(3)了解虚拟现实的意义。

2.6.2 项目任务

(1)学习虚拟现实的概念。

(2)学习虚拟现实的特征。

(3)学习虚拟现实的使用领域。

2.6.3 项目实现

任务1 认识虚拟现实

虚拟现实的概念最早可以追溯到20世纪60年代,当时美国科学家Ivan Sutherland提出了“终极显示”概念,这被视为虚拟现实的雏形。经过几十年的发展,虚拟现实技术已经从最初的实验室研究阶段,发展成为一种广泛应用于娱乐、教育、医疗、军事等多个领域的新兴技术。虚拟现实(Virtual Reality,VR)是一种通过计算机技术模拟生成的具有三维立体视觉、听觉、触觉等多种感官体验的虚拟环境。用户可以通过头戴式显示器等设备,进入由计算机生成的环境,身临其境地感受这个虚拟世界的存在,进行各种交互操作,如图2-1所示。

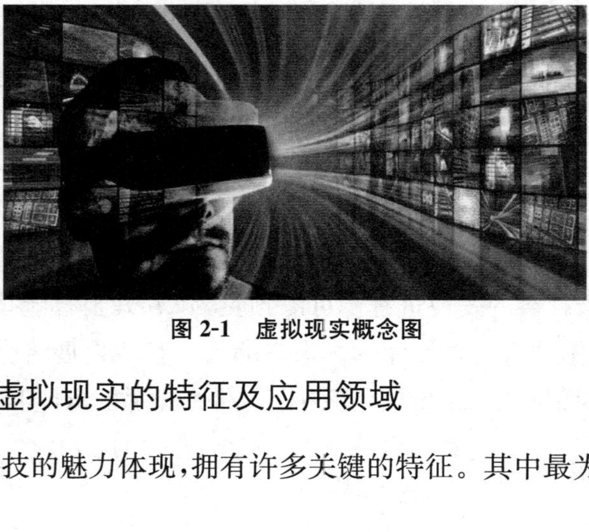

图2-1 虚拟现实概念图

任务2 了解虚拟现实的特征及应用领域

虚拟现实是科技的魅力体现,拥有许多关键的特征。其中最为重要的,无疑是其沉浸感。通过先进的技术手段,它能够将用户带入一个完全与现实隔绝的环境,仿佛置身于另一个世界,这种沉浸感是其他媒介无法比拟的。而与此同时,交互性也是它的一大亮点。用户可以通过自身的动作、语言甚至思维,影响和改变虚拟环境,实现人机互动。再者,虚拟现实还能激发我们的想象力,让我们在虚拟的世界里,尽情地发挥想象,创造各种可能性。这些关键特征,共同构成了虚拟现实的独特魅力,也使得它在诸多领域都有广阔的应用前景。

虚拟现实技术如同一股清泉,滋润着多个行业的创新发展。在教育领域,虚拟现实的应用使得抽象的知识变得生动直观,学生可以通过身临其境的体验去探索历史长河、解析复杂的科学现象,甚至进行语言学习的沉浸式模拟,极大地增强了学习效果和趣味性。在医疗方面,虚拟现实技术不仅助力手术规划和病理学习,还通过虚拟治疗环境帮助患者在康复过程中减轻痛苦和焦虑,重塑对现实的认知。娱乐业则借助虚拟现实打造出前所未有的互动体验,无论是电子游戏的沉浸感,还是音乐会、电影的全景观赏,虚拟现实都为观众开启了一扇通往另一个世界的大门,让人们在享受娱乐的同时,也领略到科技的无限可能。

虚拟现实技术,作为现代科技的重要方向,正在逐步走进人们的生活。然而,面对这一新兴事物,我们还面临许多技术挑战。在硬件上,如何提高图像质量,提升设备舒适性,增强用户的沉浸感,都是我们需要努力解决的问题。而在软件方面,如何提供更丰富、更真实、更有趣的虚拟场景和互动体验,也需要我们去不断探索和实践。

然而,这些挑战并没有阻碍虚拟现实的发展步伐,反而激发了我们对未来可能的发展趋势的思考。在硬件方面,我们期待着新的技术突破,比如更高清的显示屏、更快的处理器、更轻便的头戴设备等,都将使虚拟现实的体验更加逼真。在软件方面,我们期待更多创新的应用,比如结合人工智能的交互方式、基于大数据的个性化推荐等。他们都将使虚拟现实的世界更加丰富多彩。总的来说,虚拟现实技术正面临着挑战,但也充满了无限的可能。

虚拟现实技术的出现,对社会、文化和经济等各个方面都产生了深远的影响。在社会层面,虚拟现实为人们提供了一个全新的交流和互动平台,打破了地域限制,使得人们可以在虚拟空间中自由交流,增强了社会的连通性。在文化方面,虚拟现实技术为艺术创作提供了无限的可能,艺术家可以通过虚拟现实技术创作出前所未有的艺术作品,丰富了人类的文化生活。在经济方面,虚拟现实技术的应用领域不断拓宽,从游戏娱乐到教育培训,再到商业展示,虚拟现实技术都在发挥着重要的作用,推动了经济的发展。同时,虚拟现实技术也为人类带来了新的可能性,如远程医疗、虚拟现实旅游等,极大地丰富了人们的生活。总的来说,虚拟现实技术正在改变我们的生活方式,为我们打开了一个全新的世界。

项目2.7 移动互联网

2.7.1 项目要求

(1)理解移动互联网的基本概念和原理。

(2)掌握移动互联网的关键技术和标准。

(3)学习如何设计和实现移动互联网应用。

(4)分析移动互联网对社会和经济的影响。

2.7.2 项目任务

(1)移动互联网的定义与特征。

(2)移动互联网的关键技术。

(3)移动互联网的应用领域。

(4)移动互联网的安全与隐私。

2.7.3 任务实现

任务1 移动互联网的定义与特征

移动互联网,顾名思义,是移动通信和互联网技术结合的产物。它突破了传统互联网的局限,使得信息获取、处理和交流能够随时随地进行。随着科技的飞速发展,移动互联网已经变得与我们每个人的生活息息相关,从简单的文字聊天到复杂的在线视频编辑,移动互联网正以惊人的速度改变着我们的世界。

移动互联网最显著的特征之一就是它的便携性。不同于传统的桌面互联网,移动互联网不需要依赖于固定的网络连接和设备,而是可以通过各种移动终端,如智能手机、平板电脑乃至智能手表等接入网络。这种高度的流动性让人们无论身处何地,都能轻松连接到互联网,实现信息的即时传递和互动。另一个重要的特征是个性化服务。由于移动互联网设备的个人化属性,服务商可以根据用户的使用习惯和偏好提供量身定制的服务。例如,基于位置的服务(LBS)可以根据用户的位置信息提供附近的餐饮、娱乐和交通等信息;智能推荐系统则能够根据用户的历史浏览记录,推送感兴趣的新闻、产品或者服务。移动互联网还具有实时性的特点。借助于高效的数据传输技术和强大的计算能力,移动互联网可以实现数据的实时更新和传输。在社交网络、在线游戏、实时导航等领域表现得尤为突出。用户可以实时分享自己的生活点滴,与他人即时通信,甚至参与到线上的实时互动中去。易用性和普及性也是移动互联网的重要特征。随着触摸屏技术和语音识别技术的发展，即使是对电子设备不太熟悉的用户也能够轻松上手，享受移动互联网带来的便利。同时，智能手机等移动设备的普及也推动了移动互联网的普及，让更多人能够接触到丰富的网络资源。

当然，我们不得不提的是移动互联网的智能化特征。通过大数据分析和人工智能技术的应用，移动互联网不仅仅是信息传递的平台，更成了智能服务的提供者。无论是智能家居控制、健康监测还是金融管理，移动互联网都在不断地拓展其智能化服务的边界。

任务 2 移动互联网的关键技术

在当今社会，移动互联网已经渗透到了我们生活的方方面面。无论是社交、娱乐还是工作，我们几乎都离不开这个便捷的科技产物。移动通信技术是移动互联网能够实现的基础，包括了从早期的 2G、3G 到现在广泛使用的 4G 以及逐步推广的 5G 网络。每一代通信技术的升级都为移动互联网带来了更高的数据传输速度和更稳定的连接性能。例如，2G 时代，我们能通过手机发送文字信息和进行简单的通话；而到了 4G 时代，高清视频通话和流畅的视频播放成为现实。5G 则预示着一个更加广阔的未来，其高带宽和低延迟特性有望推动物联网、自动驾驶等领域的快速发展。智能手机的普及离不开强大而易用的操作系统。目前主流的操作系统有 iOS 和 Android 两大阵营。这些系统不仅提供了丰富的应用程序接口（API），也为用户带来了良好的交互体验。它们使得开发者能够轻松地开发出各式各样的移动应用，从而丰富了用户的使用场景，促进了整个移动互联网生态的繁荣。云计算技术的发展也为移动互联网的壮大作出了重要贡献。通过云服务，用户的数据和应用不再受限于本地存储，可以在云端进行高效处理和存储。这不仅大大节省了设备资源，也为用户提供了更为灵活的服务。

在移动互联网时代，海量的用户数据被生成和记录。通过对这些数据的深度分析，企业能够洞察用户需求，优化产品设计，甚至预测市场趋势。大数据分析已经成为现代商业决策不可或缺的工具之一。安全性技术也是移动互联网不可忽视的一环。随着移动支付、在线交易等服务的普及，如何保障用户数据安全和交易安全成为摆在面前的重大课题。为此，行业内不断推陈出新，发展出了包括端到端加密、多因素身份验证等一系列安全技术，以期打造一个安全的网络环境。人工智能与机器学习的融合，正在将移动互联网推向一个新的高度。智能语音助手、图像识别、个性化推荐等都是这些技术的具体体现。随着算法的不断进步和计算能力的提升，未来的移动互联网将变得更加智能化，更好地服务于用户。移动互联网之所以能够取得今天的成就，得益于移动通信、智能操作系统、云计算、大数据、安全防护以及人工智能等关键技术的共同推动。每一项技术都在不断进步，共同构筑起一个便捷、高效、智能的移动世界。展望未来,这些技术的继续发展和深度融合,必将为我们打开更多前所未有的可能性。

任务3 移动互联网的应用领域

移动互联网的应用领域广泛而深远,它改变了我们生活的方方面面。

移动互联网在社交通信领域的影响是显而易见的。微信、QQ等社交应用已经成为我们生活中不可或缺的一部分。它们让我们可以随时随地和朋友家人保持联系,分享生活点滴,甚至进行在线会议。这种便利性不仅加强了人与人之间的联系,也大大提高了我们的工作效率。移动互联网在电子商务领域的应用也是不可忽视的。淘宝、京东等电商平台让我们能够在手机上直接购物,无论是日常生活用品还是奢侈品,都可以通过几次点击购买到。而且,通过移动支付技术,我们可以方便快捷地完成支付,极大地提高了购物的便利性。移动互联网在教育领域也发挥了重要作用。现在,我们可以通过手机观看在线课程,参与远程教学,甚至进行在线考试。这种方式打破了传统的地理限制,使更多的人有机会接受优质的教育资源。移动互联网在医疗健康领域的应用也越来越广泛。患者可以通过手机预约医生,进行在线咨询,甚至购买药品。同时,各种健康管理应用也帮助我们更好地了解自己的身体状况,预防疾病。移动互联网还在娱乐领域发挥着重要作用。我们可以通过手机看电影、听音乐、玩游戏,甚至在直播平台上观看他人的表演。这种娱乐方式的多样性和便捷性,使我们的娱乐生活更加丰富多彩。移动互联网在公共服务领域的应用也值得一提。例如,我们可以通过手机查询公交路线,预订火车票,甚至办理政务手续。这些都大大提高了我们生活的便利性。

移动互联网的应用已经深入我们生活的各个方面,无论是工作还是生活,我们都离不开它。未来,随着技术的发展,移动互联网的应用还将更加广泛,为我们的生活带来更多的便利。

任务4 移动互联网的安全与隐私

在数字化时代,移动互联网安全与隐私保护成了全球关注的焦点。随着智能手机的普及,我们的日常生活越来越依赖于移动设备和应用程序,从在线购物、社交媒体到移动支付,移动互联网都极大地丰富了人们的生活,同时也带来了前所未有的安全挑战和隐私风险。

移动互联网安全主要涉及数据的保护、传输的安全以及应用的安全性。首先,数据保护是移动互联网安全不可或缺的一环。用户的个人信息、交易记录和其他敏感数据需要通过加密技术进行保护,防止未经授权的访问。目前,许多应用程序采用端到端的加密方式,确保数据在发送和接收过程中不被泄露。传输安全是维护网络通信中信息安全的基础。使用安全的传输协议可以有效防止数据在传输过程中被截获或篡改。然而，尽管多数现代浏览器和网络服务已经支持这些安全协议，但仍有部分应用未完全实施，使得用户信息暴露于风险之中。应用的安全性也不容忽视。恶意软件、钓鱼攻击等威胁层出不穷，它们可能会窃取用户信息，甚至对设备造成损害。用户应当仅从官方或者可信赖的应用商店下载软件，并定期更新操作系统和应用程序以修补安全漏洞。

谈到隐私保护，这不仅仅是技术问题，更是社会法律问题。在移动互联网环境下，用户隐私的范围更加广泛，包括但不限于地理位置信息、通讯录、短信记录、健康和财务信息等。因此，法律法规的制定和执行对于隐私权的保护至关重要。用户自身的隐私意识也非常关键。教育用户认识到隐私的重要性，并掌握保护个人隐私的基本方法，比如设置复杂的密码、不轻易共享个人信息、使用虚拟私人网络（VPN）等措施，这些都是提升个人隐私保护水平的有效途径。企业和开发者也在积极采取措施以增强移动应用的安全性和保护用户隐私。例如，采用最小权限原则设计应用，只请求必要的权限和数据；实行透明的数据管理和处理流程；以及提供明确的隐私政策供用户了解。

移动互联网安全与隐私保护是一个多方面的课题，它涉及技术层面的创新和改进、法律层面的规范和支持，以及用户自身意识的提升。在这个信息化快速发展的时代，我们必须共同努力，才能确保移动互联网环境的安全可靠，保护好每个人的数据和隐私权益。

习题2

一、选择题

1. 以下________不是物联网的构成元素。

A. 感知层　　B. 网络层　　C. 接入层　　D. 应用层

2. 物理网的英文缩写是________。

A. IoT　　B. DNS　　C. ARP　　D. DHCP

3. 以下________不是大数据的特征。

A. 数据量大　　B. 处理速度快　　C. 价值密度低　　D. 编码方式复杂

4. ________技术是最容易实现向用户提供按需使用、按需付费的服务。

A. 物联网　　B. 云计算　　C. 区块链　　D. 人工智能

5. 人工智能的英文缩写是________。

A. IoT　　B. AI　　C. VR　　D. DB

6. 公有云、私有云、混合云和社区云等最可能是________技术的部署模型。

A. 物联网　　B. 大数据　　C. 区块链　　D. 云计算

7. ________特征在于其学习能力、自适应能力以及自主决策能力。

A. 物联网　B. 云计算　C. 区块链　D. 人工智能

8. ________是一种分布式账本技术。

A. 物联网　B. 云计算　C. 区块链　D. 人工智能

9. "终极显示"被视为________技术的雏形。

A. 物联网　B. 虚拟现实　C. 区块链　D. 人工智能

10. "沉浸感"是________技术的特征。

A. 云计算　B. 区块链　C. 虚拟现实　D. 人工智能

二、简答题

1. 计算机新技术有哪些?
2. 计算机新技术都有哪些特点?
3. 计算机新技术都有哪些意义?

单元 3 Windows 10 操作系统

【引言】

Windows 10 是微软公司开发的跨平台操作系统，适用于多种设备和平台，如计算机、平板电脑、智能手机、Xbox One 等。Windows 10 在易用性和安全性方面有显著提升，融合了云服务、智能移动设备、自然人机交互等新技术，并对固态硬盘、生物识别、高分辨率屏幕等硬件进行了优化和支持。

Windows 10 引入了一些新的特性，如 Cortana 智能个人助理、Microsoft Edge 新一代浏览器、虚拟桌面功能、Xbox 应用程序以及任务视图和通知中心等。它还统一了不同的 Windows 平台，包括个人电脑、平板电脑、智能手机等，共享一个通用的应用程序架构（UWP）和 Windows Store 的生态系统。

在安全性方面，Windows 10 提供了多种功能，例如 Windows Hello 的身份识别和 Microsoft Passport 的访问控制功能，以及 Credential Guard 和 BitLocker 的数据保护措施。此外，Windows 10 还包含了全新的浏览器引擎（斯巴达浏览器）和改进的 Edge 浏览器，以及内置的杀毒软件 Windows Defender。

总的来说，Windows 10 是一个功能强大、易于使用且安全可靠的操作系统，旨在为用户提供更好的体验和更广泛的功能。

项目 3.1 Windows 10 基本操作

3.1.1 项目要求

(1)掌握 Windows 10 的启动方法。

(2)熟悉 Windows 10 桌面图标的有关操作。

(3)熟悉"任务栏"的操作。

(4)掌握桌面创建快捷方式和其他对象的方法。

(5)掌握回收站的使用方法。

(6)掌握 Windows 10 的关闭方法。

3.1.2 项目任务

(1)Windows 10 的启动。

(2)自定义桌面的操作。

(3)"任务栏"的相关操作。

(4)在桌面上创建快捷方式,新建文件夹。

(5)利用回收站删除文件以及彻底删除文件、设置回收站的空间大小。

(6)Windows 10 的关闭。

3.1.3 项目实现

任务 1 Windows 10 的启动

启动 Windows 10 的操作步骤如下。

(1)首先确保计算机的各种线路连接正常并接通电源,然后找到如图 3-1 所示的显示器右下角的白色按钮,按下后显示器指示灯亮;再找到如图 3-2 所示的主机的电源按钮,按下后主机电源指示灯亮。

图 3-1 显示器

图 3-2 主 机

(2)等待计算机自动进行自检和初始化,自检通过后开始启动 Windows 10,出现如图 3-3 所示的启动界面。

图 3-3　登录界面

(3)单击用户名图标,输入密码,单击按钮或按回车键确认,开始登录 Windows 10 系统,启动后显示桌面。

任务 2　桌面操作

启动 Windows 10 后,进入“桌面”。用户向系统发出的各种操作命令一般都是通过桌面来接收和处理的。新安装的系统默认情况下只有一个回收站图标。更改桌面背景的步骤如下。

(1)在桌面空白处单击鼠标右键,在弹出的快捷菜单中选择“个性化”命令,打开“个性化设置”窗口,如图 3-4 所示。

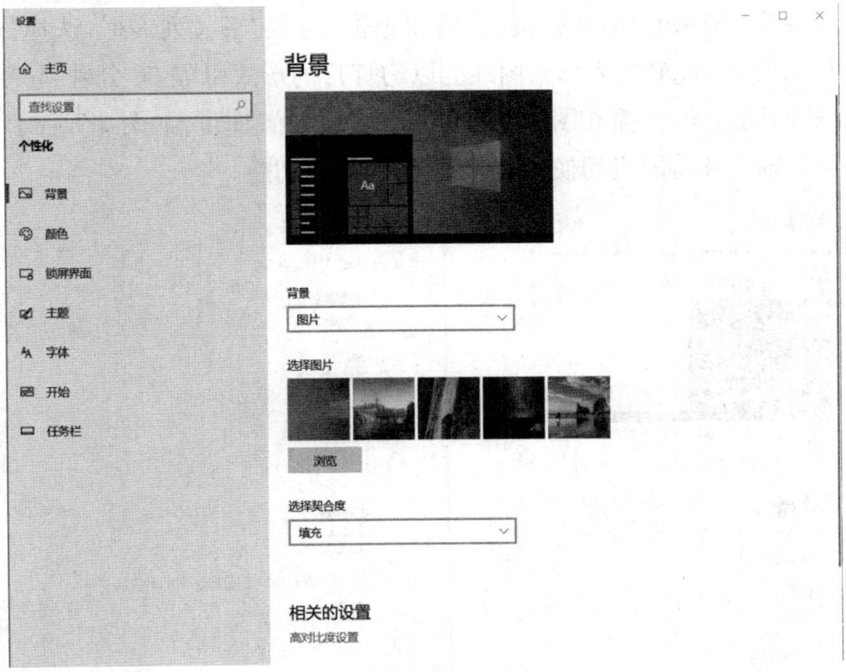

图 3-4　“个性化设置”窗口

“个性化设置”窗口首页默认为“背景”选项页。在右侧“选择图片”处可以看到多个可用图片的缩略图。

(2)单击选中“浏览”,打开一个弹窗,如图3-5所示,选择想要更换的桌面背景图片即可将该图片设置为桌面背景。

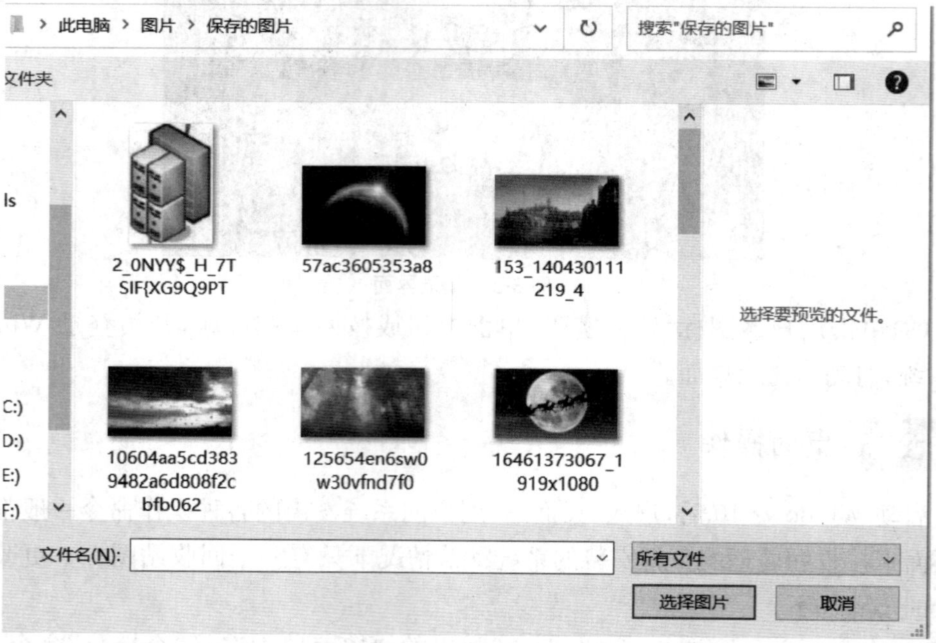

图3-5 选择更多图片

(3)在图3-4所示的“个性化设置”窗口单击“背景”下拉列表框,选择“幻灯片放映”,如图3-6所示,此时桌面背景图片会以幻灯片的形式每隔30分钟换一张。如果想修改播放间隔时长,只需在图片切换频率中自行设置即可,如图3-7所示。若选择“无序播放”,则图片将随机切换,否则图片将按顺序切换。

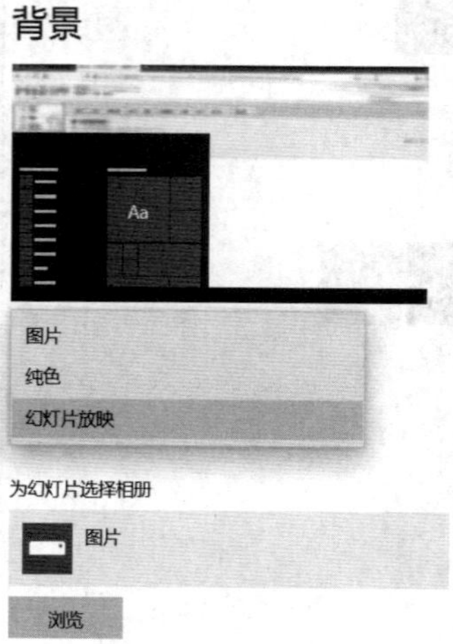

图3-6 幻灯片放映

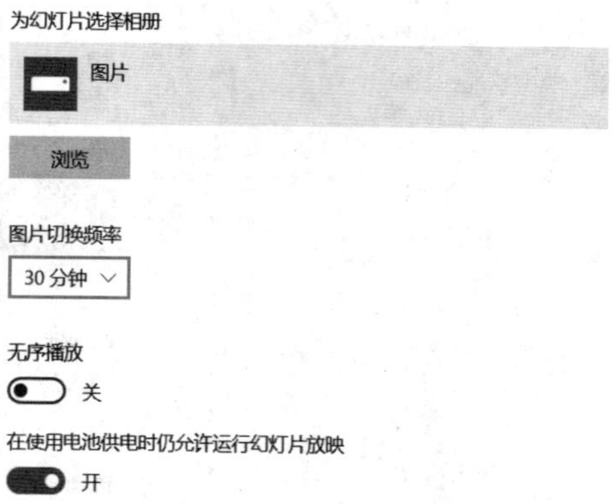

图3-7 幻灯片放映设置

任务 3　个性化设置图标

（1）在图 3-4 所示的“个性化设置”窗口单击窗口左侧的“主题”选项，鼠标滚轮下滑找到“桌面图标设置”链接，如图 3-8 所示，单击“桌面图标设置”链接打开“桌面图标设置”对话框。

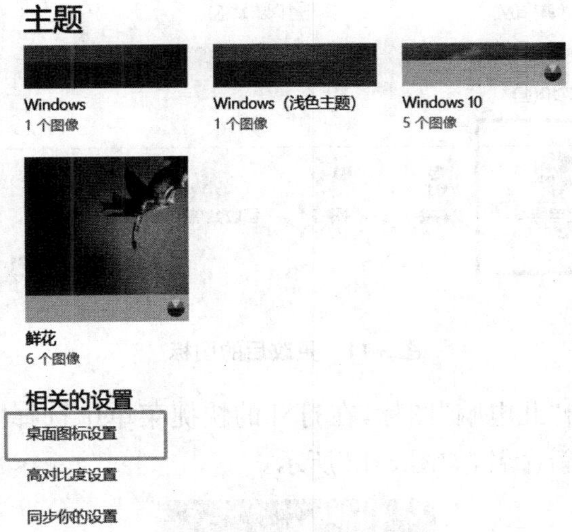

图 3-8　“桌面图标设置”链接

（2）在“桌面图标设置”对话框选中“此电脑”图标，单击“更改图标”按钮，如图 3-9 所示，打开“更改图标”对话框，如图 3-10 所示。

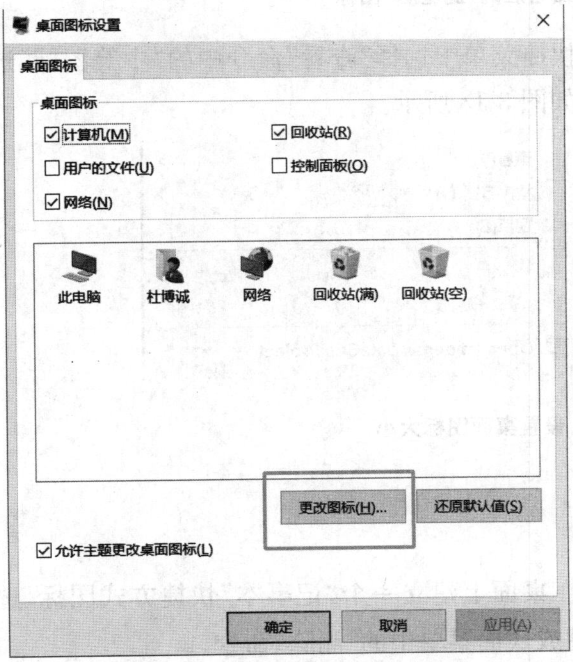

图 3-9　“桌面图标设置”对话框

图 3-10　“更改图标”对话框

(3)选择其中一个图标,然后单击“确定”按钮,返回至“桌面图标设置”对话框,再单击“确定”按钮,如图3-11所示,即可完成桌面上“此电脑”图标样式的更改。

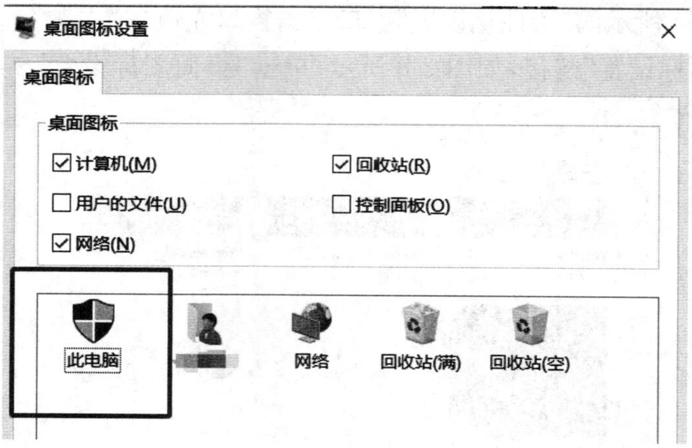

图3-11 更改后的图标

(4)在桌面上右击“此电脑”图标,在打开的快捷菜单中选择“重命名”命令,可对图标名称“此电脑”重新命名,如图3-12所示。

图3-12 重命名后的“此电脑”图标

(5)在桌面空白处右击,在打开的快捷菜单中选择“查看”命令中的“中等图标”选项,桌面图标即以中等图标样式显示,如图3-13所示。

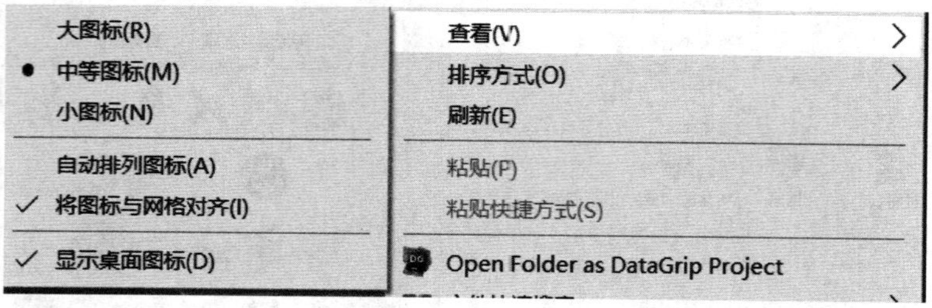

图3-13 设置桌面图标大小

任务4 回收站的使用和设置

(1)删除“记事本”快捷方式图标:在桌面上建立一个“记事本”快捷方式图标,选定“记事本”快捷方式图标,按Delete键或快捷菜单中的“删除”命令。

(2)恢复已经删除的“记事本”快捷方式图标:打开回收站,选定要恢复的对象,选

择菜单“文件”|“还原选定的项目”命令，如图 3-14 所示。

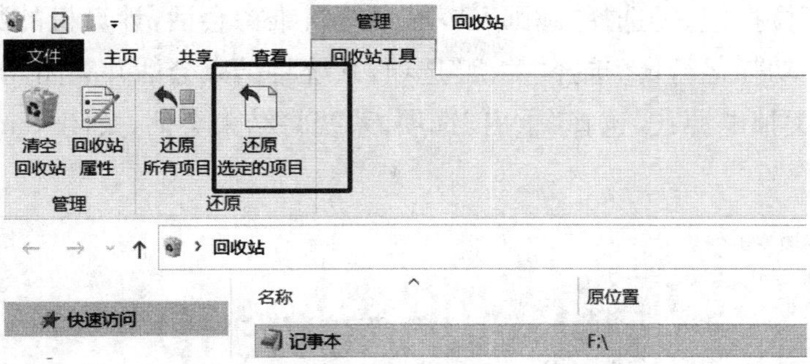

图 3-14　恢复已经删除的“记事本”快捷方式图标

(3)设置“回收站”属性：右击桌面回收站图标，在弹出的快捷菜单中选择“属性”命令，打开“回收站 属性”对话框，用户可以在该对话框内设置回收站的属性，包括回收站的位置、自定义大小、是否停用回收站和是否显示删除确认对话框，如图 3-15 所示。

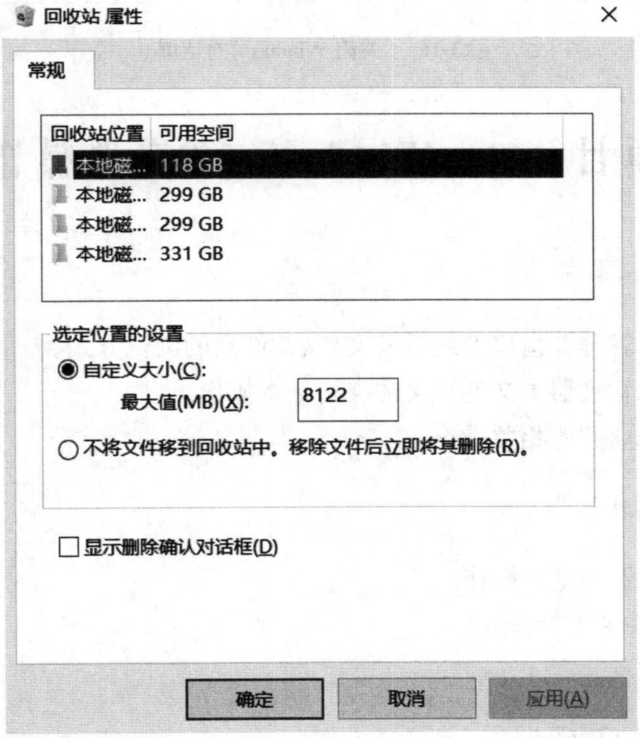

图 3-15　查看回收站属性

任务 5　关闭 Windows 10

(1)单击“开始”菜单按钮，选择“关机”命令，即可关闭 Windows 10。

(2)在桌面状态下按“Alt＋F4”键,屏幕上出现如图3-16所示的“关闭Windows”对话框,单击下拉按钮,①选择“睡眠”选项,系统将维持会话,计算机的数据仍然保存在内存中,以低功耗运行;②选择“关机”选项,系统将结束会话并关闭Windows,这样就可以安全地关掉电源;③选择“重启”选项,系统将结束会话,关闭Windows并重新启动系统。

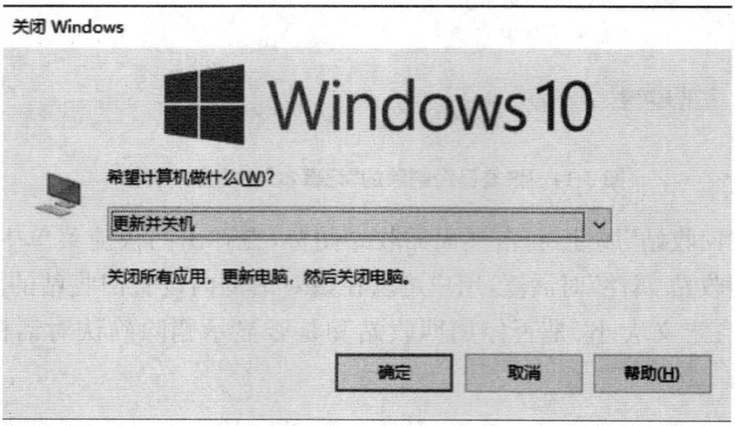

图3-16 “关闭Windows”对话框

项目3.2 Windows 10文件操作

3.2.1 项目要求

(1)了解资源管理器窗口的组成及文件、文件夹的浏览方式。

(2)掌握资源管理器中文件和文件夹的基本操作。

(3)掌握“此电脑”的相关操作。

3.2.2 项目任务

(1)资源管理器的基本操作。

(2)文件、文件夹的操作。

(3)格式化磁盘。

3.2.3 项目实现

任务1 启动资源管理器

(1)双击桌面上的“此电脑”图标,打开后即是“Windows资源管理器”,如图3-17所示。

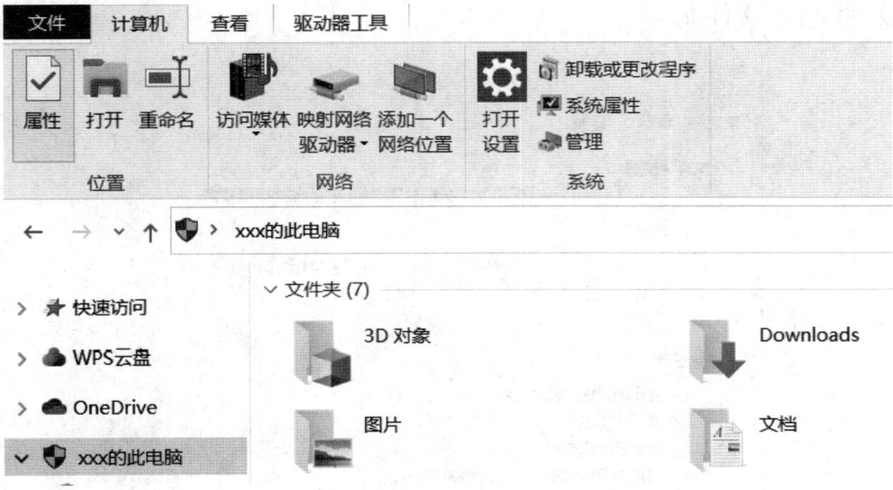

图 3-17 Windows 资源管理器

(2)更改文件/文件夹的排序方式。在窗口空白处右击,在弹出的快捷菜单中选择“排序方式”选项,其中包括“名称”“类型”“总大小”“可用空间”“递增”“递减”等,如图 3-18 所示。“递增”和“递减”选项是指确定排序方式后再以递增或递减的方式排序。

(3)浏览 E 盘下某个文件夹中的内容。若用户需要查看资源所在的磁盘目录,则可以在资源管理器的导航窗格中单击“×××的此电脑”目录前的展开按钮,展开下一级目录,此时该按钮变为折叠按钮,再单击相应的文件夹目录,右侧的窗口工作区中将显示该文件夹的内容,如图 3-19 所示。再依次单击“bin”文件夹图标、“本地磁盘(E:)”文件夹图标和“×××的此电脑”图标左侧的折叠按钮,将打开的文件夹逐个折叠起来。

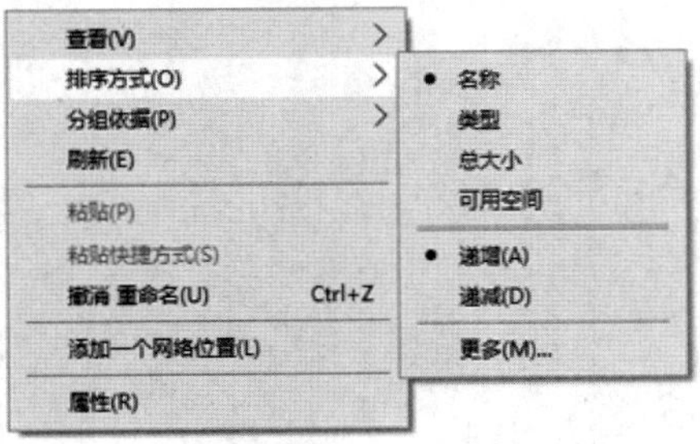

图 3-18 “排序方式”选项菜单

图 3-19 浏览 E 盘的各级目录

(4)显示隐藏的文件/文件夹。在资源管理器空白处右击,在弹出的快捷菜单中选择“属性”,在弹出的窗口中单击“工具”“文件夹选项”,弹出“文件夹选项”对话框,选择“查看”选项卡,在“高级设置”列表框中的“隐藏文件和文件夹”选项组中选中“显示隐藏的文件、文件夹和驱动器”单选按钮,如图 3-20 所示,单击“确定”按钮即可显示被隐藏的文件/文件夹。

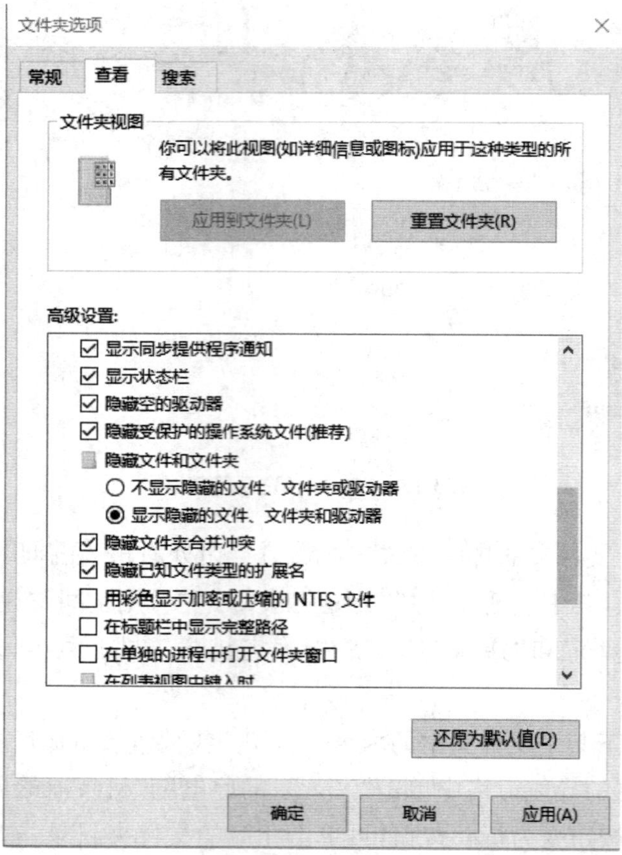

图 3-20 “文件夹选项”对话框

(5)窗口工作区对象的显示方式及排序。

如图 3-21 所示,单击“查看”菜单,在其下拉菜单中,分别选择“超大图标”“大图标”“中等图标”“小图标”“列表”“详细信息”“平铺”和“内容”命令,观察窗口工作区中文件/文件夹显示方式的变化。

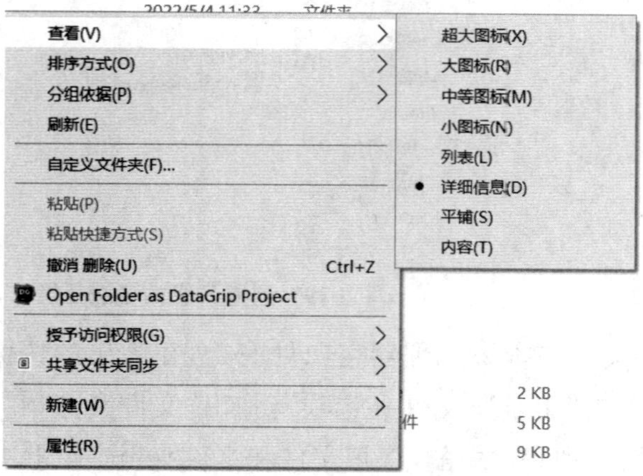

图 3-21 “查看”中的选项

任务 2　文件和文件夹的基本操作

(1)建立新文件或文件夹。

如图 3-22 所示,右击桌面空白处或窗口工作区的空白处,从弹出的快捷菜单中选择"新建"|"文件夹"命令,即可在桌面或窗口中新建一个文件夹;也可以在窗口的菜单栏中选择"文件"|"新建"|"文件夹"命令,创建一个新的文件夹。

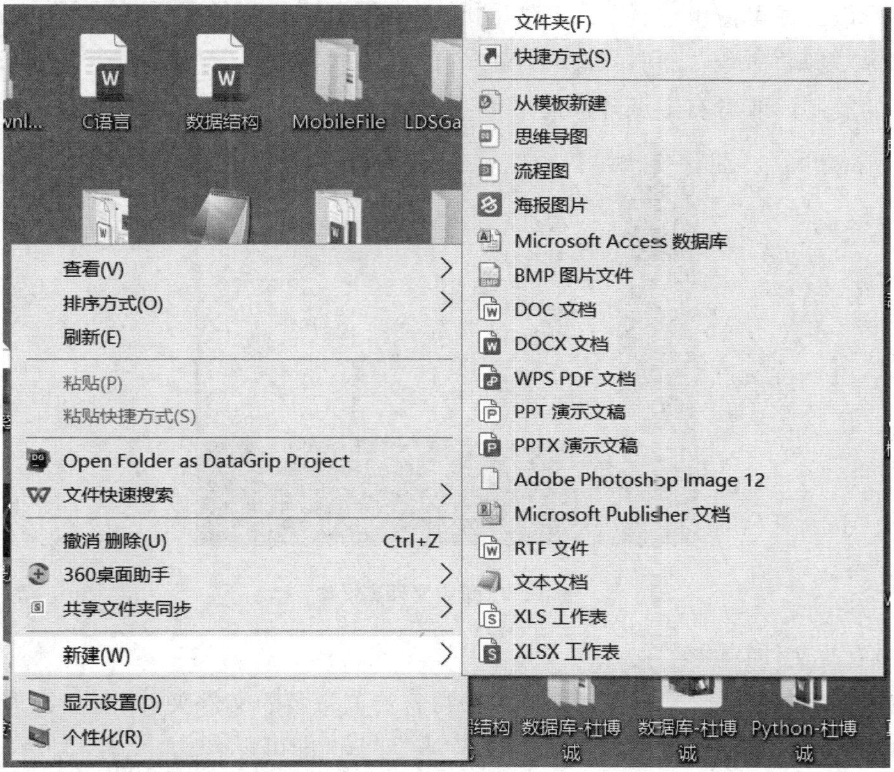

图 3-22　新建文件夹

如果在创建新文件时用户不想打开应用程序,则可以先创建一个新的空白文件。其创建方法与创建新的文件夹方法相同。

例如,若想制作一份个人简历,则可以通过右击窗口工作区的空白处,从弹出的快捷菜单中选择"新建"|"Microsoft Word 文档"命令,此时当前文件夹中会出现一个"Microsoft Word 文档"图标,在默认状态下,该文件被命名为"新建 Microsoft Word 文档",呈蓝底色,便于用户修改名称,文件扩展名则未被选中。双击该图标打开该应用程序文档,就可以在新建的空白文档中输入内容。

(2)选择文件或文件夹。

①选择单个文件或文件夹:直接单击需选择的文件或文件夹,被选中的文件或文件夹呈蓝色状态显示。

②选择多个文件或文件夹:先单击需选择的第一个对象,按住 Shift 键,再单击最

后一个对象，则它们之间的所有对象被选中。

③选择多个不相邻的文件或文件夹：先单击需选择的第一个对象，按住 Ctrl 键，逐一单击需选择的对象，则多个不相邻的对象被选中。

④选择全部文件或文件夹：选择“编辑”菜单中的“全选”或按“Ctrl＋A”组合键，选中所有文件。

(3)复制某个文件夹中的两个子文件夹到另一个文件夹中。

打开该文件夹窗口，按住 Ctrl 键，同时逐个单击要复制的子文件夹，在“编辑”菜单中选择“复制”命令，找到目标文件夹并打开，然后再选择“粘贴”命令，完成这两个文件夹的复制。或者右击点开快捷菜单，直接单击“复制”选项，如图 3-23 所示。

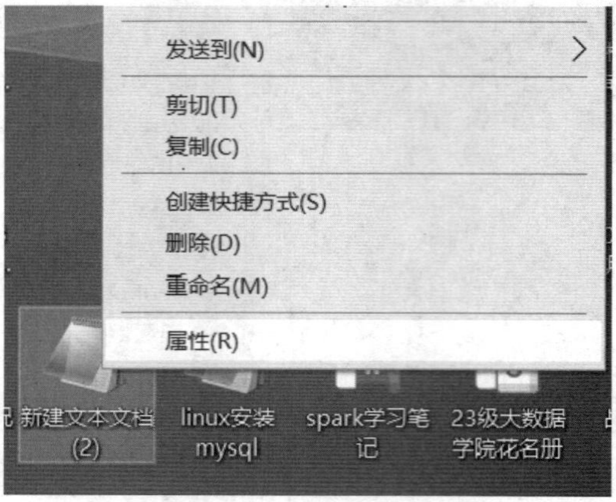

图 3-23 复制文件夹操作

(4)更改文件夹的名称。

在“Windows 资源管理器”窗口中，找到需要重命名的文件夹，如图 3-24 所示，选择菜单“文件”|“重命名”命令，键入文件名，按回车键即可更名。

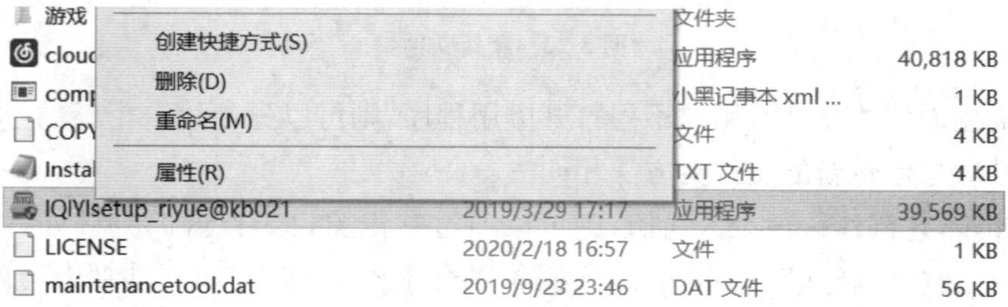

图 3-24 重命名文件或文件夹

(5)删除文件夹。

单击目标文件夹，选择菜单“文件”|“删除”命令，在弹出的“确认文件删除”对话框中单击“是”按钮，该文件夹即被从原位置删除，进入回收站。

(6)设置文件夹的属性为“只读”和“隐藏”。

右击目标文件夹，在弹出的快捷菜单中选择“属性”命令，打开“属性”对话框，选择“常规”选项卡，在“属性”选区中选择“只读”和“隐藏”复选项，如图 3-25 所示。

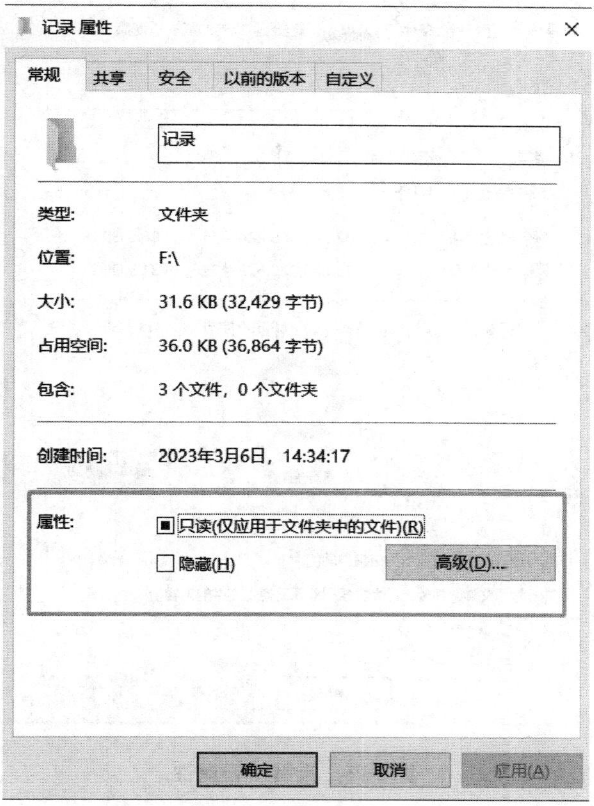

图 3-25 设置文件夹属性

任务 3 磁盘、文件和文件夹的管理

(1)查看 C 盘属性。

双击“此电脑”图标，打开“此电脑”窗口，然后右击“本地磁盘(C:)”图标，在弹出的快捷菜单中选择“属性”命令，如图 3-26 所示，在打开的对话框中，选择“常规”选项卡，查看磁盘类型、已用空间、可用空间、总容量等属性，单击“确定”按钮。

(2)格式化 U 盘。

将要格式化的 U 盘插入 USB 接口，在“此电脑”窗口中，用鼠标右击“可移动磁盘”图标，选择快捷菜单中的“格式化”命令，在打开的“格式化”对话框中，选择“快速格式化”选项，单击“开始”按钮，当进度条显示结束时格式化过程完成。

(3)将某个重要的文件夹复制到 U 盘。

用鼠标右击需要复制的文件夹图标，选择快捷菜单中的“发送到”命令，在弹出的选项中单击“可移动磁盘”即可完成复制。

图 3-26 查看C盘属性

说明：①选择多数不连续文件和文件夹时，可以先选择不需要选择的文件和文件夹，然后选择菜单“编辑”|“反向选择”命令，即可选中多数所需选择的文件或文件夹。②“此电脑”和“Windows 资源管理器”一样，都是用于管理和使用系统资源的重要应用程序。通过“此电脑”浏览和使用系统资源、管理文件或文件夹，如文件或文件夹的新建、复制、移动、删除、重命名、创建快捷方式等，其操作方法与使用“Windows 资源管理器”一样。③在文件夹中也可以创建快捷方式，方法与在桌面上创建快捷方式完全一样。④在使用窗口搜索栏搜索文件或文件夹时，可以添加搜索筛选器：“修改日期”或“大小”，以便于根据文件特征在当前文件夹或磁盘中顺利完成搜索。

项目 3.3 Windows 10 的程序管理

3.3.1 项目要求

掌握 Windows 10 系统中各种程序的使用方法。

3.3.2　项目任务

(1)计算器、截图工具和画图程序的使用。

(2)使用 Windows Media Player 播放器。

(3)利用系统工具清理、优化磁盘。

3.3.3　项目实现

任务 1　计算器、截图工具和画图程序的使用

(1)在“开始”菜单右边所有应用的浏览框里找到“J”开头的“计算器”,打开并启动“计算器”程序,如图 3-27 所示。

(2)计算“18×2−7”的值。

选择菜单“查看”|“标准型”命令,打开“标准型计算器”,依次单击计算器按钮 1、8、×、2、−、7、=,观察结果,如图 3-28 所示。

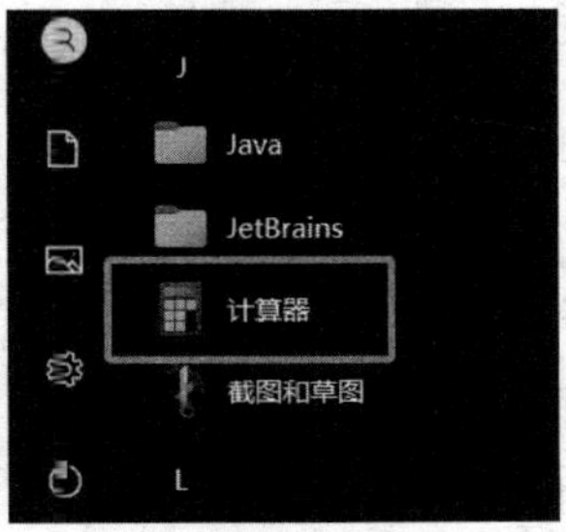

图 3-27　“计算器”程序

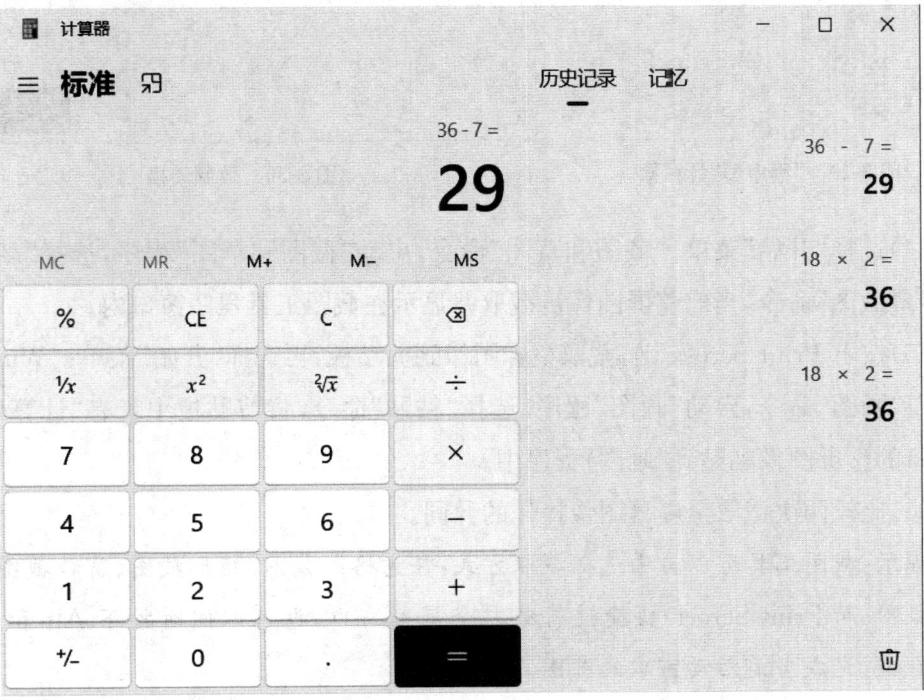

图 3-28　运算结果

(3)将十进制数 25 转换成二进制数。

如图 3-29 所示,选择菜单“打开导航”|“程序员”选项,输入 25,再选择二进制选项“bin”,观察结果,如图 3-30 所示。

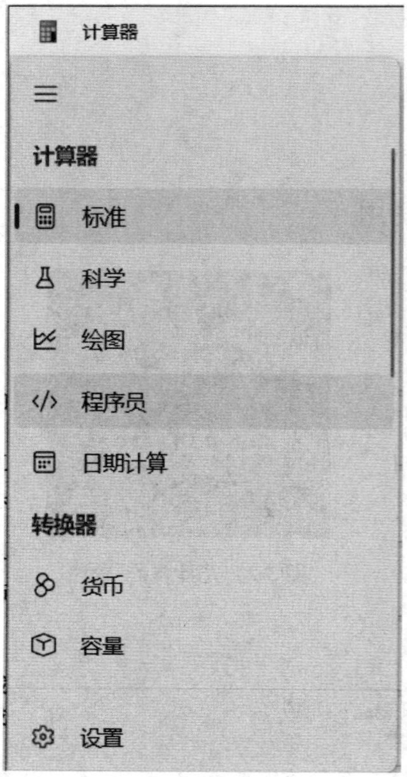

图 3-29 “程序员”计算器

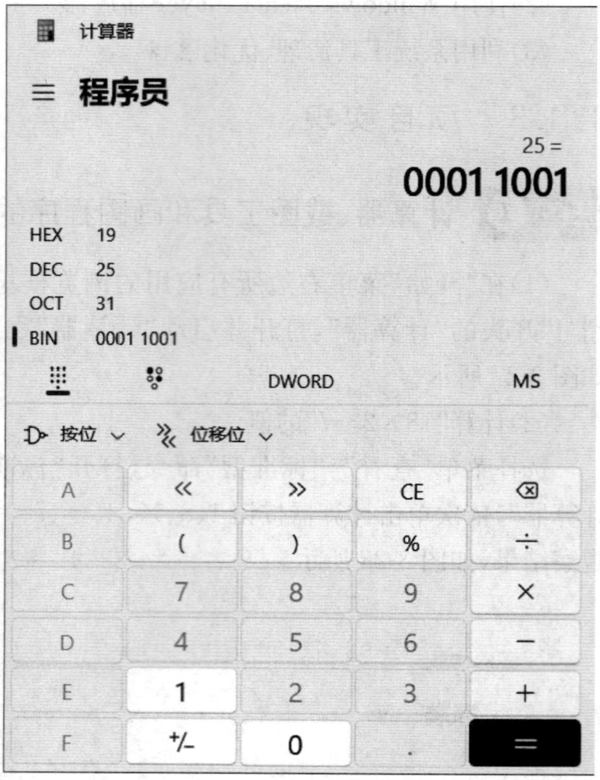

图 3-30 数制转换

(4)选择“开始”菜单|“截图和草图”命令,启动“截图和草图”程序,选择“新建”|“全屏幕截图”命令,当前整屏图像被截取并显示在截图工具程序窗口内。

(5)按下 Print Screen 键,截取整屏图像到剪贴板,再选择“开始”菜单|“Windows 附件”|“画图”命令,启动“画图”程序,选择“粘贴”命令,将剪贴板中带有“计算器”活动窗口的整屏图像粘贴到“画图”程序中。

(6)比较两次截取全屏幕图像操作的异同。

提示:截图工具可以自由选择截取方式:任意格式截图、矩形截图、窗口截图和全屏幕截图;而 Print Screen 快捷键将截取全屏幕窗口,也可以同时按下 Alt 和 Print Screen 键,完成当前活动窗口的截图。

任务 2 使用 Windows Media Player 播放器

(1)如图 3-31 所示,选择“搜索框”,输入“播放器”,弹出“Windows Media

Player”，打开“Windows Media Player”播放器。

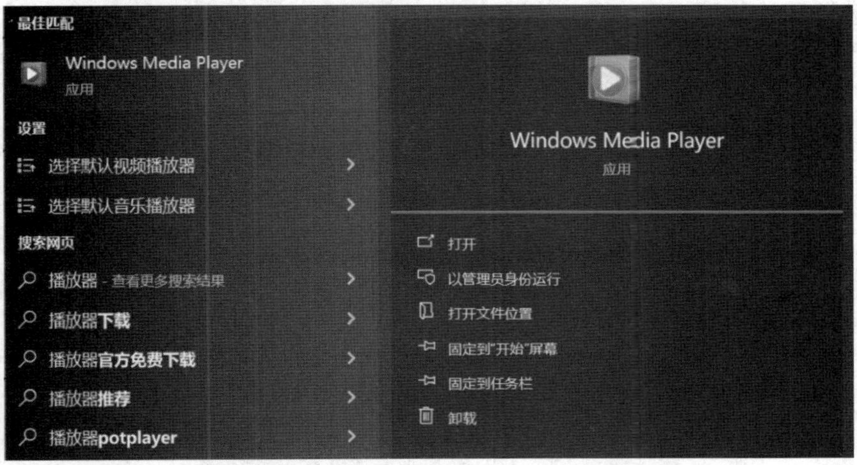

图 3-31　“Windows Media Player”播放器

（2）选择菜单“文件”|“打开”命令，在弹出的“打开”对话框中，单击“查找范围”右侧的下拉按钮，在列表中依次打开“本地磁盘(C:)”|“Wincows”|“Media”文件夹，选择 Windows 10 默认文件，开始播放，如图 3-32 所示。

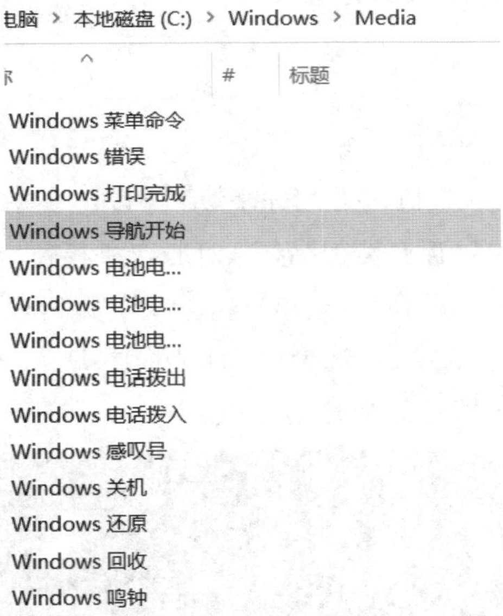

图 3-32　利用 Windows Media Player 播放系统音频

任务 3　利用系统工具清理、优化磁盘

（1）利用系统工具的“磁盘碎片整理程序”对 C 盘进行碎片整理。

选择搜索栏，输入“碎片整理和优化驱动器”命令，弹出“碎片整理和优化驱动器”命令按钮，如图 3-33所示。单击“碎片整理和优化驱动器”命令按钮打开“优化驱动器”

对话框,如图 3-34 所示。选择磁盘并单击“分析”,如果系统提示需要整理,则单击“优化”进行碎片整理。

图 3-33 碎片整理和优化驱动器

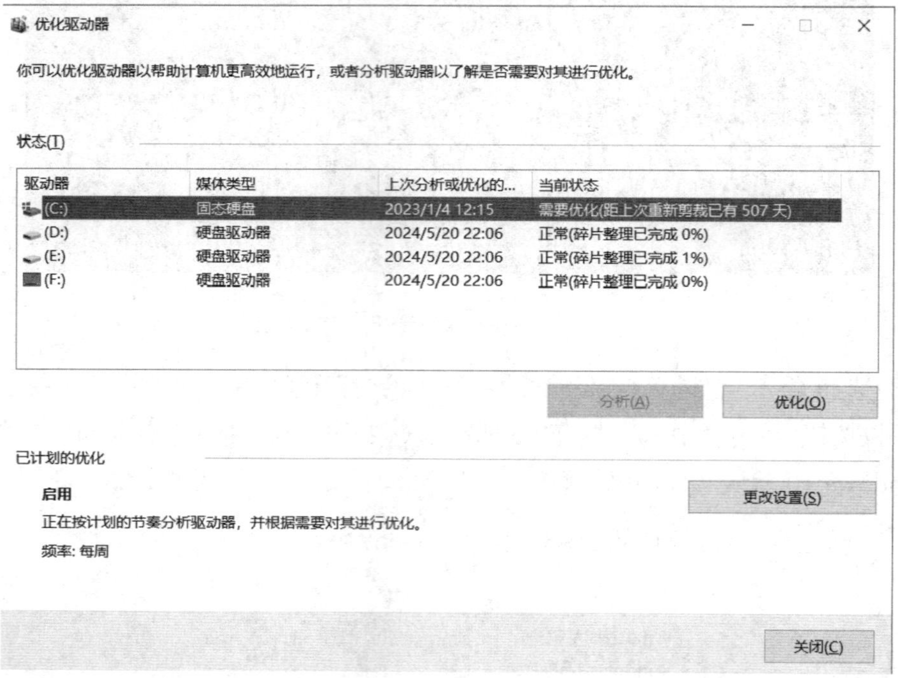

图 3-34 “优化驱动器”对话框

(2)利用系统工具中的“磁盘清理”程序,对 D 盘进行磁盘清理。

在搜索栏输入“磁盘清理”命令,选择“磁盘清理”“以管理员身份运行”,如图 3-35 所示,弹出如图 3-36 所示的窗口,选择驱动器“程序 D:”。选择后进入新窗口,如图 3-37所示,单击“确定”按钮开始清理。

图 3-35 磁盘清理

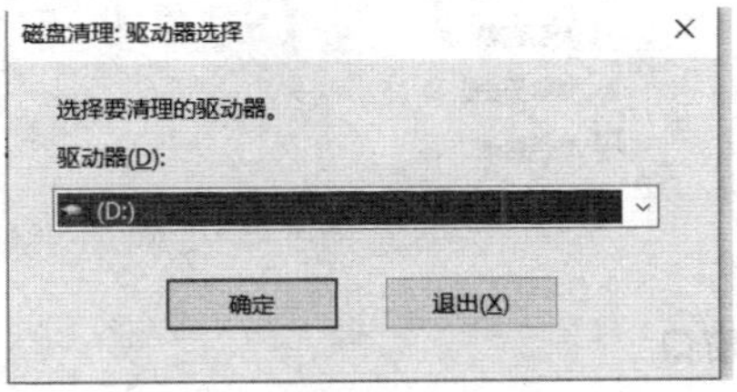

图 3-36　选择 D 盘

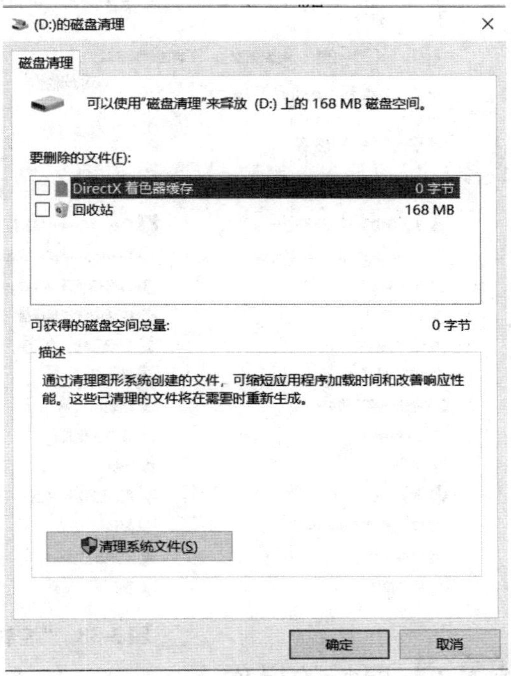

图 3-37　确认即可清理 D 盘

项目 3.4　控制面板的使用

3.4.1　项目要求

(1)熟悉控制面板的主要功能。

(2)掌握在控制面板中进行系统设置的基本方法。

3.4.2　项目任务

(1)鼠标的设置。

(2)系统日期/时间的设置。

(3)"个性化"属性的设置。

(4)添加和删除应用程序。

3.4.3　项目实现

任务 1　控制面板的启动

选择"开始"|"Windows 系统"|"控制面板"，打开"控制面板"窗口，如图 3-38 所示。

图 3-38 “控制面板”窗口

任务 2 鼠标的操作

(1)在控制面板窗口单击“鼠标”图标,打开“鼠标 属性”对话框,如图 3-39 所示。

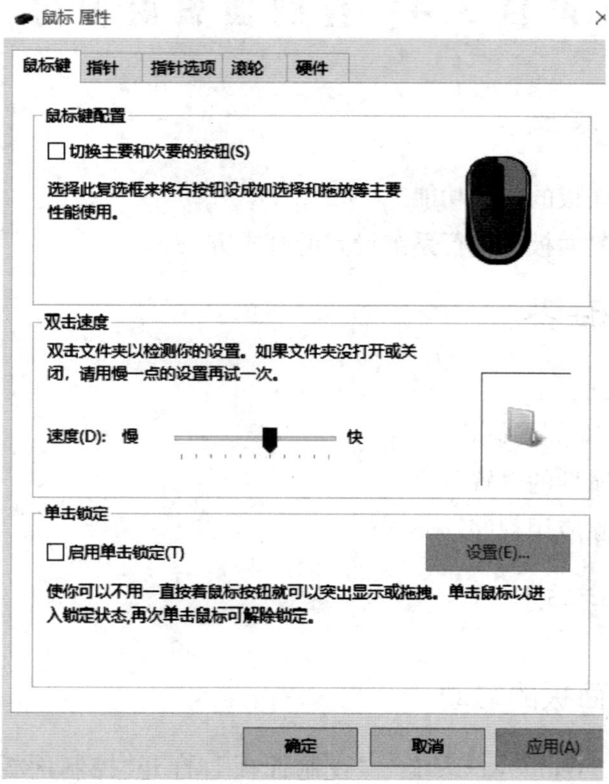

图 3-39 “鼠标 属性”对话框

(2)更改鼠标的左、右手习惯,调整双击速度,启用单击锁定。如图 3-39 所示,在“鼠标键配置”区勾选“切换主要和次要的按钮”,将右键设成选择和拖放等主要功能的使用。在“双击速度”选项区,拖动滑块调整鼠标双击速度,然后双击该区右侧的文件夹图标,测试双击速度,测试到快慢合适即可;在“单击锁定”选项区,勾选“启用单击锁定”,单击“确定”按钮,完成所有设置。

(3)将鼠标“正常选择”的指针设置为,然后再设置为“使用默认值”。

选择“指针”选项卡,在“自定义”列表中选择“正常选择”,单击“浏览”按钮,在打开的对话框中,选用“缩略图”查看方式,选择“手写”文件完成设置,如图 3-40 所示。选择“指针”选项卡,单击“使用默认值”,可恢复 Windows 系统方案的鼠标指针形状。

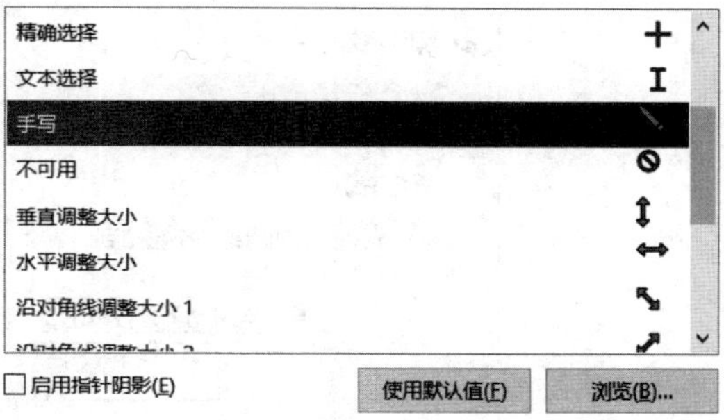

图 3-40　选择指针样式

(4)调整鼠标的指针速度和显示指针轨迹。

选择“指针选项”选项卡,在“移动”选项区分别拖动滑块到“慢”“快”,移动指针观察调整鼠标指针速度后的效果,如图 3-41 所示。

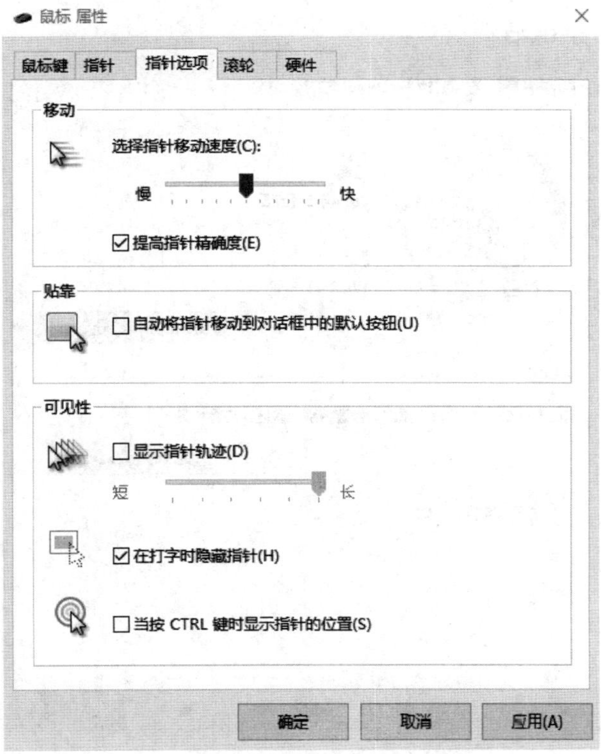

图 3-41　调整鼠标指针速度

在“可见性”选项区,勾选“显示指针轨迹”,分别拖动滑块到“短”“长”,观察鼠标指针显示踪迹的长短。

(5)设置滚动滚轮一次滚动4行。

选择“滚轮”选项卡,在“垂直滚动”的“一次滚动下列行数”的数值框中输入或选择“4”,单击“确定”按钮,如图3-42所示。

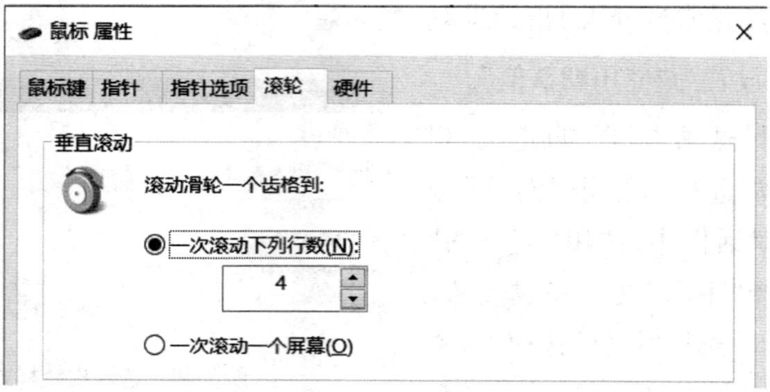

图3-42 调节滚轮滚动行数

任务3 系统日期/时间的设置

(1)在“控制面板”窗口单击“日期和时间”图标,或双击任务栏右边的日期和时间区域,选择“更改日期和时间设置”链接,打开“日期和时间”对话框,如图3-43所示。

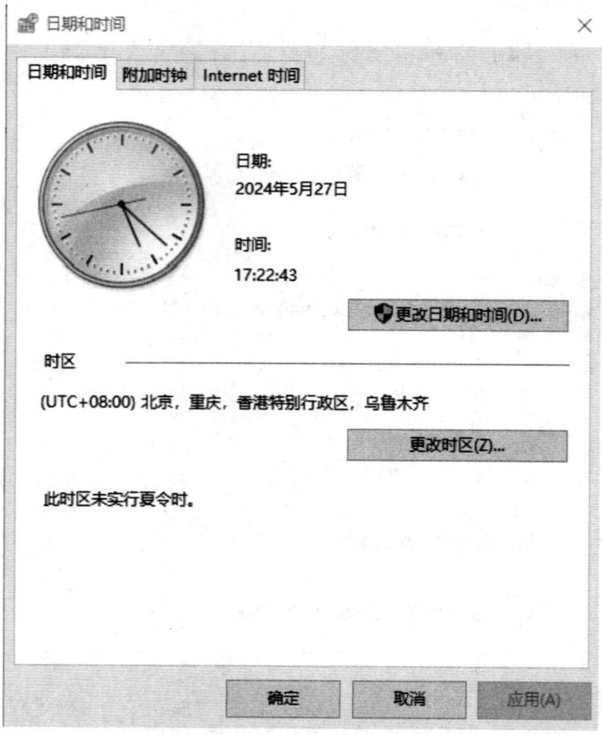

图3-43 “日期和时间”对话框

(2)选择“日期和时间”选项卡,单击“更改日期和时间”按钮,在弹出的“日期和时间设置”对话框中,将系统日期和时间设置为“2024-5-10 13:14:20”。

(3)在“日期”栏中,分别设置“年”“月”“日”,选择年值为“2024”,月值为“5”,在下方的日值列表中选择“10”。

(4)单击右侧“时间”选项区下侧文本框中的上下微调箭头,调整时间为“13:14:20”,或从键盘直接输入相应数值。

任务 4　删除福昕云文档

(1)在“控制面板”窗口中,单击“程序和功能”图标,下拉选择“福昕云文档”。

(2)右击选择“卸载/更改”,弹出卸载窗口。

(3)单击“残忍离开”,即可卸载“福昕云文档”。

任务 5　添加/删除 Windows 功能

在“控制面板”窗口中,单击“程序和功能”图标,打开“程序和功能”设置窗口,单击左侧的“启用或关闭 Windows 功能”链接,打开“Windows 功能”设置窗口,如图 3-44所示。

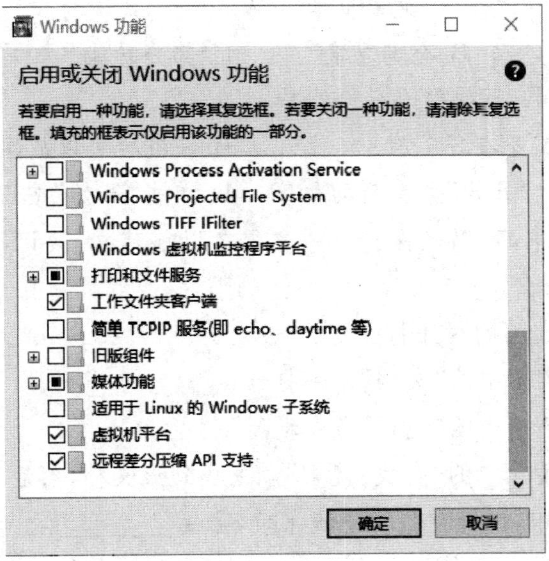

图 3-44　“Windows 功能”设置窗口

选中“虚拟机平台”复选框,单击“确定”按钮,即可完成“虚拟机平台”功能的添加,同理,若取消某个功能的复选框,则该功能将从系统中删除。

习题3

一、选择题

1. 菜单是 Windows 的一种操作手段，要想执行下拉菜单中的某个操作，应________。

   A. 通过键盘输入菜单中该操作命令项的文字

   B. 用鼠标单击下拉菜单中的该命令操作项

   C. 选择菜单中的该操作命令项，然后按键盘上的空格键

   D. 在窗口内任意一个空白位置单击鼠标键

2. 删除 Windows 桌面上某个应用程序的快捷方式图标，意味着________。

   A. 该应用程序连同其图标一起被删除

   B. 只删除了该应用程序，对应的图标被隐藏

   C. 该应用程序连同其图标一起被隐藏

   D. 只删除了该快捷方式图标，对应的应用程序被保留

3. Windows 的“桌面”是指________。

   A. 某个窗口　　B. 活动窗口　　C. 整个屏幕　　D. 全部窗口

4. 在 Windows 中，“开始”菜单包括了 Windows 系统的________。

   A. 主要功能　　B. 全部功能　　C. 部分功能　　D. 初始化

5. 在 Windows 中，下列叙述错误的是________。

   A. “开始”按钮不在任务栏中　　B. 任务栏可以放在桌面任何边缘处

   C. 用户可通过“开始”菜单启动程序　　D. 单击“开始”按钮可打开“开始”菜单

6. 在 Windows 中，可以确保打开一个很久以前建立，又记不清用何种程序建立的文档的操作是________。

   A. 用建立该文档的程序打开

   B. 用“开始”菜单中的“文档”命令打开

   C. 用“开始”菜单中的“运行”命令运行

   D. 用“开始”菜单中的“查找|搜索”命令找到该文档，然后双击它

7. 在 Windows 中，用键盘打开系统菜单，需要________。

   A. 同时按下 Ctrl 和 Z 键　　B. 同时按下 Ctrl 和 Esc 键

   C. 同时按下 Ctrl 和空格键　　D. 同时按下 Ctrl 和 Shift 键

8. 在 Windows 中，下列叙述正确的是________。

   A. 移动文件或文件夹，用“剪切”后，再“复制”

   B. 移动文件或文件夹，用“复制”后，再“粘贴”

   C. 移动文件或文件夹，用“复制”后，再“剪切”

   D. 移动文件或文件夹，用“剪切”后，再“粘贴”

二、简答题

1. 请举例说明如何在 Windows 10 中删除一个文件。

2. 请举例说明 Windows 10 的全新功能。

三、操作题

1. 请将鼠标样式更改为黄色、Windows 反转(大)(系统方案)、滚轮滚动一次翻动 6 行。

2. 利用“计算器”将十进制数 36 转化为二进制数并给出结果。

单元4 使用Word 2016 制作文档

【引言】

Word 2016 是微软(Microsoft)公司开发的 Office 2016 系列组件的重要成员之一，是全球应用最为广泛的文字处理软件之一，适用于个人和企业用户。Word 2016 工作界面友好，文档处理能力强，能够满足多样化的文档创建和管理需求。

本章将介绍如何使用 Word 2016 创建、编辑、排版文档，同时对文档中表格的制作与处理、图文混排、样式和格式的设置、文档修订和批注以及文档的打印输出等进行介绍。

项目 4.1 制作宿舍 6S 管理规定

4.1.1 项目要求

(1)掌握 Word 2016 文档创建、编辑与保存的操作。

(2)掌握 Word 2016 文档字符格式化的操作。

(3)掌握 Word 2016 文档段落格式化的操作。

(4)熟悉“字体”“段落”选项卡的使用。

4.1.2 项目任务

为了帮助大一新生创建安全、舒适、卫生、整洁的宿舍生活环境，同时培养文明健康的生活习惯，班级团支部下发了制作宿舍 6S 管理规定的任务，要求学生以宿舍为单位，制作出宿舍 6S 管理规定，并打印、张贴在宿舍醒目的位置。文档效果如图 4-1 所示。

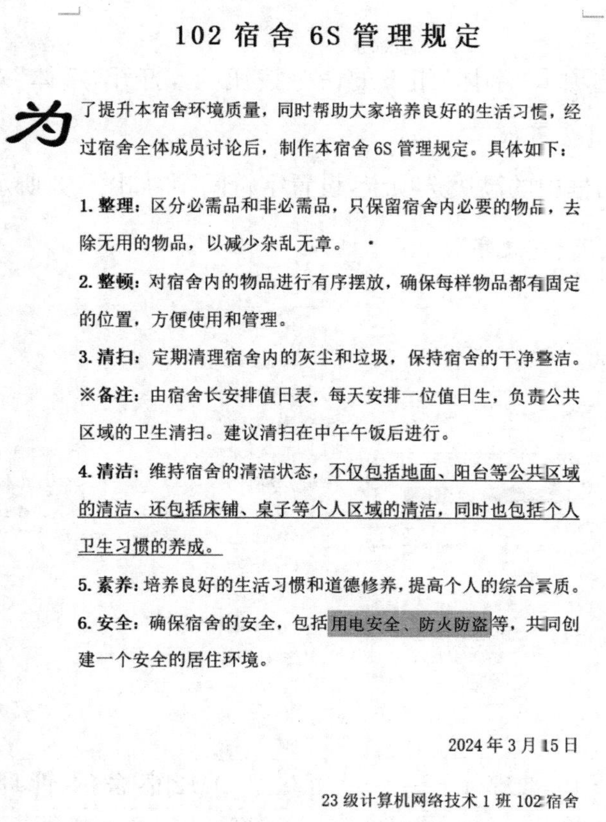

102 宿舍 6S 管理规定

为了提升本宿舍环境质量，同时帮助大家培养良好的生活习惯，经过宿舍全体成员讨论后，制作本宿舍 6S 管理规定。具体如下：

1. 整理：区分必需品和非必需品，只保留宿舍内必要的物品，去除无用的物品，以减少杂乱无章。

2. 整顿：对宿舍内的物品进行有序摆放，确保每样物品都有固定的位置，方便使用和管理。

3. 清扫：定期清理宿舍内的灰尘和垃圾，保持宿舍的干净整洁。

※备注：由宿舍长安排值日表，每天安排一位值日生，负责公共区域的卫生清扫。建议清扫在中午午饭后进行。

4. 清洁：维持宿舍的清洁状态，不仅包括地面、阳台等公共区域的清洁、还包括床铺、桌子等个人区域的清洁，同时也包括个人卫生习惯的养成。

5. 素养：培养良好的生活习惯和道德修养，提高个人的综合素质。

6. 安全：确保宿舍的安全，包括用电安全、防火防盗等，共同创建一个安全的居住环境。

2024 年 3 月 15 日

23 级计算机网络技术 1 班 102 宿舍

图 4-1　文档效果

4.1.3　项目实现

任务 1　新建 Word 文档

新建一个 Word 文档，将其命名为“102 宿舍 6S 管理规定. docx”，并保存在桌面上。

操作步骤：

(1)在桌面空白处单击鼠标右键，弹出快捷菜单。

(2)在弹出的快捷菜单上，选择“新建”|“Microsoft Word 文档”，这时候会在桌面上新建一个 Word 文档。

(3)单击文档名称，将其重命名为“102 宿舍 6S 管理规定. docx”。

(4)双击打开该文档，输入相应的文字内容。

任务 2　设置标题

在文档首行输入标题“102 宿舍 6S 管理规定”，设置标题文字为宋体、二号、加粗、居中，将字符间距设为加宽3磅。

操作步骤：

(1)单击“开始”选项卡“字体”组下的命令按钮，打开“字体”对话框，设置字体、字形和字号，如图4-2所示。

(2)选择字体对话框中的高级选项卡，设置字符间距，如图4-3所示。

注意：相应操作应用于“文字”。

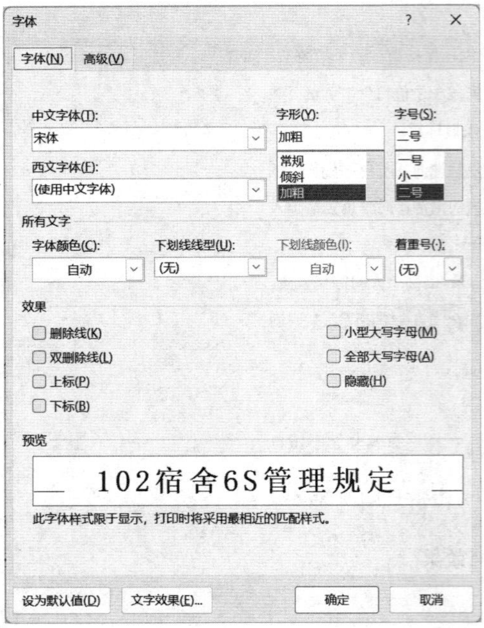

图4-2 “字体”对话框

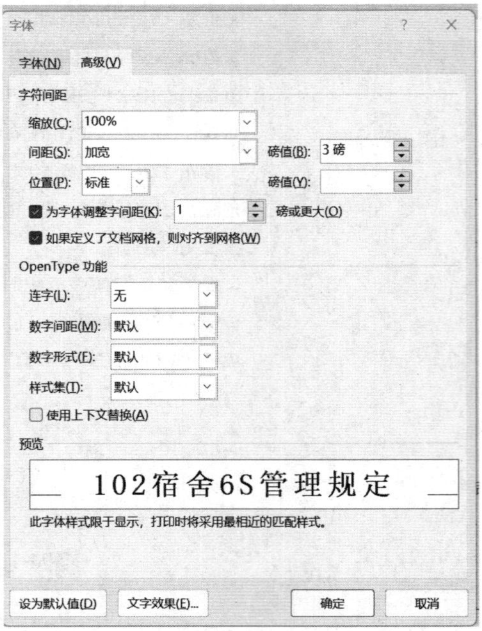

图4-3 设置字符间距

任务3 输入文字

输入如下文字内容，字体和段落格式为Word模板默认格式。

为了提升本宿舍环境质量，同时帮助大家培养良好的生活习惯，经过宿舍全体成员讨论后，制作本宿舍6s管理规定，具体如下。

1.整理：区分必需品和非必需品，只保留宿舍内必要的物品，去除无用的物品，以减少杂乱无章。

2.整顿：对宿舍内的物品进行有序摆放，确保每样物品都有固定的位置，方便使用和管理。

3.清扫：定期清理宿舍内的灰尘和垃圾，保持宿舍的干净整洁。

备注：由宿舍长安排值日表，每天安排一位值日生，负责公共区域的卫生清扫。建议清扫在中午午饭后进行。

4. 清洁：维持宿舍的清洁状态，不仅包括地面、阳台等公共区域的清洁，还包括床铺、桌子等个人区域的清洁，同时也包括个人卫生习惯的养成。

5. 素养：培养良好的生活习惯和道德修养，提高个人的综合素质。

6. 安全：确保宿舍的安全，包括用电安全、防火防盗等，创建一个安全的居住环境。

2024 年 3 月 15 日

23 级计算机网络技术 1 班 102 宿舍

任务 4　文字替换

将文档中的“6s”全部替换为“6S”。

操作步骤：

(1)单击“开始”选项卡“编辑”组下的“替换”命令按钮，打开“查找和替换”对话框。

(2)在“替换”选项卡中分别填写查找内容“6s”和替换内容“6S”，单击“全部替换”按钮完成替换，如图 4-4 所示。

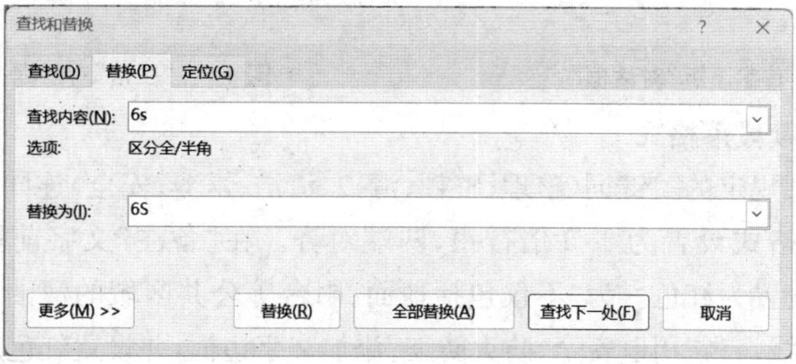

图 4-4　“查找和替换”对话框

任务 5　设置正文格式

1. 设置第一段格式

将正文第一段“为了提升本宿舍环境质量……具体如下。”文字设置为宋体、小三号字，首字悬挂下沉 2 行，首字下沉字体为隶书，距正文 0 厘米。

操作步骤：

(1)设置首字悬挂下沉 2 行等选项，如图 4-5 所示。

(2)设置段落格式为两端对齐，间距为段后 1 行，行距为 1.5 倍行距，如图 4-6 所示。

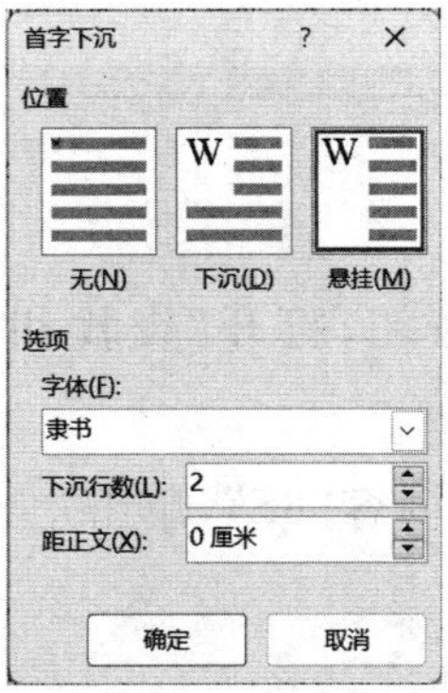

图 4-5 “首字下沉”对话框

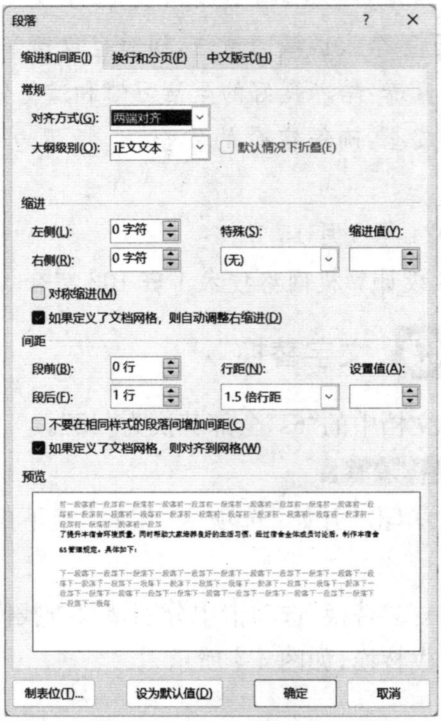

图 4-6 “段落”对话框

2. 设置后续段落格式

将 6S 管理规定的关键词(整理、整顿、清扫、清洁、素养、安全)连同序号加粗。将正文后续段落格式设置为 1.5 倍行距、两端对齐。在“备注”文字前插入特殊符号“※”,并将其设置为红色。为“不仅包括地面、阳台等公共区域的清洁……习惯的养成。”添加下划线。为“用电安全、防火防盗”添加文字边框,并设置红色底纹。

操作步骤:

(1)选中序号和关键词,单击字体选项组中的“加粗”快捷按钮,如图 4-7 所示。

(2)选中正文第二段及后续段落,单击“开始”选项卡“段落”组下的命令按钮 ,打开“段落”对话框,如图 4-6 所示,设置段落的行距和对齐方式。

(3)将光标定位到“备注”前,单击“插入”选项卡“符号”组下的命令按钮 Ω 符号,打开符号对话框,选择“※”符号,就可以在“备注”前插入“※”符号,再选择插入的“※”符号,设置字体颜色为红色。插入符号操作如图 4-8 所示。

(4)单击左键,选中“不仅包括地面、阳台等公共区域的清洁……习惯的养成。”在“开始”选项卡“字体”组下单击命令按钮 **U** 。

(5)单击左键,选中“用电安全、防火防盗”,在“开始”选项卡“段落”组下单击命令按钮 下拉框中的“边框和底纹”命令,打开“边框和底纹”对话框,设置字符底纹和文字边框，如图 4-9 所示。

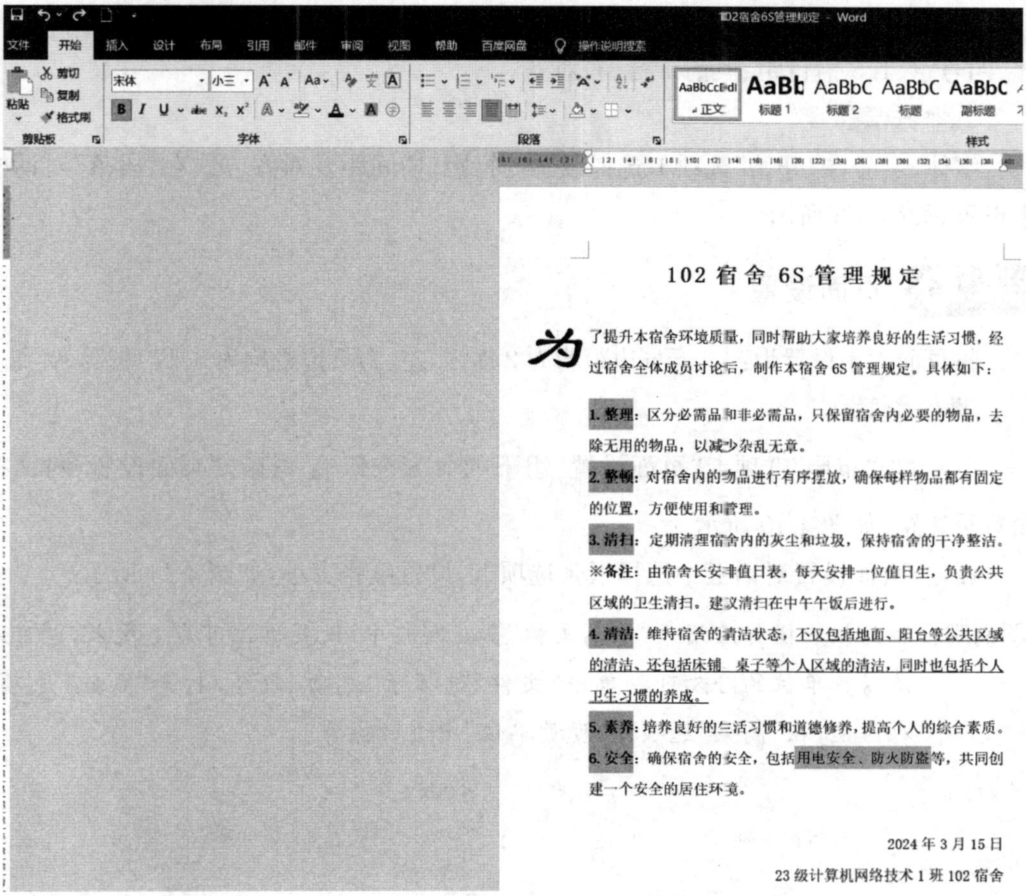

图 4-7　设置字体加粗

说明： 可以逐个选中关键词后单击加粗按钮，也可以选中第一个关键词后，按住 Shift 键，再选中其他关键词，最后单击加粗按钮。

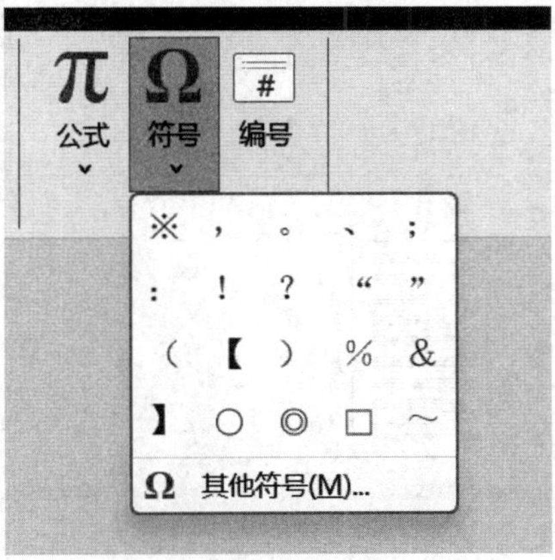

图 4-8　符号对话框

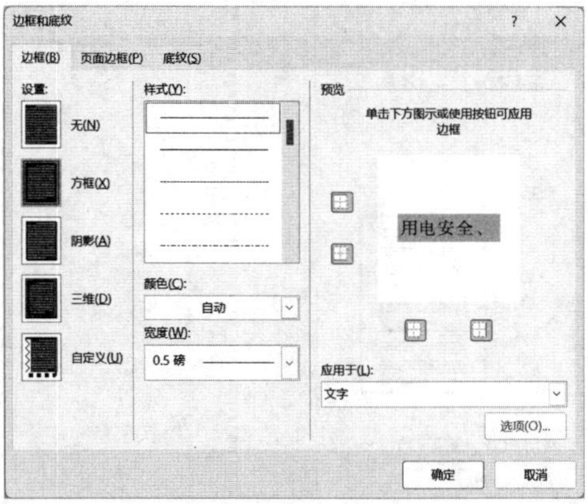

图 4-9　“边框和底纹”对话框

3. 设置落款段格式

将落款段文字“2024 年 3 月 15 日 23 级计算机网络技术 1 班 102 宿舍”设置为宋体、四号字、1.5 倍行距、段前 1 行、右对齐。

操作步骤：

字体、字号在“开始”选项卡选择设置。行距、段间距及对齐方式在“段落”对话框中设置，如图 4-6 所示。

任务 6 页面设置

将页面大小设置为：上、下页边距均为 2 厘米，左、右页边距均为 3.17 厘米，A4 纸。

操作步骤：

(1)单击“布局”选项卡“页面设置”组下的命令按钮，打开“页面设置”对话框设置页边距，如图 4-10 所示。

(2)在页面设置对话框中选择纸张选项卡，设置纸张大小，如图 4-11 所示。

说明： 注意相应操作应用于“整篇文档”。在实验中，设置单位可能是厘米，也可能是磅。单位的修改可以单击“文件”选项卡“选项”命令，打开“Word 选项”对话框，在“高级”选项卡“度量单位”中进行操作。

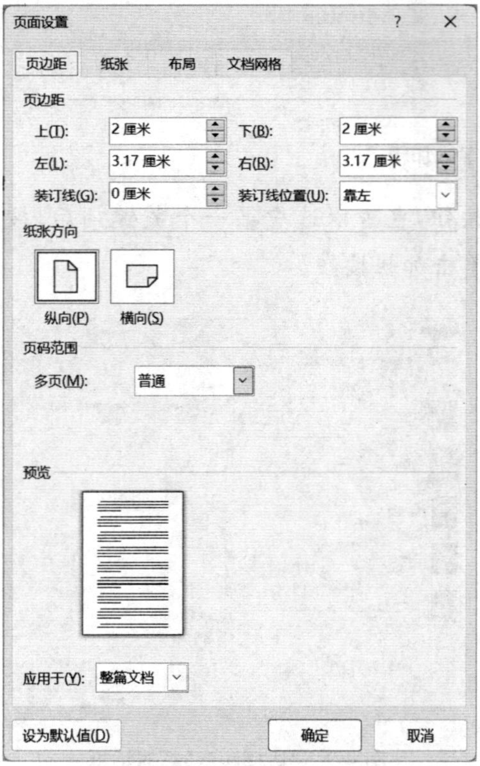

图 4-10 “页面设置”对话框

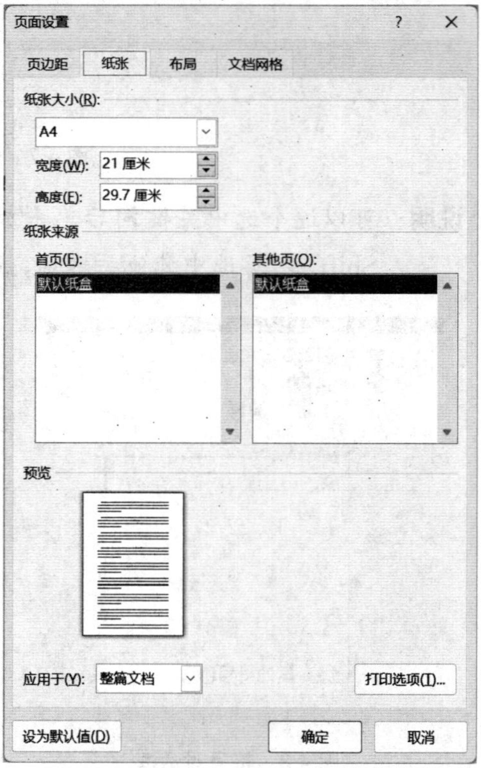

图 4-11 纸张选择对话框

任务 7　任务拓展

1. 格式刷的使用

操作步骤：

(1)格式刷按钮如图 4-12 所示。

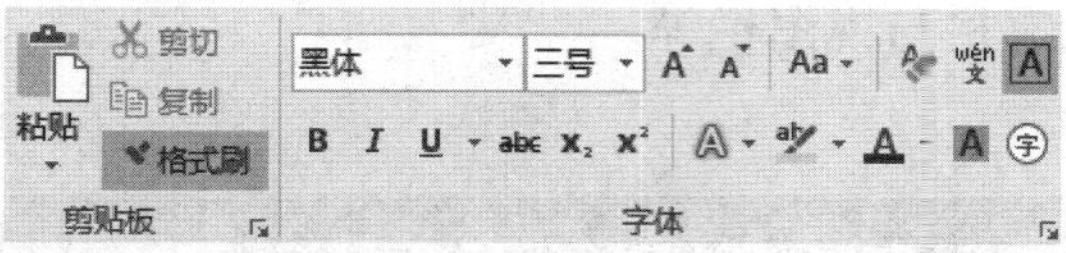

图 4-12　“格式刷”按钮

(2)如果想把 A 的格式复制到 B 上，可以选中 A 部分，单击“开始”选项卡|“剪贴板”组下的“格式刷”按钮(此时光标变成“小刷子”的形状)，“刷”向 B 部分即可。

说明： 在对字符、段落进行格式化操作时，使用格式刷减少了大量重复的操作。单击“格式刷”按钮只能复制一次格式，双击“格式刷”按钮，则可以复制该格式任意次。

2. 保护文档和打印文档

操作步骤：

(1)单击选择“文件”选项卡|“信息”组|“保护文档”命令，可以选择用密码进行加密等方式来保护文档，防止他人对文档进行更改，如图 4-13 所示。

(2)单击选择“文件”选项卡|“打印”按钮，弹出“打印”对话框，进行打印份数、打印机和打印设置，如图 4-14 所示。

图 4-13　“保护文档”对话框

图 4-14　“打印”对话框

4.1.4 相关知识

1. Word 2016 的操作界面

在启动 Word 2016 之后，可以看到如图 4-15 所示的 Word 2016 的操作界面。其中主要包括快速访问工具栏、标题栏、窗口控制按钮、选项卡、功能区、标尺、滚动条、导航窗格、工作区、状态栏与视图栏等。

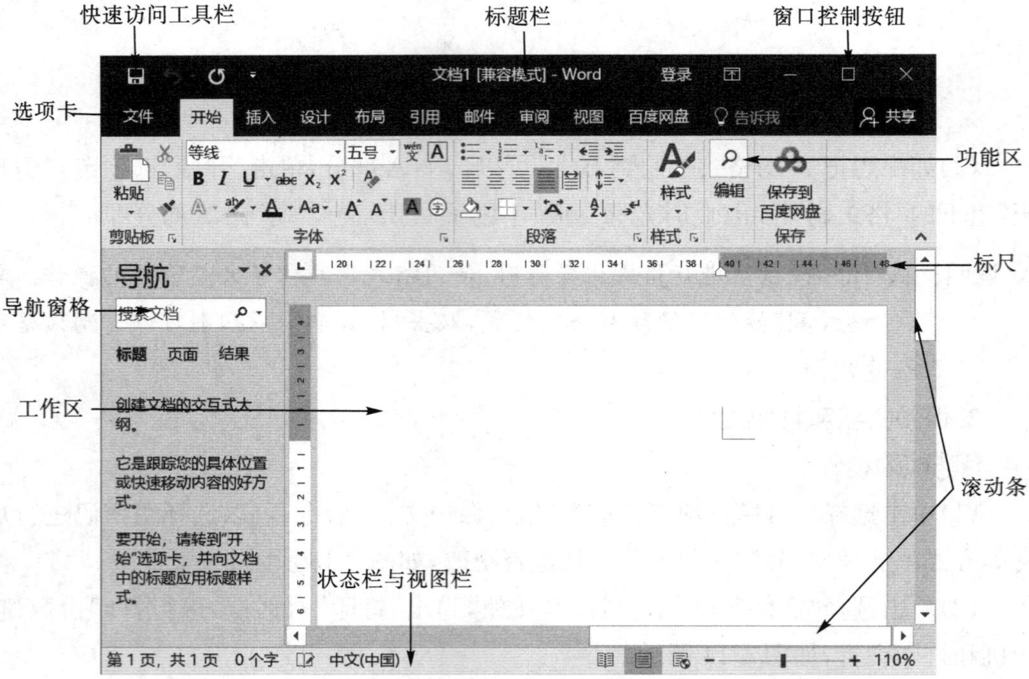

图 4-15 Word 2016 的操作界面

(1)快速访问工具栏。快速访问工具栏位于标题栏左端，用于快速执行某些操作。在默认状态中包含三个快捷按键，分别为“保存”“撤消”和“恢复”。在快速访问工具栏的末尾是一个下拉菜单，在其中可以添加其他常用命令。

(2)标题栏和窗口控制按钮。标题栏位于窗口的顶端，用于显示当前文档的名称。单击窗口控制按钮，可以最小化、最大化、还原或关闭窗口。

(3)选项卡和功能区。选项卡也称为菜单栏，几乎包含了 Word 所有的编辑功能。单击某一选项卡标签，其下方会显示与之对应的功能区，每个功能区又分为若干个功能组。

(4)导航窗格。导航窗格主要显示文档的标题及文字，以及方便用户快速查看文档，单击其中的标题，可以快速定位到相应的位置，如图 4-16 所示。

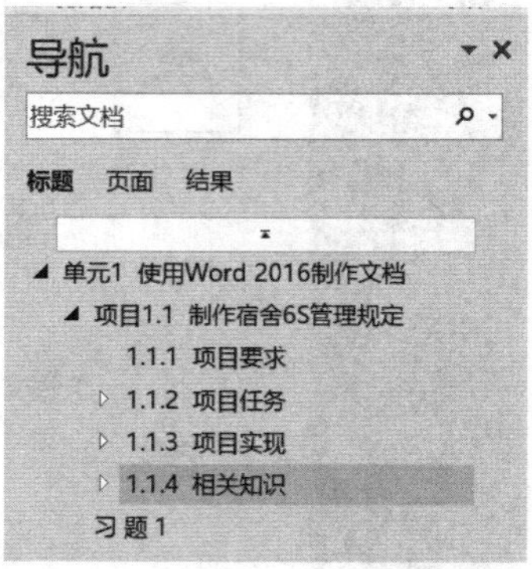

图 4-16 导航窗格

(5)工作区。Word 2016 的工作区位于窗口中央，占据窗口的大部分区域，是用来编辑或修改文档的区域。Word 的大部分工作都在工作区中进行。

(6)状态栏与视图栏。状态栏和视图栏位于窗口的底部，显示了文档的当前信息，如当前显示的文档是第几页、共几页和当前文档的字数等，在视图栏中通过拖动“显示比例滑竿”中的滑块，可以直观地改变文档编辑区的大小。“视图”按钮可用于更改正在编辑的文档的显示模式以符合用户的要求，如图 4-17 所示。

图 4-17　状态栏与视图栏

2. 新建文档

启动 Word 2016 后，系统会自动建立一个空白文档 默认的文件名是“文档 1-Microsoft Word”。在 Word 2016 中，新建文档常用的方法有以下几种。

(1)单击“文件”|“新建”命令，打开“新建”任务窗格，常选择“空白文档”，也可以选择各种模板来创建文档。

(2)单击快速访问工具栏中的“新建文档”按钮。

(3)按下“Ctrl＋N”组合键。

3. 保存文档

(1)保存新建的文档。

①单击快速访问工具栏上的“保存”按钮，或单击“文件”|“保存”菜单命令，或按“Ctrl＋S”组合键，打开“另存为”窗口。

②在“另存为”窗口单击“浏览”按钮，在弹出的“另存为”对话框中选择存放该文档的文件夹。

③在“文件名”下拉列表框中输入要保存的文档名。

④单击“保存类型”列表框右侧的下拉箭头选择文件类型，默认类型为：Word 文档(＊. docx)。

⑤单击“保存”按钮，如图 4-18 所示。

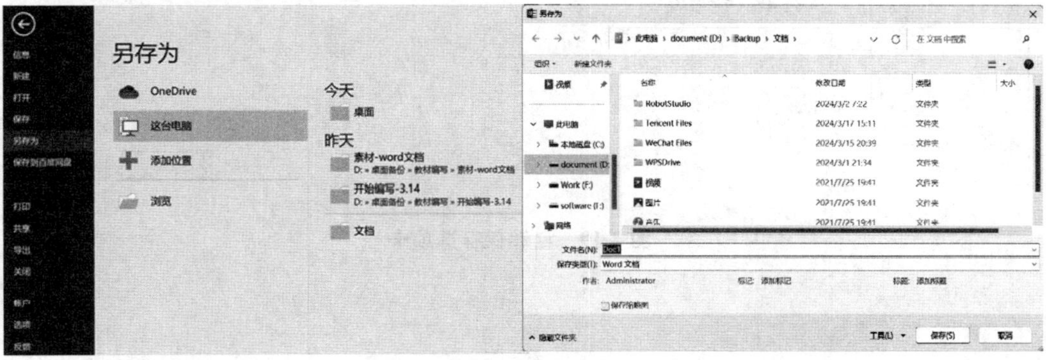

图 4-18　“另存为”对话框

(2)另存文件。无论是否进行过修改操作,若想更换文件名或保存位置,并将原来的文件留作备份,都可以选择另存为操作。另存为操作的步骤如下。

①依次单击"文件"|"另存为"菜单命令,打开"另存为"对话窗口。

②在"另存为"对话窗口单击"浏览"按钮。

③在弹出的"另存为"对话框中输入文件名或指定保存位置。

④单击"保存"按钮。

(3)自动保存。Word 2016具备自动保存功能,自动保存就是Word可在一定时间内自动保存一次文档。这样可以有效地降低因发生意外(停电或死机等)而造成的损失。

单击"文件"|"选项"命令,打开"选项"对话框并选择"保存"选项卡,选中"保存自动恢复信息时间间隔"复选框,且在右边的微调框中设置希望自动保存的时间间隔,单击"确定"按钮完成设置,如图4-19所示。

图4-19 自动保存选项卡

项目 4.2　制作客户资料登记表

4.2.1　项目要求

(1)掌握在 Word 2016 中创建表格和编辑表格的操作。
(2)掌握在 Word 2016 中美化表格的操作。
(3)掌握设置表格标题跨页的操作。
(4)熟悉插入图表。

4.2.2　项目任务

大三学生李强刚进入智能电子有限公司实习,就被分配到公司仓库管理部门负责登记客户信息。考虑到纸质登记表不方便携带和保存,并且也不方便对客户信息进行数据分析,为了提高工作效率,李强准备使用 Word 2016 制作一份客户资料登记表,将以前记录在册的信息进行汇总留存,并方便今后对客户采购信息进行及时更新。制作的客户资料登记表效果如图 4-20 所示。

客户资料登记表

<table>
<tr><td>客户编号</td><td colspan="2">001</td><td>客户名称</td><td colspan="2">合肥新科家电制造有限公司</td><td rowspan="5">企业标志</td></tr>
<tr><td>详细地址</td><td colspan="5">安徽省合肥市蜀山区望江西路 146 号</td></tr>
<tr><td>所在地区</td><td colspan="2">合肥市蜀山区</td><td>邮政编码</td><td colspan="2">243002</td></tr>
<tr><td>联系人</td><td colspan="2">陈琳</td><td>手机号码</td><td colspan="2">1522585****</td></tr>
<tr><td>QQ</td><td colspan="2">********</td><td>E-mail</td><td colspan="2">********@qq.com</td></tr>
<tr><td colspan="7">企业简介</td></tr>
<tr><td colspan="7">暂无</td></tr>
<tr><td colspan="7">订单信息</td></tr>
<tr><td>日期</td><td>联系人</td><td colspan="2">名称</td><td>数量</td><td>单价</td><td>金额</td></tr>
<tr><td>2023-10-1</td><td>李娜</td><td colspan="2">电脑主板</td><td>100</td><td>2498</td><td>29800</td></tr>
<tr><td>2023-11-11</td><td>马达</td><td colspan="2">空调主板</td><td>100</td><td>2088</td><td>208800</td></tr>
<tr><td>2023-11-22</td><td>李娜</td><td colspan="2">冰箱主板</td><td>50</td><td>1500</td><td>75000</td></tr>
<tr><td>2023-12-1</td><td>金明</td><td colspan="2">微波炉主板</td><td>50</td><td>950</td><td>47500</td></tr>
<tr><td>2023-12-15</td><td>金明</td><td colspan="2">洗衣机主板</td><td>150</td><td>1050</td><td>157500</td></tr>
<tr><td colspan="4">合计</td><td>450</td><td>8086</td><td>518600</td></tr>
</table>

录入员:

图 4-20　客户资料登记表

4.2.3 项目实现

任务1 创建表格

在 Word 中,通常可以采用两种方法来创建表格,直接插入表格和使用工具绘制表格。一般先使用自动创建表格功能来插入简单的表格。

操作步骤:

(1)新建一个 Word 文档,输入标题“客户资料登记表”,并保存文档。

(2)选择“插入”选项卡|“表格”组的“表格”命令按钮,在下拉列表的示意表格中拖动鼠标,插入 7 行 5 列的表格,如图 4-21 所示。

图 4-21 自动创建 7 行 5 列的表格

提示:也可以在“表格”按钮的下拉列表中单击“插入表格”命令,打开“插入表格”对话框,手动输入列数和行数,如图 4-22 所示。在制作超过 10 列或超过 8 行的大表格时,就需要使用“插入表格”对话框。

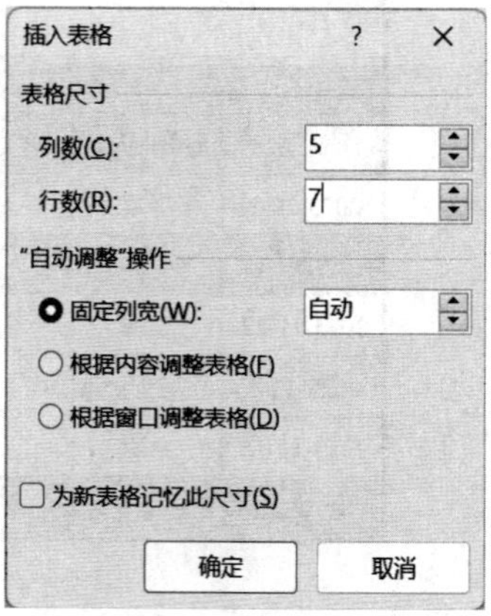

图 4-22 插入表格对话框

(3)调整表格的列宽。

创建表格时,Word 表格的列宽是默认值,我们可以对其进行修改。修改列宽的方法有两种。

①将指针停留在两列间的边框上,当指针变为 ╋ 时,向左或向右拖动边框到合适的宽度。

②利用鼠标左键在水平标尺上拖动。将插入点

置于表格中，水平标尺上会出现一些灰色的方块，把鼠标指针移向这些方块，当形状变为左右双箭头时，按住鼠标左键左右拖动即可改变相应列的宽度。

表格行高的调整方法与列宽相同。

(4)合并单元格。选中要合并的单元格，选择“表格工具”|“布局”选项卡，单击“合并”组中的“合并单元格”按钮即可。合并单元格后的表格如图 4-23 所示。

客户资料登记表

<table>
<tr><td></td><td></td><td></td><td></td><td rowspan="5"></td></tr>
<tr><td></td><td colspan="3"></td></tr>
<tr><td></td><td></td><td></td><td></td></tr>
<tr><td></td><td></td><td></td><td></td></tr>
<tr><td></td><td></td><td></td><td></td></tr>
<tr><td colspan="5"></td></tr>
<tr><td colspan="5"></td></tr>
</table>

图 4-23　合并单元格后的表格

提示：选择要合并的单元格，单击鼠标右键，在快捷菜单中选择“合并单元格”命令，也可以完成单元格的合并，推荐采用这种快捷菜单的操作方式。

(5)文字在单元格中的对齐方式。在 Word 表格的单元格中，文字的默认对齐方式是“左上”，本项目中我们将表格中的文字水平居中显示。选择表格中所有单元格，单击选择“表格工具”|“布局”选项卡，单击“对齐方式”组中的“水平居中”按钮，则所有单元格中的文字内容在水平和垂直方向上都居中对齐。

(6)设置文字方向。将光标定位到“企业标志”所在的单元格，然后单击“对齐方式”组中的“文字方向”按钮，让“企业标志”文字垂直排列。

(7)将表格居中对齐于标题的下方。先选中整个表格，然后单击“开始”选项卡，单击段落组中的“居中”按钮。

自此，表格的基本结构就完成了。输入相应的文字，效果如图 4-24 所示。

客户资料登记表

<table>
<tr><td>客户编号</td><td>001</td><td>客户名称</td><td>合肥新科家电制造有限公司</td><td rowspan="5">企业标志</td></tr>
<tr><td>详细地址</td><td colspan="3">安徽省合肥市蜀山区望江西路 146 号</td></tr>
<tr><td>所在地区</td><td>合肥市蜀山区</td><td>邮政编码</td><td>243002</td></tr>
<tr><td>联系人</td><td>陈琳</td><td>手机号码</td><td>1522585****</td></tr>
<tr><td>QQ</td><td>********</td><td>E-mail</td><td>********@qq.com</td></tr>
<tr><td colspan="5">企业简介</td></tr>
<tr><td colspan="5"></td></tr>
</table>

图 4-24　表格基本结构

任务 2 美化表格

1. 修改表格的结构

当表格初步创建好后，我们可能需要根据表格的具体内容，对表格的结构进行修改，包括添加或删除行和列。

(1)添加行。我们需要在表格的下方添加八行，用于输入“订单信息”。

操作步骤：

先将光标定位到要添加行的上一行或下一行中的任意一个单元格中，选择“表格工具”|“布局”选项卡，单击“行和列”组中的“在下方插入”或“在上方插入”按钮，即可在插入点所在行下面或上面插入一新行。

提示：如果选择多行中连续的单元格，则可以用上述方法插入相应数目的行。

将插入点置于某行后的段落标记前，按回车键，也可以快速地在该行下面添加一新行。推荐采用此种快捷操作方法来添加行。本项目操作时，将光标放在表格最后一行后面的回车符前，按回车键即可添加一行。图 4-25 是插入了新行后的效果。

客户资料登记表

<table>
<tr><td>客户编号</td><td>001</td><td>客户名称</td><td>合肥新科家电制造有限公司</td><td rowspan="5">企业标志</td></tr>
<tr><td>详细地址</td><td colspan="3">安徽省合肥市蜀山区望江西路 146 号</td></tr>
<tr><td>所在地区</td><td>合肥市蜀山区</td><td>邮政编码</td><td>243002</td></tr>
<tr><td>联系人</td><td>陈琳</td><td>手机号码</td><td>1522585****</td></tr>
<tr><td>QQ</td><td>********</td><td>E-mail</td><td>********@qq.com</td></tr>
<tr><td colspan="5">企业简介</td></tr>
<tr><td colspan="5"></td></tr>
<tr><td colspan="5"></td></tr>
<tr><td colspan="5"></td></tr>
<tr><td colspan="5"></td></tr>
<tr><td colspan="5"></td></tr>
<tr><td colspan="5"></td></tr>
<tr><td colspan="5"></td></tr>
<tr><td colspan="5"></td></tr>
<tr><td colspan="5"></td></tr>
</table>

图 4-25 添加新行后的效果

添加列的操作与添加行的操作相同，需要单击“行和列”组中的“在左侧插入”或“在右侧插入”按钮。

(2)删除行。将鼠标移到要删除的行前，单击选中要删除的行，然后单击右键，在弹出的快捷菜单中选择删除行操作命令即可删除行。

删除列的操作与删除行相同。

(3)绘制表格的列。

操作步骤：

选择“插入”选项卡，单击“表格”组中的“表格”按钮，在下拉列表中选择“绘制表格”命令，在表格边框内按住鼠标左键垂直拖动鼠标即可绘制表格的列。用鼠标绘制表格的列后效果如图 4-26 所示。

客户资料登记表

<table>
<tr><td>客户编号</td><td>001</td><td>客户名称</td><td colspan="2">合肥新科家电制造有限公司</td><td rowspan="5">企业标志</td></tr>
<tr><td>详细地址</td><td colspan="4">安徽省合肥市蜀山区望江西路 146 号</td></tr>
<tr><td>所在地区</td><td>合肥市蜀山区</td><td>邮政编码</td><td colspan="2">243002</td></tr>
<tr><td>联系人</td><td>陈琳</td><td>手机号码</td><td colspan="2">1522585****</td></tr>
<tr><td>QQ</td><td>********</td><td>E-mail</td><td colspan="2">********@qq.com</td></tr>
<tr><td colspan="6">企业简介</td></tr>
<tr><td colspan="6"></td></tr>
<tr><td colspan="6">订单信息</td></tr>
<tr><td></td><td></td><td></td><td></td><td></td><td></td></tr>
<tr><td></td><td></td><td></td><td></td><td></td><td></td></tr>
<tr><td></td><td></td><td></td><td></td><td></td><td></td></tr>
<tr><td></td><td></td><td></td><td></td><td></td><td></td></tr>
<tr><td></td><td></td><td></td><td></td><td></td><td></td></tr>
<tr><td></td><td></td><td></td><td></td><td></td><td></td></tr>
<tr><td></td><td></td><td></td><td></td><td></td><td></td></tr>
</table>

图 4-26　绘制表格列后的效果

若绘制错误，则可选择“表格工具”|“布局”选项卡，在“绘图”组中选择“橡皮擦”按钮，然后单击要删除的表格列线，删除多余线段。

(4)添加边框和底纹。为了使表格看起来更加有轮廓感，可以为其添加外边框。具体操作步骤如下。

选中整个表格，选择“表格工具”|“表设计”选项卡，单击“边框”组中的“笔样式”命令，在下拉列表中选择上细下粗的双线型，如图 4-27 所示。在“笔画粗细”下拉列表中选择“1.5 磅”。在“边框”组中的“边框”下拉列表中选择“外侧框线”，如图 4-28 所示。

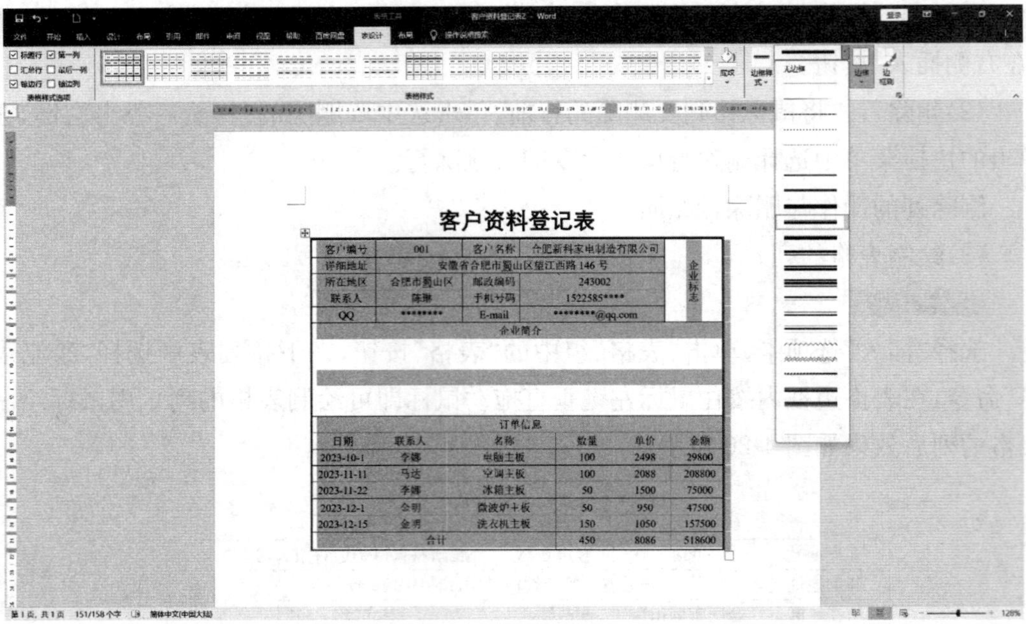

图 4-27 设置表格边框线

图 4-28 "边框"按钮的下拉列表

此时,表格的外侧框线变为双线。

为了使表格外观醒目,同时更加美观,经常会给表格添加底纹。将第 8 行和第 9 行选中,切换到"表格工具"|"表设计"选项卡,单击"表格样式"组中的"底纹"按钮,在弹出的下拉列表中选择"主题颜色"中的"水绿色,个性色 5,淡色 60%",如图 4-29 所示。将第 11 行选中,使用同样的方法添加"深蓝,文字 2,淡色 60%"底纹。将第 13 行

选中，使用同样的方法添加“其他颜色”中的“浅绿”底纹。将表格最后一行的底纹设置成“红色，个性色 2，淡色 40%”。设置完底纹后表格效果如图 4-30 所示。

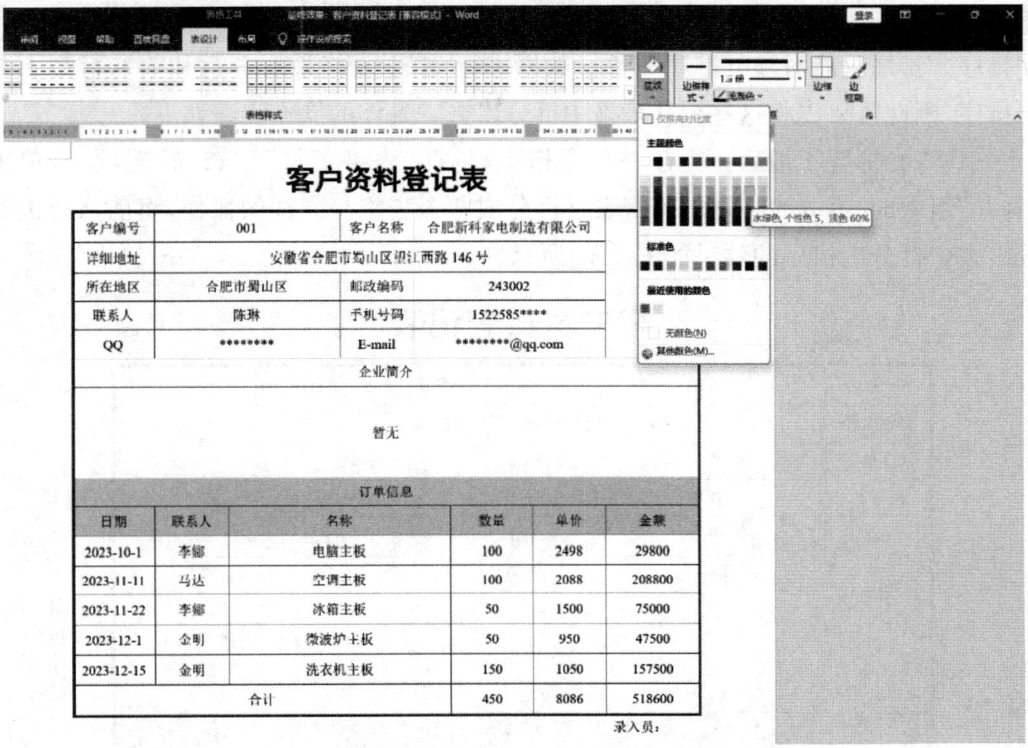

图 4-29　设置底纹对话框

客户资料登记表

客户编号	001	客户名称	合肥新科家电制造有限公司		企业标志
详细地址	安徽省合肥市蜀山区望江西路 146 号				
所在地区	合肥市蜀山区	邮政编码	243002		
联系人	陈琳	手机号码	1522585****		
QQ	********	E-mail	********@qq.com		
企业简介					
暂无					
订单信息					
日期	联系人	名称	数量	单价	金额
2023-10-1	李娜	电脑主板	100	2498	29800
2023-11-11	马达	空调主板	100	2088	208800
2023-11-22	李娜	冰箱主板	50	1500	75000
2023-12-1	金明	微波炉主板	50	950	47500
2023-12-15	金明	洗衣机主板	150	1050	157500
合计			450	8086	518600

录入员：

图 4-30　完成边框和底纹设置的表格

2. 表格中数据的排序

Word中的数据排序是针对某一列的数据，它可以将表格某一列的数据按照一定的规则排序，并重新组织各行在表格中的次序。本项目要求给每个联系人按金额降序排序。排序只能对参与排序的各行数据进行，由于表格最后一行和前八行都不参与排序，因此需要先将这些行从表格中拆分出去。具体的操作步骤如下。

(1)将光标置于最后一行任一单元格中，选择“表格工具”|“布局”选项卡，单击“合并”组中的“拆分表格”按钮，将表格拆分成两个表格。同样的操作，将前八行也拆分出去。拆分表格后的效果如图4-31所示。

客户资料登记表

客户编号	001	客户名称	合肥新科家电制造有限公司	企业标志
详细地址	安徽省合肥市蜀山区望江西路146号			
所在地区	合肥市蜀山区	邮政编码	243002	
联系人	陈琳	手机号码	1522585****	
QQ	********	E-mail	********@qq.com	
企业简介				
暂无				
订单信息				

日期	联系人	名称	数量	单价	金额
2023-10-1	李娜	电脑主板	100	2498	29800
2023-11-11	马达	空调主板	100	2088	208800
2023-11-22	李娜	冰箱主板	50	1500	75000
2023-12-1	金明	微波炉主板	50	950	47500
2023-12-15	金明	洗衣机主板	150	1050	157500

合计	450	8086	518600

录入员：

图4-31 表格拆分效果

(2)将插入点置于要排序的订单信息表中，单击“表格工具”|“布局”选项卡“数据”组中的“排序”按钮，打开“排序”对话框。参照图4-32对“主要关键字”选项区进行设置；如果字段列较多，还可以对次要关键字和第三关键字进行排序设置。根据排序表格中有无标题行来选择下方的“有标题行”或“无标题行”，本项目选择“有标题行”。

(3)设置完成后单击“确定”按钮，此时，表格按金额从大到小降序排列，各行顺序按照排序列结果相应调整。

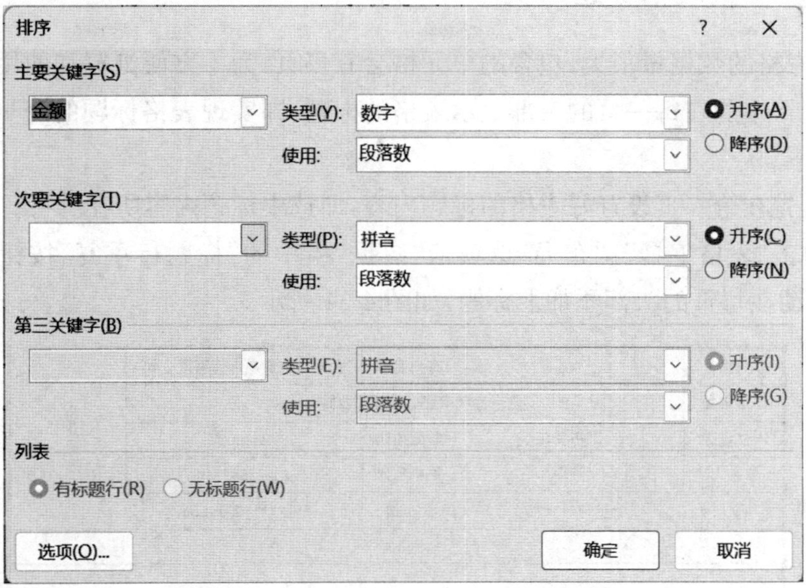

图 4-32　表格排序对话框

(4)接下来再合并表格。只要将光标置于两个表格之间,按删除键就可以把原来拆分出去的表格合并为一个表格了。完成排序操作后的表格效果如图 4-33 所示。

客户资料登记表

<table>
<tr><td>客户编号</td><td colspan="2">001</td><td>客户名称</td><td colspan="3">合肥新科家电制造有限公司</td><td rowspan="5">企业标志</td></tr>
<tr><td>详细地址</td><td colspan="6">安徽省合肥市蜀山区望江西路 146 号</td></tr>
<tr><td>所在地区</td><td colspan="2">合肥市蜀山区</td><td>邮政编码</td><td colspan="3">243002</td></tr>
<tr><td>联系人</td><td colspan="2">陈琳</td><td>手机号码</td><td colspan="3">1522585****</td></tr>
<tr><td>QQ</td><td colspan="2">********</td><td>E-mail</td><td colspan="3">********@qq.com</td></tr>
<tr><td colspan="8">企业简介</td></tr>
<tr><td colspan="8">暂无</td></tr>
<tr><td colspan="8">订单信息</td></tr>
<tr><td>日期</td><td>联系人</td><td colspan="3">名称</td><td>数量</td><td>单价</td><td>金额</td></tr>
<tr><td>2023-11-11</td><td>马达</td><td colspan="3">空调主板</td><td>100</td><td>2088</td><td>208800</td></tr>
<tr><td>2023-12-15</td><td>金明</td><td colspan="3">洗衣机主板</td><td>150</td><td>1050</td><td>157500</td></tr>
<tr><td>2023-11-22</td><td>李娜</td><td colspan="3">冰箱主板</td><td>50</td><td>1500</td><td>75000</td></tr>
<tr><td>2023-12-1</td><td>金明</td><td colspan="3">微波炉主板</td><td>50</td><td>950</td><td>47500</td></tr>
<tr><td>2023-10-1</td><td>李娜</td><td colspan="3">电脑主板</td><td>100</td><td>2498</td><td>29800</td></tr>
<tr><td colspan="5">合计</td><td>450</td><td>8086</td><td>518600</td></tr>
</table>

录入员：

图 4-33　表格排序效果

任务3 设置表格标题跨页

许多表格的数据量很大，包含的单元格会有多页，为了方便浏览和使用表格中的数据，我们希望能在每一页的头部显示表格的标题，即实现表格标题的跨页显示。具体操作如下。

(1)首先在第一页设置好表格的标题内容，即选中标题内容所在的行。

(2)单击“表格工具”|“布局”选项卡“数据”组中的“标题行重复”按钮，则 Word 2016 会自动在每页的头部添加上标题，如图 4-34 所示。

客户编号	001	客户名称	合肥新科家电制造有限公司	企业标志
详细地址	安徽省合肥市蜀山区望江西路 146 号			
所在地区	合肥市蜀山区	邮政编码	243002	
联系人	陈琳	手机号码	1522585****	
QQ	********	E-mail	********@qq.com	
企业简介				
暂无				
订单信息				

日期	联系人	名称	数量	单价	金额

图 4-34 自动添加的标题行

4.2.4 相关知识

1. 表格的创建

在 Word 2016 中，可以通过以下三种方法创建表格。

(1)用虚拟表格快速插入。

单击“插入”|“表格”组的“表格”按钮，在打开的“表格”下拉列表中，拖动鼠标选择合适的行数和列数，就能插入需要的表格，如图 4-35 所示。

(2)利用“插入表格”命令创建表格。

将光标定位到需要插入表格的位置，选择如图 4-35 所示界面中插入表格下拉列表中的“插入表格”命令，在出现的对话框中输入表格的行数和列数，单击“确定”按钮即可。

(3)利用“绘制表格”命令创建表格。

将光标定位到需要绘制表格的位置，选择如图 4-35 所示界面中插入表格下拉列表中的“绘制表格”命令，这时鼠标指针会变成一支笔的形状。将光标笔尖移动到待绘制表格的左上角，然后按住鼠标左键向右下角方向拖动，会出现一个随着拖动而自

动调整大小的用虚线框表示的表格外框，松开鼠标左键，表格外框就画好了。在表格框内按下鼠标左键拖动，即可任意画横线、竖线和斜线，确定表格的行列结构。画好表格后，再次单击“绘制表格”按钮，鼠标指针恢复为编辑样式的形状，用户就可以输入单元格中的内容了。如果画错了，可以利用“表格工具”|“布局”选项卡绘图组中的“橡皮擦”按钮进行擦除。

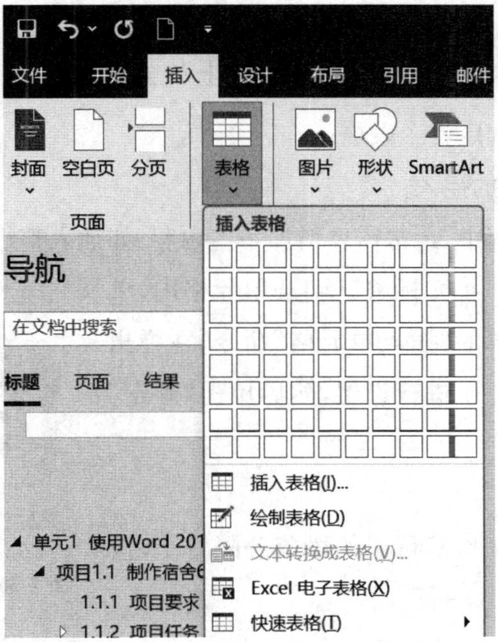

图 4-35 插入表格下拉列表

2. 表格的编辑

(1)表格的选定。

表格的选定包括单元格的选定、行(列)的选定、整表的选定。

1)单元格的选定。

①单个单元格的选定。将鼠标指针移到单元格左侧，当鼠标指针变为 形状时，单击选定该单元格。

②多个连续单元格的选定。将鼠标指针移到单元格左侧，当鼠标指针变为  形状时，拖动鼠标，选定多个相邻的单元格。

③多个不连续单元格的选定。将鼠标指针移到单元格左侧，当鼠标指针变为  形状时，单击该单元格，按下“Ctrl”键继续选定其他单元格。

2)行(列)的选定。

①单行(列)的选定。将鼠标指针移动到表格左侧(上方)，当鼠标指针变为  时单击选定相应的行(列)。

②连续多行(列)的选定。将鼠标指针移动到表格左侧(上方),当鼠标指针变为时拖动鼠标,可以选定多行(列)。

③不连续多行(列)的选定。选定需要选择的第一行(列)后,按下“Ctrl”键,当鼠标指针变为时单击其他不相邻的行(列),可选定多行不相邻的行(列)。

3)整表的选定。

将鼠标指针移向表格内,在表格外的左上角会出现按钮,此按钮是“表格全选”按钮,单击它可以选定整个表格。

(2)单元格、行、列的插入。

在表格的编辑过程中,经常需要增加一些内容,如插入整行、整列或单元格等。

1)单元格的插入。将光标移动到某单元格内,单击右键执行“插入”菜单的“插入单元格”命令,在弹出的“插入单元格”对话框中进行设置,然后单击“确定”按钮,如图 4-36 所示。

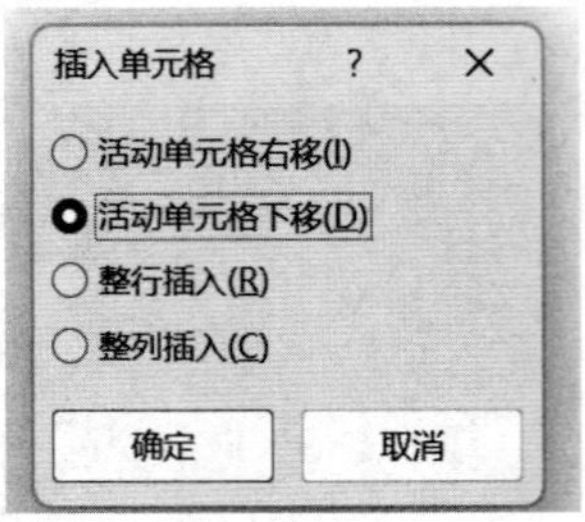

图 4-36 “插入单元格”对话框

2)行(列)的插入。

①将光标移动到表格某行尾的段落分隔符上,按回车键,在该行下方插入一行。

②将光标移动到表格的最后一个单元格,按“Tab”键,在表格的末尾插入一行。

③将光标移动到表格的任一行(列)内,单击右键选择“插入”菜单下的“在上方插入行”或“在下方插入行”(在左侧插入列或在右侧插入列)选项,可以完成单行(单列)的插入。如果选定了若干行(列),则在执行上述操作时,插入的行数(列数)与所选定的行数(列数)相同。

(3)表格位置、大小的调整。

1)设置表格位置。将鼠标光标移动到表格内,表格左上方会出现“表格全选”按钮,拖动它可以将整个表格移动到不同的位置。

2)设置表格大小。

①将鼠标光标移动到表格内,表格的右下方会出现表格缩放手柄,拖动它可以改变整个表格的大小,同时保持行和列的比例不变。

②自动调整表格大小。将光标放在表格内的任意单元格内,右键单击“表格全选”按钮,在弹出的快捷菜单中选择“自动调整”选项进行相应的设置。或者单击“布局”选项卡“单元格大小”组中的“自动调整”按钮进行相应的设置。

(4)单元格的合并与拆分。

1)合并单元格。

方法一:选定要合并的单元格区域,单击右键选择“合并单元格”按钮,所选定的单元格区域就合并成了一个单元格。

方法二:选定要合并的单元格区域,选择“表格工具”|“布局”选项卡“合并”组中的“合并单元格”选项,所选定的单元格区域就合并成了一个单元格。

2)拆分单元格。

方法一:在单元格中单击右键,选择“拆分单元格”选项,在弹出的“拆分单元格”对话框中进行相应的拆分设置,如图 4-37 所示。

方法二:选定要拆分的单元格或单元格区域,选择“表格工具”|“布局”选项卡“合并”组中的“拆分单元格”选项,在弹出的“拆分单元格”对话框中,根据需要设置拆分的行数和列数,单击“确定”,完成单元格的拆分。

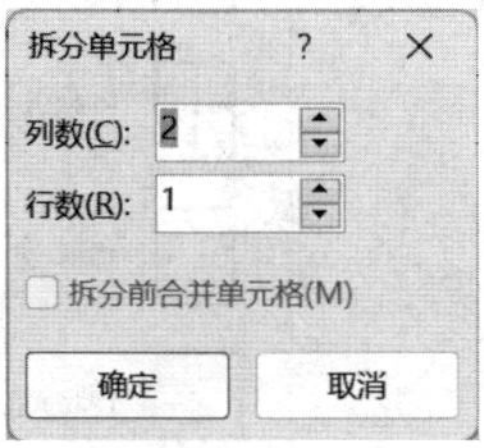

图 4-37　“拆分单元格”对话框

(5)平均分布各行(列)。

在对表格进行调整的过程中,可能会出现各行(列)不均匀的情况,我们可以使用平均分布各行(列)功能,使表格变得均匀、美观。具体方法如下。

选定要进行平均分布的多行(列),选择“表格工具”|“布局”选项卡“单元格大小”组中的“分布行”选项或“分布列”选项。

(6)单元格内容对齐方式设置。

在对表格内容进行排版时,要设置单元格内容的对齐方式。具体设置方法如下。

选中要设置对齐方式的单元格(单元格区域),选择“表格工具”|“布局”选项卡“对齐方式”组中相应的对齐方式,如图 4-38 所示。

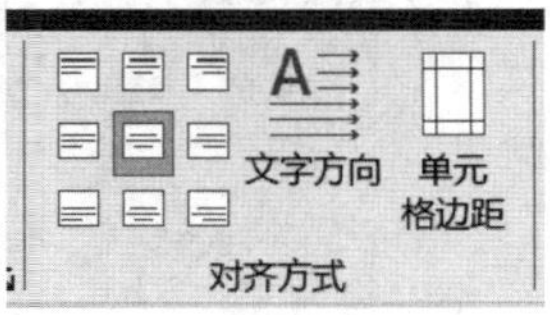

图 4-38　单元格对齐方式

3. 表格的格式化

为了使表格看起来更美观,可以对表格进行格式化。表格的格式化主要包括表格边框和底纹的设置、单元格内容的格式化等。

(1)表格边框的设置。表格边框的设置方法有两种。

方法一:选中表格或单元格,单击“表格工具”|“表设计”选项卡“边框”组中的“边框”按钮的下拉箭头,可以进行相应边框的设置。

方法二:选中表格,单击右键,选择“表格属性”选项,在弹出的“表格属性”对话框中选择“边框和底纹”选项,然后选择“边框”选项卡,如图 4-39 所示。

(2)表格底纹的设置。

选中表格,单击右键,选择“表格属性”选项,在弹出的“表格属性”对话框中选择“边框和底纹”选项,然后选择“底纹”选项卡,如图4-40所示。在此处可以设置表格底纹的颜色、图案和应用范围等。

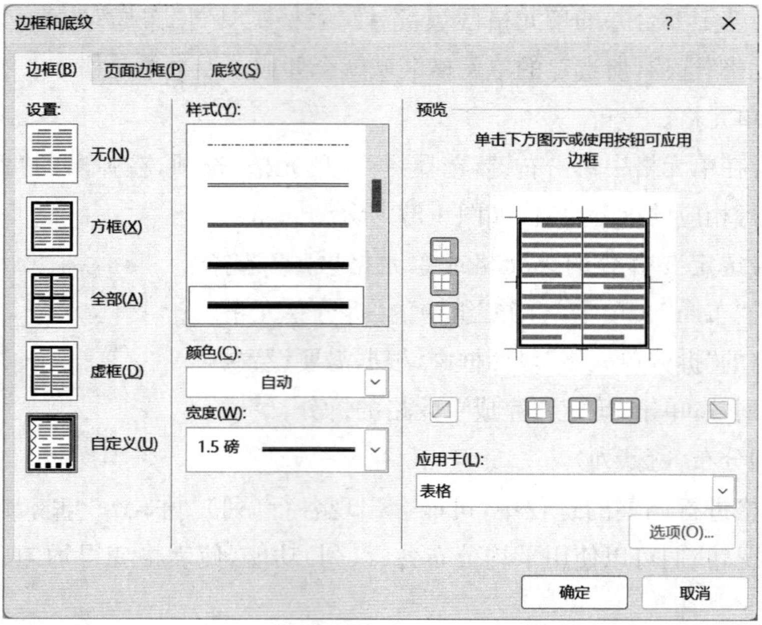

图 4-39 “边框”选项卡

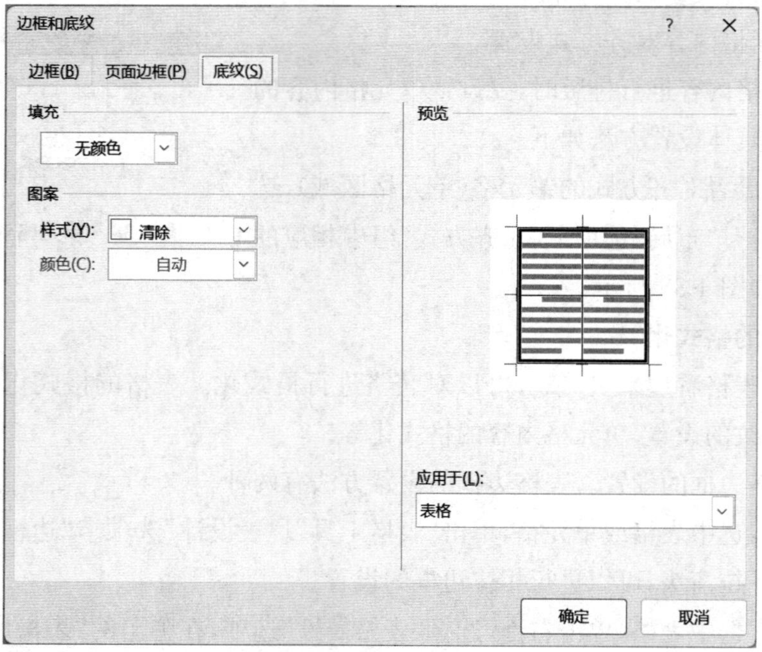

图 4-40 “底纹”选项卡

项目 4.3　制作产品宣传手册

4.3.1　项目要求

(1)掌握 Word 2016 文档的页面设置操作。

(2)掌握在 Word 2016 文档中插入图片、文本框、艺术字等对象的操作。

(3)掌握 Word 2016 文档设置分栏的操作。

(4)掌握 Word 2016 图文混排的精髓。

4.3.2　项目任务

大三学生胡佳因为实习期间工作表现出色,今年 2 月份已经成为华为技术有限公司的一名正式员工。公司预计 4 月中旬召开个人消费产品推介会,需要制作公司产品宣传手册,并将平板电脑宣传手册的制作任务分配给了胡佳。

胡佳在收集了大量公司发布的平板电脑素材,并参考了一些精美的相关产品的宣传手册后,制作了华为平板电脑宣传手册,效果如图 4-41 和图 4-42 所示。

图 4-41　产品宣传小册子封面

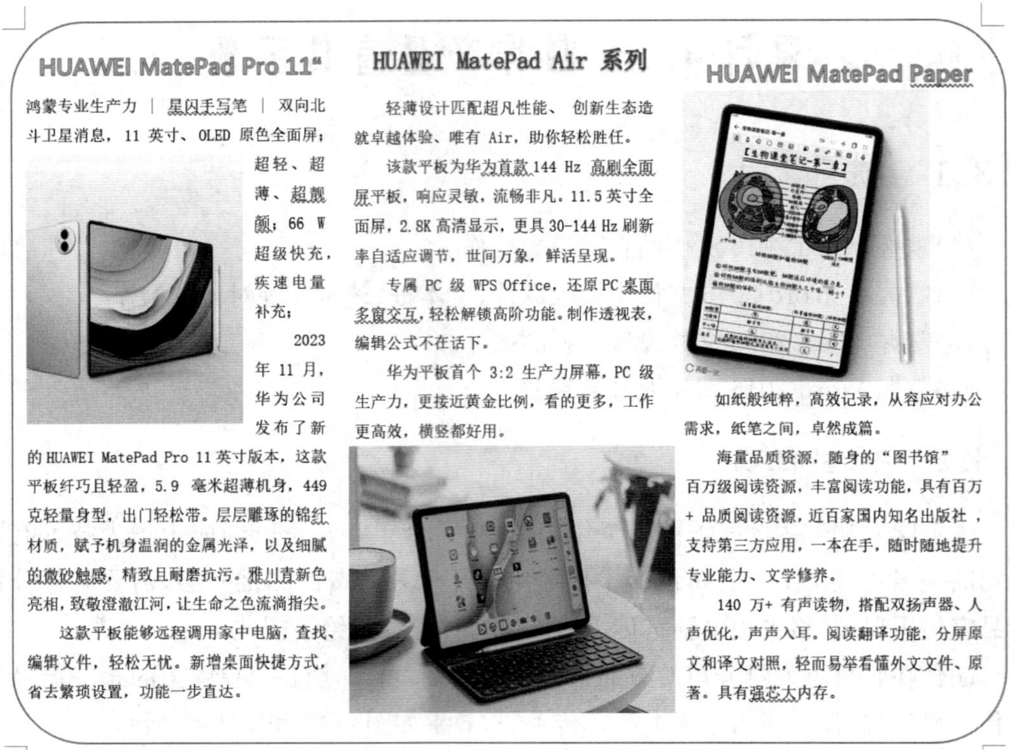
HUAWEI MatePad Pro 11"

鸿蒙专业生产力 | 星闪手写笔 | 双向北斗卫星消息，11 英寸、OLED 原色全面屏；超轻、超薄、超靓颜；66 W 超级快充，疾速电量补充；

2023 年 11 月，华为公司发布了新的 HUAWEI MatePad Pro 11 英寸版本，这款平板纤巧且轻盈，5.9 毫米超薄机身，449 克轻量身型，出门轻松带。层层雕琢的锦纤材质，赋予机身温润的金属光泽，以及细腻的微砂触感，精致且耐磨抗污。雅川青新色亮相，致敬澄澈江河，让生命之色流淌指尖。

这款平板能够远程调用家中电脑，查找、编辑文件，轻松无忧。新增桌面快捷方式，省去繁琐设置，功能一步直达。

HUAWEI MatePad Air 系列

轻薄设计匹配超凡性能、 创新生态造就卓越体验、唯有 Air，助你轻松胜任。

该款平板为华为首款 144 Hz 高刷全面屏平板，响应灵敏，流畅非凡。11.5 英寸全面屏，2.8K 高清显示，更具 30-144 Hz 刷新率自适应调节，世间万象，鲜活呈现。

专属 PC 级 WPS Office，还原 PC 桌面多窗交互，轻松解锁高阶功能。制作透视表，编辑公式不在话下。

华为平板首个 3:2 生产力屏幕，PC 级生产力，更接近黄金比例，看的更多，工作更高效，横竖都好用。

HUAWEI MatePad Paper

如纸般纯粹，高效记录，从容应对办公需求，纸笔之间，卓然成篇。

海量品质资源，随身的“图书馆”

百万级阅读资源，丰富阅读功能，具有百万 + 品质阅读资源，近百家国内知名出版社，支持第三方应用，一本在手，随时随地提升专业能力、文学修养。

140 万+ 有声读物，搭配双扬声器、人声优化，声声入耳。阅读翻译功能，分屏原文和译文对照，轻而易举看懂外文文件、原著。具有强芯大内存。

图 4-42 产品宣传小册子内页

4.3.3 项目实现

任务 1 设置小册子页面

要制作产品宣传小册子，先要准备好一定数量的产品素材，接下来是设计出草图。先确定纸张的大小，然后在纸面上留出标题文字和图片的空间，最后把剩余空间分配给各个产品的说明文字，同时还要注意布局的整体协调性和美观性。

草图确定后，就可以根据它在电脑上制作正稿。本项目的小册子分为封面和内页两面，我们使用不同的排版方法来制作这本小册子的封面和内页正文，具体操作步骤如下。

(1)新建一个 Word 文档，选择“布局”|“页面设置”组，单击“纸张大小”按钮，在弹出的下拉列表中选择“其他页面大小”选项，在打开的“页面设置”对话框中设置纸张的“宽度”为 21 厘米，“高度”为 28 厘米，如图 4-43 所示。

(2)选择“布局”|“页面设置”，单击“页边距”按钮，在弹出的下拉列表中选择“自定义页边距”选项，打开“页面设置”对话框的“页边距”选项卡，将上、下数值框的值均设置为 1 厘米，左、右数值框的值均设置为 1.27 厘米，在“纸张方向”选项区中选

择“横向”,如图 4-44 所示。

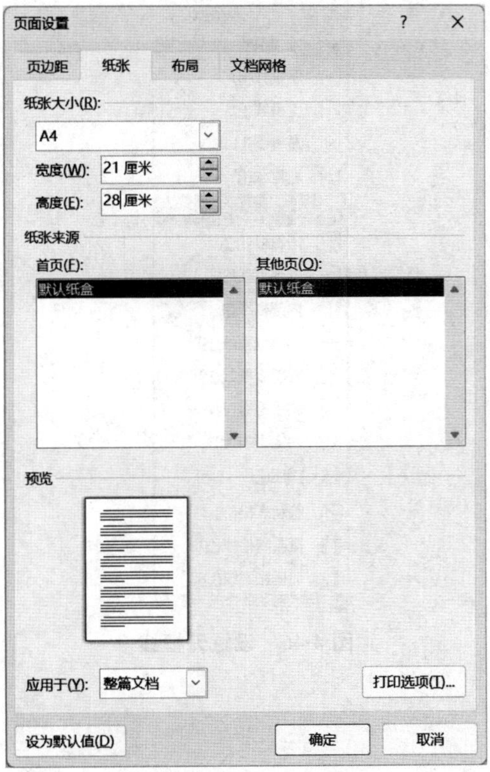

图 4-43 设置纸张大小

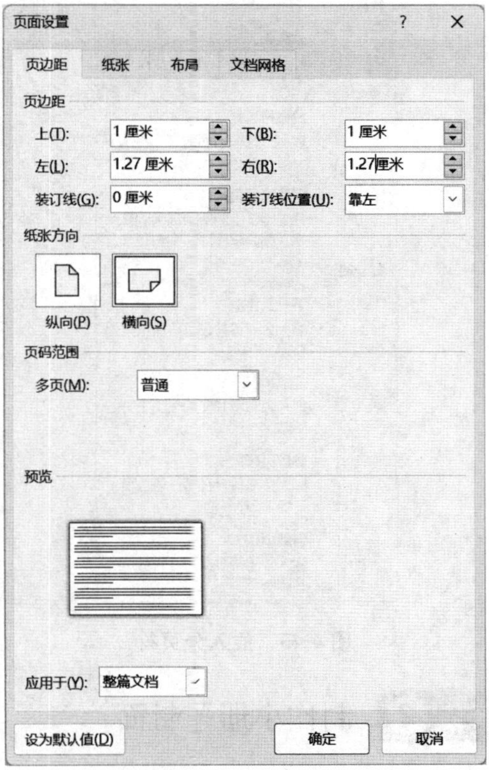

图 4-44 页面设置对话框

(3)单击“页面设置”组中的“分隔符”按钮。在弹出的下拉列表中选择“分页符”选项,如图 4-45 所示。这样文档即变成两页,第一页用来编辑小册子的封面,第二页用来编辑小册子的内页。

(4)选择“插入”选项卡,单击“表格”组中的“表格”按钮 在下拉列表中选择“绘制表格”命令,此时鼠标变为笔形,直接拖动鼠标在页面上绘制一个一行三列的表格。

(5)选中整个表格,单击“表格工具”|“布局”选项卡“单元格大小”组中的“分布列”按钮,将表格中的各列进行平均分布。

提示:这里使用绘制表格的功能来分割整个页面,只是为了方便在设计时把握小册子的整体布局。如果不需要显示表格框线,可以选择“表格工具”|“表设计”选项卡,单击“边框”组中的“边框”按钮,从下拉列表中选择“无框线”命令,如图 4-46 所示,将表格的框线隐藏起来。这样在打印文档时,框线就不会被打印出来。

有了这个版面布局,我们就可以向其中添加具体的内容了,下面先介绍封面的制作。

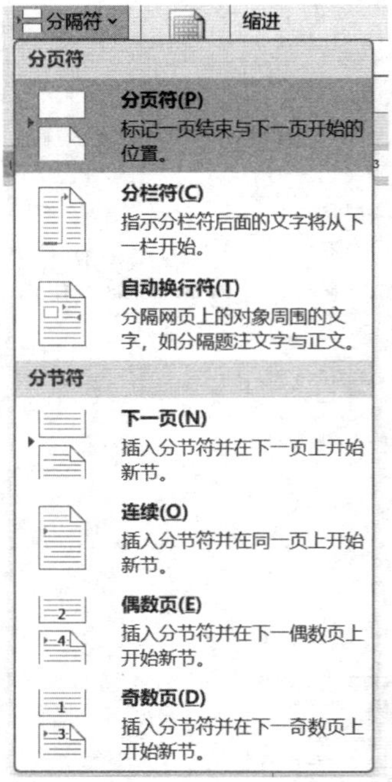

图 4-45　插入分页符

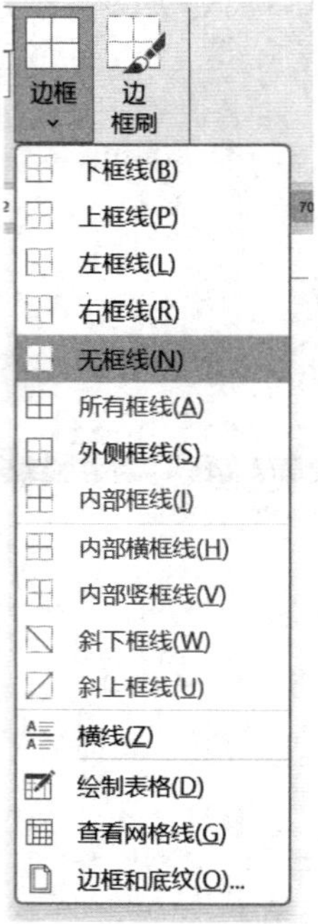

图 4-46　设置无框线

任务 2　制作小册子封面

小册子的封面主要采用图形和文本框结合的方式进行设计，具体操作步骤如下。

(1)单击“插入”|“插图”|“形状”按钮，在下拉列表中选择“圆角矩形”按钮。按住鼠标左键在文档中拖出一个圆角矩形，调整该图形对象的大小并将其移动到文档的右边。

(2)选中该图形对象，拖动图形对象左上方的黄色圆形控制点，调整圆角矩形 4 个圆角的曲率半径，如图 4-47 所示。

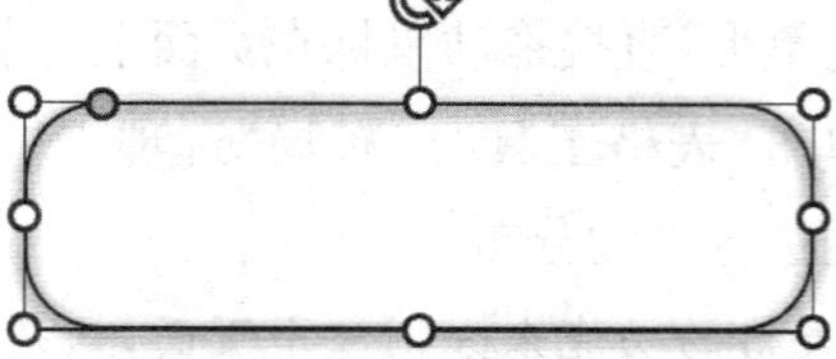

图 4-47　调整圆角的曲率半径

提示：创建的圆角矩形周围有 10 个控制点，如图 4-47 所示。四周 8 个空心圆形控制点用来调整图形的长度和宽度；左上方黄色圆形控制点用来调整圆角矩形圆角的曲率半径；中间上方的圈形控制点用来旋转图形。

(3)右键单击圆角矩形，在快捷菜单中选择“其他布局选项”命令，打开“布局”对话框，在“大小”选项卡中设置图形“高度”绝对值为 2 厘米，“宽度”绝对值为 7 厘米，如图 4-48 所示，单击“确定”按钮。

(4)选择“绘图工具”|“形状格式”选项卡，在“形状样式”组“快速样式”下拉列表中单击“强烈效果-蓝色，强调颜色 5”选项，如图 4-49 所示。

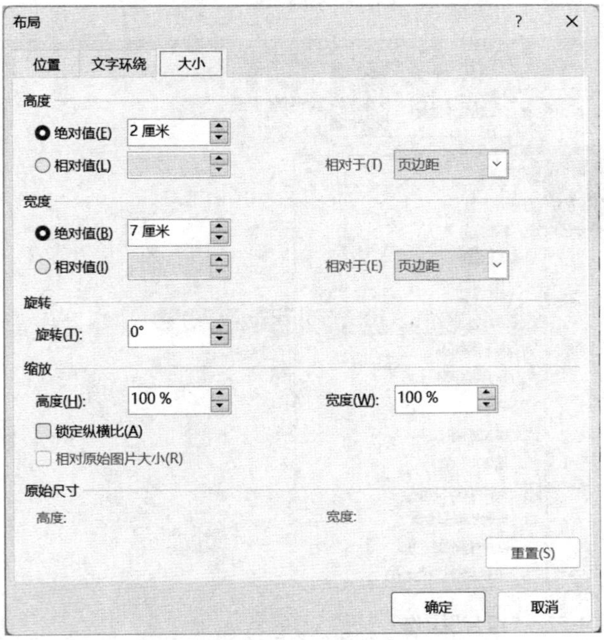

图 4-48　设置圆角矩形大小

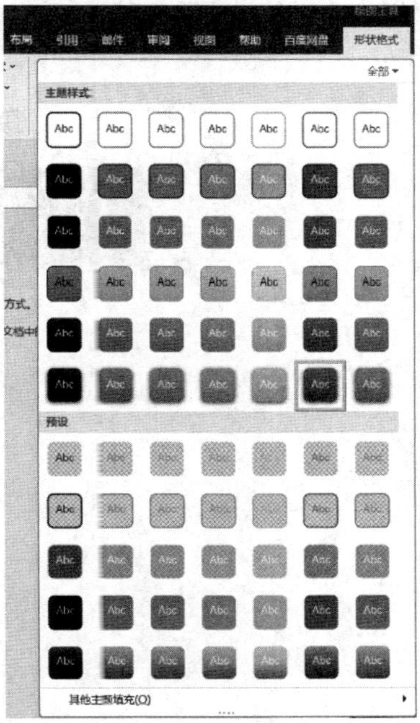

图 4-49　设置圆角矩形的填充色

(5)单击“插入”|“插图”|“形状”按钮，在下拉列表中选择“矩形”按钮，在圆角矩形的左边绘制一个矩形框，移动并调整矩形框大小，将圆角矩形的左边遮住一部分，如图 4-50 所示。

(6)将此矩形设置为白色，无线条显示。单击“形状样式”组中的“形状填充”按钮，在下拉列表主题颜色选项中选择“白色”；单击“形状轮廓”按钮，在下拉列表中选择“无轮廓”。

(7)单击“插入”|“文本”|“文本框”|“绘制横排文本框”命令，在圆角矩形上插入一个文本框，在文本框中输入品牌名称“华为平板电脑”字样，设置字体格式为“宋体”“小二”“加粗”“白色”。

(8)单击“形状样式”组中的“形状填充”按钮，将文本框设置为“无填充颜色”，单击“形状轮廓”按钮，将文本框设置为无轮廓。效果如图 4-51 所示。

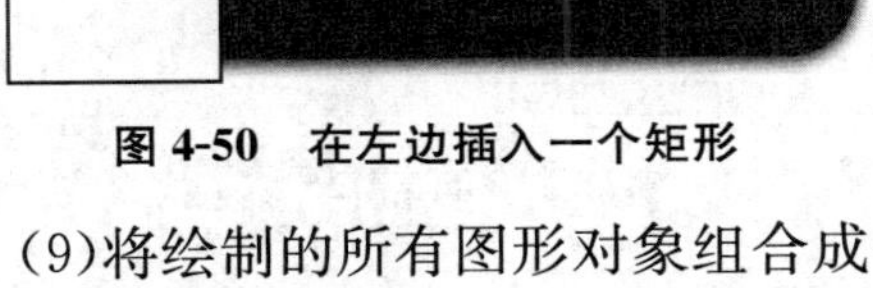

图 4-50　在左边插入一个矩形

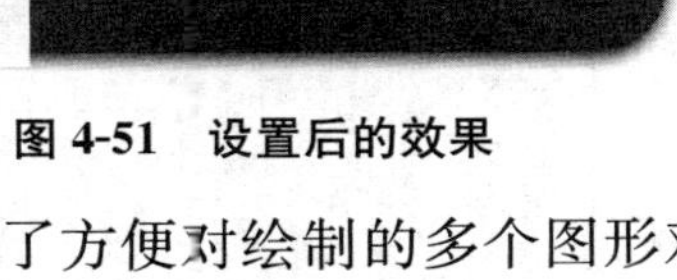

图 4-51　设置后的效果

(9)将绘制的所有图形对象组合成一个整体。为了方便对绘制的多个图形对象进行整体移动编辑等操作，需要将其组合。选中绘制的所有图形(可以在选中一个图

形后,按住 Ctrl 键,再依次选中其他图形),在“绘图工具”|“形状格式”选项卡“排列”组中选择“组合”按钮,也可以在选择对象之后按右键单击,在快捷菜单中选择“组合”|“组合”命令,如图 4-52 所示。

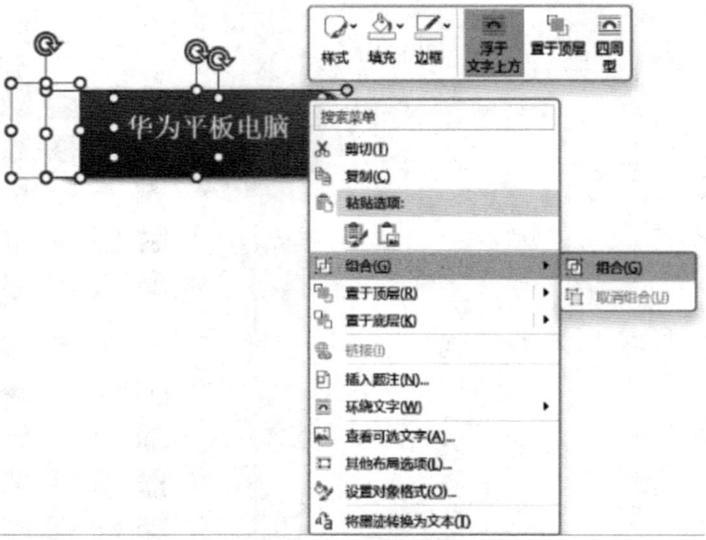

图 4-52 “组合”操作

(10)依次插入两行艺术字,分别是“HUAWEI MatePad”和“平板电脑信息”,并设置为不同的大小和样式。

(11)在文档中插入图片,选择“插入”选项卡,单击“插图”组中的“图片”按钮,打开“插入图片来自”下拉列表,选择“此设备”,打开“插入图片”对话框,如图 4-53 所示,找到需要插入图片的路径,选中所需图片后,单击“插入”按钮,即可将图片插入文档中。

图 4-53 插入图片操作

提示：Word 文档中的图形、图片和艺术字有两种基本的版式，即嵌入式和浮动式。嵌入式的对象和文字处于同一层，相当于一个特殊的字符，而浮动式对象与文字处于不同的层次，可以自由移动，并和文字有多种排列组合方式，例如“四周型环绕”“浮于文字上方”等。

(12)选中插入的图片，激活“图片工具”|“图片格式”选项卡，单击“排列”组中的“环绕文字”按钮，在下拉列表中选择“浮于文字上方”，如图 4-54 所示。

提示：右键单击图片对象后，从快捷菜单中选择“环绕文字”|“其他布局选项”命令，打开“布局”对话框，在“文字环绕”选项卡中也可以完成对图片环绕方式的设置，如图 4-55 所示。

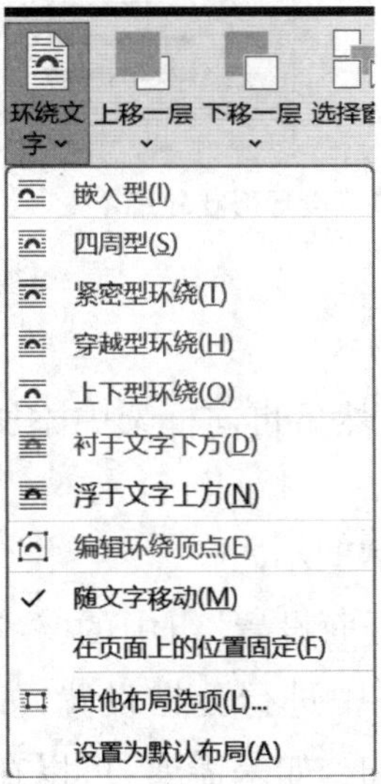

图 4-54　“环绕文字”下拉列表

图 4-55　“布局”对话框

(13)为了让标题部分更加美观，我们用上面介绍的方法绘制一个圆角矩形，大小为 17.5 厘米×7.6 厘米。

(14)选择插入的圆角矩形，激活“绘图工具”|“形状格式”选项卡，单击“形状样式”组中的“形状轮廓”按钮，在下拉列表中选择“其他轮廓颜色”，打开“颜色”对话框，设置颜色为 R:105，G:193，B:51，如图 4-56 所示。

(15)单击“形状轮廓”按钮，在弹出的菜单中选择“粗细”命令，设置形状轮廓为 1.5磅，如图 4-57 所示。

(16)单击“排列”组中的“下移一层”按钮，在下拉菜单中选择“置于底层”命令。

(17)使用上面介绍的方法制作封面中部的服务信息以及左侧的公司介绍。具体操作步骤不再赘述。

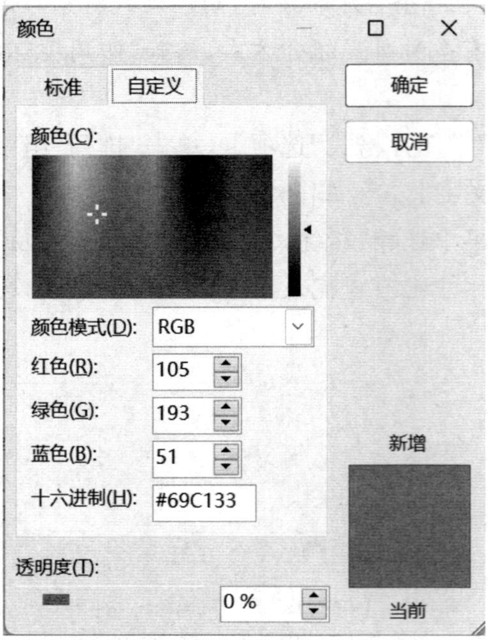

图 4-56 设置自定义颜色

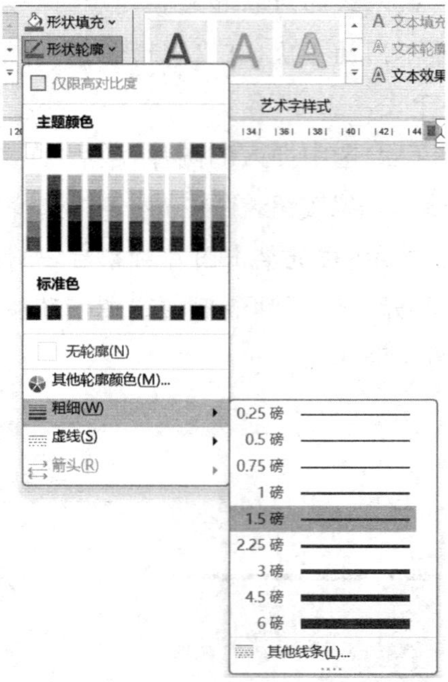

图 4-57 设置形状轮廓

任务 3 制作小册子内页

要制作小册子内页的正文部分，首先要确定其框架结构，然后再向框架中添加内容。可以使用分栏来确定内页框架。具体操作步骤如下。

(1)在第二页中输入手机说明文字，并设置其字体为“宋体”“小四”。

(2)将光标置于文档第二页，选择“布局”选项卡，单击“页面设置”组中的“栏”按钮，在下拉菜单中选择“更多栏”选项，在打开的“栏”对话框中进行分栏设置，如图4-58所示。在“预设”区域中选择三栏，勾选“栏宽相等”复选框，如果需要，可以在两栏之间加一条分隔线，只要将“分隔线”复选框选中即可。在“应用于”文本选择框中选择本节，单击“确定”按钮，分栏就设好了。

(3)单击“插入”|“插图”|“图片”按钮，插入一张平板电脑图片。

(4)选中图片，单击“图片格式”|“排列”|“环绕文字”按钮，改变图片的环绕方式为“四周型环绕”。

(5)将手机图片拖到页面左上角。

(6)以相同的方法完成其他手机图片的插入。

(7)为了使小册子具有整体协调性，我们给正文部分添加和封面风格一致的装饰线，其操作方法不再赘述。

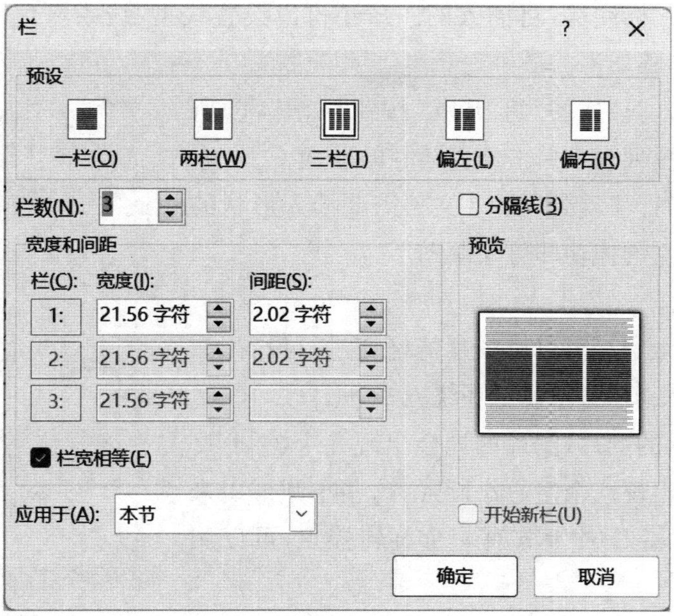

图 4-58　设置分栏

到目前为止，整个宣传小册子就制作完成了，内页的最终效果见图 4-42。

4.3.4　相关知识

1. 插入图片和图形

Word 具有强大的图文混排功能。图文混排就是将文字与图形混合排列，如文字环绕在图片的四周、图片衬于文字下方、图片浮于文字上方等。

(1)插入图片。

在 Word 2016 中，我们可以把各种格式的图片插入 Word 文档，如. bmp、. jpg、. gif 等类型，如图4-59所示。插入图片的操作步骤如下。

图 4-59　“插图”组

1)将光标定位到要插入图片的位置。

2)执行“插入”选项卡“插图”组中的“图片”命令，如图 4-59 所示，选择“插入图片来自”下拉列表的“此设备”选项，系统会打开“插入图片”对话框。

3)在“插入图片”对话框中选择图片保存的位置、名称，单击“插入”按钮。

提示：Word 2016 允许同时插入多张图片，在“插入图片”对话框里按住“Ctrl”键选择多张不连续的图片或按住“Shift”键选择多张连续的图片，单击“插入”按钮即可。

(2)插入形状。

Word 2016 提供了插入形状的功能，用户可以在文档中插入线条、基本形状、箭头、流程图、旗帜、标注等，对插入的图形还可以设置线型、线条颜色、文字颜色等效果。具体操作步骤如下。

1)单击“插入”|“插图”组“形状”按钮，如图4-60所示，在打开的下拉列表中单击需要绘制的形状。

2)将鼠标指针移动到Word文档需要插入形状的位置，按下鼠标左键拖动即可绘制图形。

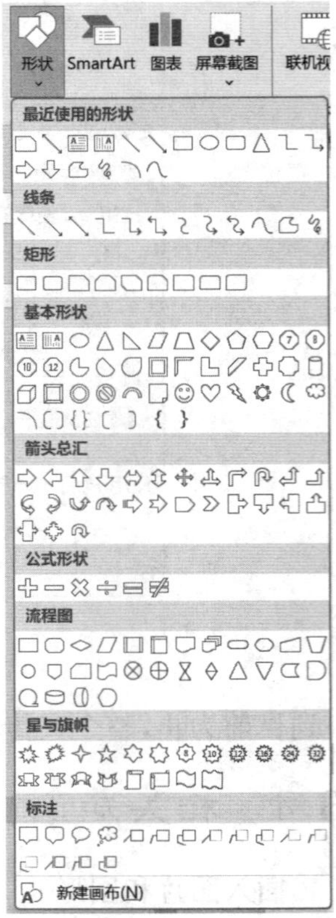

图4-60 “插入形状”按钮

2. 编辑图片

插入了图片之后，可以对图片的格式进行设置，如调整图片大小、裁剪图片、设置环绕方式等。

单击要编辑的图片，图片四周会出现九个控制点。其中，四条边上出现八个空心小圆形，这些小圆形用来调整图片的大小。图片上方有一个旋转控点，可以用来旋转图片。

(1)缩放图片。

1)将光标移到图片边缘的小圆形上，光标会变成横向或者纵向的双向箭头，按住鼠标左键拖动鼠标能调整图片的长度或者宽度。

2)将光标移到图片四个角的小圆形上，鼠标指针会变成偏左或者偏右的双向箭头，按住鼠标左键拖动能同时调整图片的长度和宽度。

(2)使用图片工具功能区。

选中图片，会出现如图4-61所示的“图片工具”|“图片格式”功能区，所有图片的编辑工具都能在这里找到。下面简单介绍几个常用功能。

图4-61 “图片格式”功能区

1)裁剪图片：单击“大小”组中的“裁剪”按钮，当图片上出现黑色控制点时，将鼠标指针移动到这些黑色控制点，拖动鼠标就能对图片进行适当的裁剪。

2)图片样式：在图片样式里面，可以为图片选择不同的样式。

3)调整图片颜色：当图片过暗或者曝光不足时，可以通过调整图片的色调、颜色饱和度等操作来使其呈现更好的效果。操作方法是：单击“调整”组中的“颜色”按钮，在弹出的下拉列表中单击“色调”按钮，选择合适的“色温”图标，如图4-62所示。

4)设置图片大小：对图片进行编辑时，如果我们希望对图片尺寸进行更细致的设置，则可以通过调整“大小”组中的高度和宽度数值进行设置。

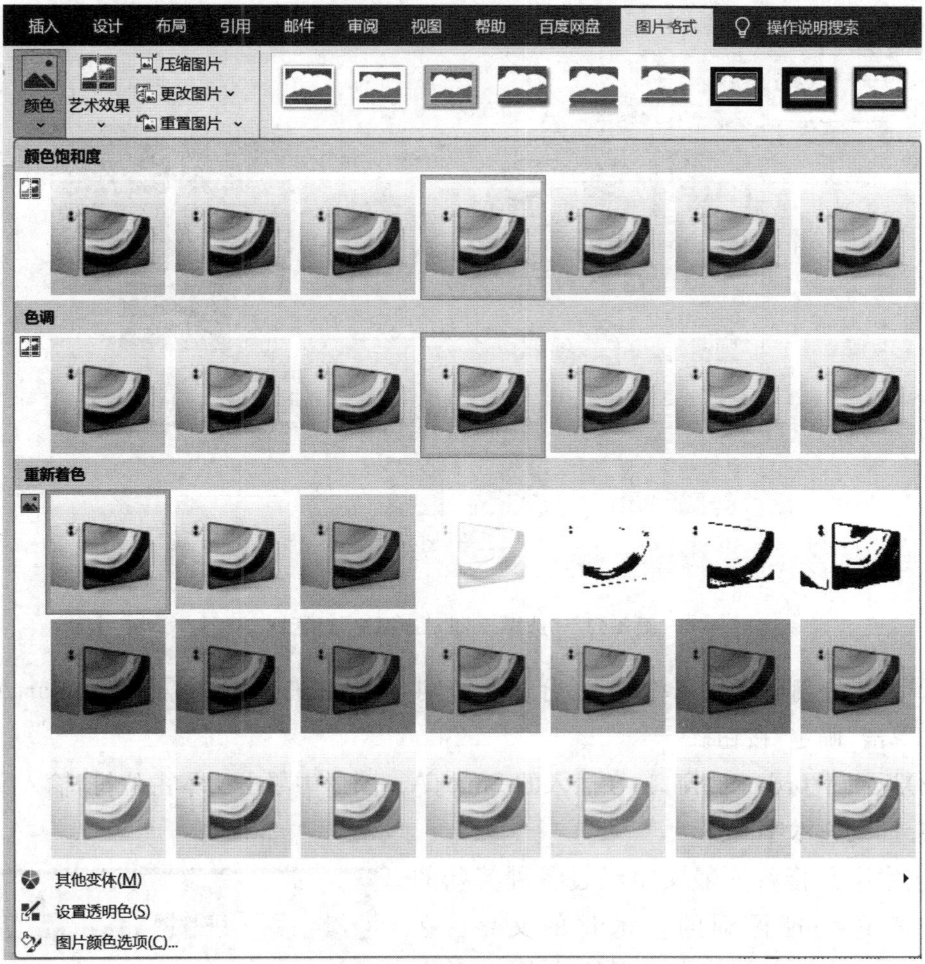

图 4-62　调整颜色

3. 设置文字环绕方式

文字环绕是指插入的图片与周围文本的关系。一般在插入图片后都应该设置文字环绕方式。图片一共有七种文字环绕方式，分别是嵌入型、四周型、紧密型、穿越型、上下型、衬于文字下方和浮于文字上方。具体操作方法如下。

1)选定需要设置文字环绕的图片。

2)单击“图片工具”|“图片格式”选项卡“排列”组中的“环绕文字”按钮，选择一个需要的文字环绕方式。也可以在列表里选择“其他布局选项”，以便进行更细致的环绕方式设置。

4. 插入 SmartArt 图形

SmartArt 图形是信息和观点的视觉表示形式，它们通常用于处理某种结构化的信息，如流程图、层次结构图等。通过 Word 2016 提供的 SmartArt 功能，用户可以在 Word 文档中插入丰富多彩、表现力强的 SmartArt 图形。操作步骤如下。

1)单击“插入”选项卡“插图”组中的 SmartArt 按钮,弹出如图 4-63 所示的“选择 SmartArt 图形”对话框。

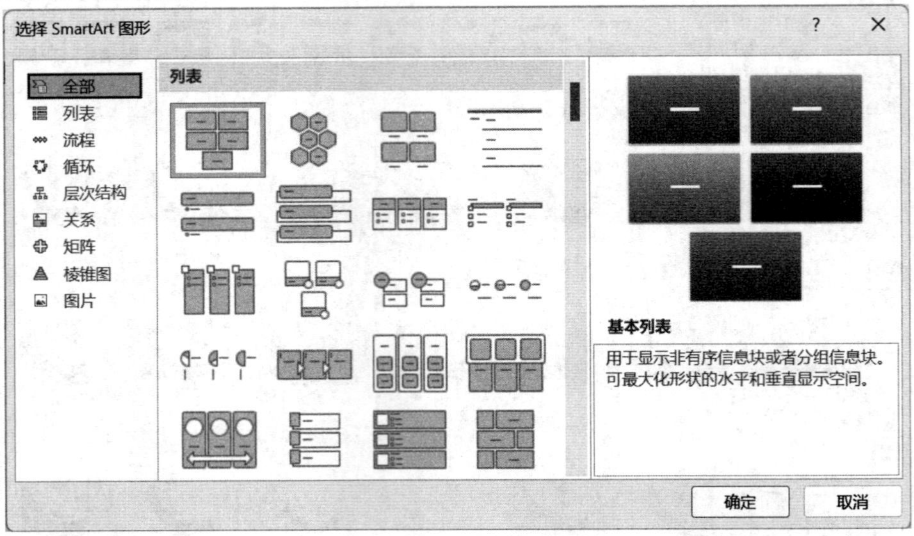

图 4-63 “选择 SmartArt 图形”对话框

2)单击左侧的类别名称,选择合适的类别,同时在右侧选择需要的 SmartArt 图形,并单击“确定”按钮。

3)返回 Word 文档窗口,在插入的 SmartArt 图形中单击文本占位符,输入文字。

5. 插入艺术字

艺术字是指将一般文字经过各种特殊的变形、着色处理得到的艺术化的文字。在 Word 2016 中可以创建出漂亮的艺术字,并可作为一个对象插入文档中。

(1)插入艺术字的步骤。

1)将光标定位到要插入艺术字的位置。

2)单击“插入”选项卡“文本”组“艺术字”按钮,可以从弹出的艺术字样式下拉列表里选择合适的艺术字样式,如图 4-64 所示。

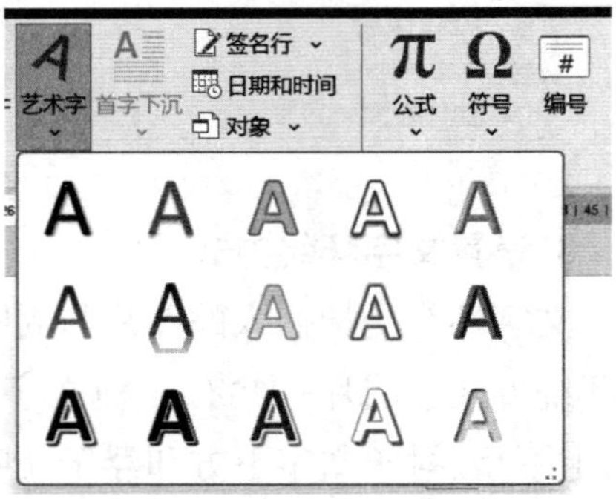

图 4-64 艺术字下拉列表

3)在弹出的“编辑艺术字文字”对话框中,输入要插入的艺术字内容,并设置好字体、字号,单击“确定”按钮即可,如图 4-65 所示。

(2)编辑艺术字。

可以编辑插入的艺术字。编辑艺术字的方法如下。

单击要设置格式的艺术字,此时在艺术字的边框上会出现八个控点,系统同时显示“绘图工具”|“形状格式”选项卡,选择“艺术字样式”功能区,如图 4-66 所示,在其

中可以按照需要对艺术字进行格式设置。

图 4-65　“编辑艺术字文字”对话框

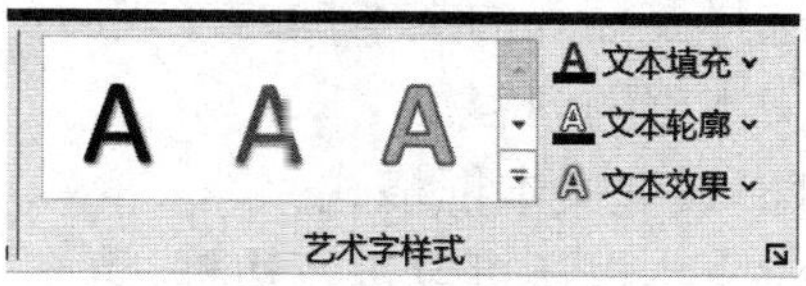

图 4-66　艺术字样式功能区

6. 文本框的操作

文本框是储存文字的矩形区域。在文本框中可以对文字进行格式设置，如设置文字大小、方向、段落格式等。通过文本框可以把文字放置在页面的任意位置。文本框也可以和其他图形产生环绕、组合等各种效果。

(1)插入文本框。

1)将光标定位到要插入文本框的位置。

2)单击“插入”选项卡“文本”组“文本框”下面的下拉箭头，在弹出的下拉列表中单击选择要插入的文本框样式，如图 4-67 所示。

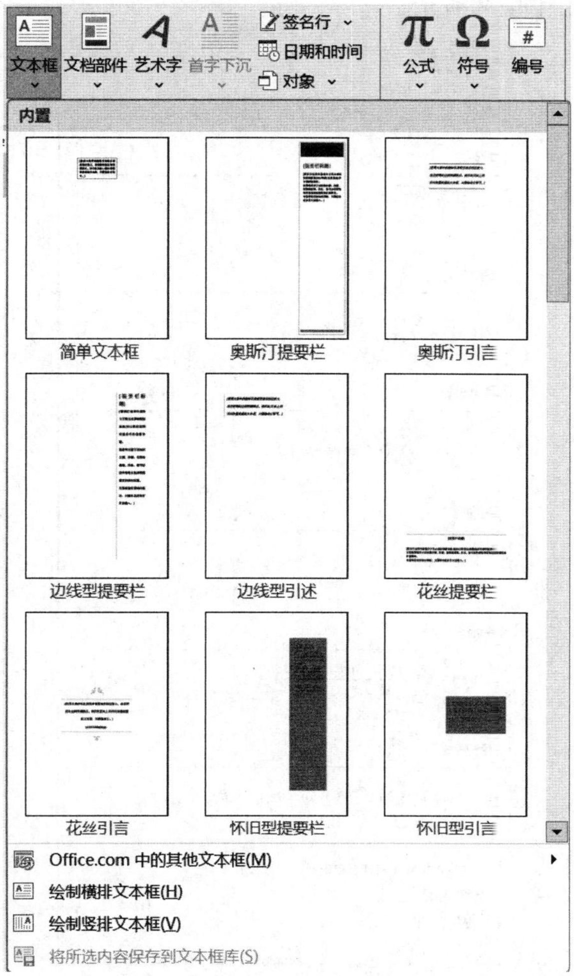

图 4-67　插入文本框下拉列表

(2)编辑文本框。

选择要插入的文本框的样式后，会在文档中出现文本框编辑区，可以在其中编辑输入文本框的内容。

(3)设置文本框格式。

对文本框还可以进行边框、填充、阴影等艺术效果的设置，具体方法如下。

单击要设置格式的文本框，此时在文本框的边框上会出现八个控点，将鼠标移到控点上进行拖动操作，可以更改文本框的大小。系统同时显示“绘图工具”|“形状格式”选项卡。能对形状进行的格式操作都可以应用于对文本框的设置。

7. 插入公式

(1)公式编辑器。

Word 2016 自带了多种常用的公式，用户可以根据需要直接插入这些内置的公式。插入公式的步骤如下。

1)将光标置于需要插入公式的地方。

2)单击“插入”选项卡“符号”组“公式”的下拉箭头，在打开的“内置”公式列表中选择需要的公式，如图 4-68 所示。

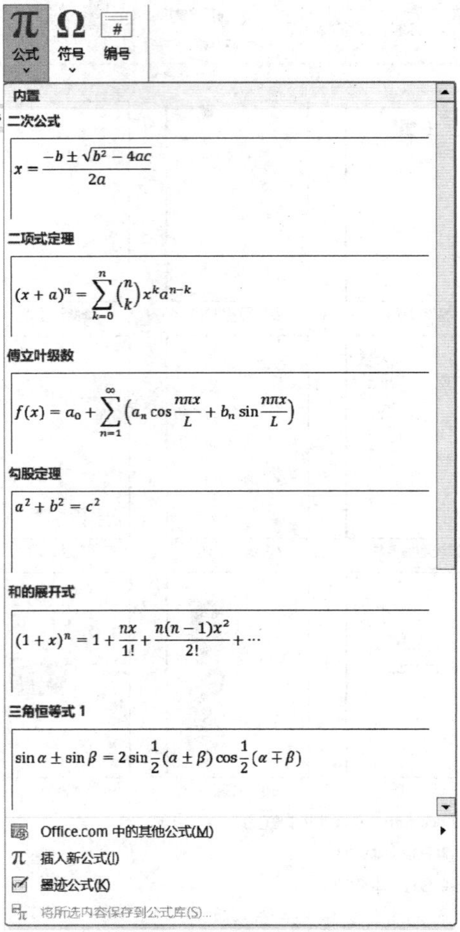

图 4-68　插入公式

(2)插入新公式。

1)在“内置”公式列表中选择“插入新公式”选项,进入“公式工具”|“公式”选项卡,如图 4-69 所示。

图 4-69 公式选项卡

2)单击需要的模板和公式,从插入点处开始输入数学公式。在公式的输入过程中,插入点位置的移动除了可以使用鼠标外,还可以使用方向键在各插入点之间跳转,方便快捷。输入完毕,单击公式外的任意区域,即可返回文档编辑状态。

项目 4.4 编排毕业论文

4.4.1 项目要求

(1)掌握 Word 2016 文档样式的创建和应用。

(2)掌握 Word 2016 插入页眉和页脚的操作。

(3)掌握 Word 2016 文档生成目录的操作。

(4)掌握 Word 2016 插入批注的操作。

4.4.2 项目任务

大三学生李娜在实习期间完成了毕业论文初稿,她将论文初稿提交指导教师之前,需要对照毕业论文格式要求对初稿进行格式设置,主要包括各级标题的格式设置、段落的格式设置、页眉和页脚的插入、目录的生成、插入批注等。

李娜按照毕业论文格式要求对文档进行了格式操作和美化,通过制作毕业论文封面、创建和应用样式、插入分页符、插入页眉和页脚、自动生成目录、插入批注等任务,完成了毕业论文长文档的格式编排,效果如图 4-70 所示。

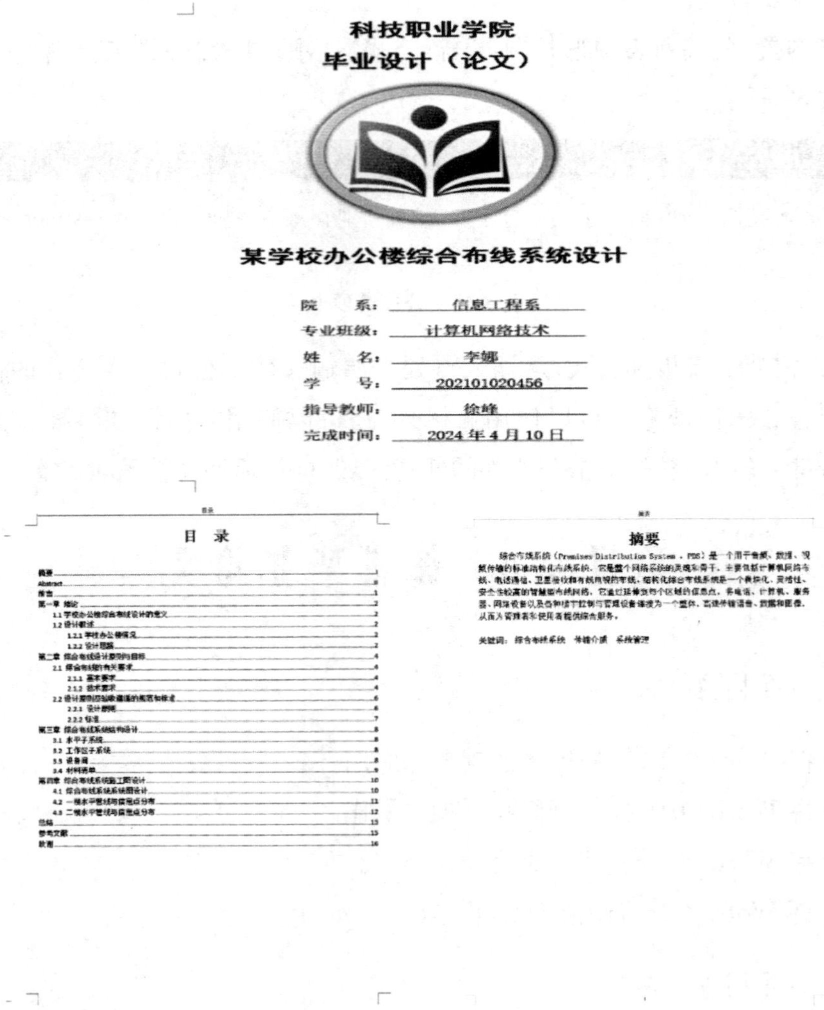

图4-70 毕业论文最终效果(部分)

4.4.3 项目实现

任务1 设置论文封面

通过在文档中插入图片、输入文字来制作毕业论文文档的封面,并对文档进行页面设置。操作步骤如下。

(1)打开创建的毕业论文Word文档,将光标定位到文档开始处,选择“布局”|“页面设置”组,单击“页边距”按钮,在弹出的下拉列表中选择“自定义页边距”选项,打开“页面设置”对话框,在“页边距”选项卡中设置参数,如图4-71所示。

(2)切换到“布局”选项卡,在页眉和页脚选项中勾选首页不同,设置参数如图4-72所示,单击“确定”按钮完成页面设置。

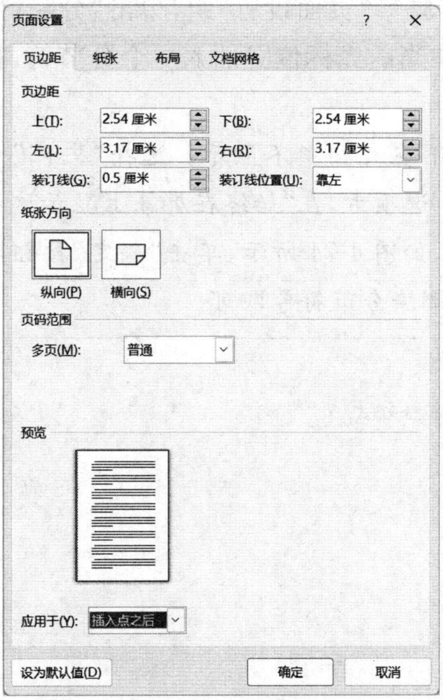

图 4-71　设置页边距

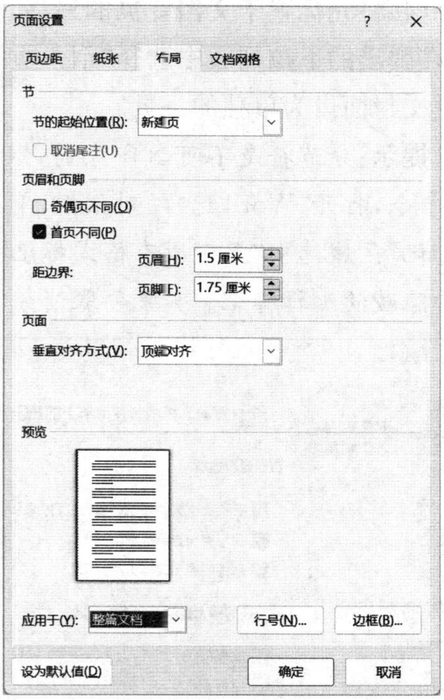

图 4-72　设置布局

(3)将光标定位到文档首页的第三行，选择“插入”|“插图”组，单击“图片”按钮，将素材图片“学校 Logo.jpg”插入文档，对毕业论文封面的文字进行格式设置，如图 4-73 所示。

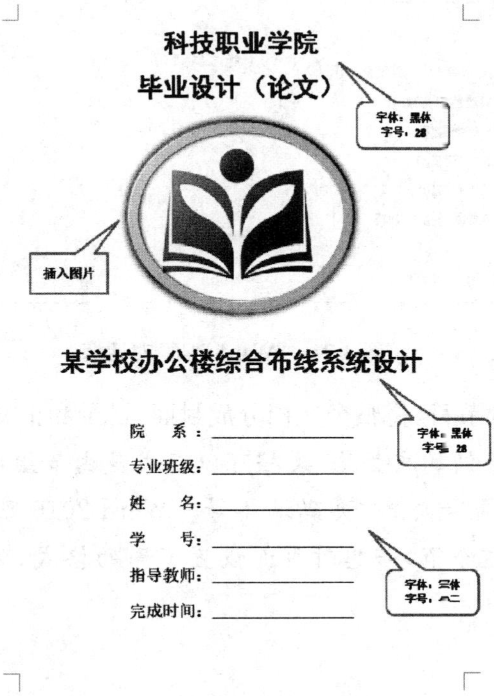

图 4-73　设置封面内容

(4)将光标置于文档首页的最后,选择“布局”|“页面设置”组,单击“分隔符”按钮,在弹出的下拉列表中选择“下一页”选项,在当前光标位置插入一个分节符,将毕业论文封面设为单独的一页。

提示:分节符是不可打印字符,默认情况下在文档中不显示。选择“文件”|“选项”命令,打开“Word 选项”对话框,单击“显示”选项卡,在“始终在屏幕上显示这些格式标记”区域选中“显示所有格式标记”复选框,如图4-74所示,单击“确定”按钮即可查看隐藏的编辑标记。如果要取消分节,只需删除分节符号即可。

图 4-74 “Word 选项”对话框

(5)再插入一个分节符,将整个文档分成封面、目录和正文三节,如图4-75所示。

提示:节是一段连续的文档块,文档可以看成是由节组成的。同节的页面拥有同样的页面属性、页眉和页脚、页码编排等。Word 2016 默认一个文档只有一个节,所有页面都属于这个节,若想对页面设置不同的格式,必须插入分节符将文档分为多个节。

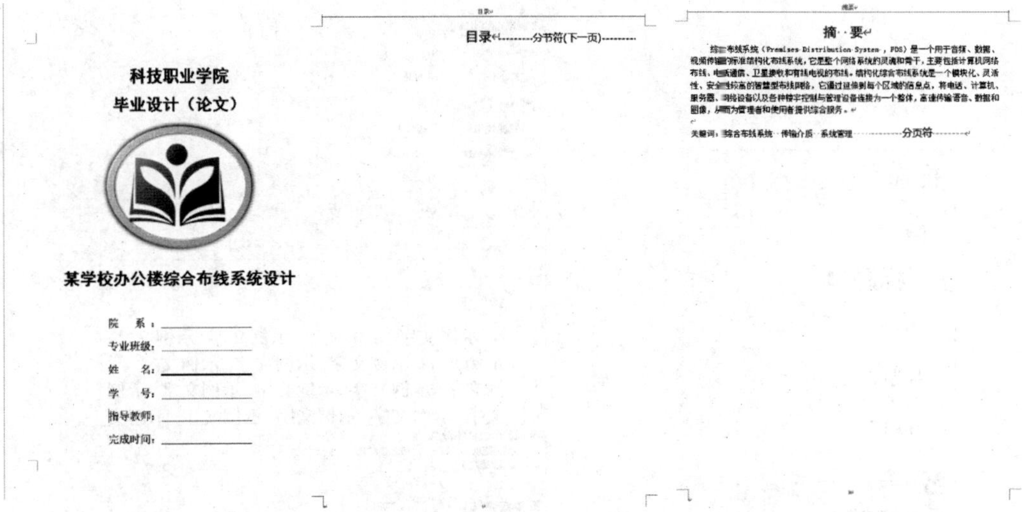

图 4-75　整个文档布局

任务 2　设置样式和格式

样式是一组命令或格式的集合。样式规定了文本的各种参数，如大小、字体、颜色、对齐方式以及边框和底纹等，并将这些参数命名为一个特定的段落格式名称。通常，我们把这个名称称为样式。使用样式能提高工作效率，使文档更加规范化。Word 2016 提供了许多内置的标准样式，也允许用户自定义样式。

1. 设置自定义样式

毕业论文属于长文档，在进行编辑时，若对标题逐一设置格式会很烦琐，为避免这种情况，可对文档设置自定义样式。具体操作步骤如下。

(1)选择“开始”|“样式”组，单击下方的“对话框启动器”按钮。

(2)打开“样式”窗格，如图 4-76 所示，单击窗格下方的“新建样式”按钮，打开“根据格式化创建新样式”对话框，如图 4-77 所示，在“名称”文本框中输入“1 级标题”，在“样式基准”下拉列表中选择“标题 1”，在“后续段落样式”下拉列表选择“1 级标题”，设置字体为“宋体”“二号”“加粗”“居中”。

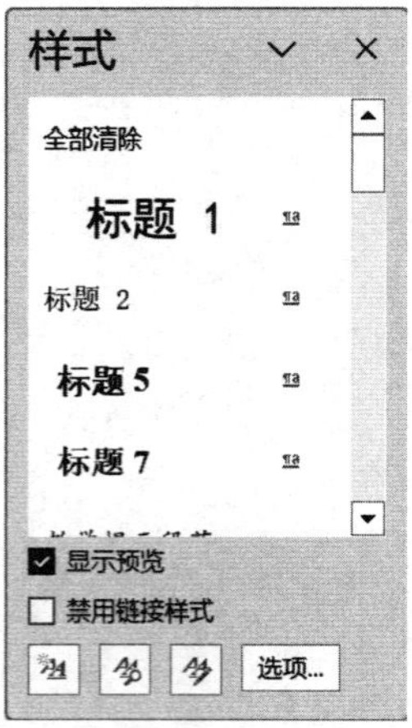

图 4-76 “样式”窗格

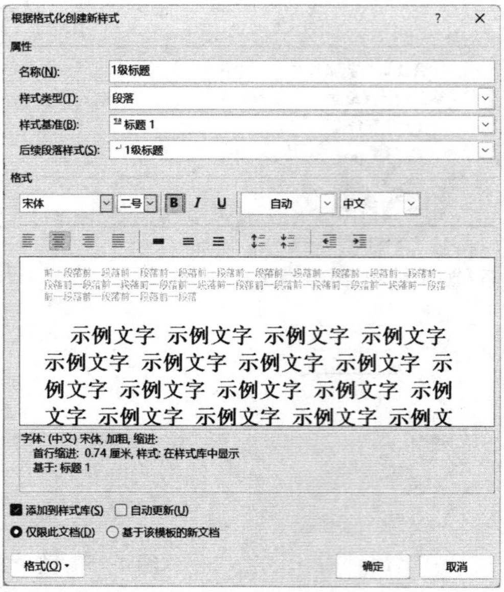

图 4-77 “根据格式化创建新样式”对话框

(3)单击该对话框中的“格式”按钮,在弹出的下拉列表中选择“段落”命令,打开“段落”对话框,如图 4-78 所示。设置行距为最小值 18 磅,“大纲级别”为 1 级,单击“确定”按钮返回“根据格式化创建新样式”对话框。

(4)再次单击“格式”按钮,在弹出的下拉列表中选择“快捷键”命令,打开“自定义键盘”对话框,如图 4-79 所示,在“请按新快捷键”文本框中按“Ctrl＋1”组合键,单击“指定”按钮。单击“关闭”按钮返回“根据格式化创建新样式”对话框,单击“确定”按钮返回。

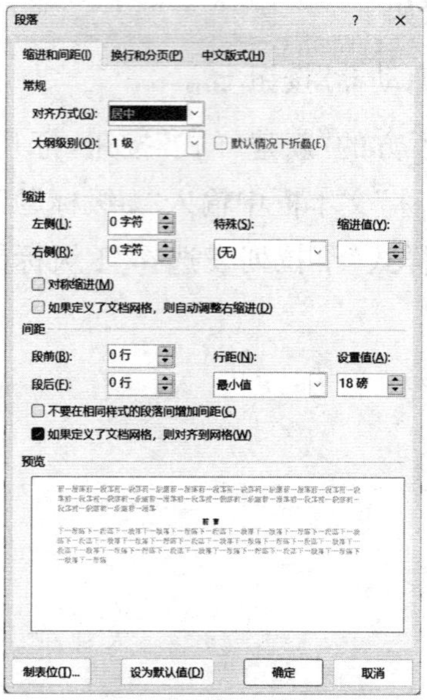

图 4-78 “段落”对话框

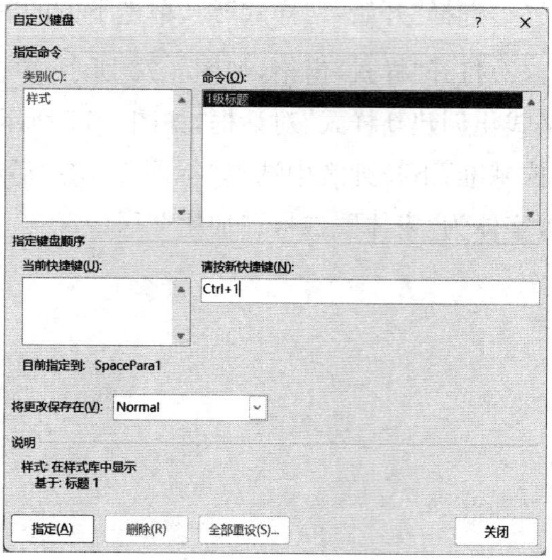

图 4-79 “自定义键盘”对话框

(5)按照同样的方法新建“2 级标题”样式为“黑体”“四号”“左对齐”。

(6)按照同样的方法新建“3 级标题”样式为“黑体”“小四”“左对齐”。

(7)新建并设置“论文正文”样式：字体为“宋体”“小四”“两端对齐”，首行缩进两个字符，“行距”为固定值 22 磅。

2. 利用新建立的样式对毕业论文文档进行排版

操作步骤：

将光标定位到“摘要”“前言”“第一章 绪论”等一级标题所在的行，按“Ctrl＋1”组合键，为其应用“1 级标题”样式，将光标定位到“1. 1 学校办公楼综合布线设计的意义”所在的行，单击“样式”窗格中的“2 级标题”，为其应用二级标题的样式。将光标定位到正文部分，单击“样式”窗格中的“论文正文”，为其应用正文样式。

提示：如果对应用的样式不满意，可对其进行修改，方法是将鼠标移动到“样式”窗格中要修改的样式处，单击其右边的下三角按钮，在弹出的下拉列表中选择“修改”选项，打开“修改样式”对话框修改即可，如图 4-80 所示。

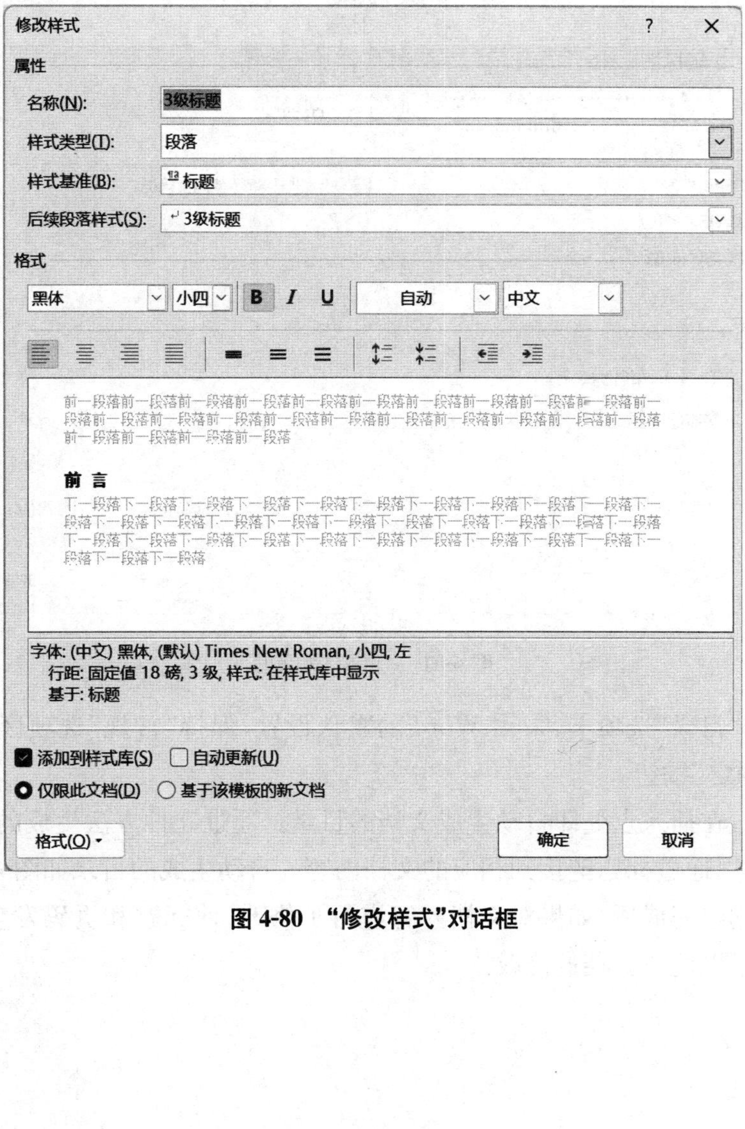

图 4-80　“修改样式”对话框

任务3 自动生成目录

目录是一篇文章的标题及其页码的列表，在长文档中，由于文档内容非常庞大，插入目录可以方便用户查阅。使用 Word 2016 提供的功能来自动生成目录，首先要将标题样式和正文样式应用到要创建目录的文档。

(1)将光标定位于文档第二页开始处，输入“目录”二字，设置字体格式为“宋体”“二号”“加粗”“居中”，字与字之间空两个字距。新起一段，选择“引用”|“目录”组，单击“目录”按钮，在弹出的下拉列表中选择“自定义目录”选项，打开“目录”对话框，如图 4-81 所示。

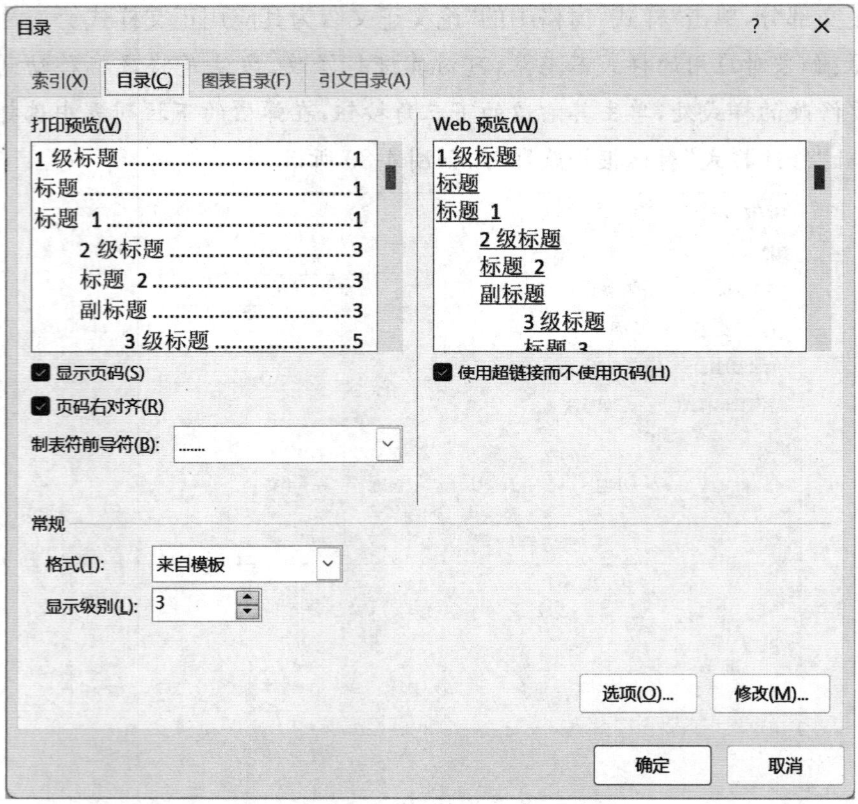

图 4-81 “目录”对话框

(2)单击“目录”选项卡，采用 Word 的默认设置，保持“常规”选项区“显示级别”为 3，单击“确定”按钮。

(3)此时，在插入点处即自动生成文档的目录。通过此种方法生成的目录具有超链接功能，可以通过标题链接到相应的文档内容。自动生成的目录如图 4-82 所示。

当目录创建完成后，如果对文档内容进行了修改，使标题和页码发生了改变，就必须更新目录以适应文档的修改。

目　录

图 4-82　自动生成目录效果

(4)选中整个目录,单击鼠标右键,在弹出的快捷菜单中选择"更新域"命令,打开"更新目录"对话框,如图 4-83 所示。

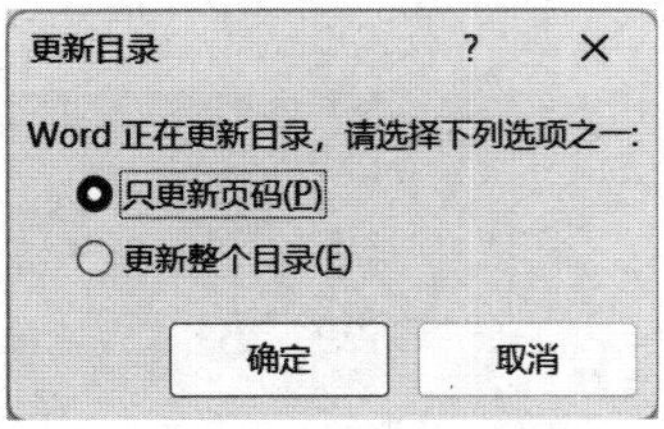

图 4-83　"更新目录"对话框

(5)选择"更新整个目录"单选项,单击"确定"按钮。此时目录自动根据文档内容进行更新。

任务 4　插入页眉和页脚

为了使论文结构看起来更加清晰美观,还需要插入页眉和页脚,具体操作步骤如下。

(1)按下“Ctrl＋Home”组合键,将光标快速定位到文档开始处,选择“插入”|“页眉和页脚”,单击“页眉”按钮,在弹出的下拉列表中选择“编辑页眉”项。进入页眉和页脚编辑状态,如图4-84所示。注意,在页眉的左上角显示有“页眉-第1节-”的提示文字,表明当前是对第1节设置页眉。

图4-84 页眉和页脚编辑状态界面

(2)第1节是封面,不需要设置页眉,在“导航”组中单击“下一条”按钮,将光标定位于第2节页眉处。

(3)单击“导航”组中的“链接到前一条页眉”按钮,取消与前一节的链接,这时页眉右上角的“与上一节相同”提示消失,表明当前节的页眉与前一节不同。

(4)在页眉处输入第二节的标题文字“目录”，并设置段落下划线，如图 4-85 所示。用同样的方法，设置好后续各节的页眉。

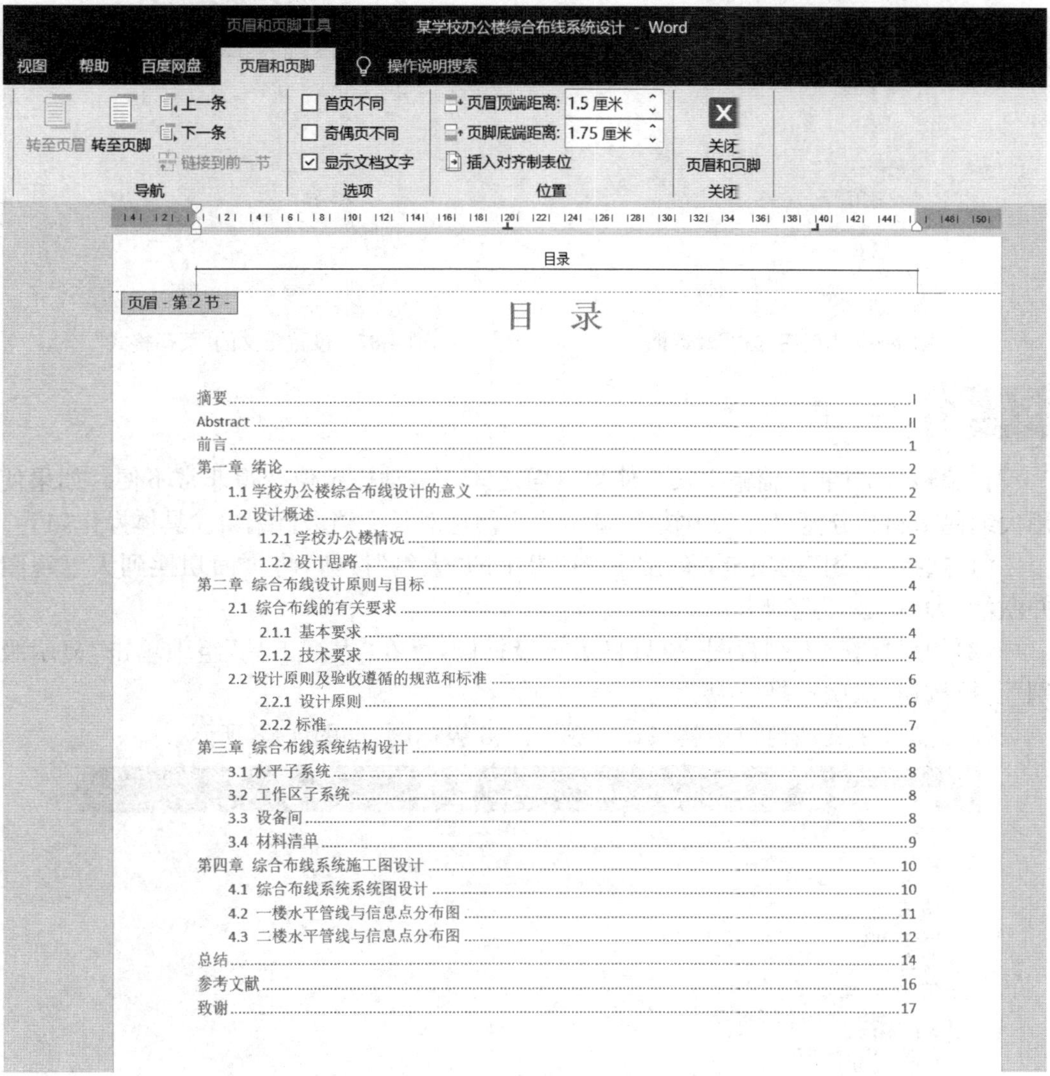

图 4-85　编辑页眉

(5)在“页眉和页脚”组中单击“页脚”按钮，在下拉列表中选择“编辑页脚”选项，光标会定位到页脚区域。

(6)在“页眉和页脚”组中单击“页码”按钮，在下拉列表中选择“设置页码格式”选项，弹出“页码格式”对话框，将摘要所在节的页码设置为罗马数字，如图 4-86 所示。

(7)用同样的方法设置正文的页码，在“编号格式”下拉列表中选择数字“1,2,3…”，在页码编号选项选择“起始页码”为 1，使从前言开始的正文部分从第一页开始编号。单击“确定”按钮返回页眉和页脚编辑状态，如图 4-87 所示。

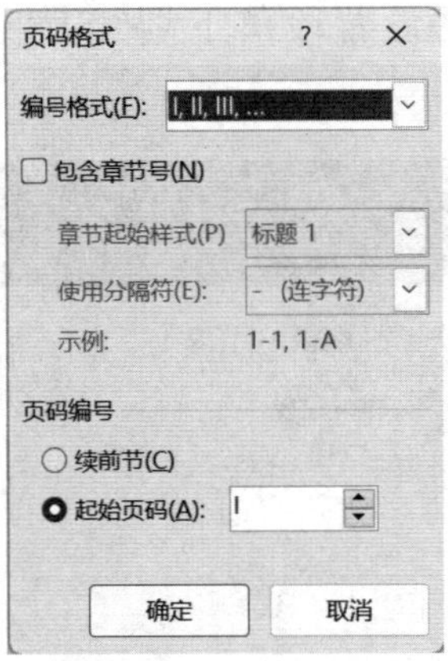

图 4-86　“页码格式”对话框

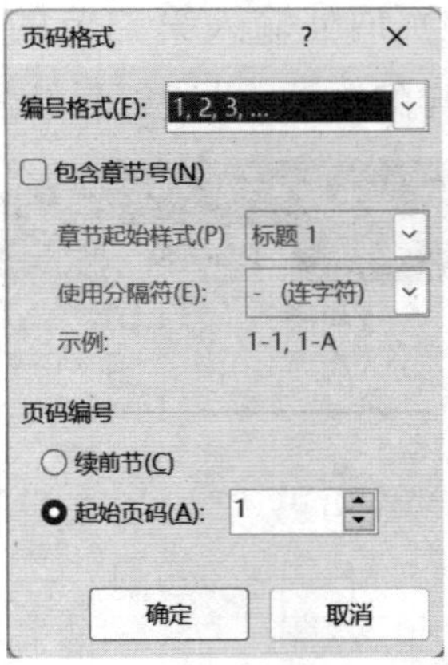

图 4-87　设置正文的“页码格式”

任务 5　视　图

在编辑长文档时，篇幅太长会使得页面之间的翻动或定位变得非常不便。如果使用大纲视图和拆分窗口等实用技巧，就能很方便地对长文档进行编辑。具体操作如下。

(1)选择“视图”选项卡，单击“视图”组中的“大纲”按钮，将页面切换到大纲视图并激活“大纲显示”选项卡。

(2)如果要在“大纲视图”中只显示 3 级标题，可在“大纲工具”组中单击“显示级别”下拉按钮，从中选择“3 级”。

(3)此时，在文档窗口中就只显示第 1、2、3 级标题，如图 4-88 所示。

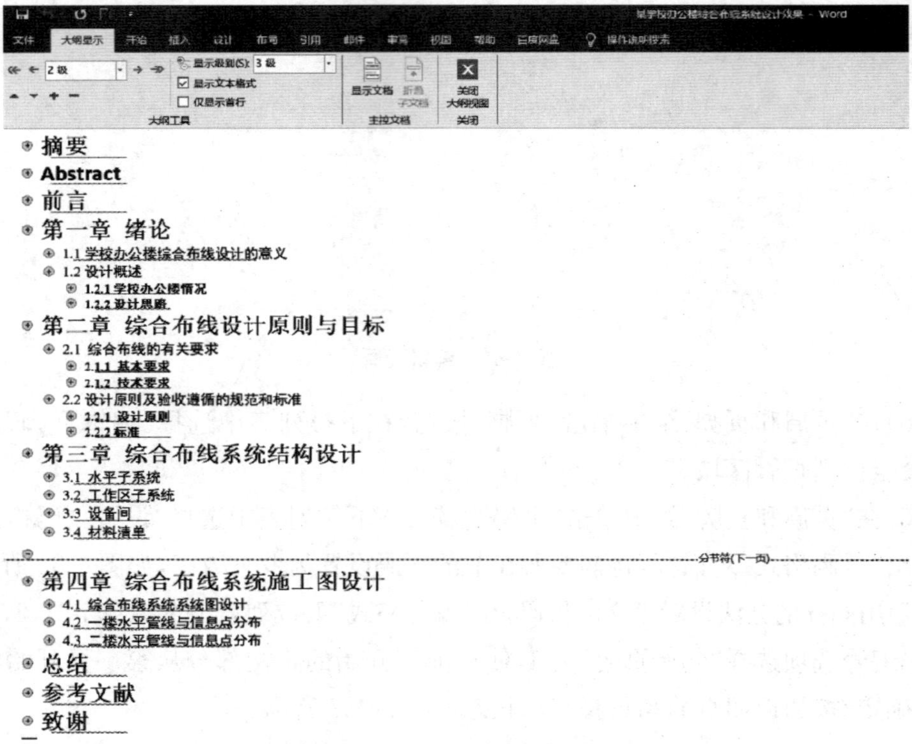

图 4-88　显示 3 级标题时的视图

(4)如果想查看文档的全部内容,在“显示级别”下拉列表框中选择“所有级别”选项即可。

提示:大纲视图只是改变了文档的显示效果,并没有改变文档的内容,大纲视图是一种以缩进文档标题方式来代表它们在文档中级别的显示方式,视图中的缩进符号不影响文档在其他视图中的外观,也不会被打印出来。

文档的视图模式除了大纲视图、页面视图外,还有阅读视图和 Web 版式视图等,用户可以根据需要在视图组中切换选择,如图 4-89 所示。

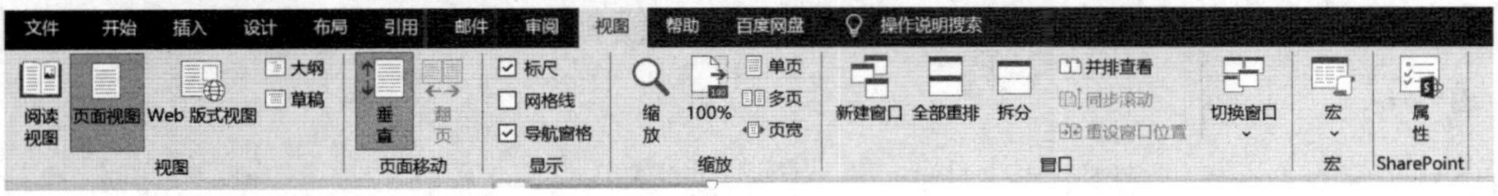

图 4-89　视图功能区

除了可以通过文档结构图来帮助把握文档的整体结构之外,还可以使用窗口拆分来同时关注 Word 文档中的两个局部。

选择“视图”选项卡,单击“窗口”组中的“拆分”按钮,即可将窗口拆分成上下两个窗口。将鼠标移到两个窗口交接处,此时鼠标变成双向拖拉“调整大小”箭头状态,可以进行拖拉改变两个窗口的大小。在每个窗口中可以相对独立地浏览同一文档中的不同内容,如图 4-90 所示。

3.4 材料清单

表 3-1 综合布线系统材料总清单

序号	型　号	名　称	单位	数量	单 价	金 额
1	PT/XG.40U.60	19"配线柜（40U）	套	1	5184.00	5184.00
2	PT/XG.30U.60	19"配线柜（30U）	套	14	4212.00	58968.00
3	PT/FA3-08VIIB	RI45 双位插座面板	只	1127	9.70	10931.90
4	PT/5.566.021	RJ45 插座模块	只	2254	28.80	64915.20
5	UTP.S5.004	5 类 4 对 UTP 电缆	箱	142	660.00	93720.00
6	UTP.C5.004	5 类 4 对 UTP 电缆	箱	142	560.00	79520.00
7	PT/UTP.C3.025	3 类 25 对 UTP 电缆	箱	7	3994.00	27958.00
12	PT/8.037.061	250 回线背装架	件	34	105.90	3600.60
13	PT/8.037.070	125 回线背装架	件	112	72.00	8064.00
14	PT/8.037.100HX	100 回线背装架	件	28	28.60	800.80
15	JPX211C	125 回线配线箱	只	112	380.00	42560.00
16	PT/4.431.000	管理线盘	件	105	100.00	10500.00
17	PT/GP11A	12 口光纤分线盒	件	19	1000.00	19000.00
18	PT/TX.ST1.02	ST-ST 光纤单芯多模跳线	根	58	175.00	10150.00
19	PT/TX.STC1.02	ST-SC 光纤单芯多模跳线	根	58	213.00	12354.00
20	PT/FL.ST.01	ST 法兰盘适配器	只	116	48.00	5568.00
21	PT/XQ401-C	接线工具	只	2	360.00	720.00
22	PT	水晶头	个	2254	1.00	2254.00
	合计:				[illegible]42831.60 元	

图 4-90　拆分后的窗口

任务 6　模板的设置和使用

同一类型的文档往往具有相同的格式和结构，使用“模板”可以大大提高创建新文档的效率。下面将刚才编辑好的毕业论文作为模板保存起来，以备日后使用和修改。具体操作步骤如下。

(1)单击“文件”|“另存为”选项，打开“另存为”对话框。

(2)在“文件名”文本框中输入“毕业论文”模板，在“保存类型”下拉列表中选择“Word 模版”，如图 4-91 所示，单击“保存”按钮，模板文件就被保存好了。

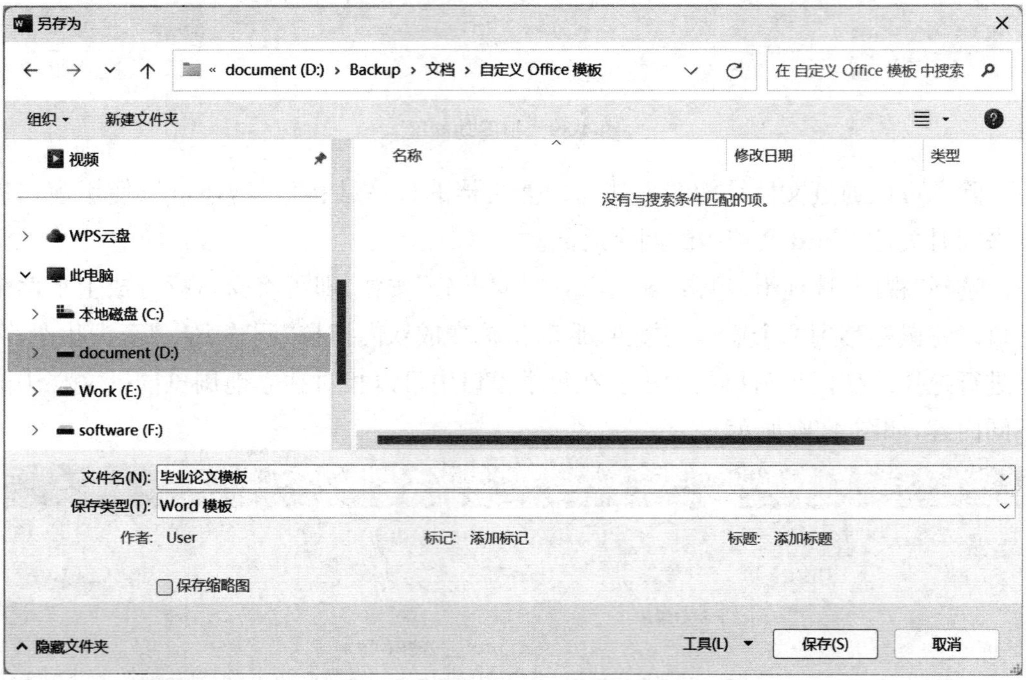

图 4-91　保存模板

在以后的毕业论文编排中，我们可以基于这个模板来建立文档，这样能大大提高工作效率。具体操作步骤如下。

单击“文件”|“新建”按钮，在打开的页面中选择“个人”选项，则在“新建”对话框中显示所创建的毕业论文模板，选择该模板即可基于该模板建立文档，如图 4-92 所示。

在新文档中，页面设置已经完成，而且标题、正文的样式等都已经设置好了，可以直接在里面加入新文档的具体内容，这样，一篇类似毕业论文的文档很快就可以编排好。

Word 2016 提供了各式各样的模板，每个模板都提供了一个样式集合用于设置文档格式。除了样式以外，模板还包括其他元素，如宏、自动图文集等。不同功能的模板包含的元素当然也不尽相同，而一个模板中的这些元素，在处理同一类型的文档时是可以重复使用的。

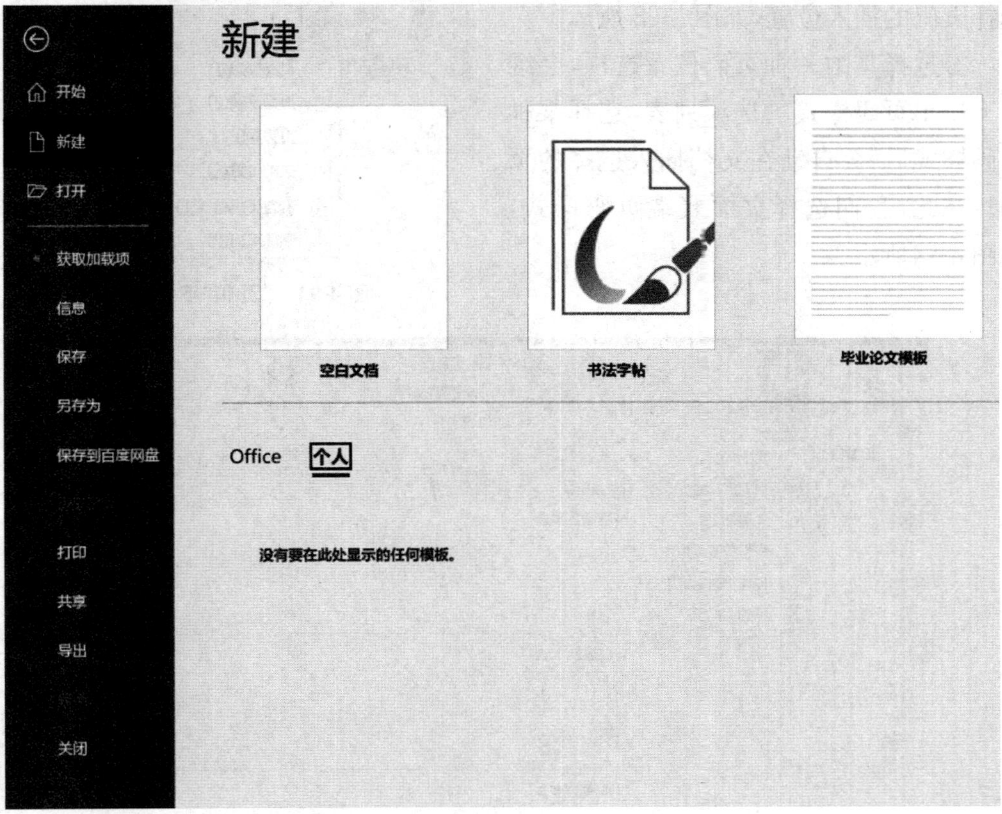

图 4-92　选择创建的模板

提示：目前已经介绍了格式、样式、模板等概念，这些概念可能容易混淆。格式是指文本的外观属性，如大小、字体、对齐方式等。样式是一种被命名且被保存的某种或某几种具体格式参数的集合，像一套加工文本的模具，可直接应用于文本。模板则是更加广泛的集合，包括多种样式和多种格式，可运用于整个文档。

4.4.4　相关知识

1. 添加页码、页眉和页脚

当文档较长、页数较多时，设置页码后就能根据页码去查找具体的页面内容，打印的纸质文档也能方便地按页码顺序来装订。页眉和页脚是文档正文以外的信息，页眉位于文档页面顶端，页脚位于文档页面底部，它们可以包含文字和图形。

(1)插入页码。

页码可以根据需要放置在页眉或页脚中。插入页码的具体操作步骤如下。

1)将插入点置于要插入页码的节中。

2)选择“插入”选项卡,在“页眉和页脚”组中单击“页码”按钮,从下拉列表中选择页码的插入位置,如图4-93所示。

3)选择其中一种页码位置选项,会继续下拉出页码样式的选项列表,选择某种页码样式后,会自动在文档插入选择的页码。在此,我们选择页面底端页码样式,如图4-94所示。

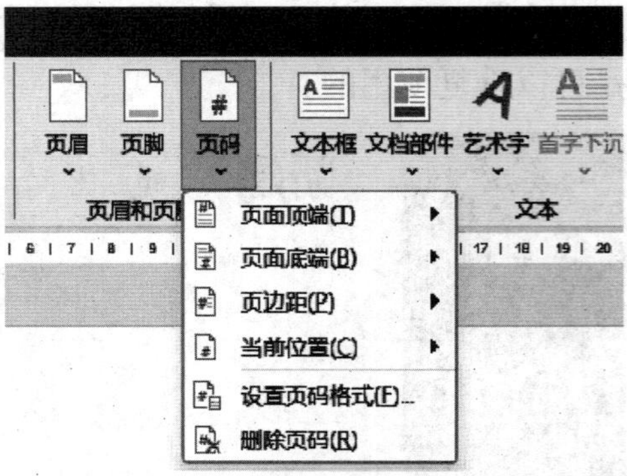

图4-93 “页码”下拉列表

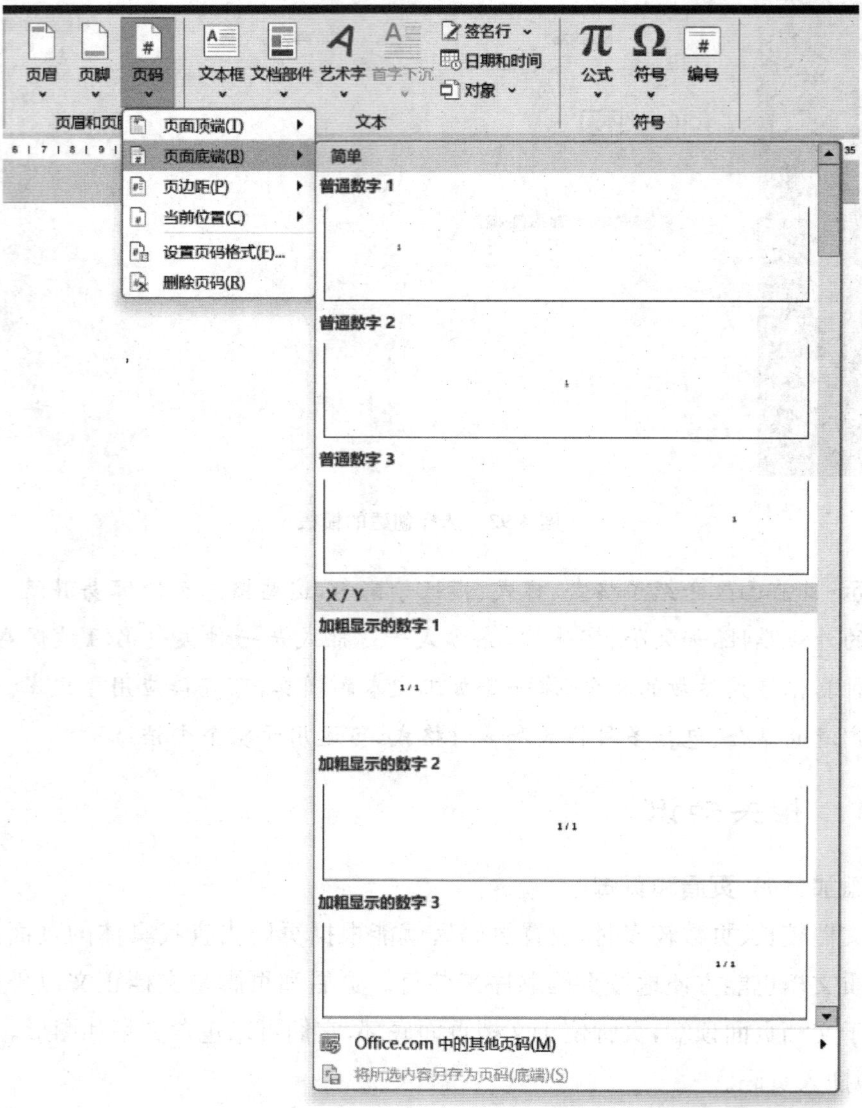

图4-94 页码样式的选择

4)如果需要设置页码格式，则单击“页码”下拉列表中的“设置页码格式”按钮。然后在“页码格式”对话框中进行详细设置，如图 4-95 所示。

5)如果想删除页码，可以在“页码”选项的下拉列表中选择“删除页码”选项。

(2)插入页眉。

页眉(页脚)是出现在页面顶部(底部)的文本或图形。通常页眉和页脚包含章节标题及页码等，也可以是用户录入的信息(包括图形)，它们只有在“页面视图”方式下才能显示出来。一般书籍、论文和商业文书都会用到页眉和页脚来显示书名、文章名称和页码等。

为文档插入页眉的操作步骤如下。

1)将光标插入点置于要插入页眉的文档中。

2)选择“插入”选项卡，在“页眉和页脚”组中单击“页眉”按钮，下拉出一个选项列表，包括“内置”“编辑页眉”“删除页眉”选项，如图 4-96 所示。

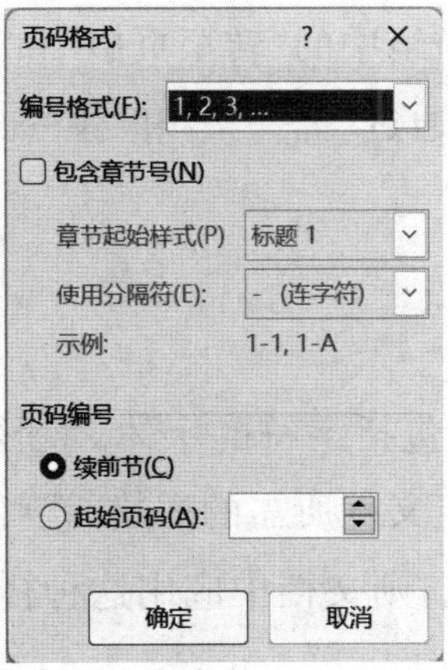

图 4-95 页码格式对话框

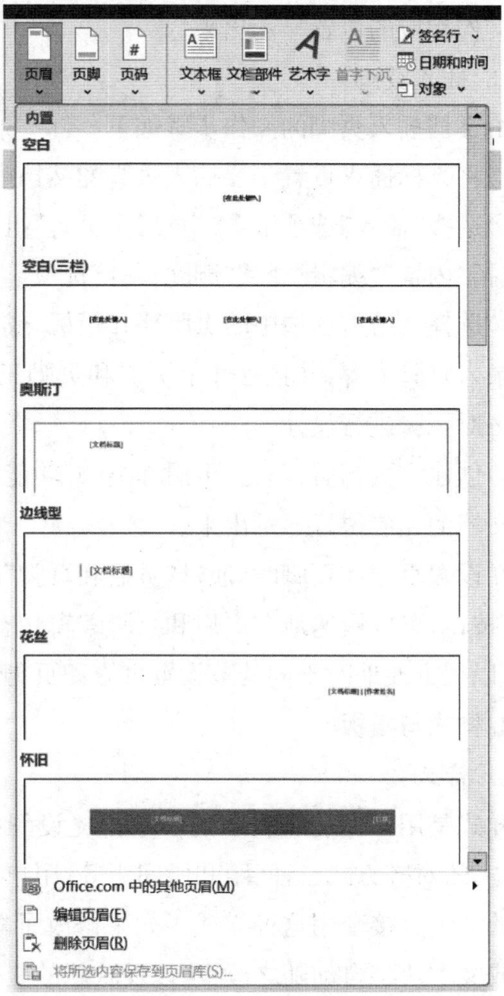

图 4-96 “页眉”下拉列表

3)选择“内置”选项中的页眉格式模板，或者选择“编辑页眉”，即可进入页眉的编辑区(图 4-97)录入页眉内容，并且打开了页眉和页脚工具选项卡。用户可以在“页眉和页脚”功能区对页眉进行设计。

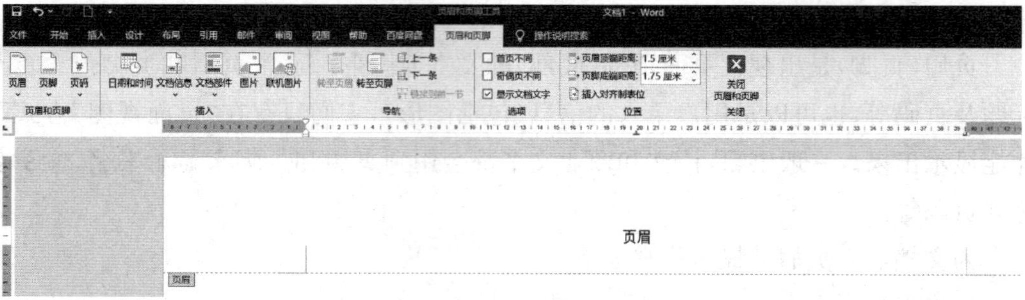

图 4-97 “页眉和页脚”功能区

4)创建完页眉后，单击“页眉和页脚”功能区中的“关闭页眉和页脚”按钮，页眉即可在文档相应的位置显示出来。

(3)插入页脚。

给文档插入页脚的操作步骤如下。

1)将光标插入点置于要插入页脚的文档中。

2)选择“插入”选项卡，在“页眉和页脚”组中单击“页脚”按钮，下拉出一个选项列表，包括“内置”“编辑页脚”“删除页脚”选项。

3)选择“内置”选项中的页脚格式模板，或者选择“编辑页脚”，即可进入页脚的编辑区录入页脚内容，并且打开了页眉和页脚工具选项卡。用户可以在“页眉和页脚”功能区对页脚进行设计。

4)创建完页脚后，单击“页眉和页脚”功能区中的“关闭页眉和页脚”按钮，页脚即可在文档的相应位置显示出来。

在设置页眉和页脚时，通过“页眉和页脚”功能区导航组中的“转至页眉”和“转至页脚”按钮，可以快速地在页眉和页脚编辑状态间切换。通过“上一条”和“下一条”按钮，可以很方便地对不同的节设置页眉和页脚。

2. 样式与模板

(1)样式。

样式是用样式名所表示的一组预先设置好的格式，包括字符的字体、字形和字号，文本的对齐方式、行间距和段间距等，用户只要预先定义好所需的样式，就可以对选定的文本直接套用这种样式。如果修改了样式的格式，则文档中应用这种样式的段落或文本块将自动随之改变，以反映新的变化。

样式按照定义形式可分为内置样式和自定义样式。选择“开始”选项卡，在

“样式”组中单击右下角的“样式”对话框启动器，即可打开“样式”组，显示可供选择的样式，如图 4-98 所示。样式按照应用范围分为下列几种，如图 4-99 所示。

1）字符样式：用来定义字符的格式，如字体、字形、字号和字间距等。

2）段落样式：用来定义段落的格式，如缩进、对齐方式和行间距等。

3）表格样式：可为表格的边框、阴影、对齐方式和字体等提供一致的外观。

4）列表样式：可为列表应用相似的对齐方式、编号或项目符号。

对文档进行格式化设置时可应用已有的样式（内置样式），如果找不到合适的样式，可以创建新的样式，然后再应用。

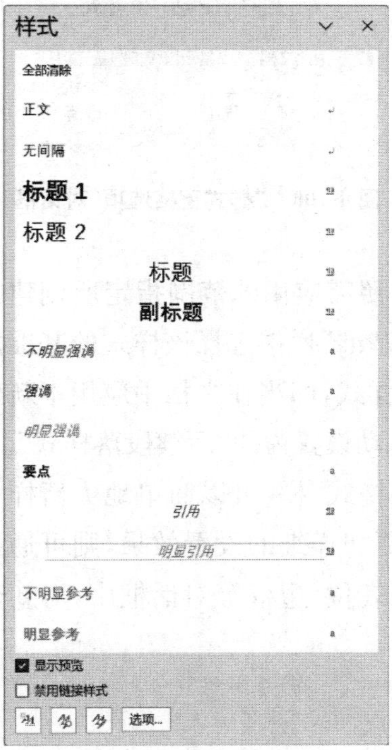

图 4-98　“样式”列表

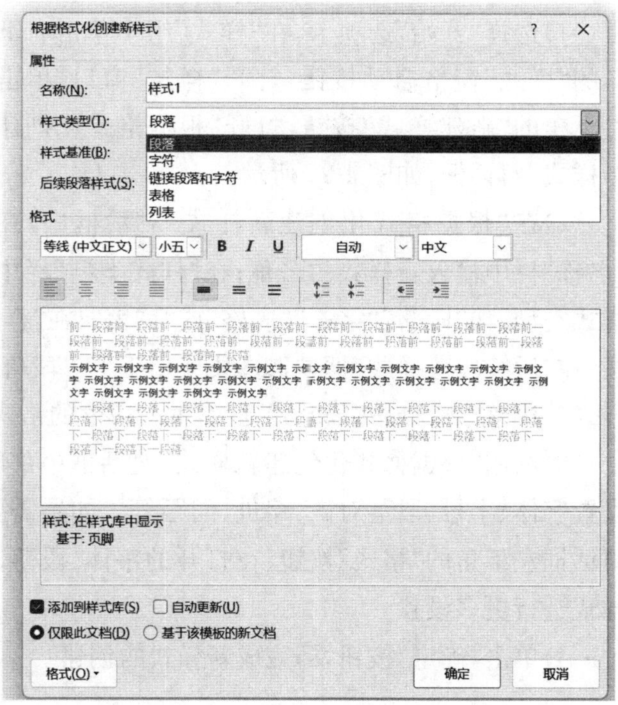

图 4-99　“样式”种类

（2）应用样式。

Word 2016 内置了许多样式，如“标题 1”“标题 2”和“标题”等，用户可以很方便地将它们应用在自己的文档编排中，此外，用户也可以应用自己已设置好的样式。具体操作步骤如下。

1）选定要格式化的文本。

2）选择“开始”选项卡，在“样式”组或“样式”列表中选择所需的样式名，则所选定的文本将会按照样式重新格式化。

3）在“样式”组中单击右下角的“样式”对话框启动器，打开“样式”下拉列表。如果列表中没有所需要的样式，可单击“样式”组右下角的“选项”按钮，打开“样式窗格选项”对话框，如图 4-100 所示，在该对话框的“选择要显示的样式”下拉列表中进行选择。

(3)创建新样式。

如果在 Word 2016 内置样式中没有所需要的样式，用户还可以创建新的样式。新建样式的方法是在“样式”列表框中选择最接近的基准样式，然后在该基准样式的基础上设计新样式，新样式建立后，会出现在“样式”列表框中。

建立一个新样式的操作方法如下。

1)选择“开始”选项卡，在“样式”组中单击右下角的“样式”窗格启动按钮，打开“样式”窗口，单击左下角的“新建样式”按钮，打开“根据格式化创建新样式”对话框，如图 4-99 所示。

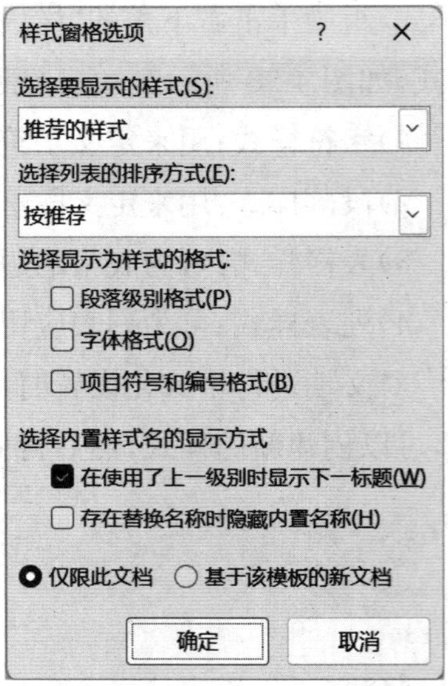

图 4-100 “样式窗格选项”对话框

2)在“根据格式化创建新样式”对话框中，在“名称”栏中输入新样式的名称；在“样式类型”栏中按照需应用的范围指定所创建的样式类型，如“段落”“字符”“表格”或“列表”；在“样式基准”栏中选择该样式的基准样式；在“后续段落样式”框中选择要应用于下一段落的样式，即当在文档中应用本新建样式的段落结束处按“Enter”键后，下一段落的格式自动设置为此“后续段落样式”。

3)利用“根据格式化创建新样式”对话框中部的“格式”栏，可以简单地为新样式设置字体、字号、段落对齐、缩进、间距等。如果需要更加详细的设置效果，则可通过对话框左下角的“格式”按钮、在打开的字体、段落、制表位、边框等对话框中，对新建样式进行更多设置。

4)单击“确定”按钮，即完成新样式的创建。

项目 4.5 制作培训邀请函

4.5.1 项目要求

(1)掌握 Word 2016 文档中邮件合并的操作。

(2)掌握 Word 2016 文档中信封制作向导的应用。

4.5.2 项目任务

大三学生罗昊因为在省级职业院校职业技能大赛中表现出色，所以于 2023 年 7 月顺利进入杭州正华电子科技有限公司实习。公司作为“建筑智能化系统安装与调试”比赛的支持厂家，预计 2023 年 12 月中旬举办骨干教师培训班，需要制作培训邀请函。公司要求制作培训邀请函和信封，希望将这份邀请函传给多位收件人，每个收件人的姓名和职务不同。

公司将邀请函的制作任务分配给了罗昊。罗昊在收集了各个合作职业院校的负责人或联系人信息后，制作了培训邀请函，如图 4-101 所示。

2023 年全国职业院校

“建筑智能化系统安装与调试”骨干教师培训邀请函

尊敬的，您好！

承蒙您的厚爱，对本公司新推出的“ZHBCAS-6 型建筑智能化系统安装与调试实训平台”产品给予关注和支持！在此谨代表公司全体同仁表示衷心的感谢！

为了加快职业院校双师型教师队伍的培养步伐，提高专业课教师教学水平与实践能力，更好地为建筑智能化事业培养应用型与技能型人才服务，本公司拟举办 2023 年全国职业院校“建筑智能化系统安装与调试”骨干教师技能培训班。

现将培训班有关事项通知如下：

一、培训内容

围绕“ZHBCAS-6 型建筑智能化系统安装与调试实训平台”的设备组成及功能、组装调试、操作注意事项以及模拟实操任务书的解读等项目开展培训；

二、培训对象：

全国职业院校“建筑设备工程技术”、“建筑电气工程技术”、“建筑智能化工程技术”、“建筑消防技术”等相关专业课和实训指导教师。

三、时间、地点：

培训时间：第一期：2023 年 12 月 26 日（周二）至 12 月 30 日（周六），12 月 26 日报到，12 月 30 日结业返回。

报到及培训地点：杭州全悦艺术酒店（杭州市西湖区古墩路 995 号）

四、相关费用：

本次培训费（含实操耗材、教材资料和授课费等）：免费；食宿服从统一安排，费用自理。住宿费：300 元/间/天；

五、报名方式：

请参加培训的老师按要求填写《2023 年全国职业院校“建筑智能化系统安装与调试”骨干教师技能培训班报名回执》，并发送到 E-mail: Zh13735859083@163.com。

六、联系方式：

联系人：杨老师（手机 13735859083）

谢谢合作！

杭州正华电子科技有限公司

2023 年 12 月 12 日

图 4-101　培训邀请函

4.5.3　项目实现

任务 1　利用邮件合并功能生成培训邀请函

制作邮件合并文档可利用“邮件合并”向导，按向导的提示创建邮件合并文档。还可以按照以下操作步骤实现“邮件合并”文档的创建，即建立邮件合并主文档、制作邮件的数据源、建立主文档与数据源的连接、在主文档中插入域、进行邮件合并。

(1)制作培训邀请函(主文档)。

新建一个 Word 文档，将其命名为“培训邀请函”，输入如下内容，设置好格式后保存备用，如图 4-102 所示。

2023 年全国职业院校

“建筑智能化系统安装与调试”骨干教师培训邀请函

尊敬的，您好！

承蒙您的厚爱，对本公司新推出的“ZHBCAS-6 型建筑智能化系统安装与调试实训平台”产品给予关注和支持！在此谨代表公司全体同仁表示衷心的感谢！

为了加快职业院校双师型教师队伍的培养步伐，提高专业课教师教学水平与实践能力，更好地为建筑智能化事业培养应用型与技能型人才服务，本公司拟举办 2023 年全国职业院校“建筑智能化系统安装与调试”骨干教师技能培训班。

现将培训班有关事项通知如下：

一、培训内容

围绕“ZHBCAS-6 型建筑智能化系统安装与调试实训平台”的设备组成及功能、组装调试、操作注意事项以及模拟实操任务书的解读等项目开展培训；

二、培训对象：

全国职业院校“建筑设备工程技术”、“建筑电气工程技术”、“建筑智能化工程技术”、“建筑消防技术”等相关专业课和实训指导教师。

三、时间、地点：

培训时间：第一期：2023 年 12 月 26 日（周二）至 12 月 30 日（周六），12 月 26 日报到，12 月 30 日结业返回。

报到及培训地点：杭州全悦艺术酒店（杭州市西湖区古墩路 995 号）

四、相关费用：

本次培训费（含实操耗材、教材资料和授课费等）：免费；食宿服从统一安排，费用自理。住宿费：300 元/间/天；

五、报名方式：

请参加培训的老师按要求填写《2023 年全国职业院校“建筑智能化系统安装与调试”骨干教师技能培训班报名回执》，并发送到 E-mail: Zh13735859083@163.com。

六、联系方式：

联系人：杨老师（手机 13735859083）

谢谢合作！

杭州正华电子科技有限公司

2023 年 12 月 12 日

图 4-102 培训邀请函(主文档)

(2)制作客户信息表(数据源数据库)。

运行 Excel 2016，新建一个工作表，命名为“客户信息表”，然后将学校名称、详细地址、联系人、职务等信息输入表格，并以“客户信息表. xlsx”为文件名保存备用，如图 4-103 所示。

	A	B	C	D	E	F	G	H
1	编号	学校名称	详细地址	联系人	职务	手机号码	邮政编码	E-mail
2	0001	安徽职业技术学院	合肥市新站区文忠路2600号	高华	教师			
3	0002	安徽电子信息职业学院	安徽省蚌埠市大学城曹山路1000号	王东	主任			
4	0003	安徽财贸职业学院	安徽省合肥市翡翠路900号	张海燕	教师			
5	0004	亳州职业技术学院	亳州市药都路1625号	郭琳	主任			
6	0005	池州职业技术学院	安徽省池州市建设西路389号	李亮	院长			
7	0006	安徽机电职业技术学院	安徽省芜湖市弋江区高教园区文津西路16号	庞雷	处长			
8	0007	安徽中澳科技职业学院	安徽省合肥市濉溪路312号	迟丽	教师			
9	0008	阜阳职业技术学院	阜阳市颍州区清河西路1066号	苏箐	教师			
10	0009	淮北职业技术学院	安徽省淮北市烈山区职教园区元培路1号	王涛	主任			

图 4-103 数据源“客户信息表”

提示：邮件的数据源文件还可以是 Word 表格、Access 数据库。

(3)建立主文档与数据源的连接。

打开刚才建立的“培训邀请函. docx”，选择“邮件”选项卡，单击“开始邮件合并”组中的“选择收件人”按钮，并在弹出的下拉菜单中选择“使用现有列表”，如图 4-104 所示，弹出“选取数据源”对话框，找到并打开前面创建的“客户信息表. xlsx”，如图 4-105所示，这时会弹出“选择表格”对话框，选择“客户信息表＄”，如图 4-106 所示。

单击“确定”按钮。

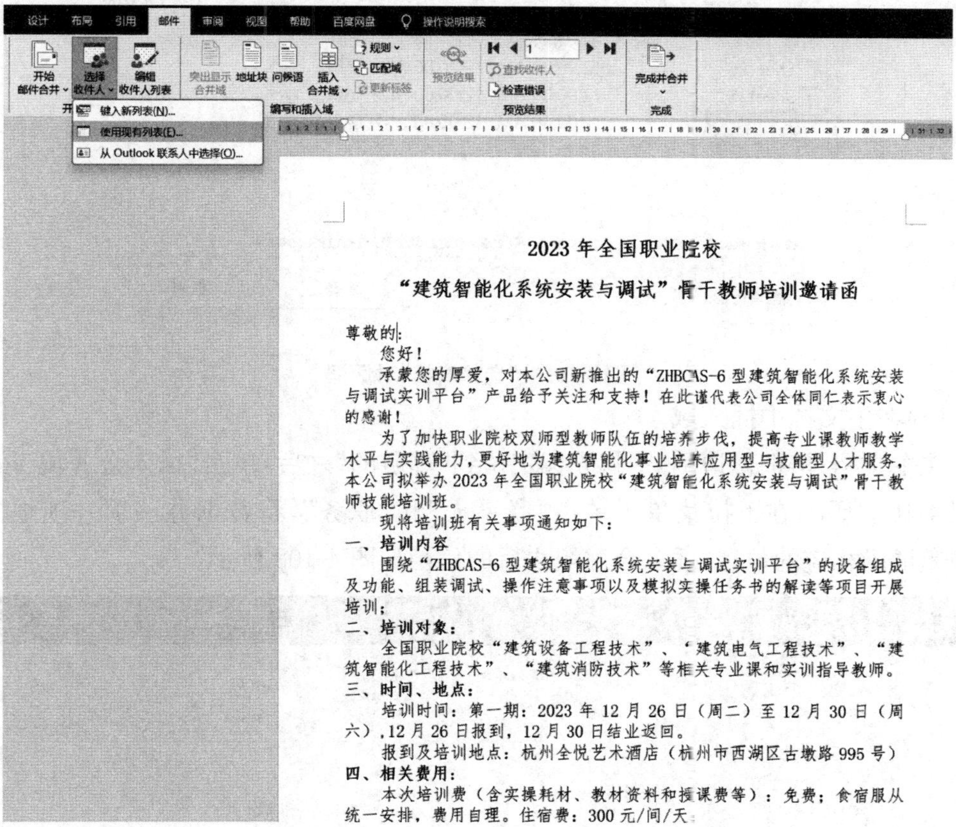

图 4-104　选择收件人按钮

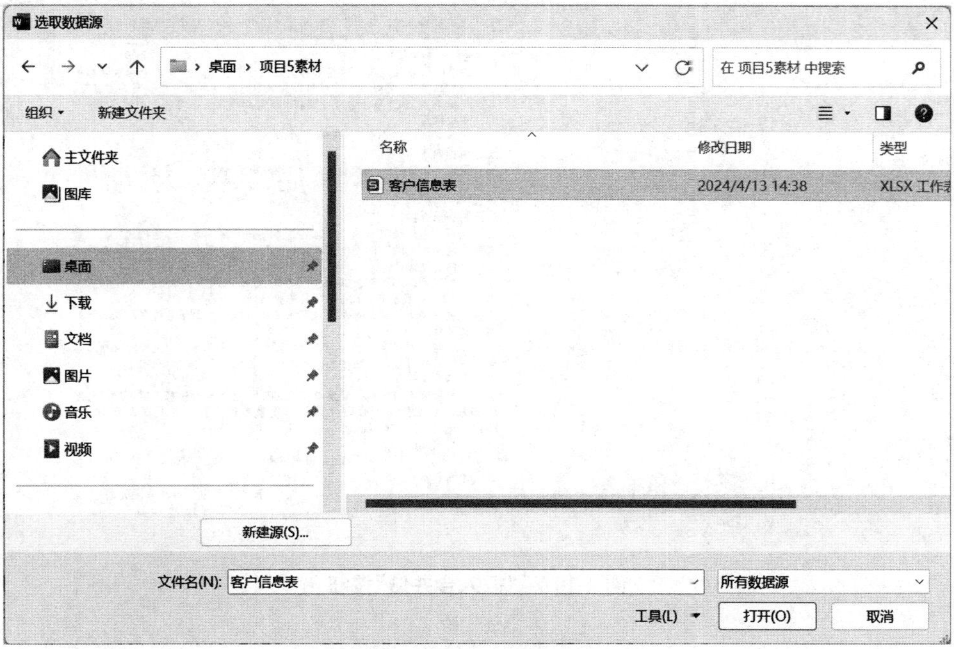

图 4-105　“选取数据源”对话框

图 4-106 “选择表格”对话框

(4)在主文档中插入域。

在主文档“培训邀请函”中将光标定位到“尊敬的”之后，单击“插入合并域”按钮，如图 4-107 所示，在下拉菜单中单击“联系人”和“职务”，将数据源一项一项地插入培训邀请函相应的位置，插入合并域之后的信函如图 4-108 所示。

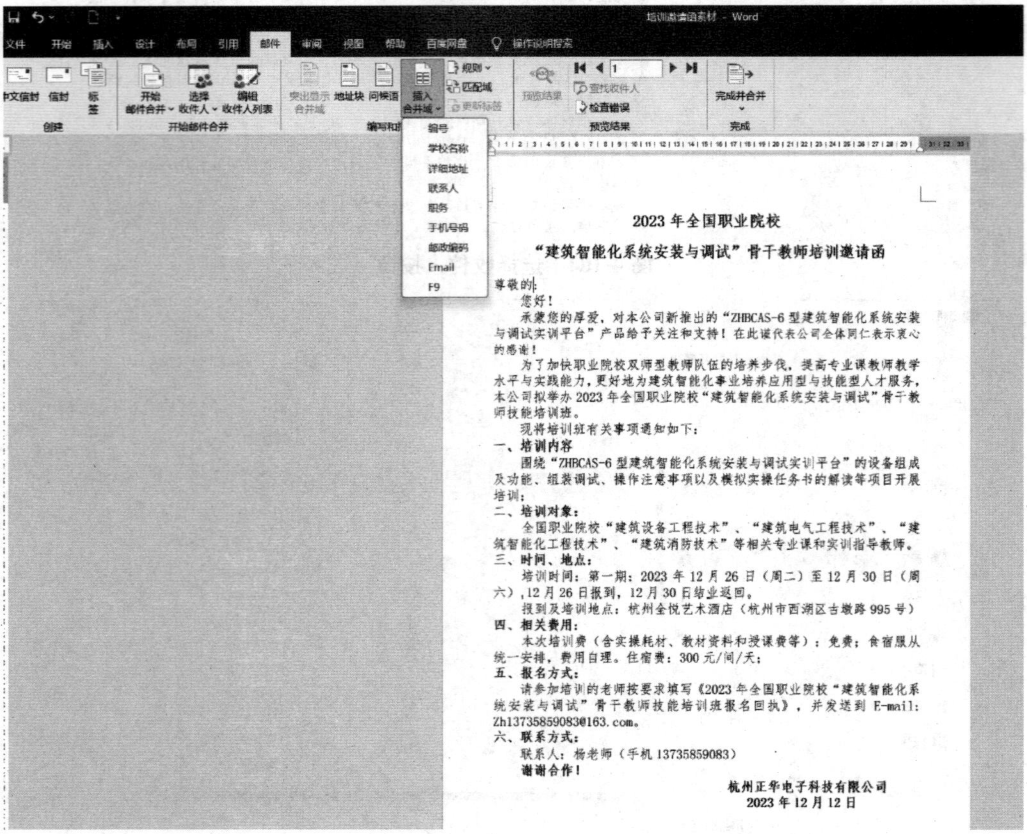

图 4-107 “插入合并域”按钮

2023 年全国职业院校

“建筑智能化系统安装与调试”骨干教师培训邀请函

尊敬的«联系人»«职务»:

您好！

承蒙您的厚爱，对本公司新推出的“ZHBCAS-6 型建筑智能化系统安装与调试实训平台”产品给予关注和支持！在此谨代表公司全体同仁表示衷心的感谢！

为了加快职业院校双师型教师队伍的培养步伐，提高专业课教师教学水平与实践能力，更好地为建筑智能化事业培养应用型与技能型人才服务，本公司拟举办 2023 年全国职业院校“建筑智能化系统安装与调试”骨干教师技能培训班。

现将培训班有关事项通知如下：

一、培训内容

围绕“ZHBCAS-6 型建筑智能化系统安装与调试实训平台”的设备组成及功能、组装调试、操作注意事项以及模拟实操任务书的解读等项目开展培训；

二、培训对象：

全国职业院校“建筑设备工程技术”、“建筑电气工程技术”、“建筑智能化工程技术”、“建筑消防技术”等相关专业课和实训指导教师。

三、时间、地点：

培训时间：第一期：2023 年 12 月 26 日（周二）至 12 月 30 日（周六）,12 月 26 日报到，12 月 30 日结业返回。

报到及培训地点：杭州全悦艺术酒店（杭州市西湖区古墩路 995 号）

四、相关费用：

本次培训费（含实操耗材、教材资料和授课费等）：免费；食宿服从统一安排，费用自理。住宿费：300 元/间/天；

五、报名方式：

请参加培训的老师按要求填写《2023 年全国职业院校“建筑智能化系统安装与调试”骨干教师技能培训班报名回执》，并发送到 E-mail: Zh13735859083@163.com。

六、联系方式：

联系人：杨老师（手机 13735859083）

谢谢合作！

杭州正华电子科技有限公司
2023 年 12 月 12 日

图 4-108　插入合并域后的信函

(5)邮件合并(生成批量信函)。

单击“完成并合并”按钮，在弹出的下拉菜单中选择“编辑单个文档”，弹出“合并到新文档”对话框，如图 4-109 所示，根据实际需要选择“全部”“当前记录”或指定范围，单击“确定”按钮，Word 2016 将建立一个新的文档，其中包含了所选中的多封信函。用户可以根据需要为每封信函进行一些其他的改动。

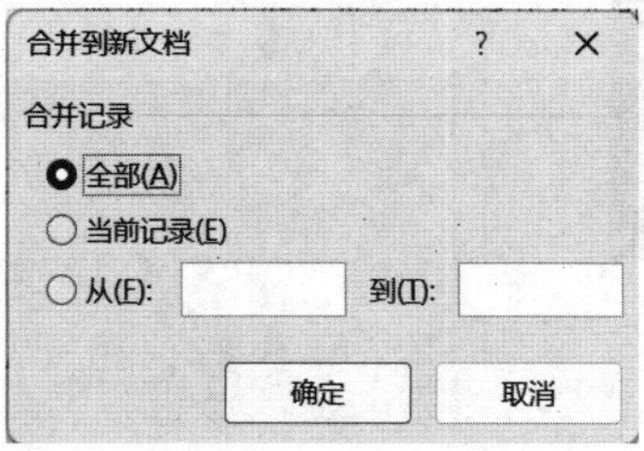

图 4-109　“合并到新文档”对话框

单击“完成并合并”按钮，在弹出的下拉菜单中选择“打印文档”，可以直接批量打印邀请函，选择“发送电子邮件”，弹出“合并到电子邮件”对话框，如图 4-110 所示，可以将批量生成的邀请函通过邮件发送给指定的收件人。

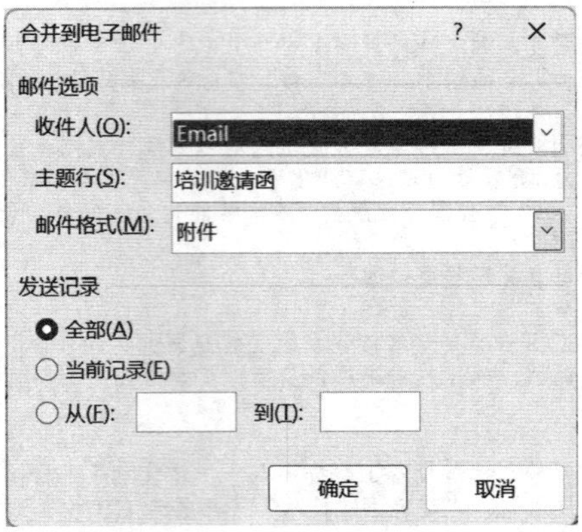

图 4-110 “合并到电子邮件”对话框

任务 2 利用信封制作向导制作邀请函信封

为前面制作的邀请函制作信封，操作步骤如下。

(1)启动 Word 2016，选择“邮件”选项卡，单击“创建”组中的“中文信封”按钮，打开“信封制作向导”对话框，单击“下一步”按钮，如图 4-111 所示。

图 4-111 “信封制作向导”对话框

(2)单击"下一步"按钮,进入"选择信封样式"向导页,在"信封样式"下拉列表中选择符合国家标准的信封型号,如图 4-112 所示。根据打印需要取消相关复选框。

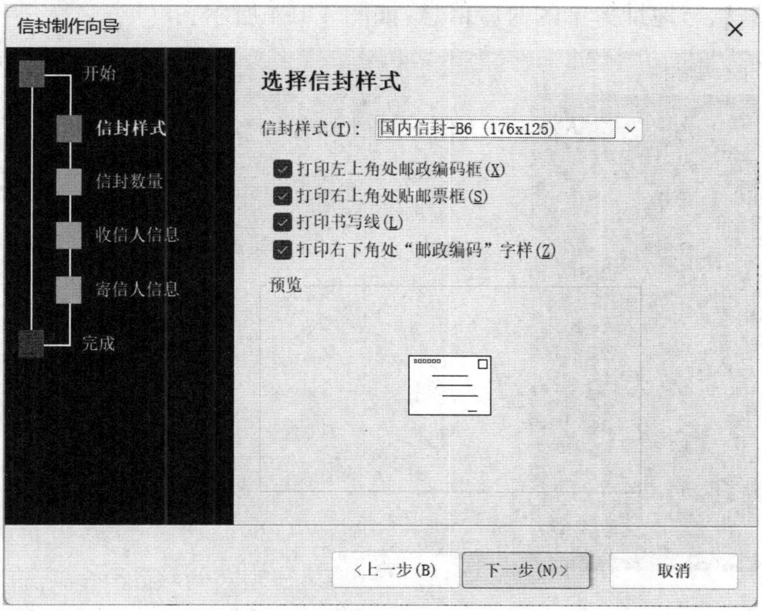

图 4-112 "选择信封样式"向导页

(3)单击"下一步"按钮,进入"选择生成信封的方式和数量"向导页,选中"基于地址簿文件,生成批量信封"单选按钮,如图 4-113 所示。

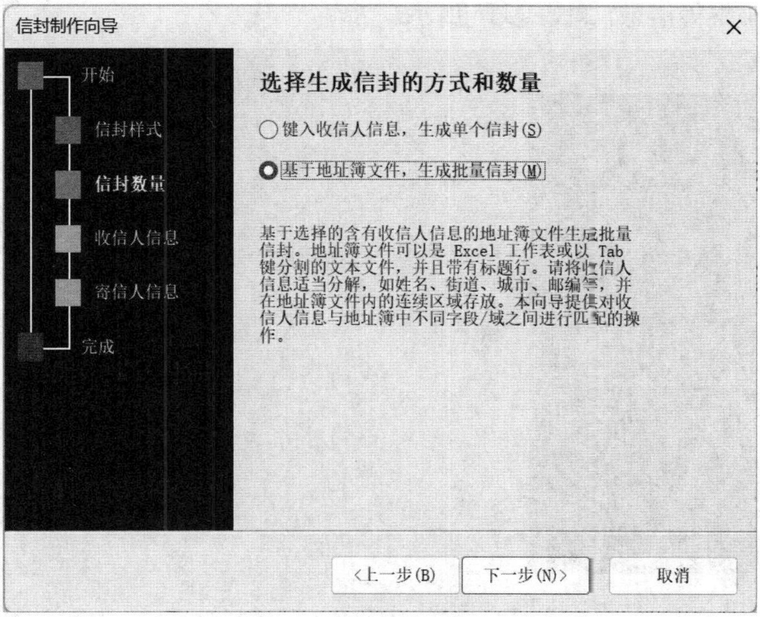

图 4-113 "选择生成信封的方式和数量"向导页

(4)单击“下一步”按钮,进入“从文件中获取并匹配收信人信息”向导页,单击“选择地址簿”按钮,选中前面制作的“客户信息表.xlsx”。在“匹配收信人信息”区域中设置收信人信息与地址簿中的对应信息,如图4-114所示。

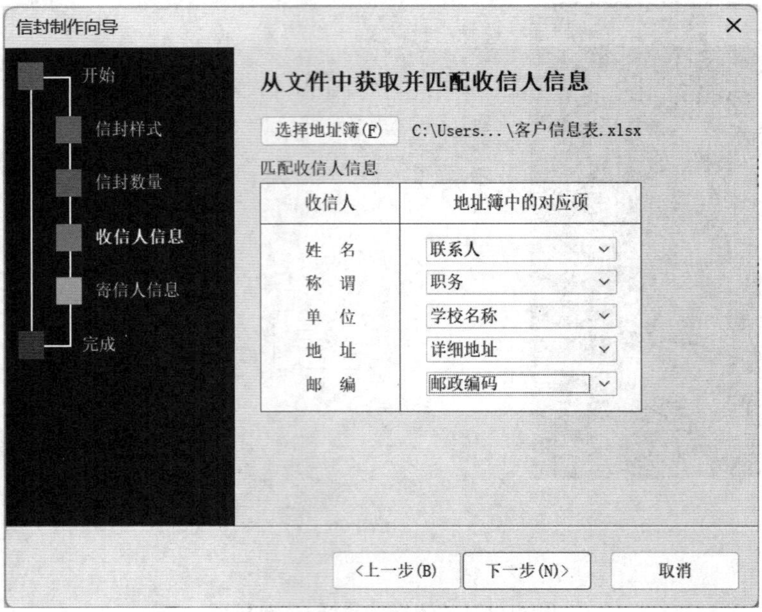

图4-114 “从文件中获取并匹配收信人信息”向导页

(5)单击“下一步”按钮,进入“输入寄信人信息”向导页,分别输入寄信人的姓名、单位、地址、邮编等信息,如图4-115所示。

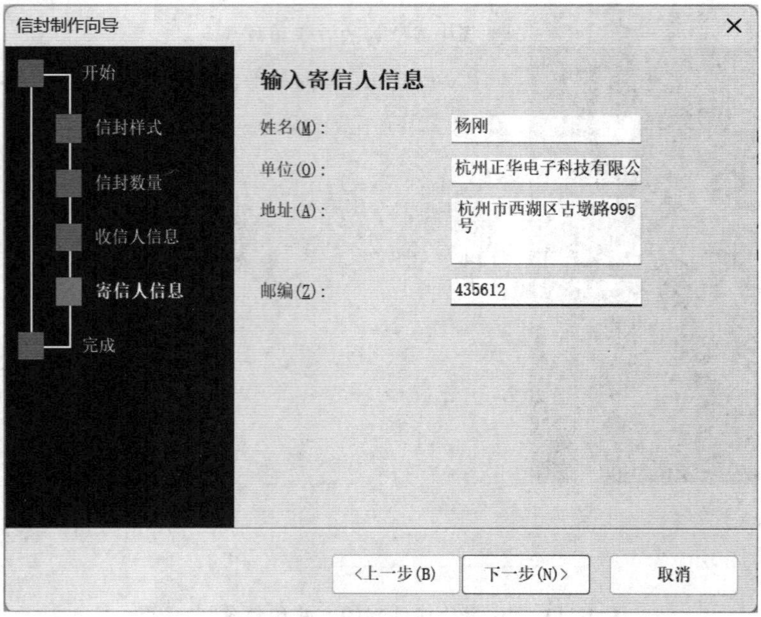

图4-115 “输入寄信人信息”向导页

(6)单击“下一步”按钮,完成信封向导,如图 4-116 所示。单击“完成”按钮,经过上述操作步骤,可以一次性制作多个中文信封,如图 4-117 所示。用户可以直接打印信封或保存信封信息。

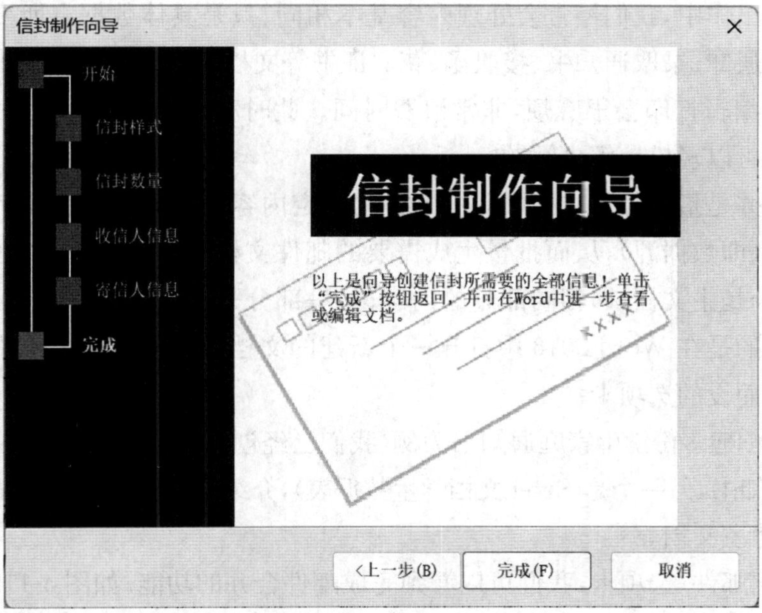

图 4-116　“信封制作向导”完成对话框

图 4-117　制作的多个中文信封

4.5.4 相关知识

邮件合并

在实际工作中,我们经常会处理内容基本相同、只是具体数据有所变化的文件,如编辑会议通知、录取通知书、接收函、获奖证书等文档。如果使用普通的编辑方法,一份一份地编辑打印会很麻烦,非常浪费时间。此时利用 Word 2016 提供的邮件合并的功能便可以轻松地解决问题。

邮件合并是指在邮件文档(即主文档)的固定内容中,合并与发送信息相关的一组通信数据(即数据源),从而批量生成需要的邮件文档。完成邮件合并需要两部分内容:一部分是主文档,即相同部分的内容;另一部分是数据源文件,即可变动内容。首先需要做的是在 Word 2016 中打开一个新建的文档。在 Word 2016 中,有一个专为邮件合并而设的选项卡。

下面以创建多份学生家庭通知书为例(我们已经创建好了两个文档:一个是 Word 文档家庭通知书,另一个是 Excel 文档学生数据表),介绍邮件合并的使用方法。

(1)创建主文档。

1)选择"邮件"选项卡,我们可以看到完成邮件合并的功能,如图 4-118 所示。

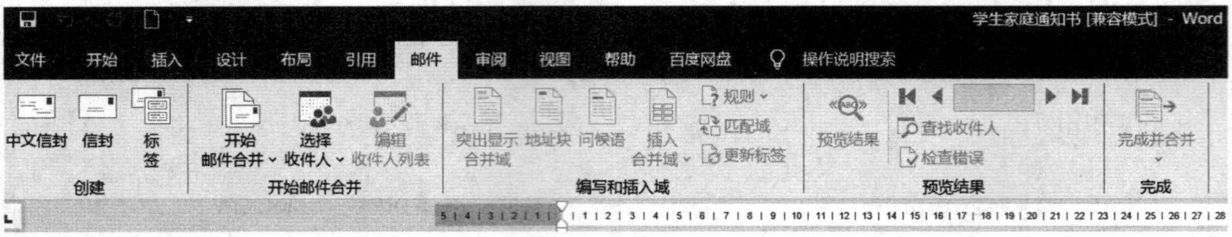

图 4-118 "邮件"选项卡

2)单击"开始邮件合并"下拉列表,如图 4-119 所示。

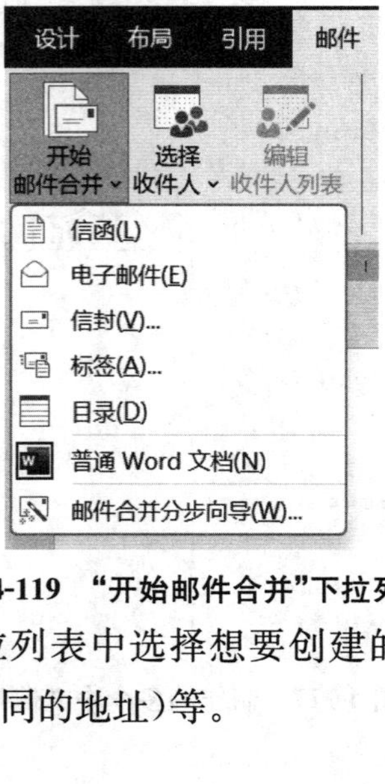

图 4-119 "开始邮件合并"下拉列表

3)从"开始邮件合并"下拉列表中选择想要创建的文档类型——信函、信封、目录、标签(在每个标签中都有不同的地址)等。

下面选择信函，创建的主文档如图 4-120 所示。

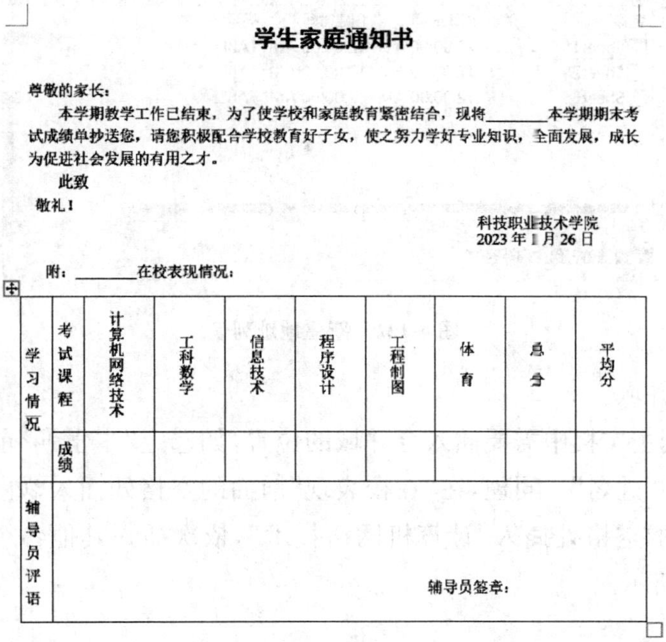

学生家庭通知书

尊敬的家长：

本学期教学工作已结束，为了使学校和家庭教育紧密结合，现将________本学期期末考试成绩单抄送您，请您积极配合学校教育好子女，使之努力学好专业知识，全面发展，成长为促进社会发展的有用之才。

此致

敬礼！

科技职业技术学院

2023 年 1 月 26 日

附：________在校表现情况：

学习情况	考试课程	计算机网络技术	工科数学	信息技术	程序设计	工程制图	体育	总分	平均分
	成绩								
辅导员评语	辅导员签章：								

图 4-120 “邮件合并”主文档

(2)打开数据源。

单击“开始邮件合并”窗格中的“选择收件人”按钮，选择“使用现有列表”选项，选择数据源文档“学生成绩表”项，见图 4-121，此处选择表格“Sheet 1 $ ”(见图 4-122)，单击“确定”按钮。

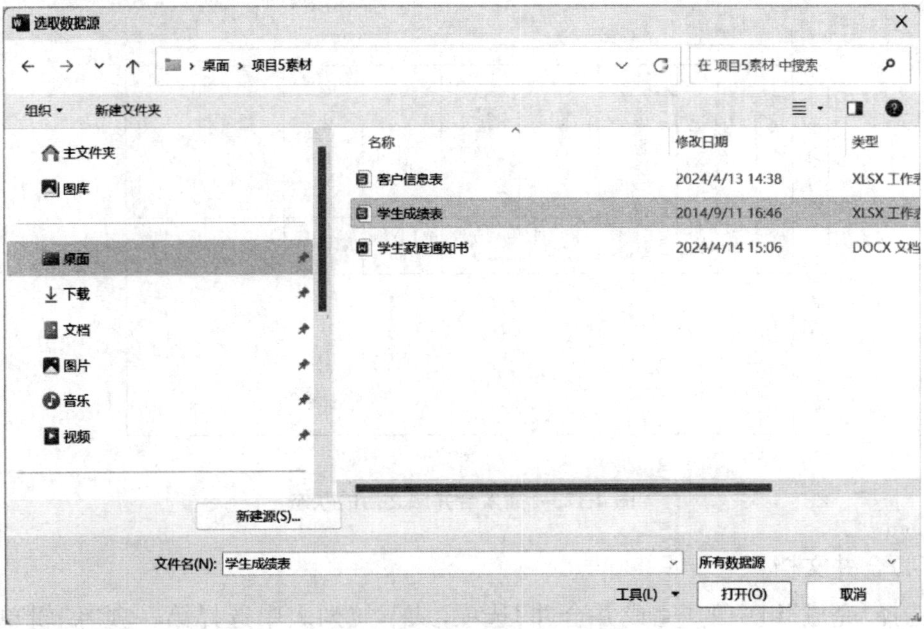

图 4-121 “邮件合并”数据源文档

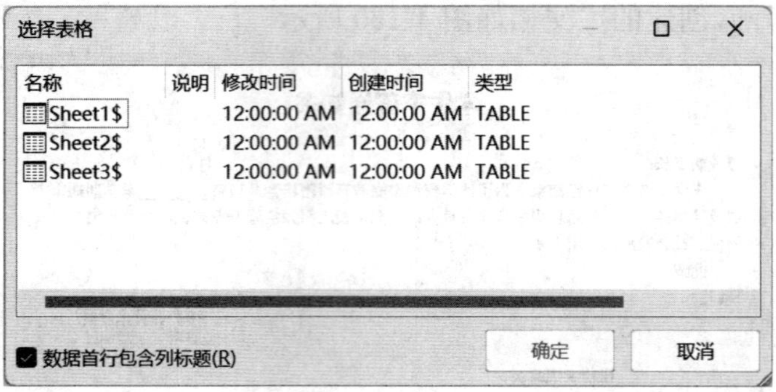

图 4-122　新建地址列表

(3)插入合并域。

将光标移到主文档中需要插入合并域的位置，如选定“本学期”前面的空格插入学生成绩表中的“姓名”。同理，在“在校表现”前面的空格处插入“姓名”，在“计算机网络技术”下面的空格处插入“计算机网络技术”，依次插入其他各个成绩选项合并域，如图 4-123 所示。

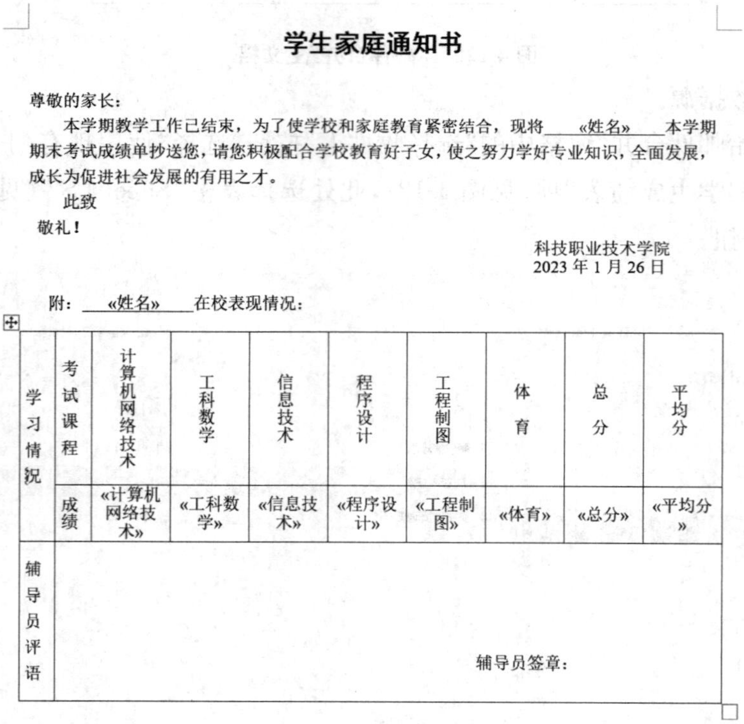

学生家庭通知书

尊敬的家长：

本学期教学工作已结束，为了使学校和家庭教育紧密结合，现将____«姓名»____本学期期末考试成绩单抄送您，请您积极配合学校教育好子女，使之努力学好专业知识，全面发展，成长为促进社会发展的有用之才。

此致

敬礼！

科技职业技术学院
2023 年 1 月 26 日

附：____«姓名»____在校表现情况：

学习情况	考试课程	计算机网络技术	工科数学	信息技术	程序设计	工程制图	体育	总分	平均分
	成绩	«计算机网络技术»	«工科数学»	«信息技术»	«程序设计»	«工程制图»	«体育»	«总分»	«平均分»
辅导员评语	辅导员签章：								

图 4-123　插入合并域之后的状态

(4)合并文档。

选择“完成”组中的“完成并合并”选项，从下拉列表中选择第一项“编辑单个文档”，出现“合并到新文档”对话框。如果选择此项，它就会为收件人列表中的每个条目创建独立的页面,如图 4-124 所示。如果需要,用户还可以进行相应的编辑。第二个选项“打印文档”,能够将合并后的文档打印出来;最后一个选项能够让用户将每个页面作为一封电子邮件发送给收件人。

学生家庭通知书

尊敬的家长:

本学期教学工作已结束,为了使学校和家庭教育紧密结合,现将＿王鹏＿本学期期末考试成绩单抄送您,请您积极配合学校教育好子女,使之努力学好专业知识,全面发展,成长为促进社会发展的有用之才。

此致

敬礼!

科技职业技术学院
2023 年 1 月 26 日

附:＿王鹏＿在校表现情况:

学习情况	考试课程	计算机网络技术	工科数学	信息技术	程序设计	工程制图	体育	总分	平均分
	成绩	90	87	78	65	86	67	473	78.83
辅导员评语	辅导员签章:								

图 4-124　“合并到新文档”的结果

项目 4.6　协同编辑招聘启事

4.6.1　项目要求

掌握使用协同编辑工具进行多人在线编辑的操作。

4.6.2　项目任务

招聘启事是指用人单位面向社会公开招聘有关人员时使用的一种应用文书。在本项目中,我们利用协同编辑工具进行多人在线编辑操作,和 QQ 好友在线协同编辑一份招聘启事,效果如图 4-125 所示。

创意之源广告公司招聘启事

创意之源广告公司，一个汇聚才华与激情的舞台，现正寻找那些渴望在广告领域大展宏图的创意英才！如果你对广告充满热情，拥有天马行空的创意和扎实的专业能力，那么，这里就是你的战场！因公司业务发展需要，我们正在寻找：

1. 创意总监（Creative Director）2 名
岗位职责：领导创意团队，策划和执行创新的广告方案。
岗位要求：5 年以上相关工作经验，卓越的视觉和文案能力，有成功案例展示。

2.广告设计师（Graphic Designer）3 名
岗位职责：设计吸引人的广告视觉作品。
岗位要求：精通 Photoshop、Illustrator 等设计软件，良好的审美观和创新能力。

3.文案策划（Copywriter）4 名
岗位职责：撰写有影响力的广告文案。
岗位要求：出色的语言表达能力，能够准确把握品牌声音，2 年以上文案撰写经验。

应聘流程：
1. 提交简历至 123@163.com
2. 简历筛选
3. 面试邀请
4. 创意提案/作品展示（视职位而定）
5. 第二轮深入面试
6. 发放录用通知

我们的优势：
充满活力的工作环境；鼓励创意和个人成长；竞争力的薪资待遇；完善的培训体系；广阔的职业发展空间；
创意之源广告公司，期待你的加入，一起创造让世界瞩目的广告传奇！

投递截止日期：2023 年 12 月 12 日
官网：www.123.com
联系人：王娜，电话：15263549875

图 4-125 招聘启事编辑效果

4.6.3 项目实现

任务 1 新建文档并邀请协作人员

借助于一些协同编辑工具，如腾讯文档等，团队成员可以实时协同完成文档编辑。操作步骤如下。

(1)在 Word 2016 中新建一个空白文档，录入招聘启事基本介绍内容，保存为“创意之源广告公司招聘启事一基本内容”，如图 4-126 所示。

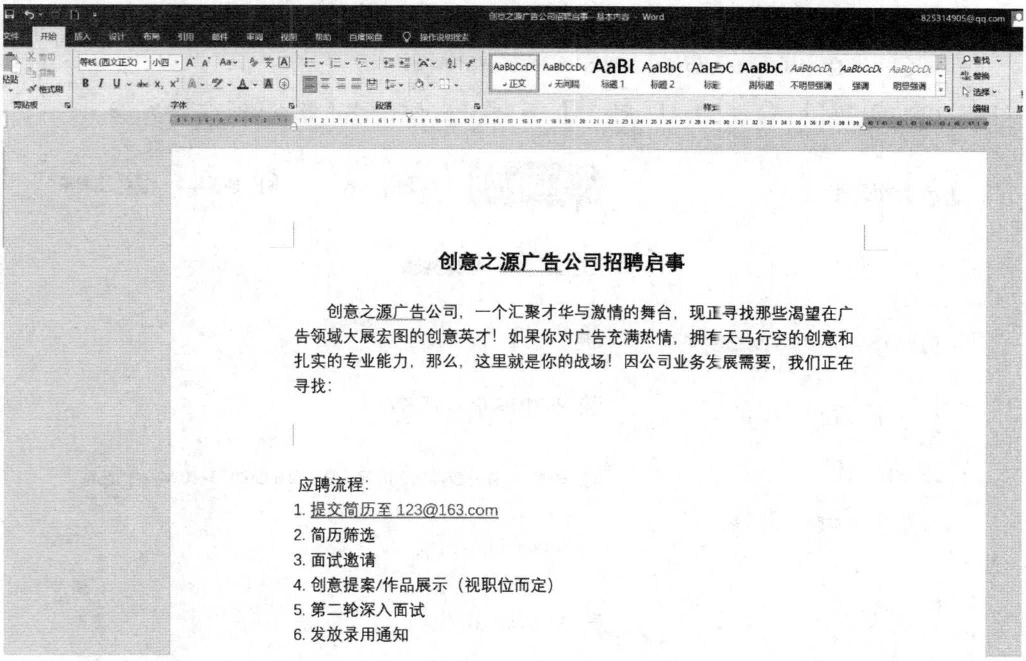

图 4-126　新建需要协同编辑的文档

（2）登录 QQ 后，点开 QQ 图标，在窗口底部找到“腾讯文档”按钮，单击该按钮，选择进入腾讯文档在线编辑的方式，如图 4-127 所示。

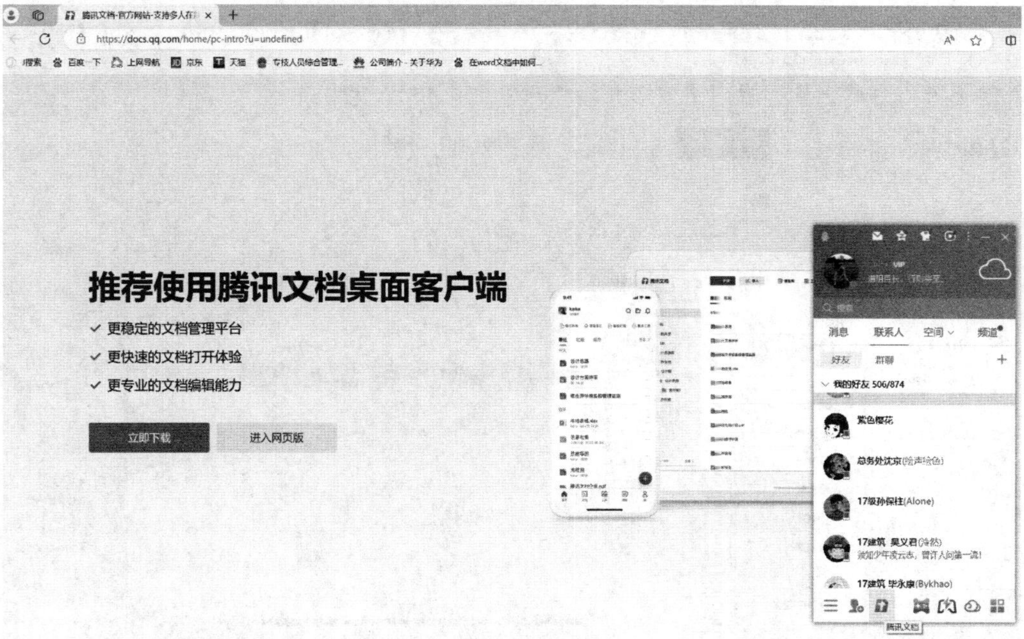

图 4-127　选择进入腾讯文档在线编辑的方式

选择“进入网页版”,打开网页版腾讯文档在线编辑界面,如图 4-128 所示。

图 4-128 网页版腾讯文档在线编辑界面

(3)在打开的腾讯文档编辑界面中,单击导入按钮,弹出“打开”对话框,选择需要与他人协同编辑的文档,单击“打开”按钮,如图 4-129 所示。

图 4-129 选择打开需要与他人协同编辑的文档

(4)弹出“导入本地文件”对话框，单击“确定”按钮，如图 4-130 所示。

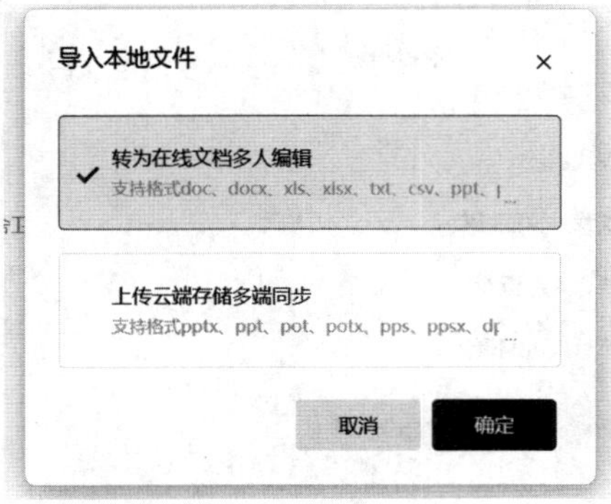

图 4-130　导入本地文件对话框

(5)导入文档成功后，双击该文档，即可在腾讯文档编辑界面中预览该文档，如图 4-131 所示。

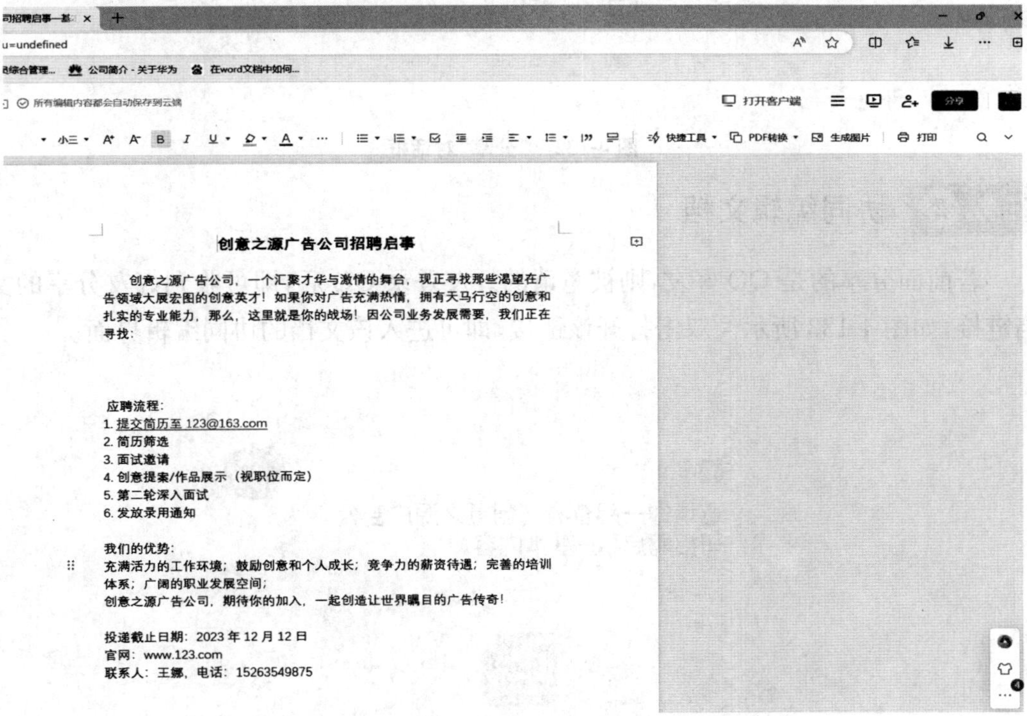

图 4-131　导入文档后的界面

(6)单击界面中的“分享”按钮，弹出分享对话框，设置查看/编辑的权限，此处选择“所有人可编辑”，如图 4-132 所示，并将文档分享至 QQ 好友或微信好友。

图 4-132 “分享”对话框

任务 2 协同编辑文档

若前面分享的是 QQ 好友,则被邀请的好友登录 QQ 后,即可收到好友分享的文档链接,如图 4-133 所示。双击打开该链接,即可进入该文档的协同编辑界面。

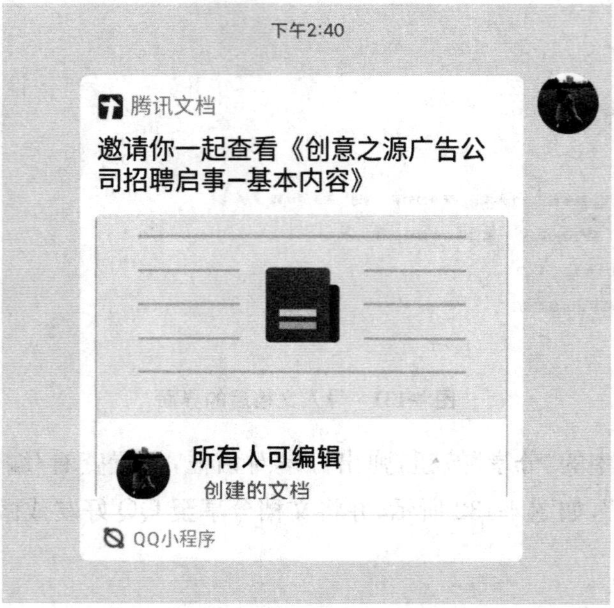

图 4-133 收到好友分享的文档链接

自此，邀请者和被邀请者即可协同编辑该文档的内容，被邀请者在文档中输入内容的界面如图 4-134 所示，邀请者同步看到输入的内容如图 4-135 所示。

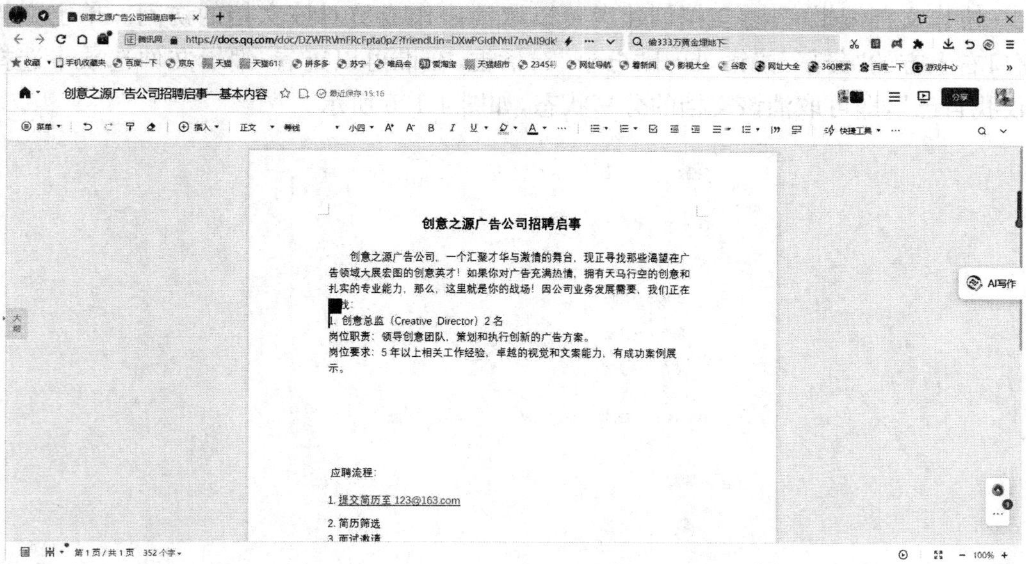

图 4-134　被邀请者在文档中输入内容

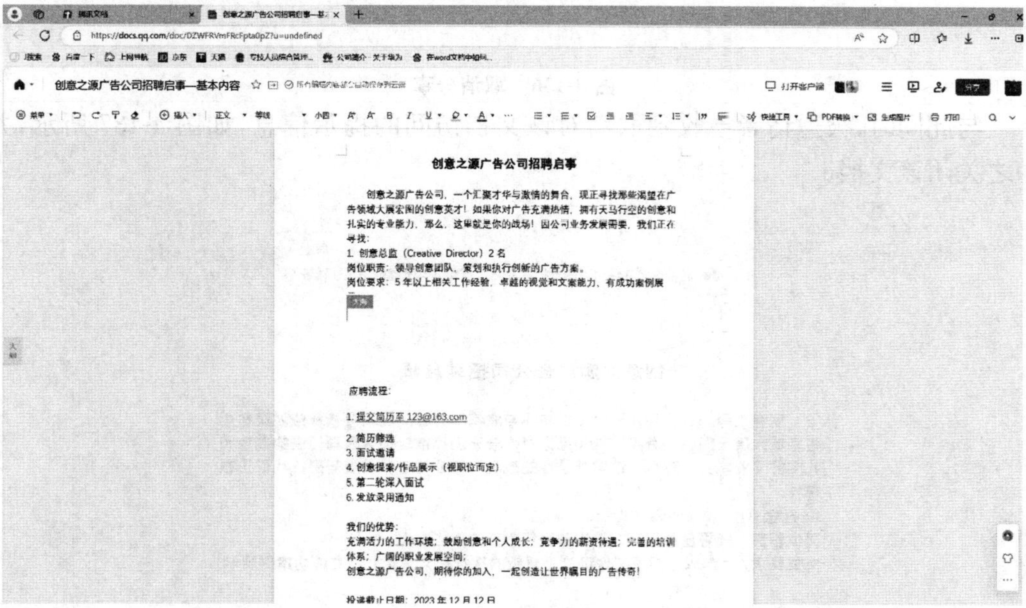

图 4-135　文档创建者同步看到输入的内容

协作人员继续在文档中输入内容，如文档创建者输入第 2 条招聘内容，被邀请者接着输入第 3 条招聘内容。文档内容输入完毕，协作人员可以利用文档窗口上方选项卡中的命令，对文档进行简单的格式设置。

任务 3　取消分享并下载文档

协作文档编辑完毕，文档创建者可以取消协作成员对该文档的访问。单击文档窗口右上方的“分享”按钮，打开“分享”对话框，在谁可以查看/编辑文件选项中选择“仅我自己”，即可取消该文档的分享状态，如图 4-136 所示。

图 4-136　取消分享

与此同时，被邀请者会收到取消对该文档访问的提示信息，如图 4-137 所示，并随之关闭该文档。

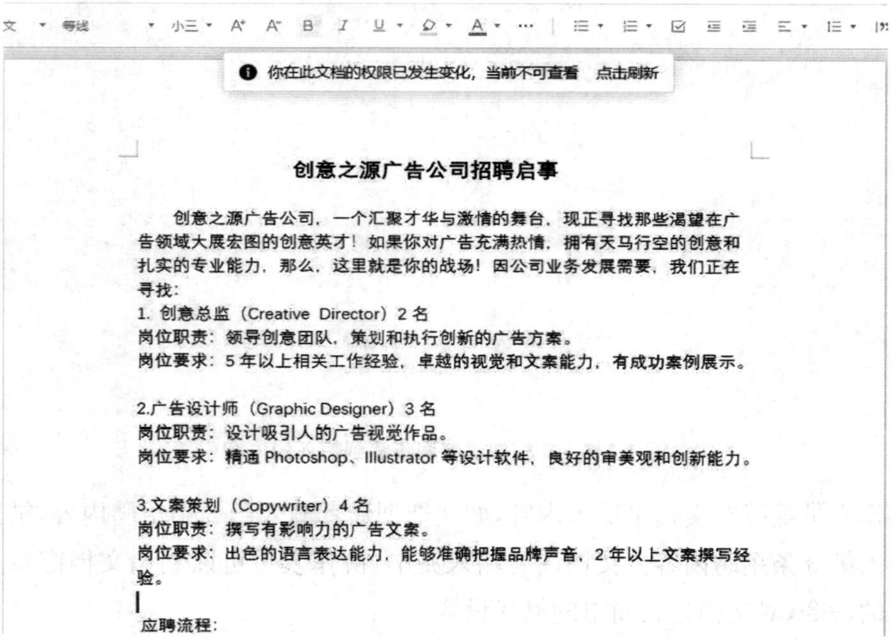

图 4-137　取消文档访问提示信息

文档创建者可将该协作文档下载到本地计算机。单击文档窗口右上角的“文档操作”按钮（见图 4-138），在展开的下拉列表中选择“导出为”“本地 Word 文档”（见图 4-139），打开“另存为”对话框，接下来的操作与保存文档相同。

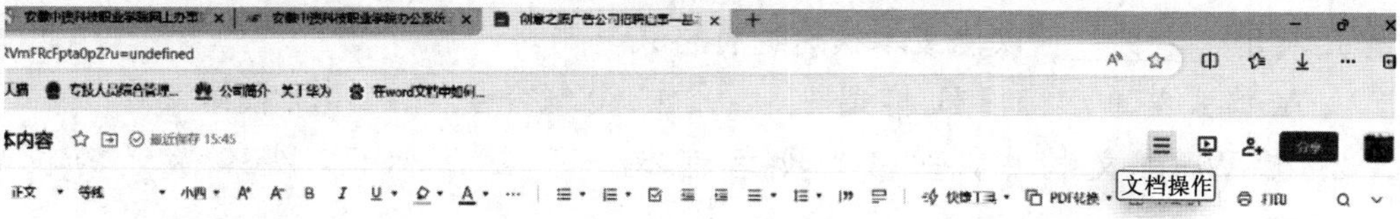

图 4-138　“文档操作”按钮

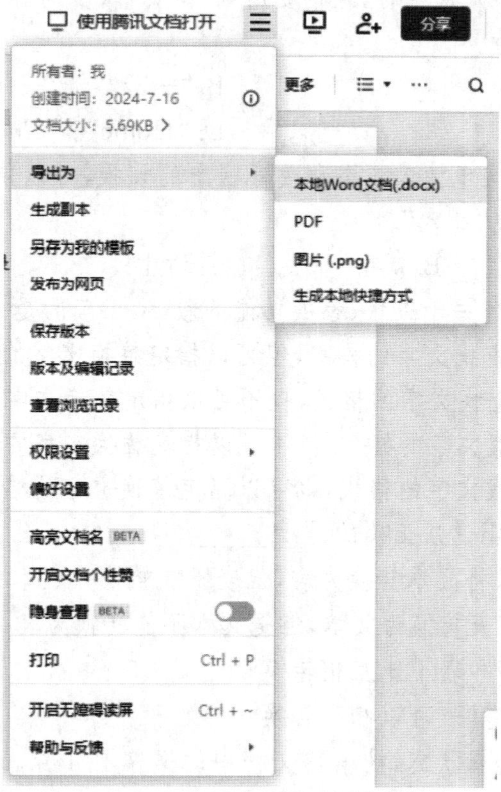

图 4-139　导出为本地文档

4.6.4　相关知识

利用 Word 文档的共享功能，可以实现多人、多平台在线同步协作办公。

借助文档协同编辑工具，如腾讯文档、金山文档等，同样可以实现多人同时在线编辑文档。其中，腾讯文档是一款可供多人实时在线编辑的文档编辑工具，支持在线文档、在线表格和在线幻灯片等类型的文档格式。用户打开腾讯文档网页就能新建、查看和编辑文档，而无须下载安装客户端。腾讯文档支持 PC 和手机端访问，使得协同编辑文档的操作方便快捷，同时支持云端实时保存，文档权限可自由设置。

习题4

一、选择题

1. 利用________可以使文本快速进行格式复制。

A. 格式菜单　　B. 格式刷　　C. 复制命令　　D. 段落命令

2. 在 Word 文档中，每一个段落都有一个段落标记，段落标记的位置在________。

A. 段首　　B. 段尾　　C. 段中　　D. 每行末尾

3. 当用拼音法来输入汉字时，经常要用到“翻页”从多同音字中选择，“翻页”用到的两个键分别为________。

A. “<”和“>”　　B. “—”和“＋”

C. “[”和“]”　　D. “Home”和“End”

4. 在 Word 中，要实现插入状态和改写状态的切换，可以使用鼠标________状态栏上的“改写”或“插入”。

A. 单击　　B. 双击　　C. 右击　　D. 拖动

5. 在 Word 中，下列关于查找、替换功能的叙述，正确的是________。

A. 不可以指定查找文字的格式，但可以指定替换文字的格式

B. 不可以指定查找文字的格式，也不可以指定替换文字的格式

C. 可以指定查找文字的格式，但不可以指定替换文字的格式

D. 可以指定查找文字的格式，也可以指定替换文字的格式

6. 在 Word 中，以下说法正确的是________。

A. Word 中可以将文本转换为表，但表不能转换为文本

B. Word 中可将表转换为文本，但是文本不能转换为表

C. Word 中文字和表不能互相转换

D. Word 中文字和表可以相互转换

7. 在 Word 文档编辑状态，被编辑文档中的文字有4号、5号、16磅、18磅四种，下列关于所设定字号大小的比较中，正确的是________。

A. 4号大于5号　　B. 4号小于5号

C. 16磅大于18磅　　D. 字号大小一样，字体不同

8. 退出 Word 的正确操作是________。

A. 单击“文件”菜单中的“关闭”命令

B. 单击 Word 窗口的关闭按钮

C. 单击“文件”菜单中的“退出”命令

D. 单击 Word 窗口的最小化按钮

9. 在 Word 中输入文本时，默认字符格式是________。

A. 5号宋体　　B. 4号宋体　　C. 5号楷体　　D. 4号楷体

10. 要将文档中一部分选定的文字的中、英文字体、字形、字号、颜色等各项同时进行设置，应使用________。

A. “格式”菜单下的“字体”命令

B. 在工具栏中的“字体”列表区选择字体

C. “工具”菜单

D. 在工具栏中的“字号”列表区选择字号

二、简答题

1. 如何在文本中插入页码、页眉和页脚？
2. 怎样插入艺术字？
3. 如何为选定的一段文字设置边框和底纹？

三、操作题

制作一张个人简历表格，效果如图 4-140 所示。要求：先设置好页面，在页面中除了表格以外，还要有标题“个人简历”；表格的外边框与内边框的线型不同，且要求外粗内细；将表格中的字体设为“隶书”，将单元格中的文字设置为水平、垂直居中。

个 人 简 历

<table>
<tr><td>姓名</td><td></td><td>性别</td><td></td><td>年龄</td><td></td><td rowspan="4"></td></tr>
<tr><td rowspan="3">地址</td><td colspan="5"></td></tr>
<tr><td>邮政编码</td><td></td><td>电子邮件</td><td colspan="2"></td></tr>
<tr><td>电　话</td><td></td><td>传　真</td><td colspan="2"></td></tr>
<tr><td>毕业学校</td><td colspan="6"></td></tr>
<tr><td>毕业专业</td><td colspan="6"></td></tr>
<tr><td>应聘职位</td><td colspan="6"></td></tr>
<tr><td>所受教育</td><td colspan="6"></td></tr>
<tr><td>个人能力</td><td colspan="6"></td></tr>
</table>

图 4-140　个人简历效果

单元5 使用Excel 2016 处理表格

【引言】

表格处理软件 Microsoft Excel 2016 同文字处理软件一样，是 Office 2016 系列办公软件之一。它具有强大的数据处理功能。

本单元通过四个项目，介绍了表格处理的一些基本操作方法和功能，主要包括 Excel 2016 的基本操作，表格数据的编辑与设置，表格数据的管理以及使用图表分析表格数据等。

项目 5.1　成绩表制作

5.1.1　项目要求

(1)掌握创建、保存、关闭、打开 Excel 2016 工作簿文件和 Excel 工作表的方法。

(2)掌握在 Excel 2016 工作中输入数据的方法。

(3)掌握 Excel 2016 工作表的编辑方法。

(4)掌握 Excel 2016 工作表的格式化方法。

5.1.2　项目任务

(1)创建新工作簿，对工作表进行重命名，并对该工作簿进行保护。

(2)在工作簿中输入数据，对单元格区域的数据进行数据验证。

(3)对工作表的行和列进行插入、删除、隐藏(显示)等操作。

(4)对工作的行高、列宽，字体、字号、边框等进行设置。

(5)对单元格区域的数据进行条件格式的设置。

5.1.3　项目实现

任务 1　新建并保存工作簿

在 D 盘中建立一个名称为“Excel 实训”的文件夹。在文件夹中创建一个名称为“成绩表. xlsx”的 Excel 工作簿，将“Sheet1”工作表更名为“成绩表”，给工作簿设置密码“123”。为了验证密码保护效果，应关闭该工作簿后再打开。

操作步骤：

（1）在 D 盘中建立一个名称为“Excel 实训”的文件夹。

（2）在桌面左下角单击“开始”，找到 Excel 2016 单击，启动 Excel 2016，建立一个空工作簿，单击“快速访问工具栏”的“保存”按钮，在“另存为”中选择“浏览”，弹出“另存为”对话框，在“保存位置”下拉列表框中选择 D 盘中的“Excel 实训”文件夹，单击“打开”按钮，在“文件名”文本框中输入“成绩表”，单击“保存”按钮。Excel 2016 会自动给工作簿添加扩展名. xlsx 并存盘。

（3）用鼠标双击“Sheet1”工作表标签，输入“成绩表”，按回车键，即完成工作表的重命名，新的工作表名出现在标签上。

说明： 对工作表标签进行重命名，也可以右击“Sheet1”工作表标签，选择“重命名”快捷菜单，输入“成绩表”。

（4）在“文件”选项卡中选择“另存为”命令，在弹出的“另存为”对话框中，单击“工具”下拉框中的“常规选项”，如图 5-1 所示。

（5）在弹出的“常规选项”对话框中的“打开权限密码”输入框中键入口令“123”，再在“修改权限密码”输入框中键入口令“123”，如图 5-2 所示。单击“确定”按钮。

（6）在确认密码对话框中再输入一遍刚才键入的口令，再次单击“确定”按钮。

（7）单击“另存为”对话框中的“保存”按钮，关闭工作簿。

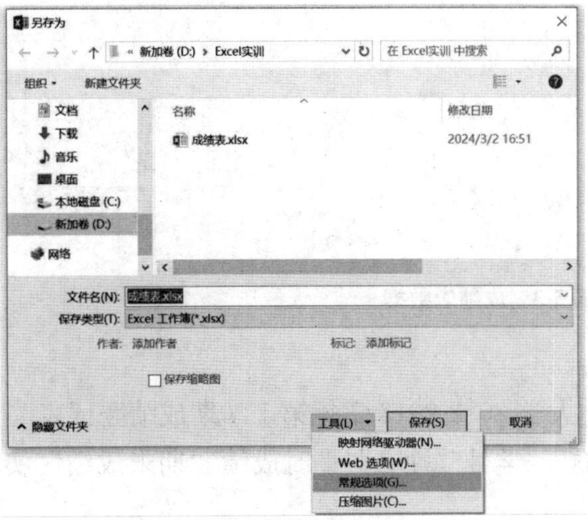

图 5-1　“另存为”对话框

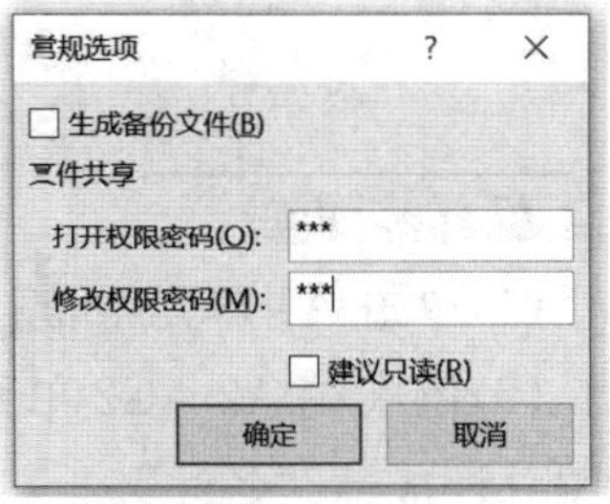

图 5-2　“常规选项”对话框

(8)用鼠标双击“D:\Excel实训\成绩表.xlsx”，打开工作簿，这时会提示你输入密码。只有输入密码“123”，才能打开该工作簿。

说明： 对于工作簿的密码设置，用户也可以在“文件”选项卡中选择“信息”选项，单击“保护工作簿”按钮，在打开的选项中选择“用密码进行加密”。

任务 2 数据输入

打开“成绩表.xlsx”工作簿，在“成绩表”工作表中输入数据。输入完成后，如图5-3所示。对C3:C29单元格区域的数据进行数据有效性设置：整数，范围是0～100。提示信息标题为“平时成绩”，提示信息内容为“必须为0～100的整数”。

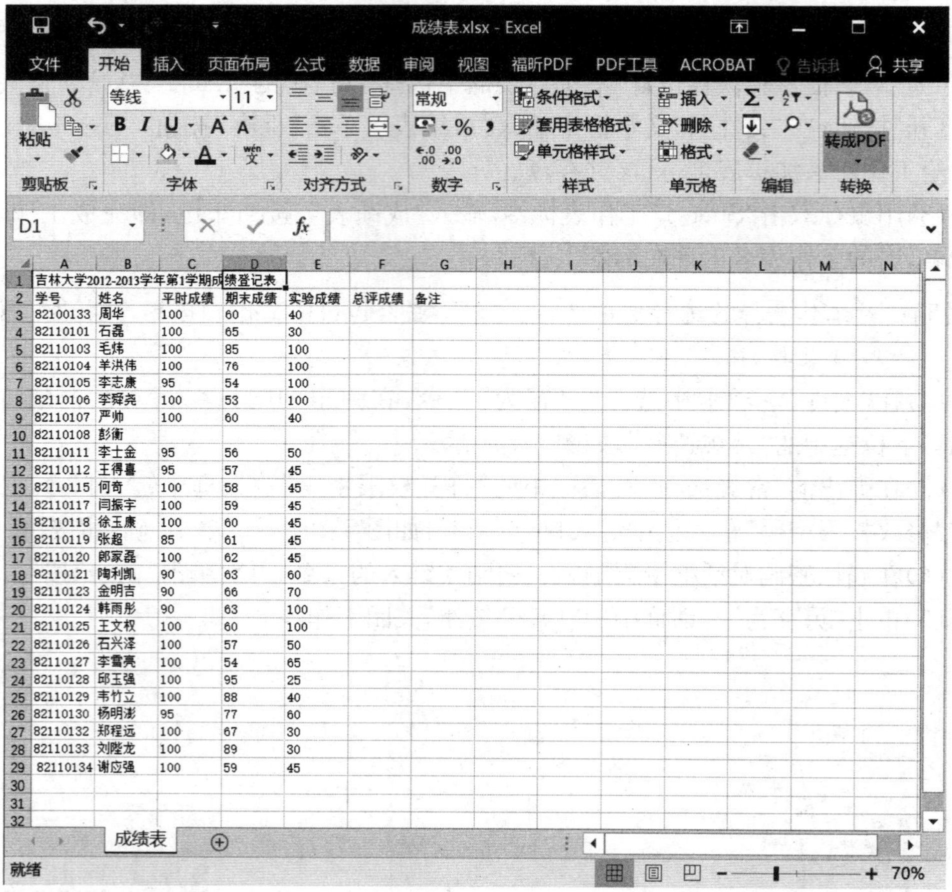

	A	B	C	D	E	F	G
1	吉林大学2012-2013学年第1学期成绩登记表						
2	学号	姓名	平时成绩	期末成绩	实验成绩	总评成绩	备注
3	82100133	周华	100	60	40		
4	82110101	石磊	100	65	30		
5	82110103	毛炜	100	85	100		
6	82110104	羊洪伟	100	76	100		
7	82110105	李志康	95	54	100		
8	82110106	李舜尧	100	53	100		
9	82110107	严帅	100	60	40		
10	82110108	彭衡					
11	82110111	李士金	95	56	50		
12	82110112	王得喜	95	57	45		
13	82110115	何奇	100	58	45		
14	82110117	闫振宇	100	59	45		
15	82110118	徐玉康	100	60	45		
16	82110119	张超	85	61	45		
17	82110120	郎家磊	100	62	45		
18	82110121	陶利凯	90	63	60		
19	82110123	金明吉	90	66	70		
20	82110124	韩雨彤	90	63	100		
21	82110125	王文权	100	60	100		
22	82110126	石兴泽	100	57	50		
23	82110127	李雪亮	100	54	65		
24	82110128	邱玉强	100	95	25		
25	82110129	韦竹立	100	88	40		
26	82110130	杨明澎	95	77	60		
27	82110132	郑程远	100	67	30		
28	82110133	刘陛龙	100	89	30		
29	82110134	谢应强	100	59	45		

图 5-3 成绩表数据

操作步骤：

(1)单击A1单元格，输入“吉林大学2012-2013学年第1学期成绩登记表”。

(2)依次在A2～G2单元格内输入“学号”“姓名”“平时成绩”“期末成绩”“实验成绩”“总评成绩”“备注”。

(3)再依次在 A3:E29 单元格区域,输入相关数据。

(4)选定 C3:C29 单元格区域,单击“数据”选项卡“数据工具”组的“数据验证”命令,选择“数据验证”,弹出“数据验证”对话框,在“设置”选项卡“允许”下拉框中选择“整数”,再在“数据”下拉框中选择“介于”,在“最小值”框中输入 0,在“最大值”框中输入 100,如图 5-4 所示,单击“确定”按钮。

(5)在“数据验证”对话框中,单击选择“输入信息”选项卡,选定“选定单元格时显示输入信息”复选框,在“标题”框中输入提示信息的标题“平时成绩”,在“输入信息”框中输入要提示的信息“必须为 0～100 的整数”,如图 5-5 所示,单击“确定”按钮。

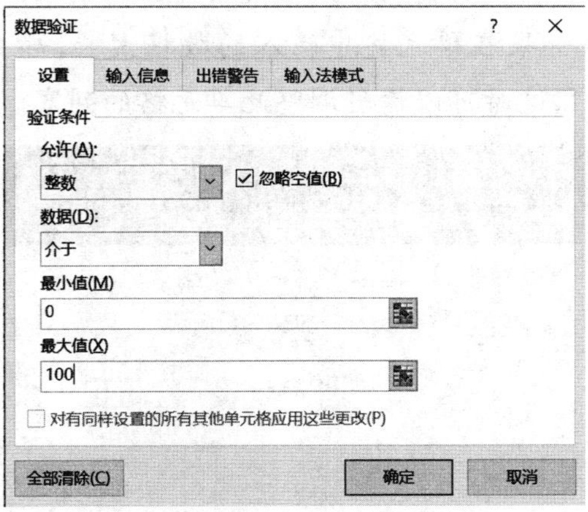

图 5-4　“数据验证”之“设置”选项卡

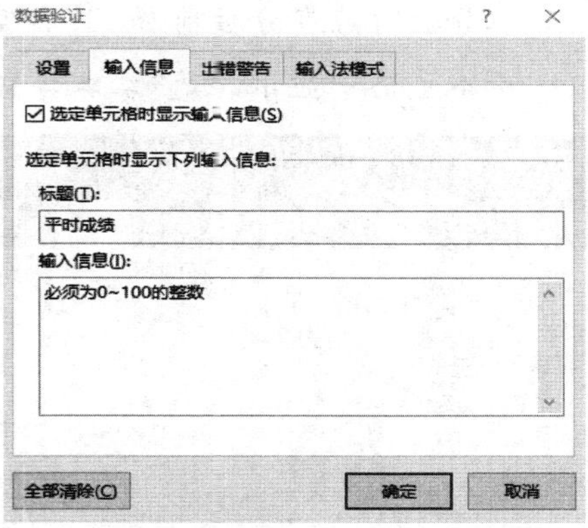

图 5-5　“数据验证”之“输入信息”选项卡

(6)在输入错误数据后,希望提示更为明确的信息,如指出应当输入什么类型或大小的数据。此时可以在“数据验证”对话框单击选择“出错警告”选项卡进行设置,如图 5-6 所示。

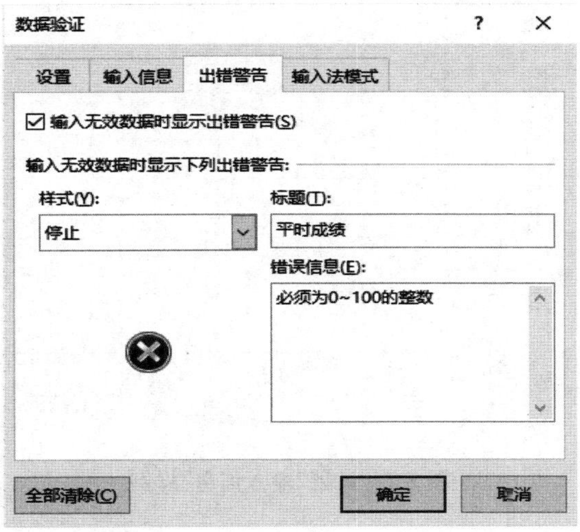

图 5-6　“数据验证”之“出错警告”选项卡

说明： 当输入的数字大于15位时，Excel将自动改为科学记数法，如输入身份证等超过15位的数字时，可先输入单引号“'”，表示随后输入的数字作为文字，不可以计算，或在输入前单击“开始”选项卡“数字”组下方的命令按钮 ，打开“设置单元格格式”对话框，在“数字”选项卡分类中选择“文本”选项。

(7)在C3:C29单元格区域输入信息时，便会出现提示信息，如图5-7所示。当输入无效数据时，则会显示出错警告，如图5-8所示。

说明： 当输入分数时，如输入1/2时，Excel自动将其设置成1月2日，所以在输入分数时应在分数前加“0”和空格。如果在单元格中输入的数据太长，那么单元格中显示的是“＃＃＃＃＃＃”，这时可以适当调整此单元格的列宽。

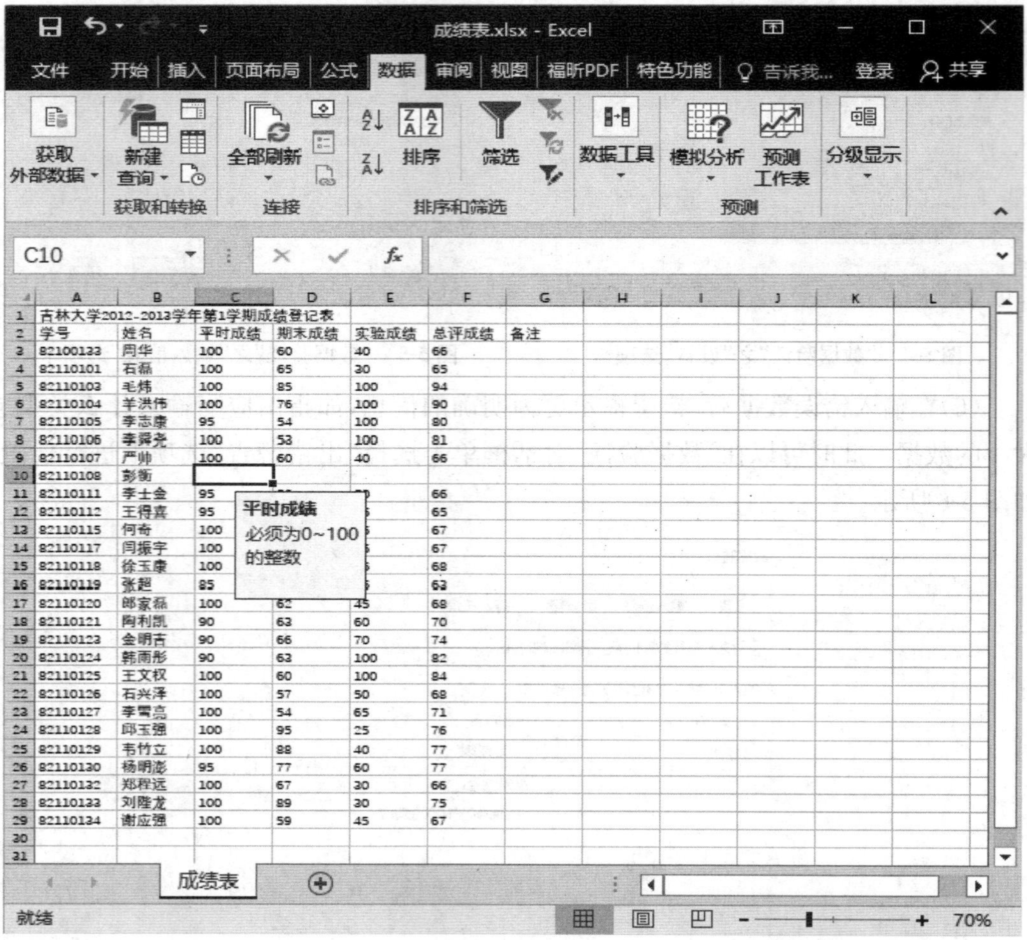

图5-7 设置“输入信息”样例

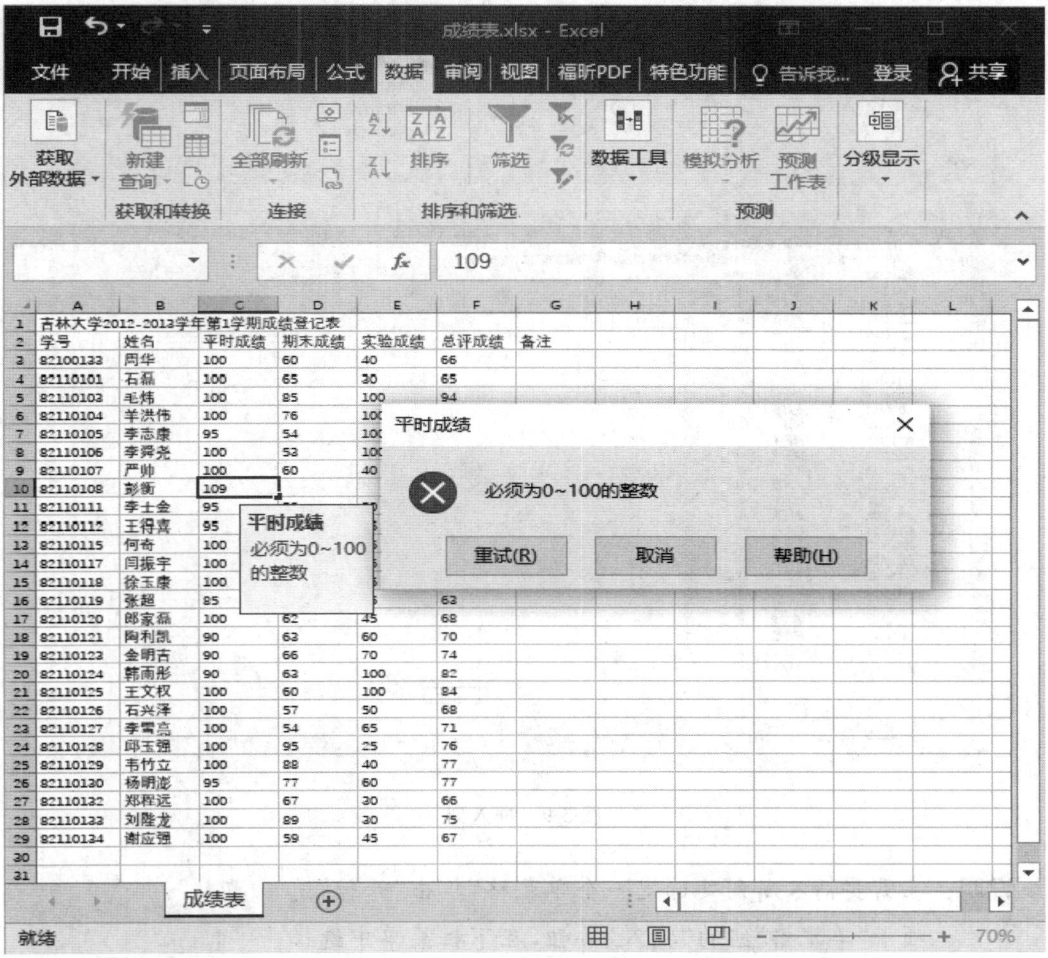

图 5-8　输入无效数据时警告样例

任务 3　编辑单元格、行或列

分别在“成绩表”工作表的 A 列、B 列和 F 列前各插入一列；删除整行与整列；清除单元格的内容；隐藏(显示)行或列。

操作步骤：

(1)单击 A 列表头，选中 A 列，单击“开始”选项卡“单元格”组的“插入”按钮，在下拉菜单中选择“插入工作表列”选项，即可插入整列，在插入的新列中输入“序号”。再分别在“姓名”所在列和“总评成绩”所在列前各插入一列，依次输入“班级”“总评等级”，如图 5-9 所示。

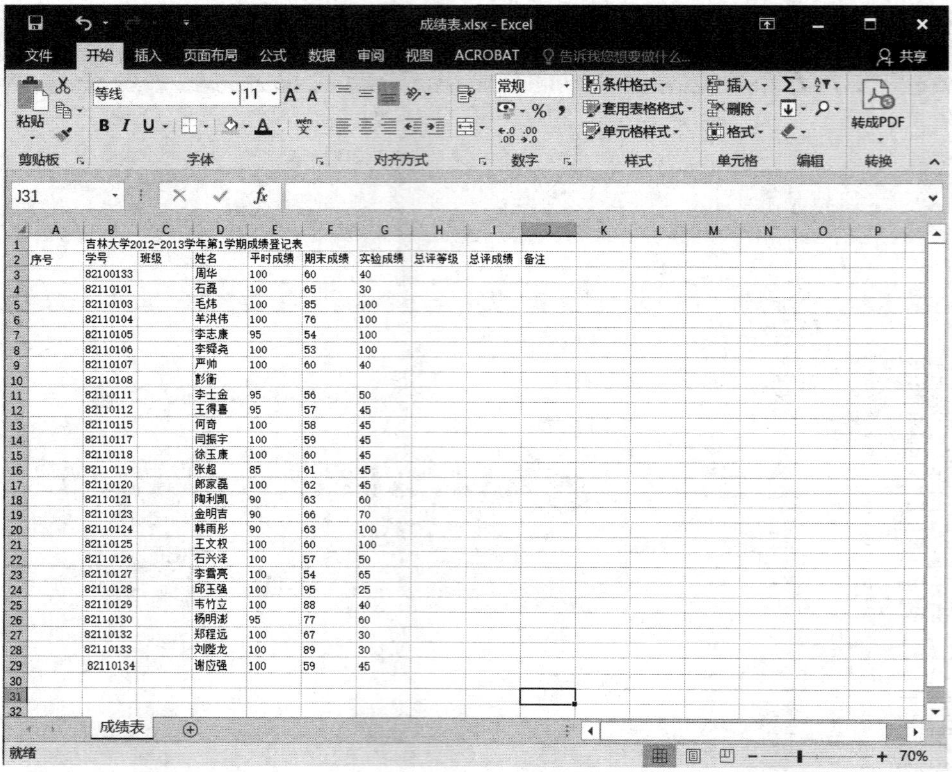

图 5-9　插入列

说明： 在需要插入新列处选定一个单元格，单击“开始”选项卡“单元格”组的“插入”按钮，在下拉菜单中选择“插入单元格”，打开如图 5-10 所示对话框。在对话框中，选择“整列”单选按钮，单击“确定”按钮，则在选中的单元格的左侧插入新的一列。

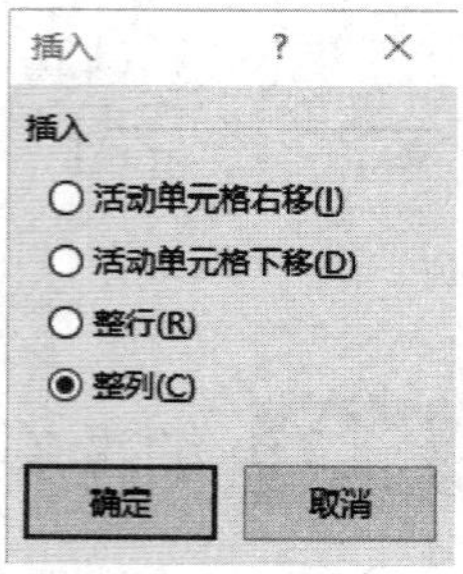

图 5-10　“插入”对话框

(2)分别在 A3、A4 单元格里输入 1、2，选中 A3 和 A4 单元格，将鼠标移到 A4 单元格右下角的填充柄上，当鼠标变成小的黑十字形时，按下鼠标左键并拖动到 A29 单元格，松开鼠标，这时 A5～A29 单元格的序号内容就填充好了。

说明： 在数字填充时选中初值单元格后直接拖动填充柄，数值不变，相当于复制。当填充的步长为±1 时，选中第一个初值，拖动填充柄的同时按“Ctrl”键，向右、向下填充，数值增大，向左、向上填充，数值减小；当填充的步长不等于±1时，选中前两项作为初值，用鼠标拖动填充柄进行填充。当填充的数据比较复杂时，例如：等比数列、等差数列（公差任意）、按年（月、工作日）变化的日期，可以采用序列填充。选择“开始”选项卡|“编辑”组|“填充”下的系列命令，弹出对话框后完成设定。

(3)选定需要删除的单元格、行或列，单击“开始”选项卡“单元格”组中的“删除”按钮即可删除选定的单元格、行或列。

(4)选中需要清除的单元格或单元格区域，按“Delete”键，或单击“开始”选项卡“编辑”组中的“清除”按钮，在下拉菜单中选择“清除内容”命令。

说明： 如果选定单元格后按“Del”或“Backspace”键，则 Excel 只清除单元格中的内容，而保留其中的批注和单元格格式。

(5)选中需要隐藏的行或列，单击“开始”选项卡“单元格”组中的“格式”按钮，在下拉菜单中打开“隐藏和取消隐藏”选项，选择“隐藏行”或“隐藏列”，如图 5-11 所示。若需要重新显示，则选中隐藏的行或列，选择“取消隐藏行”或“取消隐藏列”即可。

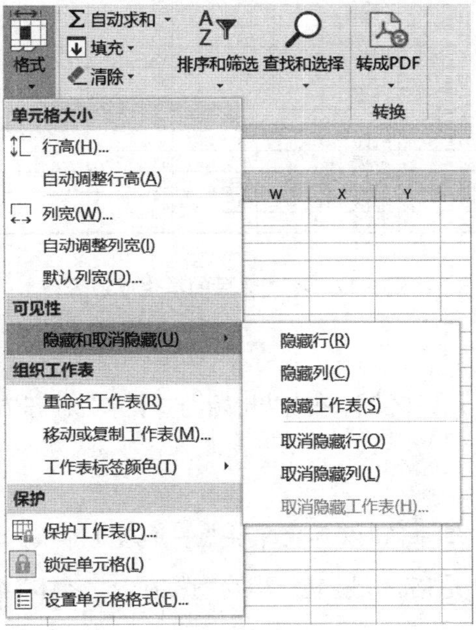

图 5-11　“隐藏和取消隐藏”选项

任务 4　格式化工作表

对“成绩表”工作表进行格式设置，效果如图 5-12 所示。要求将 A1～J1 单元格区域合并，水平居中、垂直居中；“常规”格式；华文行楷、20 号、加粗；行高 45 磅。对于表格字段名，设置字段名格式：微软雅黑、12 号、加粗、红色；水平居中、垂直居中；行高 25 磅。工作表的列宽为“自动调整列宽”；A2:J2 单元格区域底纹为 25%的灰色，图案颜色使用其他颜色，自定义颜色模式 RGB，其中，红色(R):0，绿色(G):0，蓝色(B):255，图案样式为 12.5 灰色。对于边框线，设置 A2～J29 单元格区域所在区域边框线，四周为粗线，内部为细线。在输入“期末成绩”的数据时，当数据小于 60 时，用红色、加粗倾斜显示。

吉林大学2012-2013学年第1学期成绩登记表

序号	学号	班级	姓名	平时成绩	期末成绩	实验成绩	总评等级	总评成绩	备注
1	82100133		周华	100	60	40			
2	82110101		石磊	100	65	30			
3	82110103		毛炜	100	85	100			
4	82110104		羊洪伟	100	76	100			
5	82110105		李志康	95	*54*	100			
6	82110106		李舜尧	100	*53*	100			
7	82110107		严帅	100	60	40			
8	82110108		彭衡						
9	82110111		李士金	95	*56*	50			
10	82110112		王得喜	95	*57*	45			
11	82110115		何奇	100	*58*	45			
12	82110117		闫振宇	100	*59*	45			
13	82110118		徐玉康	100	60	45			
14	82110119		张超	85	61	45			
15	82110120		郎家磊	100	62	45			
16	82110121		陶利凯	90	63	60			
17	82110123		金明吉	90	66	70			
18	82110124		韩雨彤	90	63	100			
19	82110125		王文权	100	60	100			
20	82110126		石兴泽	100	*57*	50			
21	82110127		李雪亮	100	*54*	65			
22	82110128		邱玉强	100	95	25			
23	82110129		韦竹立	100	88	40			
24	82110130		杨明澎	95	77	60			
25	82110132		郑程远	100	67	30			
26	82110133		刘陛龙	100	89	30			
27	82110134		谢应强	100	*59*	45			

图 5-12　格式化后的学生成绩表

操作步骤：

(1)选中 A1～J1 单元格区域,单击“开始”选项卡“对齐方式”组的“合并后居中”命令按钮。

说明： 如果需要取消合并,可以再次单击“合并后居中”命令按钮。

(2)选中 A1～J1 单元格区域,在“开始”选项卡“字体”组中选择“字体”列表框 华文行楷 的下拉按钮设置字体;单击“字号”列表框 20 的下拉按钮设置字号;单击“加粗”按钮 **B** 设置字体加粗。单击“开始”选项卡“单元格”组的“格式”按钮,在下拉菜单中打开“行高”对话框,在行高设置框中输入 45,单击“确定”按钮。

(3)选中 A2～J2 单元格区域,在“开始”选项卡“字体”组中选择字体列表框 微软雅黑 的下拉按钮设置字体;单击“字号”列表框 12 的下拉按钮设置字号;单击“加粗”按钮设置字体加粗;单击“字体颜色”按钮 A 设置字体颜色;在“开始”选项卡“对齐方式”组中分别选择“水平居中”按钮和垂直居中按钮。单击“开始”选项卡“单元格”组中的“格式”按钮,在下拉菜单中打开“行高”对话框,在行高设置框中输入 25,单击“确定”按钮。单击“开始”选项卡“字体”组中的“填充颜色”按钮 ，选择颜色灰色 25%，如图 5-13 所示。单击“开始”选项卡“字体”组的命令按钮 ，打开“设置单元格格式”对话框，选择“填充”选项卡，如图 5-14 所示。单击图案颜色下拉箭头，选择“其他颜色”项，打开“颜色”对话框，在“自定义”选项卡中对颜色进行设置，如图 5-15 所示。在“图案样式”下拉菜单中选择 12.5%灰色杂点。

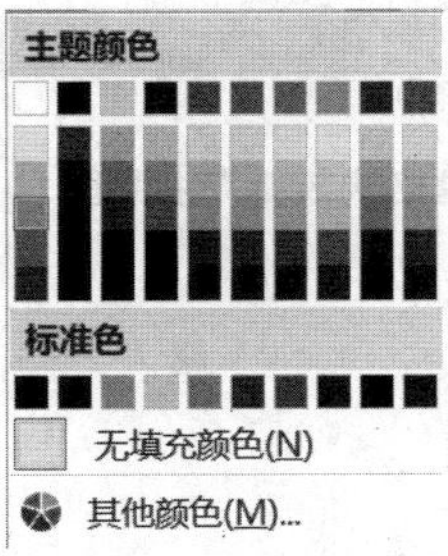

图 5-13　25%灰色底纹填充

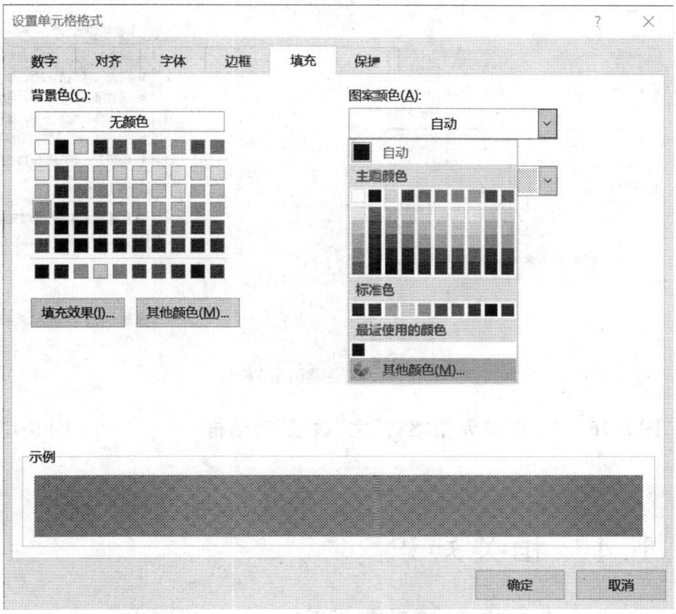

图 5-14　图案其他颜色填充

(4)选择 A～J 列，再打开“开始”选项卡“单元格”组的“格式”按钮，在下拉菜单中选择“自动调整列宽”选项。

(5)选择 A2:J29 单元格区域，单击“开始”选项卡“字体”组的命令按钮 ，打开“设置单元格格式”对话框，在“边框”选项卡的线条中选择粗线，再单击预置中的“外边框” ；在线条中选择细线，再单击预设中的“内部” 。这时可以在边框中看到边框的样式，如图 5-16 所示。

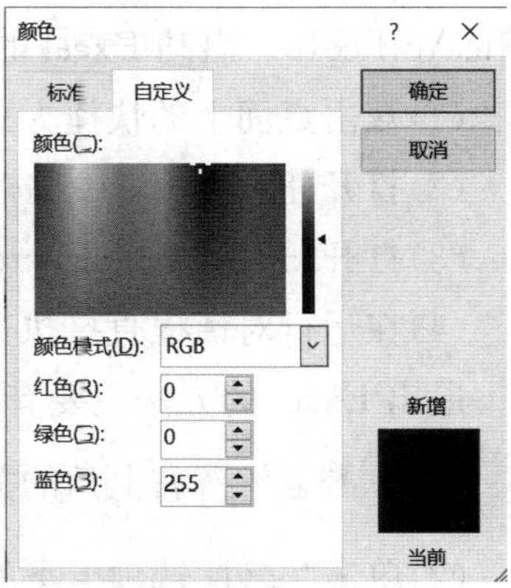

图 5-15　“自定义”颜色设置

说明： 也可以选中需要设置格式的单元格后单击鼠标右键，弹出快捷菜单后选择设置单元格格式命令。

(6)选择 F3:F29 单元格区域，单击“开始”选项卡“样式”组的“条件格式”按钮，打开下拉菜单，选择“新建规则”命令，打开“新建格式规则”对话框，在“只为包含以下内容的单元格设置格式"下选择"单元格值",在其右侧的下拉框中选择"小于",并在最右侧的输入框中输入"60"。单击"格式"按钮,打开"设置单元格格式"对话框,在"字体"选项卡中选择颜色为"红色",选择字形为"加粗倾斜",单击"确定"按钮返回条件格式。再单击"新建格式规则"对话框中的"确定"按钮完成设置,如图5-17所示。

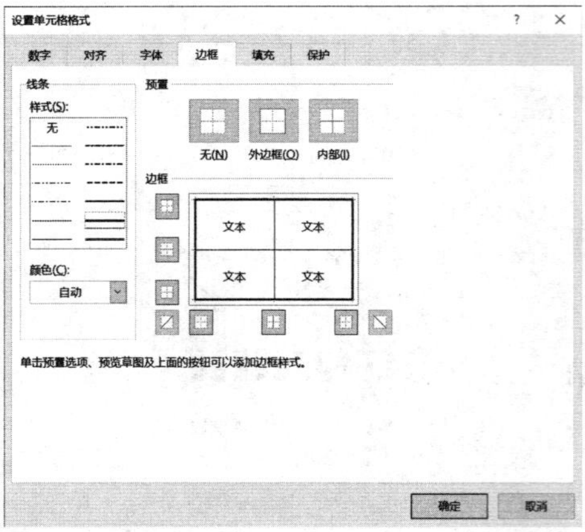

图5-16 "设置单元格格式"之"边框"对话框

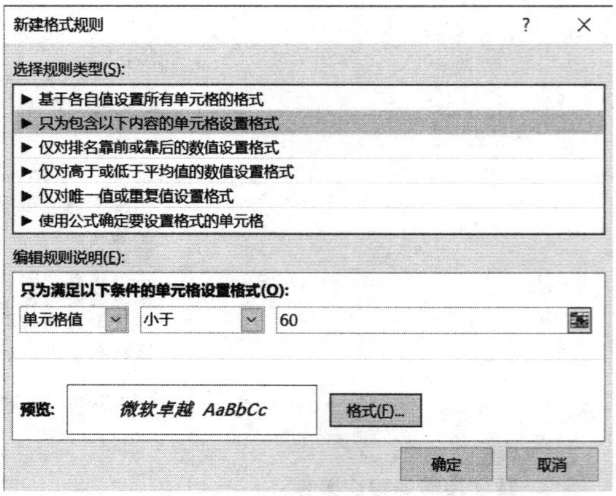

图5-17 "新建格式规则"对话框

5.1.4 相关知识

1. Excel 2016 的启动与退出

Excel执行的是Excel.exe文件,其默认文件夹为C:\Program Files\Microsoft Office\office16。启动Excel的方法主要有以下几种。

(1)双击桌面上的快捷方式来启动Excel。

(2)打开任意的Excel文档,在打开文档前自动启动Excel。

(3)打开"开始"下的Microsoft Excel。

(4)在运行对话框直接执行Excel.exe命令。

退出Excel的方法主要有以下几种。

(1)单击工作簿右上角的关闭命令按钮。

(2)单击"文件"选项卡下的关闭命令选项 关闭 。

注意工作簿右上角的关闭命令按钮和"文件"选项卡下关闭命令选项的区别,关闭命令按钮是关闭Excel文档并退出Excel,关闭命令选项是关闭当前编辑的文档,并没有退出Excel。

(3)使用快捷键"Alt＋F4"。

2. Excel 主界面简介

Excel主界面与Word主界面类似,由快速访问工具栏、选项卡、功能区、编辑栏、工作区域、工作表标签、状态栏等组成，如图 5-18 所示。

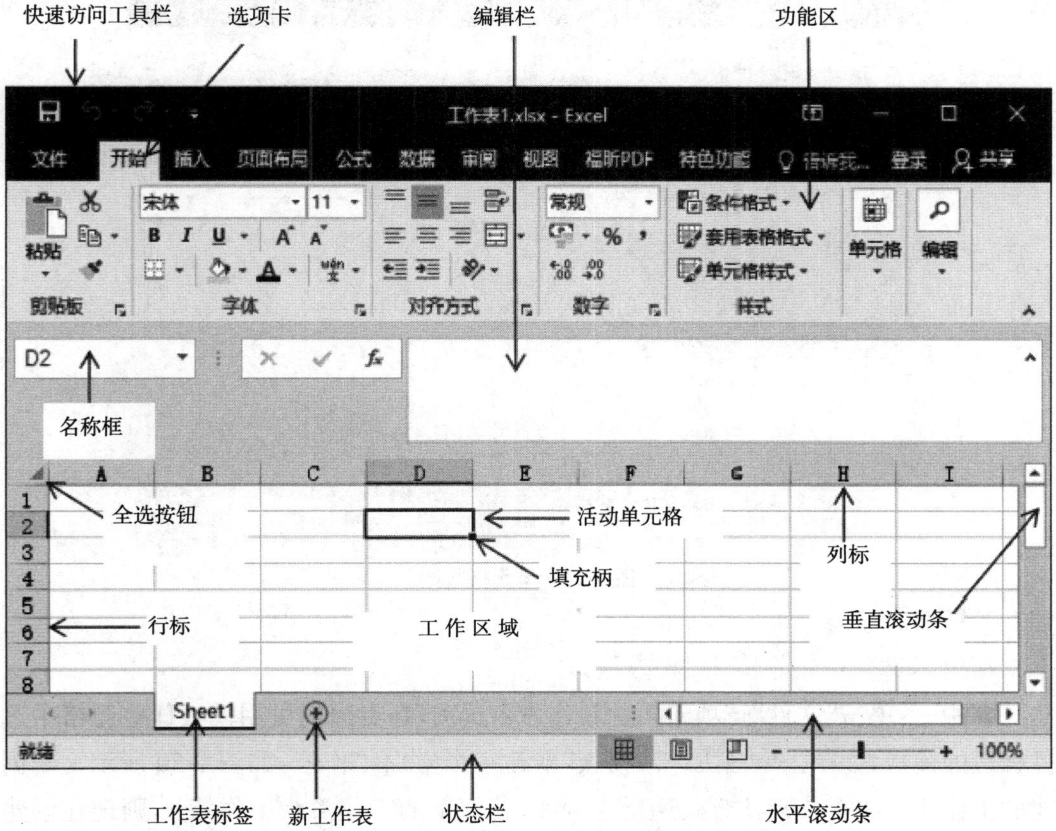

图 5-18　Excel 主界面

为更好地学习 Excel，下面介绍一些基本概念。

(1)工作簿。一个 Excel 文档就是一个工作簿，在此工作簿内可直接输入、编辑数据。一个工作簿最多包含 255 张工作表，但系统默认的只有 1 张，可以按需要自行增加或减少工作表。

(2)工作表。在 Excel 中，数据处理是以一个个工作表为单位进行的。一个工作表共有 1048576 行、16384 列，行标用 1～1048576 来表示，列标用 A，B，C，…，Z，AA，AB，…，XFD 来表示。系统默认的工作表标签以 Sheet1 来命名。

(3)单元格。单元格是工作表的基本单元，是工作表中行和列的交叉点，其命名由单元格所在的列号和行号组成。例如，单元格的名称可以为 A2、B4、AB108 等，它们分别表示 A 列第 2 行、B 列第 4 行和 AB 列第 108 行单元格。

(4)单元格区域：多个单元格组成的矩形区域，其表示方式由左上角单元格和右下角单元格加"："组成。如"A1：C5"表示从 A1 单元格到 C5 单元格之间的矩形区域，如图 5-19所示。

(5)活动单元格：当前正在操作的单元格，它会被一个未完全封闭的框包围。单元格是工作表中数据编辑的基本单位。

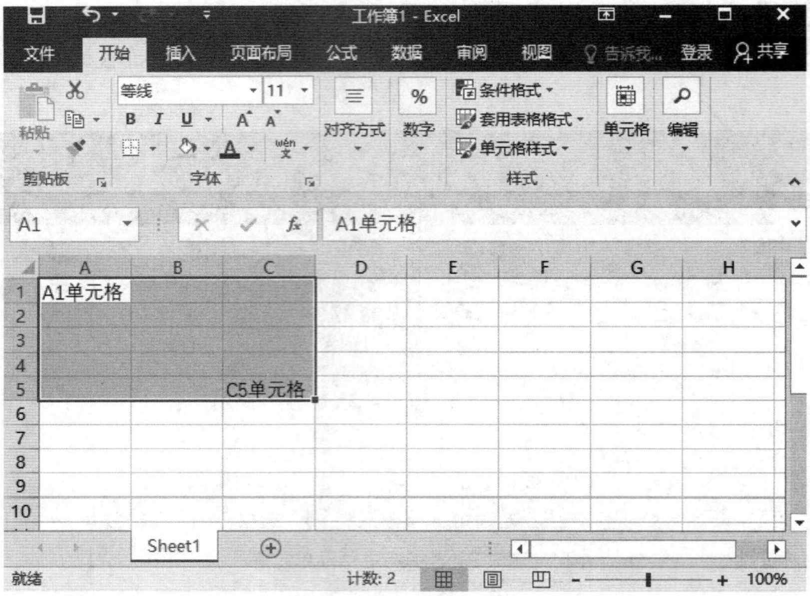

图 5-19 单元格区域

3. 新建工作簿

新建 Excel 工作簿常用三种方法。

方法一:单击“文件”选项卡下的新建命令选项,在右边的可用模板任务窗格中选择合适的模板,如单击空白工作簿模板,新建一个空白工作簿,如图 5-20 所示。新创建的工作簿名称会按默认方式递增。例如,若原来的工作簿为工作簿 1,则现在创建的工作簿名为工作簿 2,如果继续建立新工作簿,则会以工作簿 3……工作簿 n 的方式递增下去。

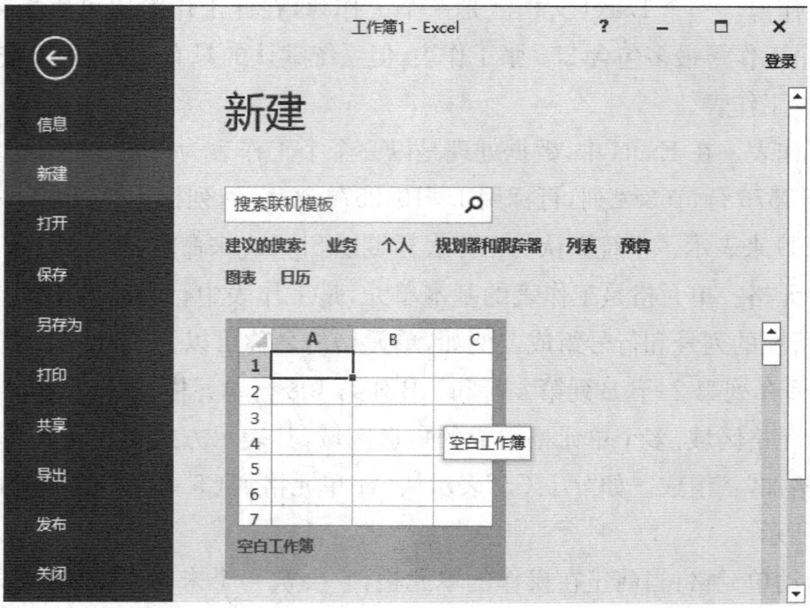

图 5-20 新建命令任务窗格

方法二：使用“快速访问工具栏”中的新建命令按钮，可以新建一个工作簿。

方法三：使用快捷键“Ctrl＋N”，也可以新建一个工作簿。

4. 打开与关闭工作簿

对工作簿进行操作，必须先打开工作簿。每打开一个工作簿，便占据一个窗口，但只有一个工作簿是活动工作簿。同一时刻打开的工作簿太多，会占用很多的内存空间，降低系统的运行速度。为此，需要关闭当前不用的工作簿。

(1)打开工作簿：打开最近使用过的某工作簿，在最近使用的文档中选择该工作簿即可。用户还可以单击“文件”选项卡下的打开命令或单击“快速访问工具栏”中的打开命令按钮，单击“浏览”命令选项，弹出“打开”对话框后，选择需要打开的工作簿，如图 5-21 所示。

(2)关闭工作簿：方法类似于前面所述的退出 Excel 的方法，在此不再详述。

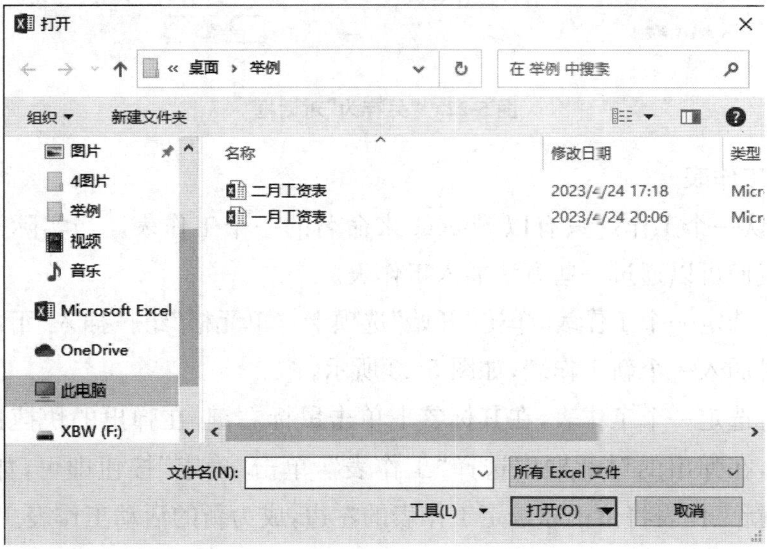

图 5-21　“打开”对话框

5. 保存工作簿

Excel 工作簿的保存方法与 Word 文档操作一致。对于新创建的工作簿和已命名的工作簿保存方法如下。

(1)保存新创建的、未命名的工作簿。单击“文件”选项卡的“保存”命令选项，单击“浏览”命令选项，打开“另存为”对话框，在文件名文本框中键入文件名，单击“保存”按钮，Excel 会自动给工作簿添加扩展名 XLSX 并存盘，如图 5-22 所示。

(2)保存已命名的工作簿。单击“快速访问工具栏”中的“保存”按钮或单击“文件”选项卡的“保存”命令选项，均可保存当前文档，还可以按快捷键“Ctrl＋S”。

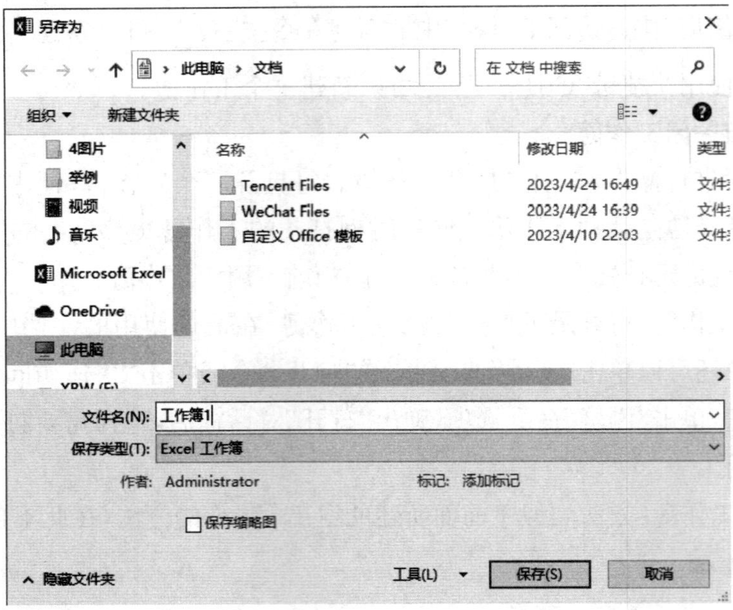

图 5-22 “另存为”对话框

6. 插入工作表

系统默认一个工作簿只有以 Sheet1 来命名的一个工作表。当实际需要更多的工作表时,我们可以通过一些方法插入工作表。

方法一:选定一个工作表,单击“开始”选项卡|“单元格”组|“插入”下的插入工作表命令,即可插入一个新工作表,如图 5-23 所示。

方法二:选定一个工作表,在其标签上单击鼠标右键,在弹出的快捷选项卡中选择插入命令,在弹出的对话框中选择“工作表”,单击“确定”按钮即可,如图 5-24 所示。插入的新工作表将位于原选定工作表的左边,成为新的活动工作表。

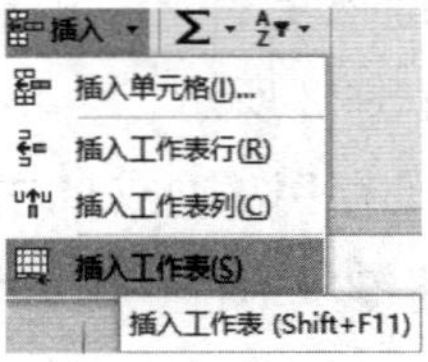

图 5-23 插入工作表方法一

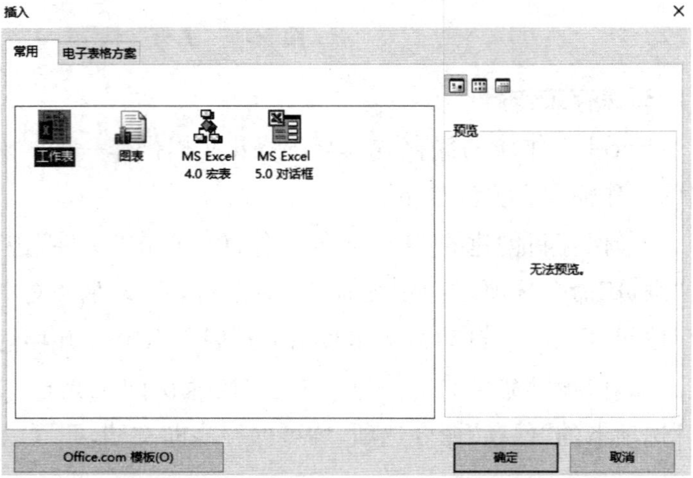

图 5-24 插入工作表方法二

方法三：在工作簿工作表标签处单击新工作表按钮 ，插入一个新工作表。

方法四：选定一个工作表后，按快捷键 Shift＋F11，也可以插入一个新工作表。

7. 重命名工作表

任何一个工作表的名称都可以改变。工作表名称最长可达 31 个中文字符，其中可以含有空格。工作表名称改变之后，该工作表标签上的名字也随之改变。

方法一：双击要修改名称的工作表标签，当工作表标签变为黑底白字时，直接键入新的工作表标签名，确定名字无误后按回车键，新的名字就出现在了标签上，如图 5-25 所示。

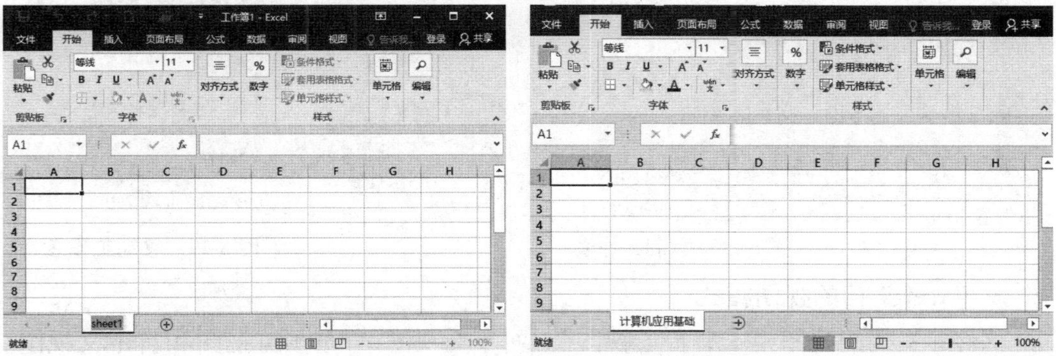

图 5-25　重命名工作表

方法二：在需要修改名称的工作表标签上单击鼠标右键，在弹出的快捷菜单中选择重命名命令，当工作表标签变为黑底白字时直接进行修改即可。

8. 移动、复制和删除工作表

工作表的移动与复制操作分为在当前工作簿间移动或复制工作表和在不同工作簿间移动或复制工作表。

如果是在当前工作簿中移动工作表，可以选定工作表标签后拖动，在目的地释放鼠标按键。如果是在当前工作簿中复制工作表，可以在按住“Ctrl”键的同时拖动工作表，在目的地释放鼠标按键后，再松开“Ctrl”键，如图 5-26 所示。还可以在选定工作表标签后单击鼠标右键，在弹出的快捷菜单中单击移动或复制工作表命令，打开“移动或复制工作表”对话框。在“下列选定工作表之前”列表框中，单击需要在其前面插入移动工作表的工作表，确定即可，如图 5-27 所示。如果是复制工作表，则需要选中“建立副本”复选框，确定即可。

将工作表移动或复制到另一已有工作簿的方法与在当前工作簿中移动或复制工作表的第二种方法基本相同，但要在“工作簿”下拉列表框中选定用来接收工作表的工作簿，如图 5-27 所示。注意，接收工作表的工作簿需要打开。

选定要删除的工作表标签后单击鼠标右键，在弹出的快捷选项卡中选择删除命令，弹出“删除警告”对话框，确认后可删除当前工作表。注意，工作表在删除后不可

以恢复。以上操作也可以通过“开始”选项卡|“单元格”组|“删除”下的删除工作表命令完成。

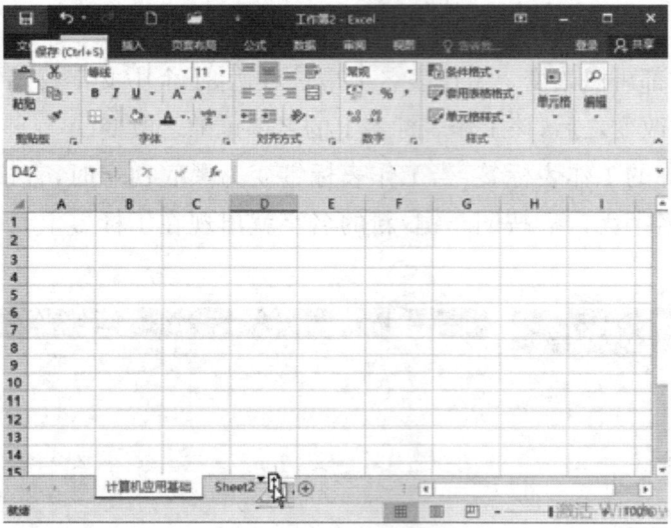

图 5-26 复制工作表

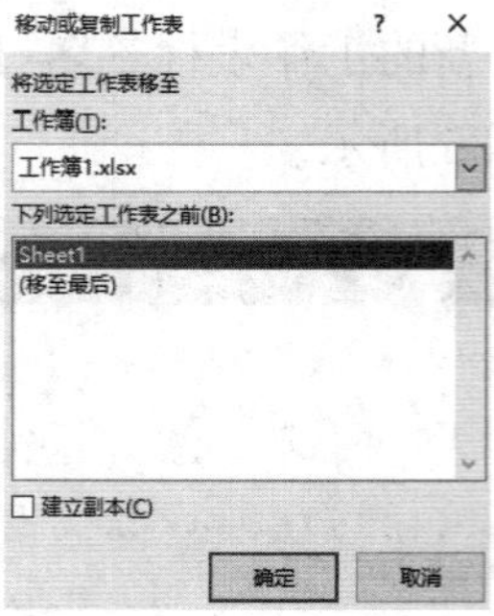

图 5-27 移动工作表

9. Excel 文档的视图模式

Excel 文档的视图模式有普通视图、页面布局视图、分页预览视图和自定义视图。用户可在“视图”选项卡|“工作簿视图”组找到这几种视图模式,单击即可显示相应的视图模式。普通视图即正常打开 Excel 所见到的模式。

通过页面布局视图可以查看文档的打印外观,包括页面的起始位置和结束位置,并可以查看和修改页面上的页眉和页脚,如图 5-28 所示。

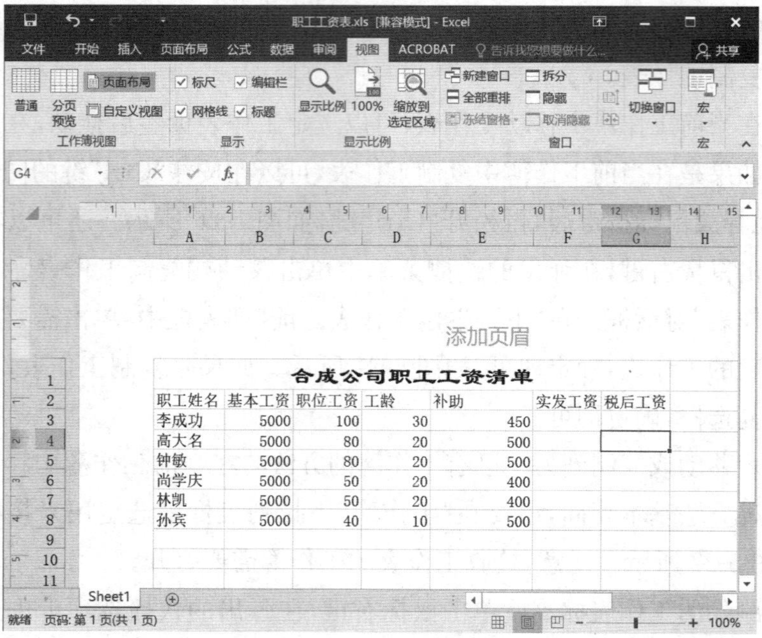

图 5-28 页面布局视图

通过分页预览视图可以预览文档打印时的分页位置，通过拖动鼠标可以改变分页符的位置，如图 5-29 所示。单击“页面布局”选项卡|“页面设置”组的命令按钮 ，打开“页面设置”对话框，可以查看缩放比例变化情况，如图 5-30 所示。

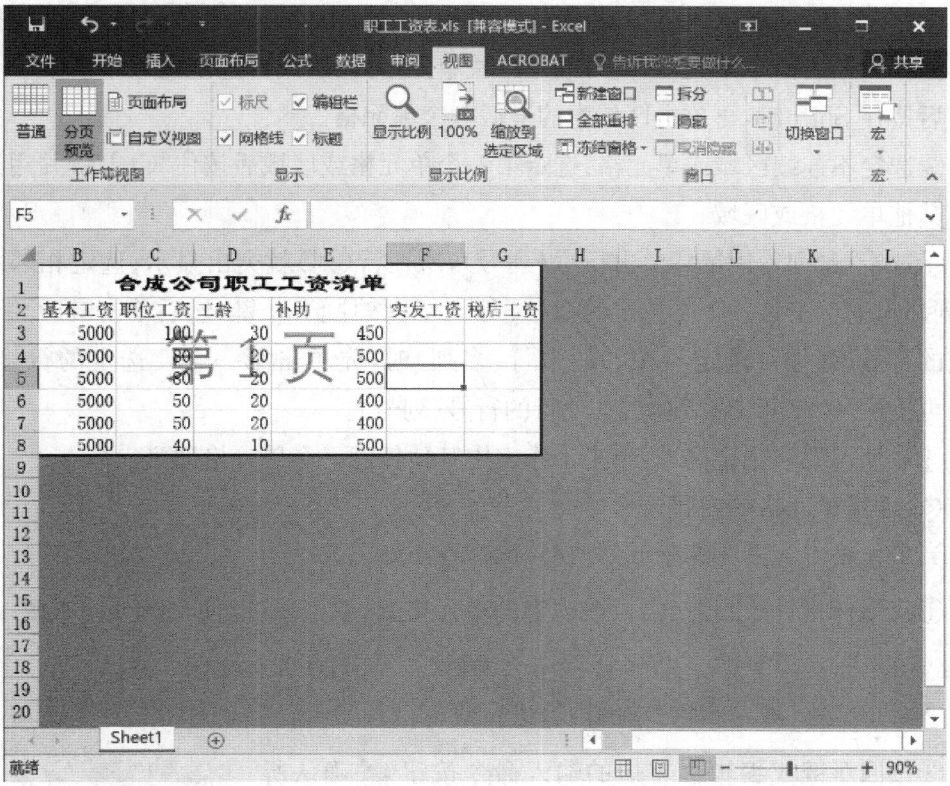

图 5-29　分页预览视图

如果有一个 Excel 表格，内容比较多，需要我们隐藏或筛选部分内容后再打印。此时我们可以通过自定义视图来实现，这里不再举例。

10. 工作表元素的基本操作

工作表元素的基本操作包括：单元格的选定，编辑单元格内容，移动、复制、插入单元格和数据，以及调整行高和列宽。

(1)单元格的选定。

区域是指工作表中的两个或多个单元格。区域中的单元格可以相邻，也可以不相邻。对工作表的许多操作都需要先选定单元格区域，再进行操作。选定不同区域的单元格操作方法各不相同。

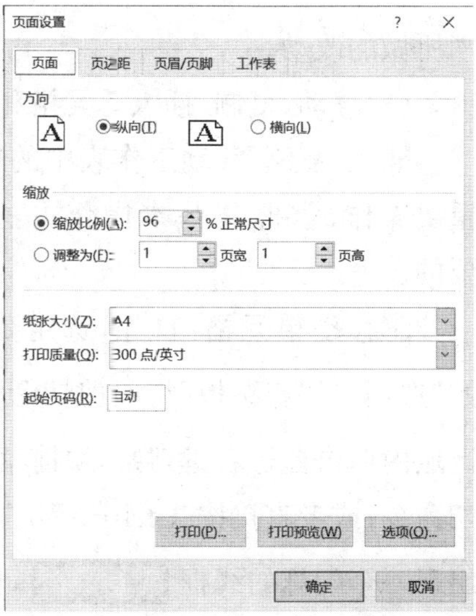

图 5-30　“页面设置”对话框

①选定单个单元格：单击要选定的单元格，此时鼠标指针在单元格上以白十字光标“ ”显示，单元格周围用黑框圈定，如 序号 ；或者按方向键(←、↑、→、↓)移动到要选定的单元格。

②选定连续区域单元格：先将鼠标指针指向区域中的第一个单元格，再按住鼠标左键拖拉到最后一个单元格，便可选定一块单元格区域；或者选定区域中的第一个单元格后按住 Shift 键，再单击区域中的最后一个单元格。

③选定不连续区域或单元格：选定第一个单元格或区域后按住“Ctrl”键并用鼠标单击其他单元格或区域。

④选定行(列)：用鼠标单击行号(列号)，所在行(列)就突出显示；选定相邻多行(多列)时，先单击第一个要选定的行号(列号)，再按住 Shift 键，然后单击最后一个要选定的行号(列号)；选定不相邻的多行(多列)时，先单击第一个要选定的行号(列号)，再按住“Ctrl”键，然后单击其他行的行号(列号)。

⑤取消单元格选定区域：单击工作表中其他任意一个单元格即可。

(2)编辑单元格的内容。

当单元格内容需要调整或修改时，操作方法如下。

①将鼠标指针 移至需修改内容的单元格上，双击鼠标，使光标变为 I 型；或按 F2 键，使光标变为 I 型；或将鼠标移动至编辑栏，单击，使光标变为 I 型。

②对单元格(或编辑栏)中的内容进行修改。

③按回车键或编辑栏左边的输入命令按钮 ✔ 确认所做的改动；按 Esc 键或按编辑栏左边的取消命令按钮 ✖ 取消所做的改动。

(3)移动、复制、插入单元格和数据。

插入、复制、移动工作表中的单元格及数据是工作表的重要操作，掌握其基本操作方法对使用 Excel 是至关重要的。

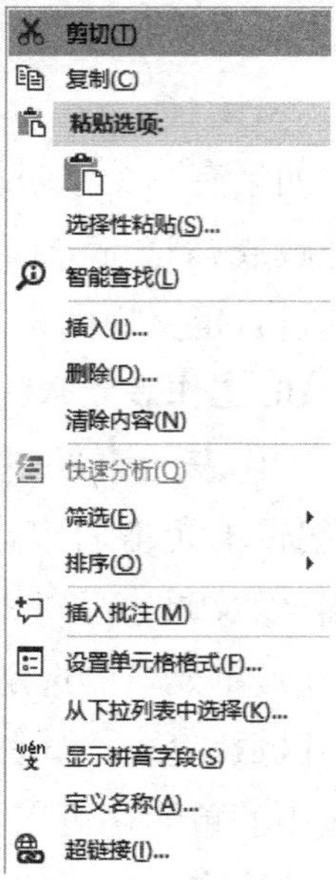

图 5-31 快捷菜单

①移动单元格：首先，选定要移动的单元格，单击“开始”选项卡|“剪贴板”组的剪切命令按钮 ；或者在单元格区域内单击鼠标右键，弹出快捷菜单，如图5-31所示，选择剪切命令；或者直接按“Ctrl＋X”快捷键，在选定区域的边框上出现一个闪烁的线框 ，如果要将选定区域移到另一个工作表或工作簿，则切换到该工作表或工作簿。其次，选定粘贴区域左上角的单

元格或者整个粘贴区域(剪切区域可与粘贴区域重叠)。最后,单击“开始”选项卡|“剪贴板”组的粘贴命令按钮;或者单击鼠标右键,在弹出的快捷菜单中选择粘贴命令;或者直接按快捷键“Ctrl＋V”。这样便将选定区域移到了目标区域。

②复制单元格:先选定要复制的单元格,再单击“开始”选项卡|“剪贴板”组的复制命令按钮;或者直接按快捷键“Ctrl＋C”,最后单击“开始”选项卡|“剪贴板”组的粘贴命令按钮,便将选定区域移到了目标区域。Excel 将以选定区域数据替换粘贴区域中任何现有数据。采用这种方法,Excel 将复制整个单元格,包括其中的公式及其结果、批注和格式。用鼠标拖动复制单元格的方式与用鼠标拖动移动单元格类似,只是在拖动过程中需按住“Ctrl”键。如果要在已有单元格间插入单元格,可先按住“Shift＋Ctrl”键(只按住“Shift”键时表示单元格的移动),再拖动鼠标。

③选择性粘贴:当需要有选择地复制单元格的内容时(例如复制公式、数值、格式、批注等),可通过选择性粘贴来完成。选定需要复制的单元格区域,单击“开始”选项卡|“剪贴板”组的复制命令按钮,选定粘贴区域的左上角单元格,单击“开始”选项卡|“剪贴板”组|“粘贴”下的选择性粘贴命令,打开“选择性粘贴”对话框,如图 5-32 所示。在选择性粘贴对话框中,选择粘贴的方式和运算方式。如果粘贴时需交换行列值,可选择转置复选框☑转置(E)。

(4)调整行高和列宽。

当单元格中的数据内容超出预设的单元格的长度或宽度时,可以调整行高和列宽以显示完整内容。设置行高一般有两种方法:通过对话框调整行高;通过鼠标拖动调整行高。

通过对话框调整行高:单击“开始”选项卡|“单元格”组|“格式”下的行高命令,或在行号上单击鼠标右键,在弹出的快捷菜单中选择行高命令,打开“行高”对话框,在行高文本框中输入行高的数值,单位为磅,如图 5-33 所示,单击“确定”按钮完成调整行高。

通过鼠标拖动调整行高:将鼠标移至两行的分隔线上,鼠标指针变为双向箭头,按住鼠标左键,根据当前行高的磅值显示,拖动行号的底边框线至要调整到的位置,释放鼠标左键,行高就被调整了。

调整列宽一般有两种方法:通过对话框调

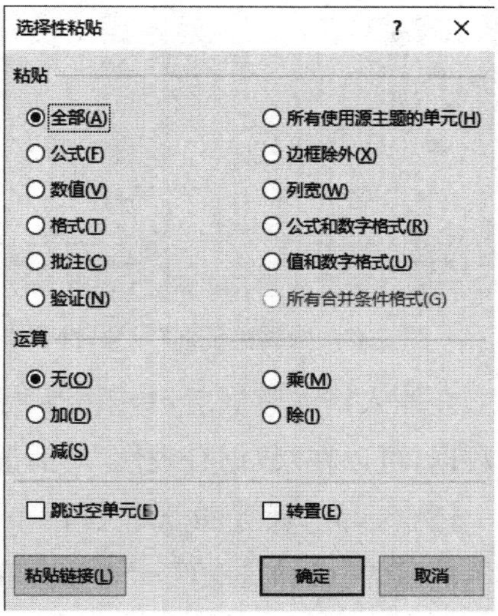

图 5-32　“选择性粘贴”对话框

整列宽与调整行高的方法相似。打开的“列宽”对话框如图5-34所示；通过鼠标拖动调整列宽的操作方法与通过鼠标拖动调整行高的方法相似。

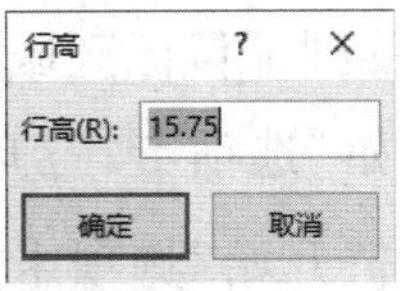

图5-33 “行高”对话框

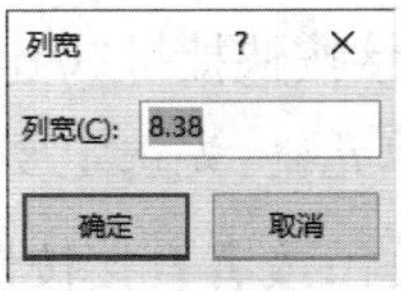

图5-34 “列宽”对话框

11. 设置数据验证

通过单击“数据”选项卡|“数据工具”组|“数据验证”下的数据验证命令，弹出数据验证对话框，如图5-35所示。通过设置，可以限定单元格的数据输入类型、范围，还可以设置数据输入提示信息和输入错误警告信息。

在“设置”选项卡“允许”下拉框中选择允许的数据类型或文本长度，再在数据下拉框、最小值框、最大值框设定数据的允许范围。

当输入数据时，如果有提示信息出现，就可以预防输入错误数据。在数据验证对话框中，单击“输入信息”选项卡，选中“选定单元格时显示输入信息”复选框，在标题文本框中输入提示信息的标题，如输入“输入数据值”，在输入信息文本框中输入要提示的信息，例如输入“必须是100～500的整数!”，如图5-36所示。

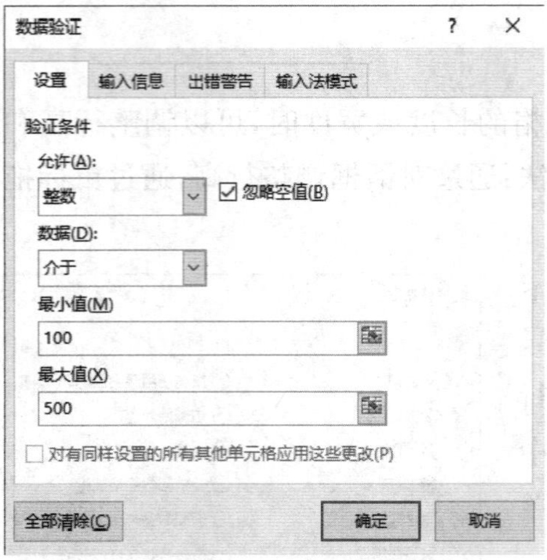

图5-35 数据验证之“设置”选项卡

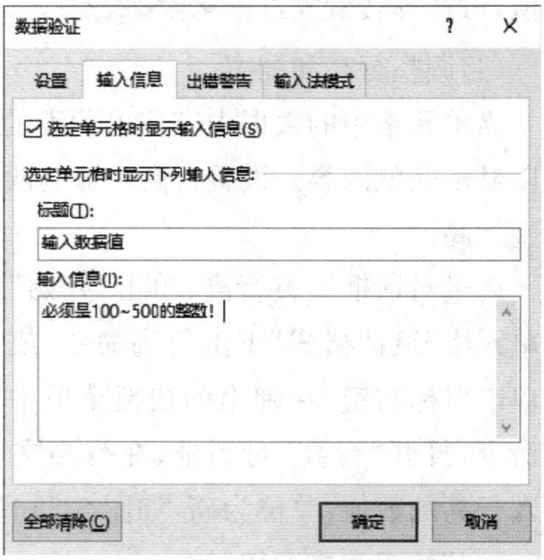

图5-36 数据验证之“输入信息”选项卡

在输入错误数据后，希望提示更为明确的信息，如指出应当输入什么类型或大小的数据，可以在“数据有效性”对话框的“出错警告”选项卡中进行设置。

【例5.1】 设置图5-37所示工作表中“补助”的输入提示标题为“输入数据值”，提示信息为“必须是100～500的整数!”

操作方法如下。

①在如图5-35所示对话框的“允许”下拉框中选择“整数”，在数据下拉框选择

“介于”，在最小值框填写“100”，在最大值框填写“500”。

②在如图 5-36 所示对话框中，选中“选定单元格时显示输入信息”复选框，在标题框中输入“输入数据值”，在输入信息框中输入“必须是 100～500 的整数!”。

③单击“确定”按钮完成输入条件的设定。

当选中设置输入信息的单元格时，便会出现提示信息，如图 5-37 所示。

图 5-37　设置数据验证样例

12. 插入与删除单元格、行或列

在工作表中可以根据需要插入空单元格、行和列，并对其进行填充。

(1)插入单元格、行或列。

插入行有两种方法。

方法一：选取需要插入新行的下一行中的任意单元格，单击“开始”选项卡|“单元格”组|“插入”下的插入工作表行命令。

方法二：在需要插入新行处选定一个单元格，单击“开始”选项卡|“单元格”组|“插入”下的插入单元格命令，打开“插入”对话框，如图 5-38 所示，选择整行单选按钮，单击“确定”按钮，则在选中的单元格的上边插入了新的一行。

插入列的方法与插入行的方法相同。在如图 5-38 所示的“插入”对话框中，选择整列单选按钮，单击“确定”按钮，则在选中的单元格的左边插入了新的一列。

插入单元格的方法与插入列、行的方法相同。在需要插入单元格处选定单元格或单元格区域，选定的单元格数量与待插入的单元格数量相同。在如图5-38所示“插入”对话框中选择活动单元格右移或活动单元格下移单选按钮，单击“确定”按钮，则在选中的单元格或单元格区域的右边或下边插入了单元格或单元格区域。

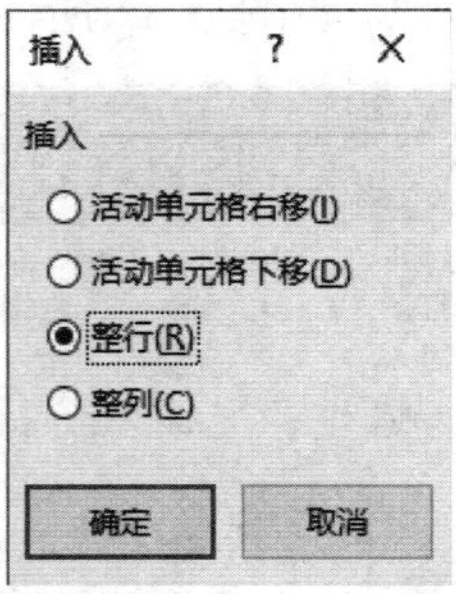

图5-38 “插入”对话框

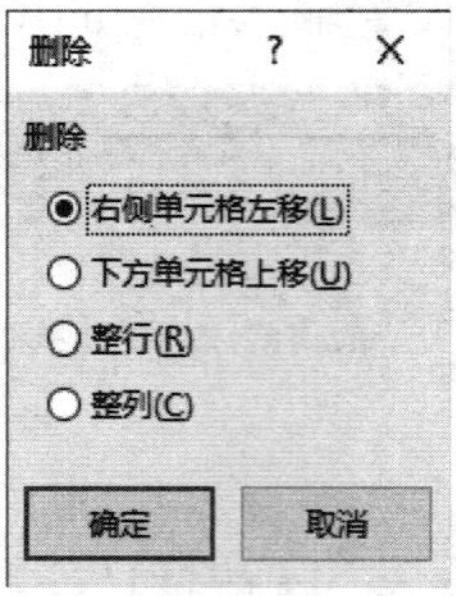

图5-39 “删除”对话框

(2)清除或删除单元格、行或列。

如果删除了不再需要的单元格，Excel将从工作表中移去这些单元格，并调整周围的单元格填补删除后的空缺；而如果清除单元格，则只是删除了单元格中的内容(公式和数据)、格式或批注，清除后的单元格仍然保留在工作表中。

清除单元格的内容、格式或批注的方法是：选定需要清除的单元格区域，单击“开始”选项卡|“单元格”选项|“清除”下的清除全部、格式、内容、批注、超链接等命令，即可清除单元格的全部(内容、格式、批注)、格式、内容、批注、超链接。如果选定单元格后按Del或Backspace键，Excel将只清除单元格中的内容，而保留其中的批注和单元格格式。

删除单元格、行或列的方法是：选定需要删除的单元格、行或列，单击“开始”选项卡|“单元格”选项|“删除”下的删除单元格命令，打开“删除”对话框，如图5-39所示，从中选择右侧单元格左移、下方单元格上移、整行、整列等单选按钮后，即可删除相应的单元格、行或列。

13. 查找和替换

Excel工作表中的查找和替换与Word文档中的使用方法一致。Word中的“查找和替换”对话框有三个选项卡，分别是“查找”选项卡、“替换”选项卡、“定位”选项卡，而Excel工作表中的“查找和替换”对话框只有“查找”和“替换”两个选项卡，它的定位操作是通过一个单独的对话框来实现的，如图5-40所示。

在Excel工作表中，能迅速查找到除了Visual Basic模块以外的所有工作表中含有特殊字符的单元格。

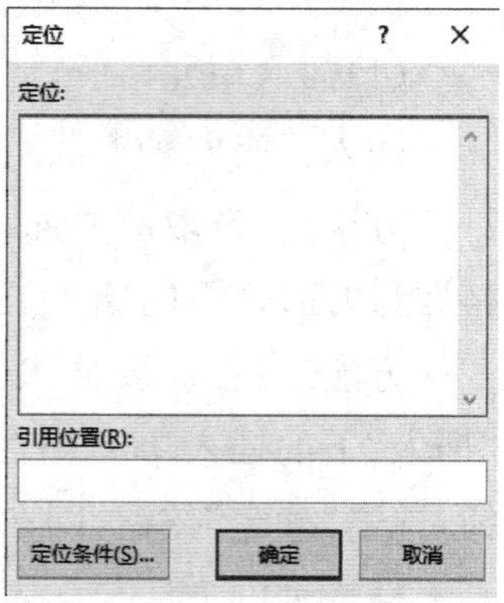

图5-40 “定位”对话框

Excel 不仅可以查看并编辑指定的文字或数字，还可以查找出包含相同内容（如公式）的所有单元格，以及与活动单元格内容不匹配的单元格。

（1）查找文字和数字。

①选定需要搜索的单元格区域。如果只选定单个单元格，则 Excel 的搜索范围是整个表；如果选定了一组表，则 Excel 的搜索范围是除了 Visual Basic 模块以外的所有工作表。

②单击“开始”选项卡|“编辑”组|“查找和选择”下的查找或替换命令，打开“查找和替换”对话框。

③在查找内容下拉列表框中输入待查找的文字或数字。

④如果希望在查找时区分大小写，则单击“选项”命令按钮，选中“区分大小写”复选框；如果只查找字符而且要求完全匹配，则选中“单元格匹配”复选框；若是查找符号且区分全角和半角，则选中“区分全/半角”复选框。

⑤如果要查找指定字符串下一次出现的位置，则单击“查找下一个”命令按钮。如果要查找上一次出现的位置，则在单击“查找下一个”命令按钮时按住 Shift 键。

⑥操作完成后单击“关闭”按钮。

（2）替换文字或数字。

①选定需要替换的单元格区域。如果要搜索整个工作表，则单击其中的任意单元格。

②单击“开始”选项卡|“编辑”组|“查找和选择”下的查找或替换命令，或者按“Ctrl＋H”快捷键，打开“查找和替换”对话框。

③在查找内容下拉列表框中输入待查找的文字或数字。

④在“替换为”下拉列表框中输入替换字符。如果只是想删除查找到的内容，则在“替换为”下拉列表框内不输入任何内容。

如果要逐个替换搜索到的字符，则单击“替换”按钮；如果要替换所有搜索到的字符，则单击“全部替换”按钮。

⑤替换完毕后单击“关闭”按钮，返回工作表，即可看到被替换后的内容。

14. 设置单元格格式

在 Excel 中，用户可以自动套用系统提供的单元格格式，也可以自行设置。单元格的格式决定了信息在工作表中的显示方式及输出方式。单元格格式设置包括数字格式设置、对齐方式设置、字体设置、边框设置、填充设置和保护设置。

（1）首先选中需要设置格式的单元格，然后单击“开始”选项卡|“字体”组下的命令按钮 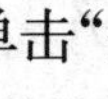，打开“设置单元格格式”对话框，如图 5-41 所示。也可以选中需要设置格式的单元格后单击鼠标右键，弹出快捷菜单后选择设置单元格格式命令。数字样式很多，有普通数字、电话号码、邮政编码、科学计数、货币等，不同样式的数字需要设置

不同的数字格式。设置数字的格式主要是通过“设置单元格格式”对话框中的“数字”选项卡。在分类列表框中选择要设置的格式，单击“确定”按钮即可完成设置，如图5-41所示。如果选择“文本”，则单元格内的数值以文本方式处理，这样可以避免以“0”开头的数值显示问题。如邮政编码、电话号码都可以以文本方式处理。

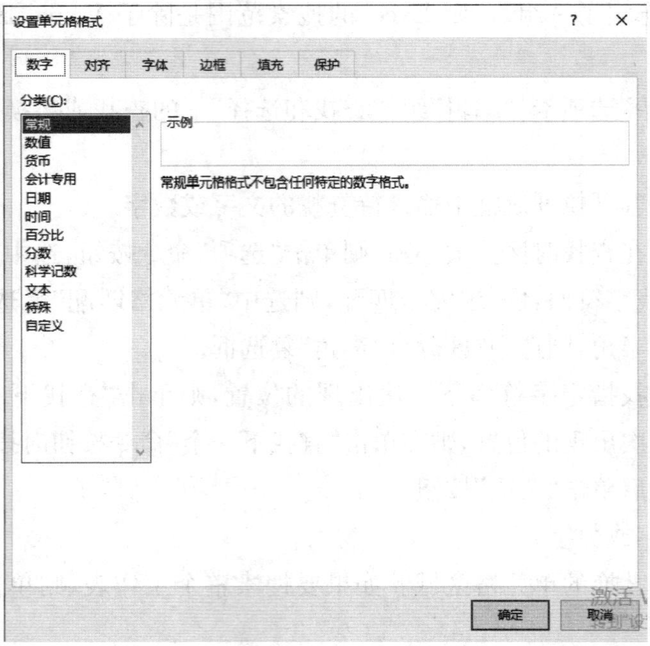

图5-41 “设置单元格格式”对话框

(2)对齐方式是对选定单元格内数据放置位置的设置。单击“对齐”选项卡可以进行对齐方式的设置。

①水平对齐下拉列表框中包括几种水平对齐的设置：常规、靠左(缩进)、居中、靠右、填充、两端对齐、跨列居中和分散对齐。

②垂直对齐下拉列表框中可设置靠上、居中、靠下、两端对齐、分散对齐。

③文字默认方向为水平，如：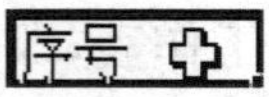

，但在表格中为了达到特殊效果，有时需将单元格内的文字进行旋转，“对齐”选项卡中就提供了这项特殊功能。文字旋转的操作方法为：选定单元格，在方向列表框中设置方向。如顺时针旋转90度，即表示文字垂直显示。

④“对齐”选项卡中还提供文本控制功能，主要有自动换行、缩小字体填充、合并单元格等。若选中自动换行复选框，则在单元格中输入文本时，当文本超出单元格长度时，自动换行到下一行。若选中缩小字体填充复选框，则单元格大小不变，而将文本缩小填入单元格。若选中合并单元格复选框，则可以将横向或纵向相邻的数个单元格合并为一个单元格，合并后单元格的引用取左上角第一个单元格的引用。合并

单元格和水平居中对齐命令组合起来相当于选择“开始”选项卡|“对齐方式”组下的合并后居中命令按钮。

(3)在“字体”选项卡中可以设置所选单元格内数据的字体、字形、字号、颜色等。我们也可以通过“开始”选项卡|“字体”组下的字体列表框 宋体 的下拉按钮设置字体，通过字号列表框 11 的下拉按钮设置字号，通过字体颜色列表框的下拉按钮设置颜色。

(4)边框的作用是为所选定的单元格添加或去除边框。在“设置单元格格式”对话框中单击“边框”选项卡。在线条样式列表框中选择边框的形状和粗细，在颜色下拉列表框中设置边框的颜色。在预置列表框中选择边框的位置；或从边框命令按钮中选择单元格的上、下、左、右等边框线。

(5)在“填充”选项卡中，从背景色中选择所需颜色，从图案颜色、样式下拉列表框中选择合适的填充图案颜色和样式，在其他颜色中可以设置背景色中未提供的颜色，如图 5-42 所示，在填充效果中可以设置一些特殊的效果，如图 5-43 所示。

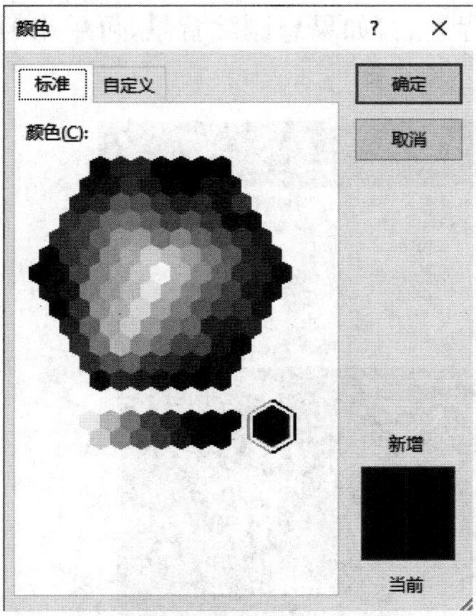

图 5-42　“颜色”对话框

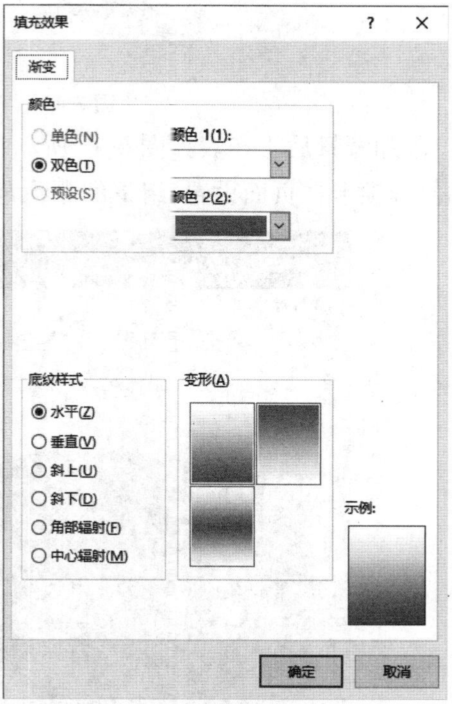

图 5-43　“填充效果”对话框

15. 设置工作表背景

工作表格式基本上取决于单元格、行、列的格式。除此之外，还有一些其他格式，如工作表标签名称、是否隐藏工作表和工作表背景。为工作表添加背景可以起美化工作表的作用。

【例 5.2】 为工作表添加一个背景图片。

单击“页面布局”选项卡|“页面设置”组的背景命令，打开“工作表背景”对话框，从中找到合适的图片作为工作表的背景图片，如图 5-44 所示。单击对话框中的“打开”按钮，即可为工作表添加背景。

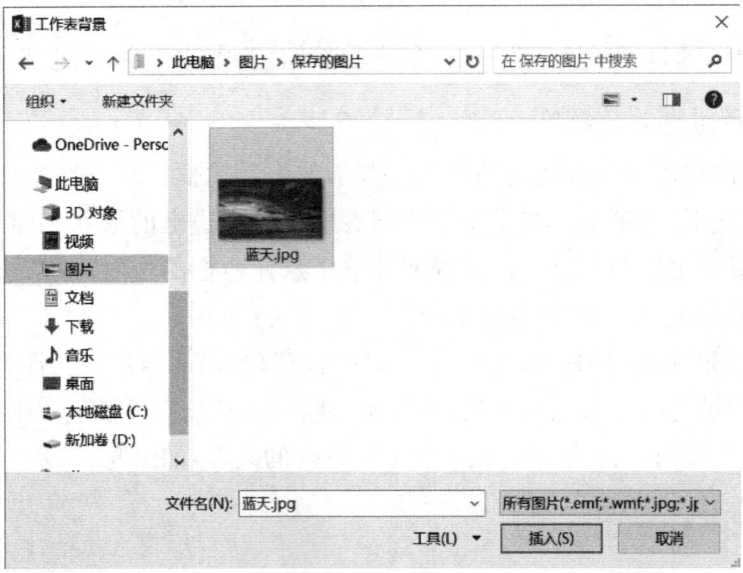

图 5-44 “工作表背景”对话框

添加背景后工作表如图 5-45 所示。添加背景后，如果想删除背景，可单击“页面布局”选项卡|“页面设置”组下的删除背景命令。

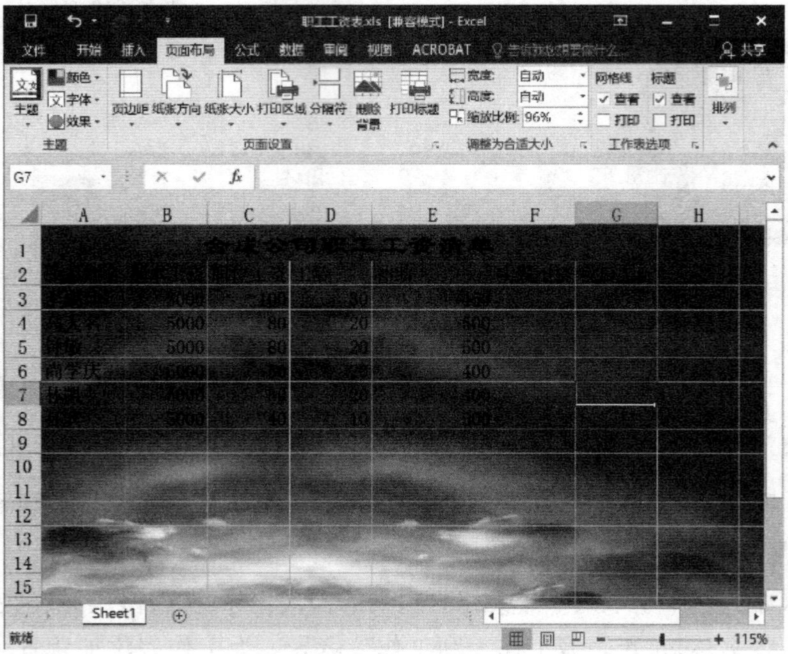

图 5-45 设置工作表背景样例

16. 条件格式的设置与删除

在工作表中有时为了突出显示满足设定条件的数据，可以设置单元格的条件格式。所谓条件格式是指当指定条件为真时，Excel 自动应用于单元格的格式。例如，单元格底纹或字体颜色。如果想为某些符合条件的单元格应用某种特殊格式，使用条件格式功能可以比较容易实现。如果再结合使用公式，条件格式就会变得更加有用。

(1)设置条件格式：选择要使用条件格式的单元格或单元格区域。单击"开始"选项卡|"样式"组|"条件格式"|"突出显示单元格规则"下的其他规则命令，弹出"新建格式规则"对话框，如图 5-46 所示。在条件设置中选择单元格值，则其右侧的下拉框中将提供"介于""未介于""等于""不等于""大于""小于""大于或等于""小于或等于"等选项，并且在其右侧的输入框中可以输入相应的数值。其中，选择"介于"时，包括设置的最大值和最小值，而选择"未介于"时，不包括设置的最大值和最小值。然后单击"格式"命令按钮，设置当条件为真时所应用的格式。按"确定"命令按钮后，效果如图 5-47 所示。该例对职位工资大于 50 元的单元格突出显示。

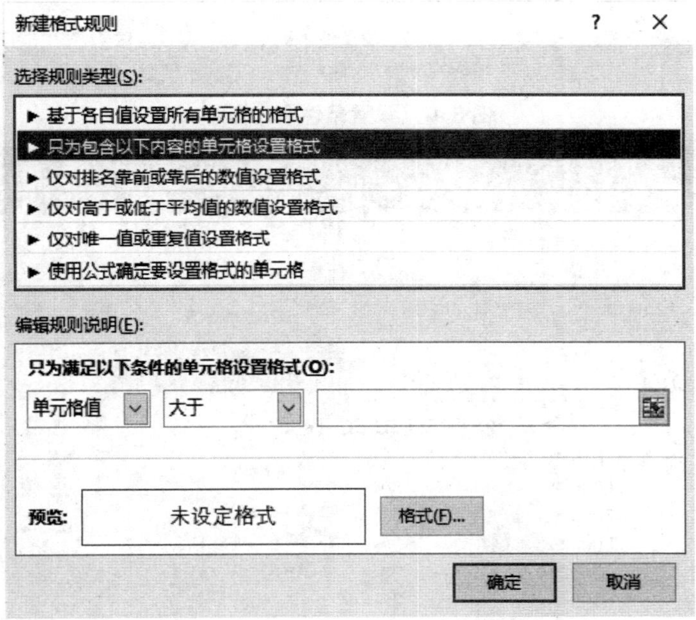

图 5-46　"新建格式规则"对话框

与以往版本的 Excel 相比，Excel 2016 新增加了多种条件格式，使用户可以更加有效地处理数据，如图 5-48 所示，在此不再一一叙述。

(2)删除条件格式：选择要删除条件格式的单元格或单元格区域。单击"开始"选项卡|"样式"组|"条件格式"|"清除规则"下的清除所选单元格的规则命令或清除整个工作表的规则命令。

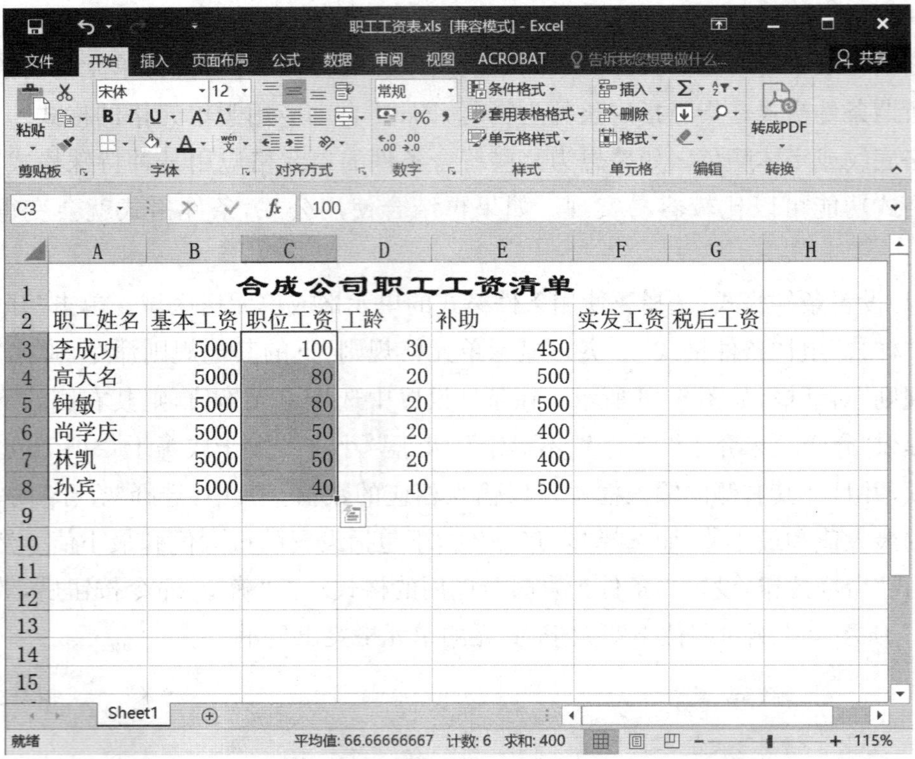

图 5-47 设置条件格式样例

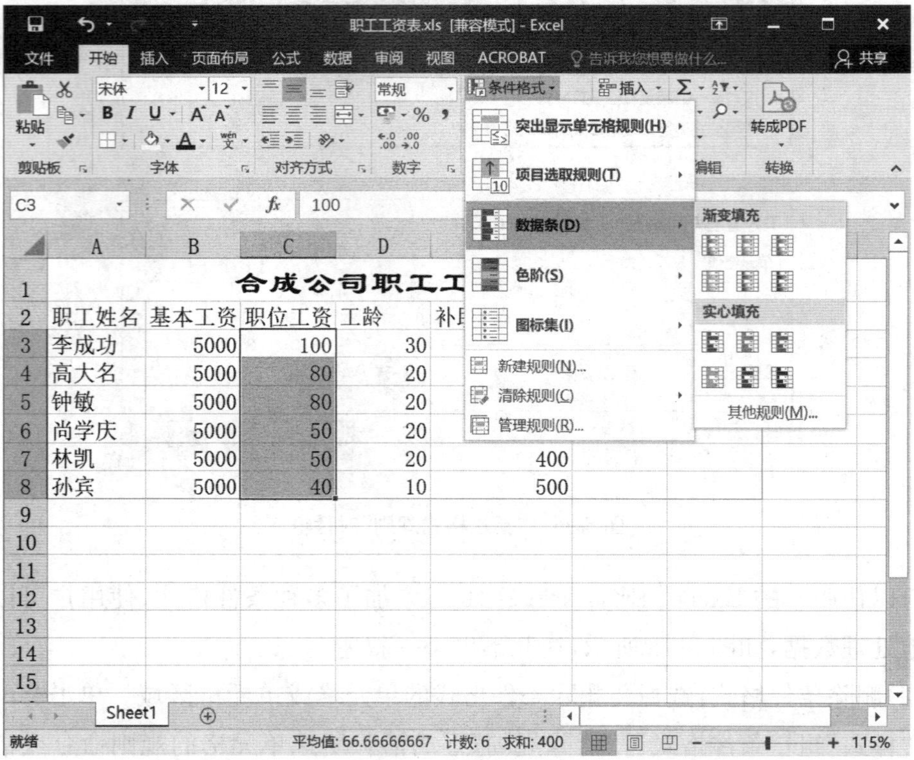

图 5-48 新增的条件格式

17. 保护工作簿与工作表的安全

数据的安全始终是我们关心的问题，下面是保护 Excel 工作簿的方法。

(1)文件安全的实现。

工作簿具有多级安全性保护机制，最高的一层是文件安全性。

①设置文件的密码。选择“文件”选项卡下的“另存为”命令，弹出“另存为”对话框，单击工具下拉框中的常规选项，打开“常规选项”对话框，如图 5-49 所示。在“常规选项”对话框“打开权限密码”输入框中键入密码，单击“确定”按钮。在“确认密码对话框”中再输入一遍刚才键入的密码，再单击“确定”按钮。最后单击“另存为”对话框中的“确定”按钮。

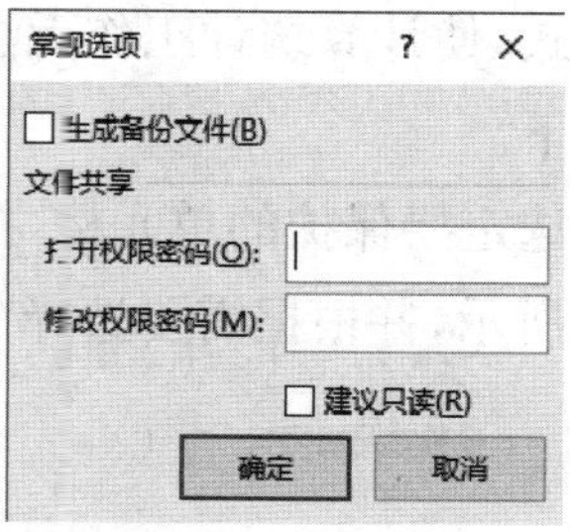

图 5-49　“常规选项”对话框

这样，以后每次打开或存取工作簿时，都必须先输入该密码。一般地讲，这种密码适用于需要最高级安全性的工作簿。密码可以使用特殊字符，并且区分大小写。

②修改权限密码。具体操作步骤同上。设置修改权限密码后，用户在不了解该密码的情况下，可以打开、浏览和操作工作簿，但不能存储该工作簿，从而达到保护工作簿的目的。密码可以使用特殊字符，并且区分大小写。

③只读方式保存。以只读方式保存工作簿可以实现以下目的：当多人使用同一工作簿时，可以防止工作簿中关键数据被修改；当工作簿需要定期维护，而不是每天做修改时，将工作簿设置成只读方式，可以防止无意中修改工作簿。

(2)工作簿内部的保护。

对于打开的工作簿，Excel 提供了其他安全性机制用来限制用户的行为，从而达到保护的目的。通常，工作簿内部的保护也可分为三个层次。

①工作簿的保护。单击“审阅”选项卡“更改”组的“保护工作簿”命令，打开“保护结构与窗口”对话框，如图 5-50 所示。根据实际需要选择“结构”或“窗口”复选框，若需要密码则在对话框的“密码(可选)”文本框中键入密码，单击“确定”按钮。并在“确认密码”对话框中再输入一遍刚才键入的密码，再单击“确定”按钮。密码可以使用特殊字符，并且区分大小写。

图 5-50　“保护结构和窗口”对话框

单击“审阅”选项卡“更改”组“保护工作表”命令，打开“保护工作表”对话框，在“允许此工作表的所有用户进行”列表框中根据需要选择“选定锁定单元格”等复选框。若需要密码则在“取消工作表保护时使用的密码”文本框中键入密码，单击“确定”按钮，并在“确认密码”对话框中再输入一遍刚才键入的密码,再单击“确定”按钮。密码可以使用特殊字符,并且区分大小写。

②单元格的保护。有时需要对工作表中的个别单元格进行保护。如工作表中往往有许多公式单元格,如果操作者直接在这些单元格中键入数据,将会丢失这些设计的公式,使计算统计工作无法进行。因此,很有必要对这些单元格进行保护。操作步骤如下。

选定要保护的单元格,打开“设置单元格格式”对话框,单击“保护”选项卡,如图 5-51 所示,并根据需要选择“锁定”或“隐藏”复选框,单击“确定”按钮即可。

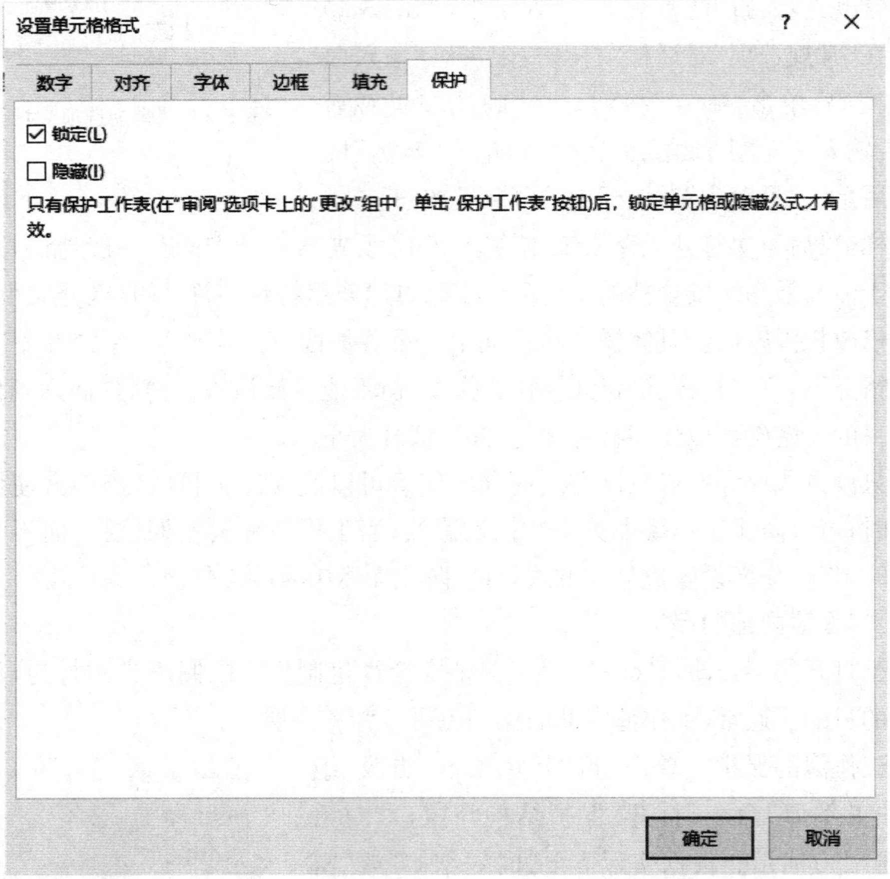

图 5-51 “设置单元格格式”之“保护”选项卡

若选择“锁定”复选框,则工作表受保护后不能更改这些单元格;若选择“隐藏”复选框,则工作表受保护后隐藏公式。需要特别指出的是:只有在保护工作表的情况下,锁定单元格或隐藏公式才会生效,即单元格保护从属于工作表保护。

总之,Excel 为用户提供了全面的工作簿应用安全保护机制,在实际应用中用户可以根据实际情况选择实施。

项目 5.2　成绩表编辑

5.2.1　项目要求

(1)掌握 Excel 2016 中公式的使用和复制方法。

(2)掌握 Excel 2016 中函数的使用和复制方法。

(3)掌握 Excel 2016 中数字格式的设置方法。

(4)掌握在 Excel 2016 工作簿中插入新工作表和复制工作表的方法。

5.2.2　项目任务

(1)利用公式对 Excel 2016 工作表中的数据进行计算。

(2)利用函数对 Excel 2016 工作表中的数据进行计算。

(3)添加工作表,将已有工作表内容复制到新工作表。

(4)对 Excel 2016 中的数字进行格式设置。

5.2.3　项目实现

任务 1　成绩表计算

对“成绩表”进行以下计算。

计算总评成绩:总评成绩=平时成绩×30%+期末成绩×40%+实验成绩×30%;

计算期末成绩平均值:在 B30 单元格中输入“期末成绩平均值”,计算所有学生的期末成绩平均值,结果放置在 F30 单元格。

计算期末成绩最高分:在 B31 单元格中输入“期末成绩最高分”,计算所有学生的期末成绩最大值,结果放置在 F31 单元格。

计算期末成绩最低分:在 B32 单元格中输入“期末成绩最低分”,计算所有学生的期末成绩最小值,结果放置在 F32 单元格。

根据学号填入班级:学号的第四位代表班级,使用函数填入班级“1 班”“2 班”“3 班”。

计算总评等级:如果总评成绩大于等于 60 分,则总评等级为合格;如果总评成绩小于 60 分,则总评等级为不合格。

操作步骤:

(1)选中 I3 单元格,输入公式“=E3 * 30%+F3 * 40%+G3 * 30%”,按回车键,便计算出了“周华”的总评成绩。选中 I3 单元格,鼠标指针指向 I3 单元格的右下角,当鼠标指针变成“+”字形后,按住鼠标左键向下拖动鼠标,将公式复制到 I4:I29 单元格区域,相应单元格会进行自动调整(如I4单元格中的公式自动变成“＝E4＊30％＋F4＊40％＋G4＊30％”,I5单元格中的公式自动变换为“＝E5＊30％＋F5＊40％＋G5＊30％”)。计算结果如图5-52所示。

说明: 也可以先选中要计算的单元格区域,再输入公式,当公式输入完后,同时按住控制键和回车键,即“Ctrl＋Enter”键,这样单元格区域的所有计算就都完成了。

	A	B	C	D	E	F	G	H	I	J
1	吉林大学2012-2013学年第1学期成绩登记表									
2	序号	学号	班级	姓名	平时成绩	期末成绩	实验成绩	总评等级	总评成绩	备注
3	1	82100133		周华	100	60	40		66	
4	2	82110101		石磊	100	65	30		65	
5	3	82110103		毛炜	100	85	100		94	
6	4	82110104		羊洪伟	100	76	100		90	
7	5	82110105		李志康	95	*54*	100		80	
8	6	82110106		李舜尧	100	*53*	100		81	
9	7	82110107		严帅	100	60	40		66	
10	8	82110108		彭衡						
11	9	82110111		李士金	95	*56*	50		66	
12	10	82110112		王得喜	95	*57*	45		65	
13	11	82110115		何奇	100	*58*	45		67	
14	12	82110117		闫振宇	100	*59*	45		67	
15	13	82110118		徐玉康	100	60	45		68	
16	14	82110119		张超	85	61	45		63	
17	15	82110120		郎家磊	100	62	45		68	
18	16	82110121		陶利凯	90	63	60		70	
19	17	82110123		金明吉	90	66	70		74	
20	18	82110124		韩雨彤	90	63	100		82	
21	19	82110125		王文权	100	60	100		84	
22	20	82110126		石兴泽	100	*57*	50		68	
23	21	82110127		李雪亮	100	*54*	65		71	
24	22	82110128		邱玉强	100	95	25		76	
25	23	82110129		韦竹立	100	88	40		77	
26	24	82110130		杨明澎	95	77	60		77	
27	25	82110132		郑程远	100	67	30		66	
28	26	82110133		刘陛龙	100	89	30		75	
29	27	82110134		谢应强	100	*59*	45		67	

图5-52 公式的使用

(2)单击B30单元格,输入“期末成绩平均值”。选中F30单元格,单击编辑栏左边的按钮 fx ,或单击“公式”选项卡“函数库”组的“插入函数”命令,打开“插入函数”对话框,在“函数分类”列表框中选择“常用函数”选项,在“选择函数”下拉列表框中选择“AVERAGE”选项,然后单击“确定”按钮,如图5-53所示。在“函数参数”对话框中的“Number1”文本框中单击参数框右侧的折叠按钮,可将对话框折叠,在显露出的工作表中选择F3:F29单元格区域,再单击折叠后的输入框右侧的返回按钮,恢复参数输入对话框,然后单击“确定”按钮,如图5-54所示。

说明: 如果是对不同区域的数字计算平均值,则可以按住“Ctrl”键分别选择。

(3)单击B31单元格,输入“期末成绩最高分”。选中F31单元格,在“编辑栏”中单击“插入函数”按钮 fx ,弹出“插入函数”对话框,在“函数分类”列表框中选择“常用函数”选项，在“选择函数”下拉列表框中选择“MAX”选项，然后单击“确定”按钮，在“函数参数”对话框中的“Number1”文本框中输入“F3:F29”，单击“确定”按钮。

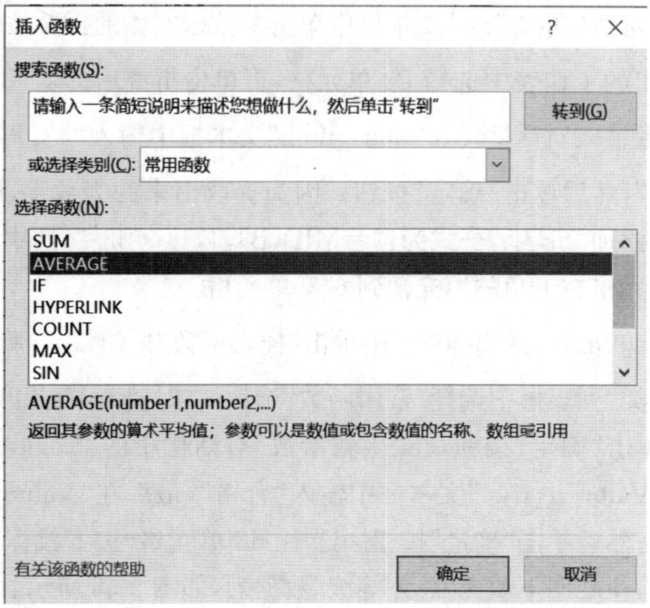

图 5-53　“插入函数”对话框

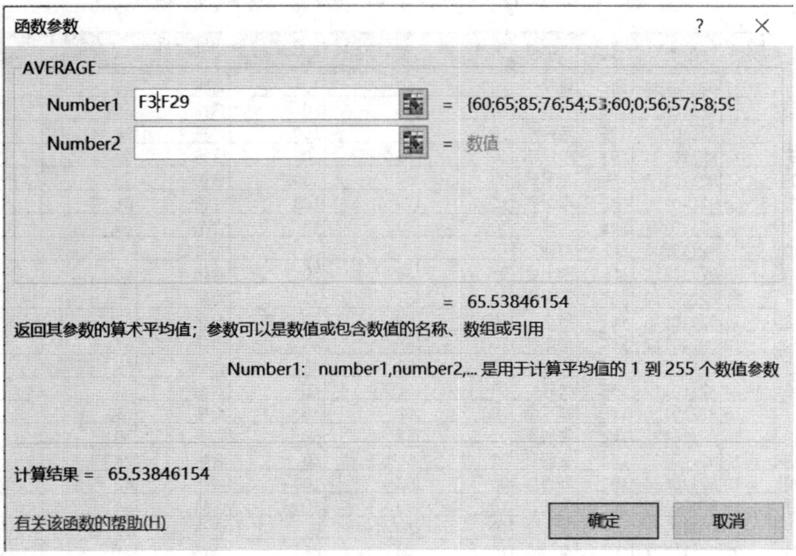

图 5-54　“函数参数”对话框

(4)单击 B32 单元格，输入“期末成绩最低分”。选中 F32 单元格，在“编辑栏”中输入“=MIN(F3:F29)”单击 ✔ 按钮。

(5)选中 C3 单元格，单击编辑栏左边的按钮 fx ，或单击“公式”选项卡“函数库”

组的“插入函数”命令，打开“插入函数”对话框，在“搜索函数”中输入“MID”，然后单击“转到”按钮，自动搜索出输入函数。选择“MID”选项，然后单击“确定”按钮，在打开的“函数参数”对话框的“Text”文本框中单击参数框右侧的折叠按钮，可将对话框折叠，在显露出的工作表中选择 B3 单元格，再单击折叠后的输入框右侧的返回按钮，恢复参数输入对话框。在“Start_num”文本框中输入“4”，再在“Num_chars”文本框中输入“1”，然后单击“确定”按钮。因为提取出来的为数字，所以我们可以在编辑栏的公式后添加“班”字，公式为：“＝MID(B3,4,1)&"班"”，选中 C3 单元格，按下鼠标左键拖动单元格右下角的填充柄到 C29 单元格。

(6)单击 H3 单元格，在“编辑栏”中单击“插入函数”按钮 *fx* ，弹出“插入函数”对话框，在“函数分类”列表框中选择“常用函数”选项，在“选择函数”下拉列表框中选择“IF”选项，然后单击“确定”按钮，在“函数参数”对话框中的“Logical”文本框中输入“I3＞＝60”，在“Value_if_true”文本框中输入“合格”，最后在“Value_if_false”文本框中输入“不合格”，然后单击“确定”按钮。选中 H3 单元格，按下鼠标左键拖动单元格右下角的填充柄，使之向下填充“总评等级”数据列，如图 5-55 所示。

	A	B	C	D	E	F	G	H	I	J
1	吉林大学2012-2013学年第1学期成绩登记表									
2	序号	学号	班级	姓名	平时成绩	期末成绩	实验成绩	总评等级	总评成绩	备注
3	1	82100133	1班	周华	100	60	40	合格	66	
4	2	82110101	1班	石磊	100	65	30	合格	65	
5	3	82110103	1班	毛炜	100	85	100	合格	94	
6	4	82110104	1班	羊洪伟	100	76	100	合格	90	
7	5	82110105	1班	李志康	95	*54*	100	合格	80	
8	6	82110106	1班	李舜尧	100	*53*	100	合格	81	
9	7	82110107	1班	严帅	100	60	40	合格	66	
10	8	82110108	1班	彭衡				不合格		
11	9	82110111	1班	李士金	95	*56*	50	合格	66	
12	10	82110112	1班	王得喜	95	*57*	45	合格	65	
13	11	82110115	1班	何奇	100	*58*	45	合格	67	
14	12	82110117	1班	闫振宇	100	*59*	45	合格	67	
15	13	82110118	1班	徐玉康	100	60	45	合格	68	
16	14	82110119	1班	张超	85	61	45	合格	63	
17	15	82110120	1班	郎家磊	100	62	45	合格	68	
18	16	82110121	1班	陶利凯	90	63	60	合格	70	
19	17	82110123	1班	金明吉	90	66	70	合格	74	
20	18	82110124	1班	韩雨彤	90	63	100	合格	82	
21	19	82110125	1班	王文权	100	60	100	合格	84	
22	20	82110126	1班	石兴泽	100	*57*	50	合格	68	
23	21	82110127	1班	李雪亮	100	*54*	65	合格	71	
24	22	82110128	1班	邱玉强	100	95	25	合格	76	
25	23	82110129	1班	韦竹立	100	88	40	合格	77	
26	24	82110130	1班	杨明澎	95	77	60	合格	77	
27	25	82110132	1班	郑程远	100	67	30	合格	66	
28	26	82110133	1班	刘陛龙	100	89	30	合格	75	
29	27	82110134	1班	谢应强	100	*59*	45	合格	67	
30		期末成绩平均值				66				
31		期末成绩最高分				95				
32		期末成绩最低分				53				

图 5-55 函数的使用

任务 2　添加工作表

在“成绩表.xlsx”工作簿中分别添加“数字格式”“排序”“自动筛选”“自定义筛选”“高级筛选”“分类汇总”“数据透视表”七个工作表。

操作步骤:

(1)选择“开始”选项卡“单元格”组“插入”的下拉按钮,单击“插入工作表”菜单命令,就会在当前工作表之前插入一个新工作表。

说明: 也可以单击工作表标签“成绩表”后的“插入工作表”标识 ⊕ 插入一个工作表。还可以用快捷键“Shift+F11”实现新建工作表功能。右击“成绩表”,在快捷菜单中单击“插入”选项,则出现“插入”对话框,在“常用”标签下选择“工作表”即可在左边插入一个新工作表。

(2)在“成绩表”工作表中复制 A1:J29 单元格区域,单击新建的“Sheet1”工作表,选中 A1 单元格,右击鼠标,选择“粘贴”,适当调整工作表的行高和列宽。右击“Sheet1”工作表标签,选择“重命名”,将工作表重命名为“数字格式”。

(3)选中“数字格式”工作表标签,按住“Ctrl”键拖动,至“数字格式”工作表标签后释放鼠标按键,这时复制了一个新的工作表“数字格式 2”,将新工作表重命名为“排序”。

(4)选中“数字格式”工作表标签,单击鼠标右键,在弹出的快捷菜单中单击“移动或复制工作表”命令,打开“移动或复制工作表”对话框,选中“建立副本”复选框,如图 5-56 所示。在“下列选定工作表之前”列表框中,单击“移至最后”,确定即可。将新复制的工作表重命名为“自动筛选”。

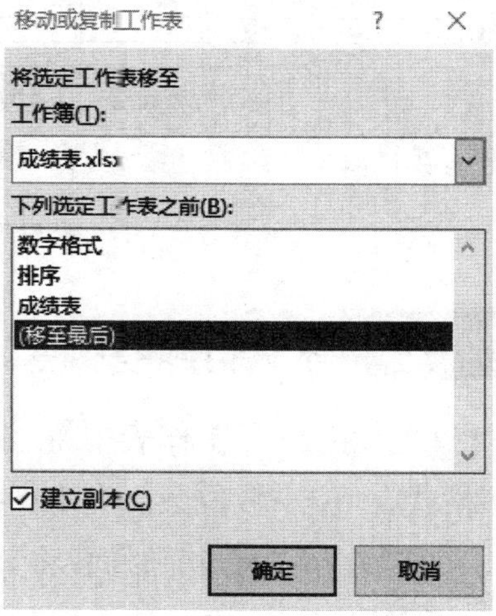

图 5-56　移动工作表

说明: 以上操作也可以选择“开始”选项卡“单元格”中的“格式”下拉按钮,在打开的下拉菜单中单击“移动或复制工作表”选项完成。

(5)通过工作表的复制,再复制四个工作表,依次重命名为“自定义筛选”“高级筛选”“分类汇总”“数据透视表”,如图 5-57 所示。

吉林大学2012-2013学年第1学期成绩登记表										
序号	学号	班级	性别	姓名	平时成绩	期末成绩	实验成绩	总评等级	总评成绩	备注
3	82110103	1班	男	毛炜	100	85	100	合格	94	
4	82110104	1班	男	羊洪伟	100	76	100	合格	90	
6	82110106	1班	男	李舜尧	100	53	100	合格	81	
5	82110105	1班	男	李志康	95	54	100	合格	80	
22	82110128	1班	男	邱玉强	100	95	25	合格	76	
26	82110133	1班	男	刘隆龙	100	89	30	合格	75	
17	82110123	1班	男	金明吉	90	66	70	合格	74	
21	82110127	1班	男	李雪亮	100	54	65	合格	71	
16	82110121	1班	男	陶利凯	90	63	60	合格	70	
15	82110120	1班	男	郎家磊	100	62	45	合格	68	
20	82110126	1班	男	石兴泽	100	57	50	合格	68	
13	82110118	1班	男	徐玉康	100	60	45	合格	68	
12	82110117	1班	男	闫振宇	100	59	45	合格	67	
27	82110134	1班	男	谢应强	100	59	45	合格	67	
11	82110115	1班	男	何奇	100	58	45	合格	67	
7	82110107	1班	男	严帅	100	60	40	合格	66	
9	82110111	1班	男	李士金	95	56	50	合格	66	

图 5-57 复制“重命名”后的工作表

任务 3 数字格式的设置

在“数字格式”工作表中将“学号”列设置成文本格式，将“期末成绩”列设置成“数值”格式，一位小数位数。在 I30 单元格输入当前日期，将其设置成“年月日”的格式，在 J30 单元格输入当前时间，将其设置成“时分”的格式。

操作步骤：

(1)打开“数字格式”工作表，选中 B3:B29 单元格区域，单击“开始”选项卡“字体”组的命令按钮 ↘，打开“设置单元格格式”对话框，选择“数字”选项卡，在“分类”列表框中选择“文本”，单击“确定”按钮即可，如图 5-58 所示。

(2)选中 F3:F29 单元格区域，单击“开始”选项卡“字体”组的命令按钮 ↘，打开“设置单元格格式”对话框，选择“数字”选项卡，在“分类”列表框中选择“数值”，在“小数位数”框中输入 1，单击“确定”按钮即可，如图 5-59 所示。

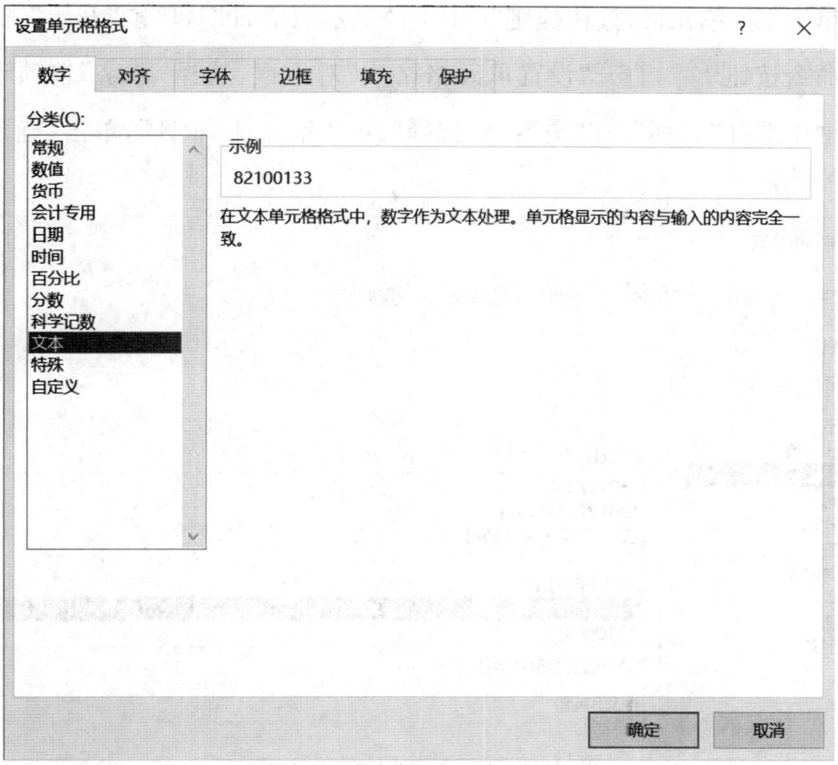

图 5-58　设置“单元格格式”之“文本”

图 5-59　设置“单元格格式”之“数值”

(3)单击I30单元格,按快捷键“Ctrl+;”显示当前日期,单击“开始”选项卡“字体”组的命令按钮 ,打开“设置单元格格式”对话框,选择“数字”选项卡,在“分类”列表框中选择“日期”,在“类型”中选择“2012年3月14日”,单击“确定”按钮,如图5-60所示。

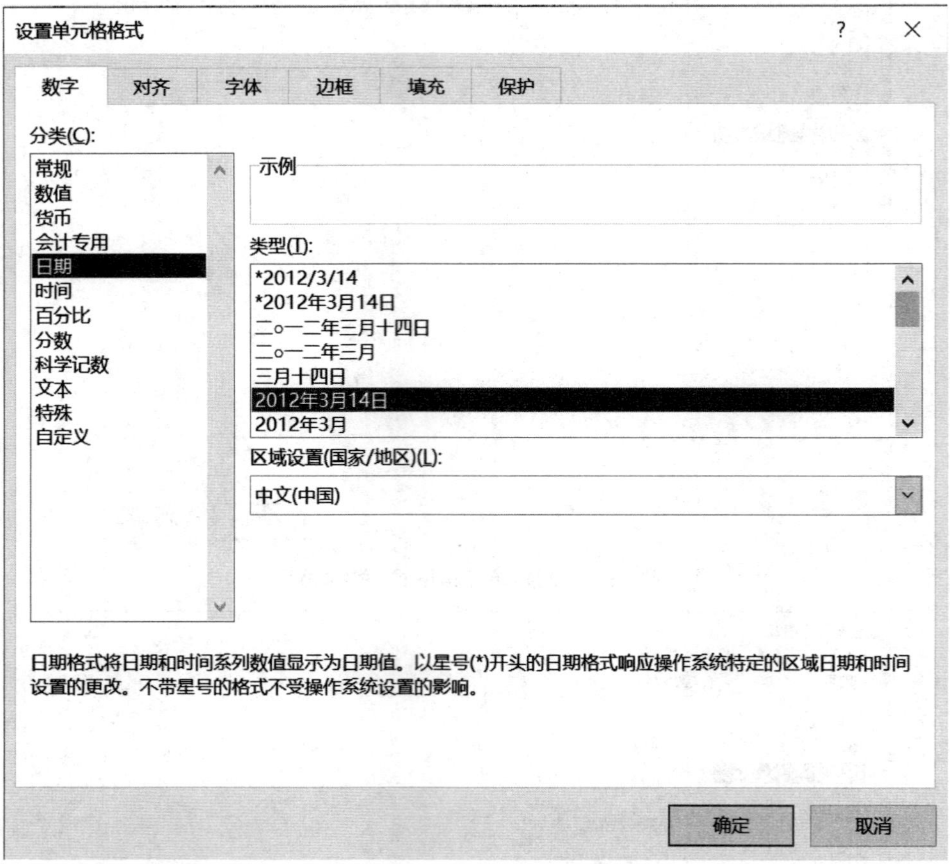

图5-60 设置“单元格格式”之“日期”

(4)单击J30单元格,按快捷键“Ctrl+Alt+;”显示当前时间,单击“开始”选项卡“字体”组的命令按钮 ,打开“设置单元格格式”对话框,选择“数字”选项卡,在“分类”列表框中选择“时间”,在“类型”中选择 13时30分 ,单击“确定”按钮。完成后的“数字格式”工作表如图5-61所示。

	A	B	C	D	E	F	G	H	I	J
1	吉林大学2012-2013学年第1学期成绩登记表									
2	序号	学号	班级	姓名	[illegible]	[illegible]	[illegible]	[illegible]	[illegible]	[illegible]
3	1	82100133	1班	周华	100	60.0	40	合格	66	
4	2	82110101	1班	石磊	100	65.0	30	合格	65	
5	3	82110103	1班	毛炜	100	85.0	100	合格	94	
6	4	82110104	1班	羊洪伟	100	76.0	100	合格	90	
7	5	82110105	1班	李志康	95	*54.0*	100	合格	80	
8	6	82110106	1班	李舜尧	100	*53.0*	100	合格	81	
9	7	82110107	1班	严帅	100	60.0	40	合格	66	
10	8	82110108	1班	彭衡				不合格		
11	9	82110111	1班	李士金	95	*56.0*	50	合格	66	
12	10	82110112	1班	王得喜	95	*57.0*	45	合格	65	
13	11	82110115	1班	何奇	100	*58.0*	45	合格	67	
14	12	82110117	1班	闫振宇	100	*59.0*	45	合格	67	
15	13	82110118	1班	徐玉康	100	60.0	45	合格	68	
16	14	82110119	1班	张超	85	61.0	45	合格	63	
17	15	82110120	1班	郎家磊	100	62.0	45	合格	68	
18	16	82110121	1班	陶利凯	90	63.0	60	合格	70	
19	17	82110123	1班	金明吉	90	66.0	70	合格	74	
20	18	82110124	1班	韩雨彤	90	63.0	100	合格	82	
21	19	82110125	1班	王文权	100	60.0	100	合格	84	
22	20	82110126	1班	石兴泽	100	*57.0*	50	合格	68	
23	21	82110127	1班	李雪亮	100	*54.0*	65	合格	71	
24	22	82110128	1班	邱玉强	100	95.0	25	合格	76	
25	23	82110129	1班	韦竹立	100	88.0	40	合格	77	
26	24	82110130	1班	杨明澍	95	77.0	60	合格	77	
27	25	82110132	1班	郑程远	100	67.0	30	合格	66	
28	26	82110133	1班	刘庭龙	100	89.0	30	合格	75	
29	27	82110134	1班	谢应强	100	*59.0*	45	合格	67	
30									2024年1月1日	20时00分

图 5-61　完成后的“数字格式”工作表

5.2.4　相关知识

1. 数据的引用方式

(1)单元格和单元格区域的引用。

公式可以引用单一的单元格。如果希望本单元格中包含与另一个单元格相同的数值,则可以输入等号,后面加上对目标单元格的引用。例如,在 B2 单元格中输入 35,而 B3 单元格中输入“＝B2”,表示 B3 单元格的值与 B2 单元格的值相等,B3 单元格的值取决于 B2 单元格的值。

含有公式的单元格被称为从属单元格,它的值依赖于另一单元格的值。只要对公式引用的单元格做了修改,包含公式的单元格也就随之修改。如果将上例中 B2 单元格的值改为 65,则 B3 单元格的值也相应变化为 65。当引用单元格的值变化时,从属单元格中的公式将自动重新计算。

公式可以引用同一个工作表中的单元格、同一工作簿不同工作表中的单元格,或者其他工作簿的工作表中的单元格。如“＝(Sheet2! B4＋25)/SUM(D5,E5,F5)”,表示将 Sheet2 工作表中 B4 单元格中的数值加上 25,再除以当前工作表中 D5、E5 和 F5 单元格中数值的和。

公式中可以引用单元格或单元格区域,还可以引用代表单元格或单元格区域的名称或标志。如果要引用单元格区域,则输入单元格区域左上角单元格的名称、冒号

(用中文冒号或英文半角冒号都可以,系统自动将中文冒号转换为英文半角冒号)和区域右下角单元格的名称,如D5:F5,表示引用从D5单元格到F5单元格的区域。上述示例可以改写成:"=(Sheet2! B4+25)/SUM(D5:F5)"。

(2)单元格的绝对引用与相对引用。

单元格的绝对引用是不论包含公式的单元格处在什么位置,公式中所引用的单元格位置都是其在工作表中的确切位置。单元格的绝对引用可表示为:$A$1、$B$1,以此类推。

单元格的相对引用是当公式所处位置发生变化时,公式中的行号或列号发生相对改变。

当使用相对引用的公式复制时,被粘贴公式中的引用将被更新,并指向与当前公式位置相对应的其他单元格。如果工作表中G3单元格中的计算公式为"C3+C3*E3/100*D3",则将其复制到G4单元格中就变成了"C4+C4*E4/100*D4"。

如果在公式复制中有些地方需要绝对引用,而有的地方需要相对引用,那么可以使用混合引用。复制时如果不希望行号发生改变,就在被复制公式的行号前加上符号"$";如果不希望列号发生改变,就在被复制公式的列号前加上符号"$"。

(3)引用工作簿或工作表中的数据。

在Excel中,不但可以引用同一个工作表中的单元格,还可以引用同一工作簿中不同工作表的单元格,也可以引用不同工作簿中的单元格(外部引用)。不同工作簿中单元格的引用格式为:[工作簿名]+工作表名!+单元格引用。同一工作簿不同工作表中单元格的引用格式为:工作表名!+单元格引用。例如,在工作表Sheet1中引用不同工作簿中工作表Sheet2中的D2单元格可表示为:[工作簿主名.xlsx]Sheet2! D2。

2. 公式和公式的输入

(1)公式。

公式是对单元格中数值进行计算的等式。通过公式可以对单元格中的数值完成各类数学运算,例如加、减、乘、除。公式的输入由等号"="开头,其后由常量、单元格引用、函数和运算符等组成。

①运算符。运算符是组成公式的元素之一。运算符是一种符号,用于指明对公式中的元素进行计算的类型,如:加法、减法、乘法或除法。Excel中包含四种类型的运算符:算术运算符、关系运算符、文本运算符和引用运算符。

A. 算术运算符包括:+(加号)、-(减号)、*(乘号)、/(除号)、%(百分号)、^(乘方)。

B. 关系运算符包括:=(等号)、>(大于)、<(小于)、>=(大于等于)、<=(小于等于)、<>(不等于)。关系运算符可以比较两个数值并产生逻辑值True或False。

C. 文本运算符可以将一个或多个文本连接成为一个组合文本。文本运算符"&"表示将两个文本值连接起来。例如:"Tele"&"phone"将产生值:"Telephone"。

D. 引用运算符可以将单元格区域合并计算。

引用运算符包括“:”(冒号)、“ ”(空格)、“,”(逗号)。

②运算符的优先级。

如果公式中同时用到了多个运算符,则运算符运算的优先级别如表 5-1 所示。

表 5-1　运算符优先级

序号	运算符	序号	运算符
1	:(冒号) (空格),(逗号)	5	*、/(乘和除)
2	-(负号)	6	+、-(加和减)
3	%(百分号)	7	&(文本运算符)
4	^(乘方)	8	=、<、>、<=、>=、<>(关系运算符)

(2)输入公式。

在单元格中输入公式的方法是:首先在单元格中输入“=”,然后在单元格中输入公式,如“=C4+D4+E4+F4”,最后按回车键或输入命令按钮 ✔ 确认。修改公式的方法与单元格的数据编辑操作方法相同。

【例 5.3】 在工作表的 I3 单元格中输入公式“实发工资=基本工资+奖金-扣款额”,计算“实发工资”。

操作方法:选中 I3 单元格,在编辑栏中输入公式“=F3+G3-H3”,按回车键或输入命令按钮 ✔ 确认,如图 5-62 所示。

图 5-62　公式的使用方法

3. 移动、复制和删除公式

(1)移动公式。

当移动公式时,公式中的单元格引用并不改变。当复制公式时,单元格绝对引用也不改变;但单元格相对引用将会改变。移动或复制公式的方法如下。

①选定包含待移动或复制公式的单元格;

②将鼠标指针指向选定区域的边框,使鼠标指针变为;

③如果要移动单元格,则按住鼠标左键把选定区域拖动到需移动到的单元格中,Excel 将替换原有数据。

(2)复制公式。

如果要复制单元格,只需在拖动鼠标的同时按住“Ctrl”键即可。也可以通过使用填充柄将公式复制到相邻的单元格中。如果要这样做,可在选定包含公式的单元格后,拖动填充柄使之覆盖需要填充的区域。

【例 5.4】 在如图 5-63 所示工作表中填充“实发工资”数据列。

操作方法:选中 I3 单元格,按下鼠标左键拖动单元格右下角的填充柄,使之向下填充“实发工资”数据列。

图 5-63 自动计算的工作表

(3)删除公式。

如果删除公式的同时也删除单元格或单元格区域的数据,可选中单元格或单元格区域后直接按“Delete”键或“Backspace”键。

如果删除公式后希望保留单元格或单元格区域的数据，则选中单元格或单元格区域后单击复制命令按钮，在选中的单元格或单元格区域上单击鼠标右键，在弹出的快捷选项卡上单击选择性粘贴命令，弹出“选择性粘贴”对话框，在粘贴选项内选中数值单选按钮，单击“确定”按钮后单元格或单元格区域公式删除，但数据保留。

4. 函数的使用

Excel 函数是一种预设的公式，它在得到输入值后执行运算操作，然后返回结果值。使用函数可以简化和缩短工作表中的公式，特别适用于执行复杂计算的公式。例如，用“SUM( )”函数可以进行多个值的求和或多个单元格区域数值的求和。

参数是函数中用来执行操作或计算的元素。参数的类型与具体的函数有关。函数中使用的常见参数，其类型包括数值、文本、单元格引用、单元格区域、名称、标志和函数嵌套。

函数的语法以函数名称开始，后面是左圆括号、以逗号隔开的参数和右圆括号。如果函数以公式的形式出现，那么在函数名称前面必须键入等号“=”；如果使用粘贴函数，那么用户不必输入等号，系统会自动添加。当生成包含函数的公式时，公式选项将会提供相关的帮助。

(1)函数的输入和编辑。

对于一些常用函数，可以直接进行函数引用并进行指定参数的计算。例如在 G15 单元格输入“=SUM(G3:G14)”。但 Excel 中提供的函数种类繁多，用“函数参数”对话框可以非常方便地输入函数。当在单元格中粘贴函数时，“函数参数”对话框会显示函数的名称、函数中使用的各个参数、函数功能、函数的当前结果和整个公式的结果。操作方法是：选择需要输入公式的单元格，例如图 5-63 所示的工作表中的 I3 单元格；单击编辑栏左边的按钮 f_x ，或单击“格式”选项卡|“函数库”组的插入函数命令，打开“插入函数”对话框，如图 5-64 所示；从“或选择类别”下拉列表框中选择函数类型，如选择“常用函数”，在“选择函数”列表框中选定函数名称，如选择“SUM”，单击“确定”按钮，弹出“函数参数”对话框，如图 5-65 所示；在公式选项板的参数框中输入参数，参数可以是常量、单元格或区域。单击参数框右侧的折叠命令按钮，可将对话框折叠，在显露出的工作表中选择单元格或单元格区域，如选择 E3:F4 区域(即 E3 和 F4 之间连续的单元格)，再单击折叠后的输入框右侧的“返回”命令按钮，恢复参数输入对话框；输入完成函数所需的所有参数后，单击“确定”按钮。在单元格中即显示计算结果，而编辑栏中显示公式。

或者选择需输入函数的单元格，然后在编辑栏中输入“=”，单击编辑栏左侧函数下拉列表框的箭头，打开函数列表。选择所需的函数(选择其他函数命令可打开“插入函数”对话框)，也将出现“函数参数”对话框，再输入函数参数进行计算即可。

(2)自动求和。求和是最常用的函数之一,Excel提供了自动求和功能,可以快速输入SUM函数。方法是:选择需要输入求和公式的单元格,单击“开始”选项卡|“编辑”组的自动求和命令按钮Σ,即可快速输入SUM函数。

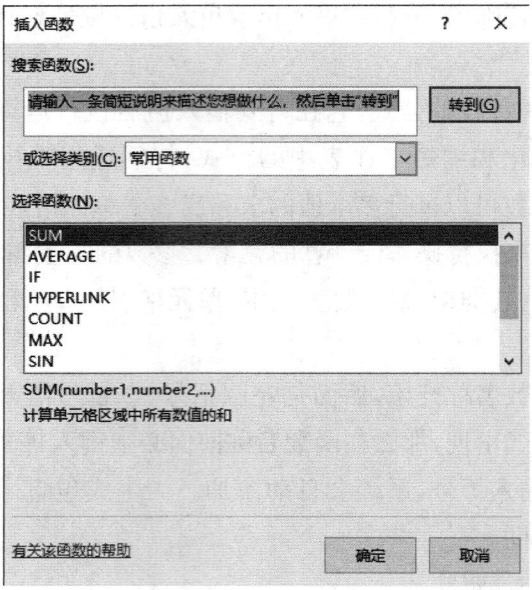

图5-64 “插入函数”对话框

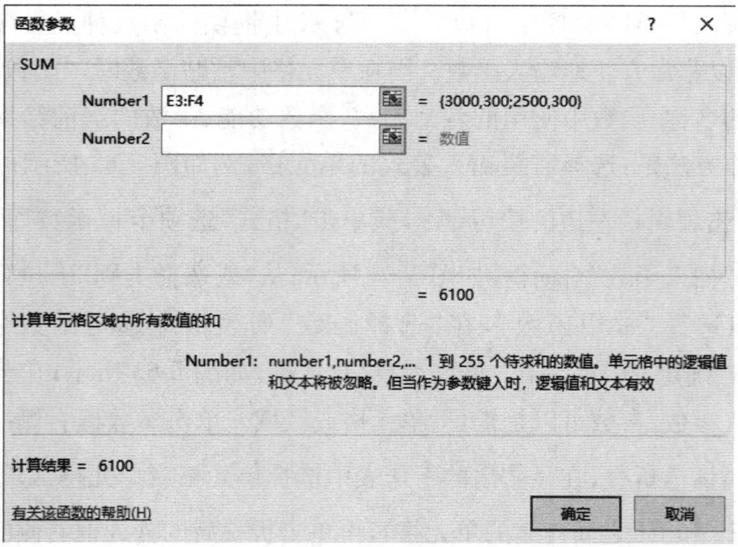

图5-65 “函数参数”对话框

(3)自动计算。如果要计算一个单元格区域的合计数,可使用Excel中的自动计算功能。当选择单元格区域时,Excel在状态栏中显示所选区域的合计数。自动计算可执行多种运算功能。在状态栏上单击鼠标右键,弹出自定义状态栏快捷菜单,从中可以选择其他运算功能,如求平均值、最小值、最大值等。

(4)函数的种类。Excel 函数一共有 11 类，分别是财务函数、逻辑函数、文本函数、日期与时间函数、查找和引用函数、数学和三角函数、统计函数、工程函数、多维数据集函数、信息函数、兼容性函数。

(5)函数使用举例。

①嵌套函数。

函数是否可以是多重的呢？也就是说一个函数是否可以是另一个函数的参数呢？当然可以。这就是嵌套函数的含义。所谓嵌套函数，就是指在某些情况下，可能需要将某些函数作为另一函数的参数使用。例如“＝IF(AVERAGE(F2:F5)＞50，SUM(G2:G5)，0)”，使用了嵌套的 AVERAGE 函数，并将结果和 50 比较，如果单元格 F2 到 F5 的平均值大于 50，则求 G2 到 G5 的和，否则显示数据 0。

②日期函数。

Excel 将日期存储为一系列连续的序列数，而将时间存储为小数。日期和时间都是数值，因此它们也可以进行各种运算。例如，计算两个日期之间相差的天数，可以用后面的日期减去前面的日期。通过将单元格的格式设置为常规格式，可以看到以数字或小数显示的日期或时间。

【例 5.5】 假设在 B1 单元格使用了“＝NOW()”并回车，显示当前 B1 值为：“2024-2-20 20:10”，则以下函数及其值如表 5-2 所示。

表 5-2　时间与日期函数及其值

函数名	YEAR(B1)	MONTH(B1)	DAY(B1)	HOUR(B1)
函数值	2024	2	20	20

③工程函数。

【例 5.6】 已知复数 5＋12i，请用函数求解该复数的共轭复数、实系数、虚系数、模。假设在 B1 单元格输入 5＋12i，在其他单元格输入相应函数并回车后，可解得相应的值，如表 5-3 所示。

表 5-3　复数计算函数

问　题	**函　数**	**值**
求 5＋12i 的共轭复数	IMCONJUGATE($B$1)	5－12i
求 5＋12i 的模	IMABS(B1)	13
求 5＋12i 的实系数	IMREAL(B1)	5
求 5＋12i 的虚系数	IMGINARY(B1)	12

④进制转换函数。

这类函数名称容易记忆，只要记住二进制为 BIN，八进制为 OCT，十进制为 DEC，十六进制为 HEX，再记住函数名称之间有个数字 2，就可以容易地记住这些数值转换函数了。

【例 5.7】 进制转换函数举例。Excel 工程函数中提供了二进制、八进制、十进制和十六进制之间的转换函数。

进制转换函数如表 5-4 所示。

表 5-4 进制转换函数

二进制转换	十六进制转换	十进制转换	八进制转换
BIN2DEC	HEX2BIN	DEC2BIN	OCT2BIN
BIN2HEX	HEX2DEC	DEC2HEX	OCT2DEC
BIN2OCT	HEX2OCT	DEC2OCT	OCT2HEX

⑤数学和三角函数。

【例 5.8】 如果 A1＝16.24、A2＝－28.389，则"＝INT(A1)"返回 16，"＝INT(A2)"返回－29。

【例 5.9】 如果 A1＝1、A2＝2、A3＝3，则"＝SUM(A1:A3)"返回 6。

⑥统计函数。

【例 5.10】 如果 A1＝71、A2＝83、A3＝76、A4＝49、A5＝92、A6＝88、A7＝96、B1＝59、B2＝70、B3＝80、B4＝90、B5＝89、B6＝84、B7＝92，则"＝INTERCEPT(A1:A7\B1:B7)"返回 87.61058785。

⑦文本函数。

【例 5.11】 在 B2 单元格中输入"＝TODAY()"，确认后显示系统的日期和时间。如果系统的日期和时间发生改变，则只要按"F9"功能键，就可以让其随之改变。

【例 5.12】 我们在 C2 单元格中输入"＝TEXT(B2,″dd:mm:yy″)"，确认后显示结果为"16:32:14"。

项目 5.3 成绩表管理

5.3.1 项目要求

(1)掌握 Excel 2016 工作表中数据的排序。

(2)掌握 Excel 2016 工作表中数据的筛选。

(3)掌握 Excel 2016 工作表中数据的分类汇总。

(4)掌握 Excel 2016 工作表中数据透视表的使用。

5.3.2 项目任务

(1)在 Excel 2016 工作表中对数据进行排序。

(2)对 Excel 2016 工作表中的数据进行"自动筛选""自定义筛选""高级筛选"。

(3)对工作表中的数据进行分类汇总。

(4)利用“数据透视表”对数据进行分析。

5.3.3 项目实现

任务1 排 序

在成绩表中插入“性别”一列,对工作表中的“性别”按笔画顺序进行升序排列,“性别”相同的按“总评成绩”降序排列。

操作步骤:

(1)单击D列的列表头,选中D列,单击“开始”选项卡“单元格”组的“插入”按钮,在下拉菜单中选择“插入工作表列”选项,在插入的新列中输入“性别”。

(2)打开“排序”工作表,单击工作表数字区域任意位置,单击“数据”选项卡“排序和筛选”组下的“排序”命令,打开“排序”对话框,在对话框中选择主要关键字为“性别”,排序方式是升序,单击“排序”对话框中的“选项”按钮,打开“排序选项”对话框,在排序方法下选中按“笔画顺序”单选按钮。

(3)在“排序”对话框中单击“添加条件”按钮,添加“次要关键字”,在“次要关键字”中选择“总评成绩”,排序方式是“降序”,单击“确定”按钮,如图5-66所示。

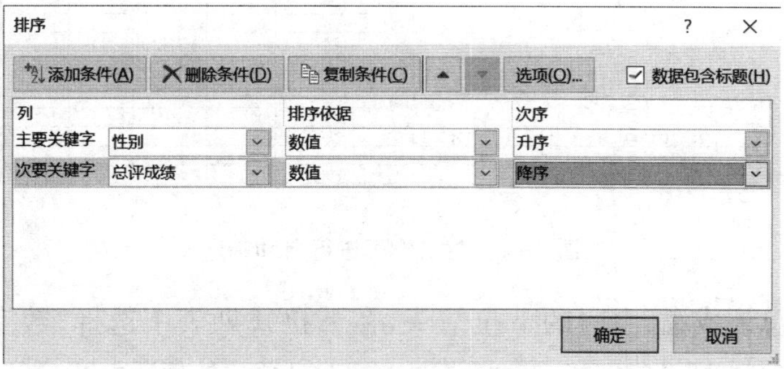

图5-66 “排序”之“有标题行”对话框

说明: 如将“数据包含标题”前的☑取消,则关键字项按列号显示排序项,如图5-67所示。

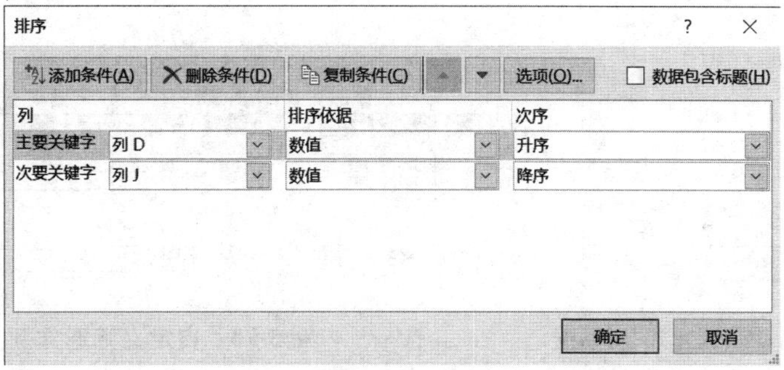

图5-67 “排序”之“无标题行”对话框

任务 2 自定义筛选

自定义筛选“女生”“总评成绩”小于 80 分的记录。

操作步骤：

(1)打开“自定义筛选”工作表，在数据区域内单击“数据”选项卡“排序和筛选”组的“筛选”命令，Excel 便在数据清单的每个列标记的右边插入了一个下拉式按钮。

(2)单击“性别”右边的下拉箭头▼，会出现一个下拉式列表，如图 5-68 所示。在下拉式列表中选择“女”，单击“确定”按钮。

图 5-68 对工作表进行自动筛选

(3)单击“总评成绩”右边的下拉箭头，在下拉式列表中选择“数字筛选”项下的“自定义筛选”项，打开“自定义自动筛选方式”对话框，在对话框中输入筛选条件：“总评成绩”小于 80，如图 5-69 所示，单击“确定”按钮。筛选结果如图 5-70 所示。

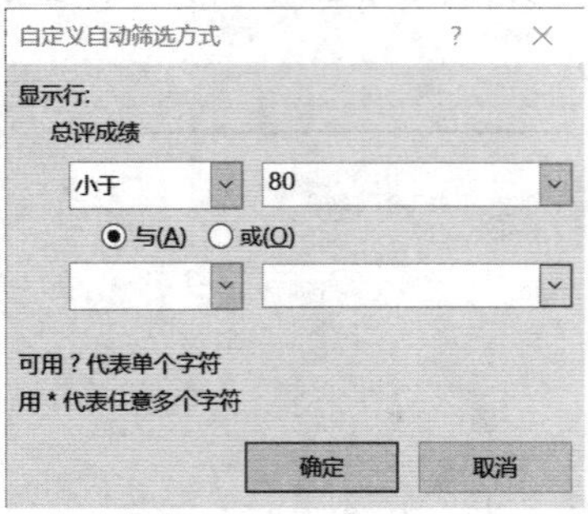

图 5-69 “自定义自动筛选方式”对话框

图 5-70 自定义筛选样例

任务 3　自动筛选

筛选出“总评成绩”最高的前三位同学。

操作步骤：

（1）打开“自动筛选”工作表，在数据区域内单击“数据”选项卡“排序和筛选”组的“筛选”命令，Excel 便在数据清单的每个列标记的右边插入了一个下拉式按钮。

（2）单击“总评成绩”右边的下拉箭头▼，会出现一个下拉列表，在下拉列表“数字筛选”下选择“前 10 项”，打开“自动筛选前 10 个”对话框，在对话框中输入筛选条件：显示最大的 3 项，如图 5-71 所示。

（3）单击“确定”按钮。筛选结果如图 5-72 所示。

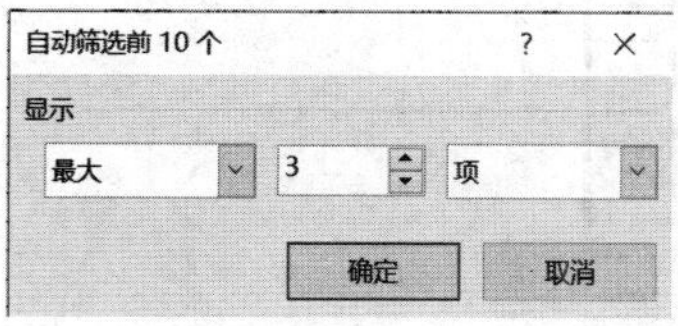

图 5-71　“自动筛选前 10 个”对话框

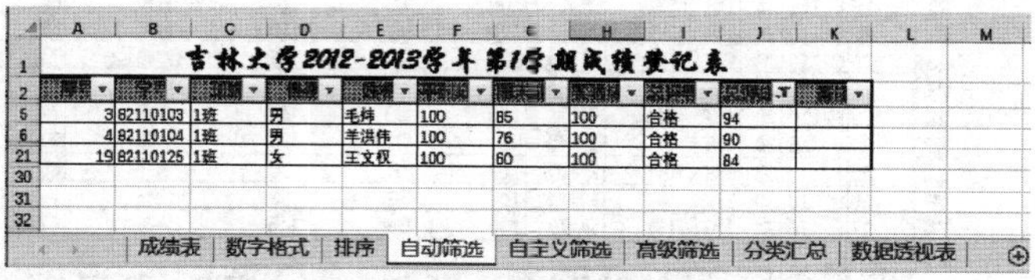

图 5-72　自动筛选前 3 个样例

任务 4　高级筛选

通过高级筛选筛选出“女生”“总评成绩”大于等于 60 分的记录，条件区域放置在 M2：N3，筛选结果放置在从 A31 单元格开始的区域。

操作步骤：

（1）打开“高级筛选”工作表，在 M2 单元格输入“性别”，在 N2 单元格输入“总评成绩”，在 M3：N3 单元格区域内分别输入“女”，“>=60”。

（2）单击“数据”选项卡“排序和筛选”组下的“高级”选项，打开“高级筛选”对话框。

（3）在“高级筛选”对话框“方式”中选择“将筛选结果复制到其他位置”，在“列表区域”框中输入或利用折叠按钮选择数据区域 A2：K29，在“条件区域”框中输入或利用折叠按钮选择条件区域 M2：N3，在“复制到”框中输入或利用折叠按钮选择筛选结果开始放置的单元格 A31，如图 5-73 所示。

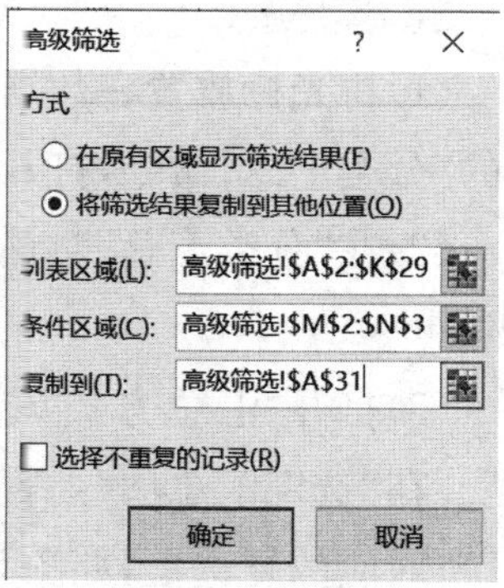

图 5-73　“高级筛选”对话框

(4)单击“确定”按钮。筛选结果如图 5-74 所示。

吉林大学2012-2013学年第1学期成绩登记表

序号	学号	班级	性别	姓名	平时成绩	期末成绩	实验成绩	总评等级	总评成绩	备注
1	82100133	1班	女	周华	100	60	40	合格	66	
2	82110101	1班	男	石磊	100	65	30	合格	65	
3	82110103	1班	男	毛炜	100	85	100	合格	94	
4	82110104	1班	男	羊洪伟	100	76	100	合格	90	
5	82110105	1班	男	李志康	95	54	100	合格	80	
6	82110106	1班	男	李舜尧	100	53	100	合格	81	
7	82110107	1班	男	严帅	100	60	40	合格	66	
8	82110108	1班	男	彭衡				不合格		
9	82110111	1班	男	李士金	95	56	50	合格	66	
10	82110112	1班	男	王得喜	95	57	45	合格	65	
11	82110115	1班	男	何奇	100	58	45	合格	67	
12	82110117	1班	男	闫振宇	100	59	45	合格	67	
13	82110118	1班	男	徐玉康	100	60	45	合格	68	
14	82110119	1班	男	张超	85	61	45	合格	63	
15	82110120	1班	男	郎家磊	100	62	45	合格	68	
16	82110121	1班	男	陶利凯	90	63	60	合格	70	
17	82110123	1班	男	金明吉	90	66	70	合格	74	
18	82110124	1班	女	韩雨彤	90	63	100	合格	82	
19	82110125	1班	女	王文权	100	60	100	合格	84	
20	82110126	1班	男	石兴泽	100	57	50	合格	68	
21	82110127	1班	男	李雪亮	100	54	65	合格	71	
22	82110128	1班	男	邱玉强	100	95	25	合格	76	
23	82110129	1班	女	韦竹立	100	88	40	合格	77	
24	82110130	1班	男	杨明澎	95	77	60	合格	77	
25	82110132	1班	男	郑程远	100	67	30	合格	66	
26	82110133	1班	男	刘雁龙	100	89	30	合格	75	
27	82110134	1班	男	谢应强	100	59	45	合格	67	

性别	总评成绩
女	>=60

序号	学号	班级	性别	姓名	平时成绩	期末成绩	实验成绩	总评等级	总评成绩	备注
1	82100133	1班	女	周华	100	60	40	合格	66	
18	82110124	1班	女	韩雨彤	90	63	100	合格	82	
19	82110125	1班	女	王文权	100	60	100	合格	84	
23	82110129	1班	女	韦竹立	100	88	40	合格	77	

成绩表 | 数字格式 | 排序 | 自动筛选 | 自定义筛选 | 高级筛选 | 分类汇总 | 数据透视表

图 5-74 高级筛选样例

任务 5 分类汇总

按“班级”分类汇总“期末成绩”和“总评成绩”的平均分、最高分、最低分。

操作步骤：

(1)将光标放置在数据清单中任意一个单元格。单击“数据”选项卡“分级显示”中的“分类汇总”命令，打开“分类汇总”对话框。

(2)在“分类汇总”对话框中打开“分类字段”下拉列表框，从中选择“班级”的数据列。

(3)打开“汇总方式”下拉列表框，选择所需的用于计算分类汇总的函数“平均值”。在“选定汇总项”列表框中，选择需要汇总计算的数值列“期末成绩”和“总评成绩”所对应的复选框，如图 5-75(a)所示，单击“确定”按钮，数据列表按班级汇总“期末成绩”和“总评成绩”平均分。

(4)再次进入“分类汇总”对话框，保持分类字段和汇总项不变，将“汇总方式”设为“最大值”，同时必须清除对“替换当前分类汇总”复选框的选择，如图 5-75(b)所示，然后单击“确定”按钮。

（5）重复步骤（4），继续增加对“最小值”的汇总，这样汇总结果就依次包含了该班级的平均分、最高分和最低分。结果如图 5-76 所示。

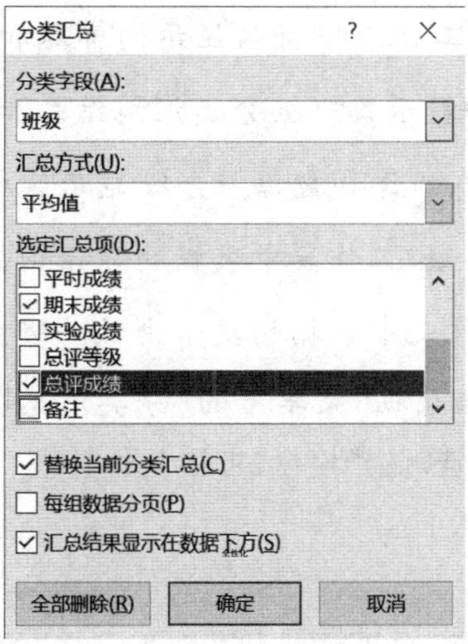

(a)

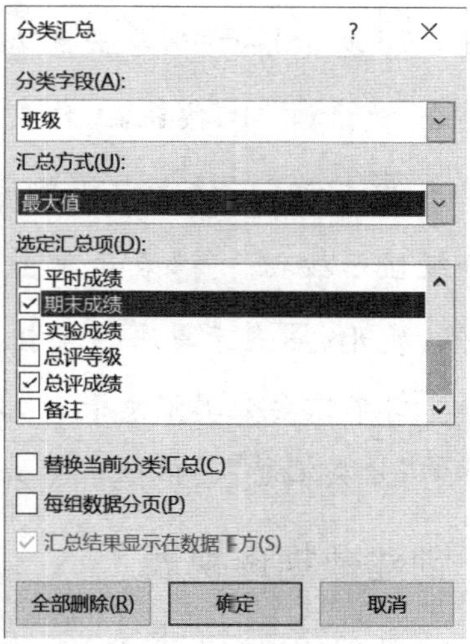

(b)

图 5-75　“分类汇总”对话框

吉林大学2012-2013学年第1学期成绩登记表

3	1	82100133	1班	女	周华	100	60	40	合格	66
4	2	82110101	1班	男	石磊	100	65	30	合格	65
5	3	82110103	1班	男	毛炜	100	85	100	合格	94
6	4	82110104	1班	男	羊洪伟	100	78	100	合格	90
7	5	82110105	1班	男	李志康	95	54	100	合格	80
8	6	82110106	1班	男	季舜尧	100	53	100	合格	81
9	7	82110107	1班	男	严帅	100	80	40	合格	68
10	8	82110108	1班	男	彭衡				不合格	
11	9	82110111	1班	男	李士金	95	56	50	合格	66
12	10	82110112	1班	男	王得香	95	57	45	合格	65
13	11	82110115	1班	男	何奇	100	58	45	合格	67
14	12	82110117	1班	男	肖振宇	100	59	45	合格	67
15	13	82110118	1班	男	徐玉康	100	60	45	合格	68
16	14	82110119	1班	男	张超	85	61	45	合格	63
17	15	82110120	1班	男	郎家磊	100	62	45	合格	68
18	16	82110121	1班	男	陶利凯	90	63	60	合格	70
19	17	82110123	1班	男	金明吉	90	66	70	合格	74
20	18	82110124	1班	女	韩雨彤	90	63	100	合格	82
21	19	82110125	1班	女	王文权	100	60	100	合格	84
22	20	82110126	1班	男	石兴泽	100	57	50	合格	68
23	21	82110127	1班	男	李雷高	100	54	65	合格	71
24	22	82110128	1班	男	邱玉强	100	95	25	合格	76
25	23	82110129	1班	女	韦竹立	100	88	40	合格	77
26	24	82110130	1班	男	杨明彭	95	77	60	合格	77
27	25	82110132	1班	男	郑程远	100	87	30	合格	66
28	26	82110133	1班	男	刘隆龙	100	89	30	合格	75
29	27	82110134	1班	男	谢应强	100	59	45	合格	67
30			1班 平均值				68			73
31			1班 最大值				95			94
32			1班 最小值				53			63
33			总计平均值				68			73
34			总计最大值				95			94
35			总计最小值				53			63

图 5-76　分类汇总样例

💡**说明：** 在进行分类汇总时，Excel 会自动对列表中的数据进行分级显示。工作表窗口左边会出现分级显示区，列出一些分级显示符号，允许对数据的显示进行控制。在默认情况下,数据按三级显示,可以通过单击工作表左侧的分级显示区上方的 1 、2 、3 、4 、5 五个按钮进行分级显示控制。在图 5-76 所示界面中,单击 1 按钮,工作表中将只显示列标题和总计结果;单击 2 、3 、4 按钮,工作表中将显示各班级分类汇总结果和总计结果;单击 5 按钮,工作表中将显示所有的详细数据。分级显示区中有 − 、+ 分级显示按钮。− 表示单击该按钮,工作表中数据的显示由高一级向低一级展开;+ 表示单击该按钮,工作表中数据的显示由低一级向高一级折叠。当不需要分类汇总表时,单击“数据”菜单下的“分类汇总”命令,在打开的“分类汇总”对话框中单击“全部删除”按钮,可恢复工作表。

任务 6 创建数据透视表

创建一个“数据透视表”,要求:按“性别”汇总不同性别“总评成绩”的平均值,以及“期末成绩”的最高分和最低分。

操作步骤:

(1)在“数据透视表”工作表单击数据区域任意一个单元格,在“插入”选项卡“表格”组中单击“数据透视表”选项,打开“创建数据透视表”对话框。

(2)在对话框中系统会自动选择数据区域,也可以在“选择一个表或区域”中选择需要的区域。在“选择放置数据透视表的位置”选项组中选择“现有工作表”单选按钮,在位置栏中选择 N5 单元格,单击“确定”按钮,如图 5-77 所示。

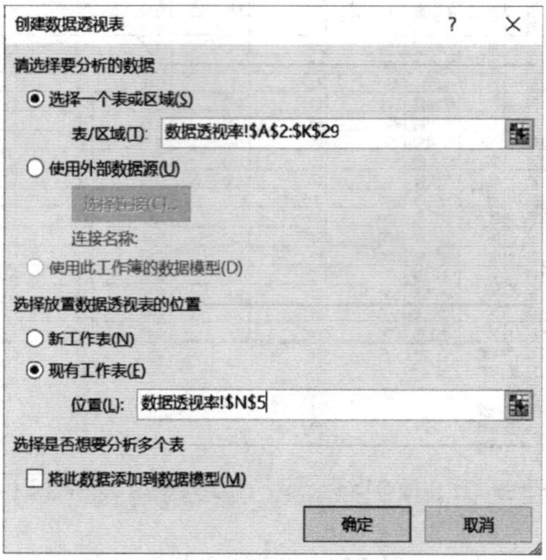

图 5-77 “创建数据透视表”对话框

(3)此时工作表的右侧显示出“数据透视表字段”列表任务窗格。在任务窗格中进行如下布局设置:选择“性别”字段并按下鼠标左键,将字段拖到“行标签”区域,再分别将“总评成绩”“期末成绩”字段手动拖到“∑值”区域，如图 5-78 所示。

图 5-78　添加数值选项

（4）因为“总评成绩”自动生成的求和，所以要改成求平均值，具体步骤如下：单击“数据透视表字段”“数值”中的“求和项：总评成绩”字段，系统会弹出菜单，选择“值字段设置”菜单项，弹出“值字段设置”对话框，在对话框中从“值字段汇总方式”中选择计算类型为：平均值，如图 5-79 所示。用同样的方式分别设置“期末成绩”的最高分和最低分，设置完成单击“确定”按钮，完成数据透视表的创建，如图 5-80 所示。

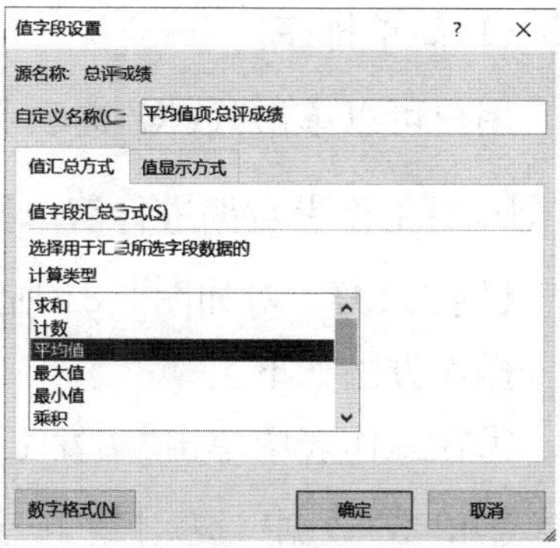

图 5-79　“值字段设置”对话框

图 5-80　创建完成的数据透视表

说明： 只有将活动单元格放置在数据透视表的数据区域，“数据透视表字段”任务窗格才会出现。

在“数据透视表字段”任务窗格，用户也可以在“选择要添加到报表的字段”列表框中拖动相关字段来改变行、列标签以及数值选项。

5.3.4 相关知识

1. 数据的排序

在 Excel 工作表中，对于某些行列的数据，用户可以利用“数据”选项卡|“排序和筛选”组的排序命令来重新组织行列的顺序。用户可以选择排序数据的范围和排序方式，让工作表数据以用户要求的方式显示。

(1)简单排序。

用户可以单击“数据”选项卡|“排序和筛选”组的升序命令按钮 和降序命令按钮 ，对工作表数据进行简单排序。

【例 5.13】 对如图 5-81 所示的工作表中的数据按“实发工资”进行降序排列。

操作方法如下。

①在工作表中单击“实发工资”所在列的任一单元格。

②单击“数据”选项卡|“排序和筛选”组的降序命令按钮 ，即可对数据按“实发工资”进行降序排列，排序的结果如图 5-81 所示。以上操作也可以通过“开始”选项卡|“编辑”组|“排序和筛选”命令下的降序命令按钮 来完成。

教师工资表

编号	姓名	性别	职称	系别	基本工资	奖金	扣款额	实发工资
201405	张爽	男	教授	经济	8900	2000	100	10800
201401	张乐	女	教授	经济	8800	2000	100	10700
201406	张进明	男	副教授	经济	8100	1800	98	9802
201402	赵希明	男	副教授	经济	8000	1800	95	9705
201412	郭新	女	副教授	经济	8000	1800	96	9704
201409	苑平	男	教授	数学	7500	1600	95	9005
201403	张春飞	男	副教授	经济	7000	1600	90	8510
201411	靳晋复	女	副教授	数学	7100	1400	95	8405
201404	李历宁	男	讲师	经济	6800	1600	90	8310
201407	邵林	女	副教授	数学	7000	1400	94	8306
201408	李燕	女	讲师	数学	6500	1000	94	7406
201410	陈江川	男	讲师	数学	6400	1000	90	7310
201413	张山	男	讲师	数学	6400	1000	90	7310

图 5-81 按“实发工资”降序排序样例

(2)多条件排序。

单击“数据”选项卡|“排序和筛选”组的排序命令，打开“排序”对话框，可以设定多级排序条件，对数据进行多条件排序。

【例 5.14】 对如图 5-81 所示的工作表中的数据按“系别”进行按笔画升序排列，对于相同的系别按“职称”降序排序。

操作方法如下。

①选择排序范围。在排序的工作表中选定参加排序的数据，没有选中的数据将不参加排序。若是对所有的数据进行排序，则不用选定排序数据区，系统在排序时默认选择所有的数据。本例是对所有数据排序，因此不必选择数据排序范围，只需要活动单元格在数据区域中。

②进行排序设置。打开“排序”对话框后，在对话框中选择主要关键字为“系别”，排序方式是升序，如图 5-82 所示；单击“排序”对话框的“选项”按钮，打开“排序选项”对话框，在排序方法下选中“笔画顺序”单选按钮，如图 5-83 所示。

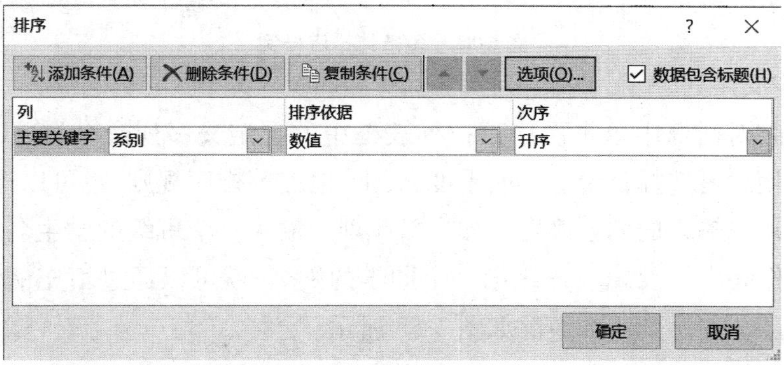

图 5-82 “排序”对话框

另外，在“排序”对话框中还有其他选项可供用户选择，如“数据包含标题行”，若选择它，则表格中的标题行参加排序；在“排序选项”对话框中还有其他选项可供用户选择，如“按行排序”，若选择它，则排序方向是按行排序。

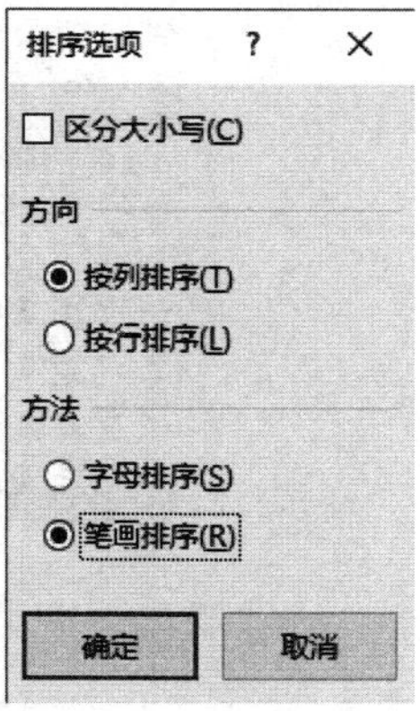

图 5-83 “排序选项”对话框

③单击“排序”对话框中的添加条件命令，增加次要关键字，选择“职称”，排序方法是降序。

④排序。所有设置确定后，在“排序”对话框中单击“确定”按钮，关闭对话框。系统即可根据选定的排序范围按指定的关键字条件重新排列数据，排序结果如图 5-84 所示。

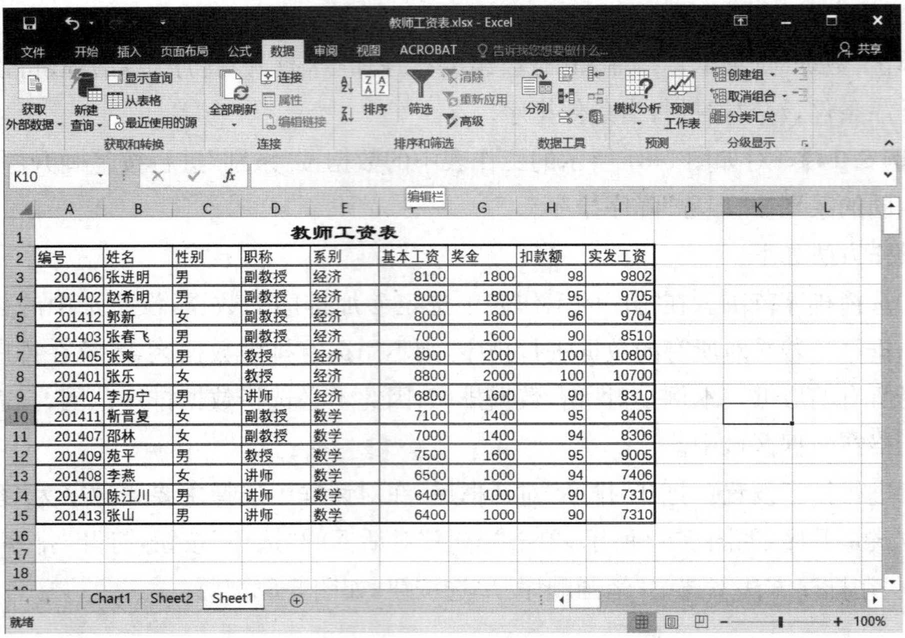

教师工资表

编号	姓名	性别	职称	系别	基本工资	奖金	扣款额	实发工资
201406	张进明	男	副教授	经济	8100	1800	98	9802
201402	赵希明	男	副教授	经济	8000	1800	95	9705
201412	郭新	女	副教授	经济	8000	1800	96	9704
201403	张春飞	男	副教授	经济	7000	1600	90	8510
201405	张爽	男	教授	经济	8900	2000	100	10800
201401	张乐	女	教授	经济	8800	2000	100	10700
201404	李历宁	男	讲师	经济	6800	1600	90	8310
201411	靳晋复	女	副教授	数学	7100	1400	95	8405
201407	邵林	女	副教授	数学	7000	1400	94	8306
201409	苑平	男	教授	数学	7500	1600	95	9005
201408	李燕	女	讲师	数学	6500	1000	94	7406
201410	陈江川	男	讲师	数学	6400	1000	90	7310
201413	张山	男	讲师	数学	6400	1000	90	7310

图 5-84 多条件排序样例

(3)自定义序列。

在“排序”对话框中单击次序下拉列表框中的自定义序列命令,打开“自定义序列”对话框,用户可选择月份、星期、季度、天干、地支等排序规则;也可以选择新序列,排序规则由用户输入的内容确定。如在新序列中输入一个班级的学生名单,确定后,在Excel工作表中只要输入班级第一个同学的姓名,就可以通过填充柄快速添加班级学生名单了。新序列添加情况如图5-85所示。

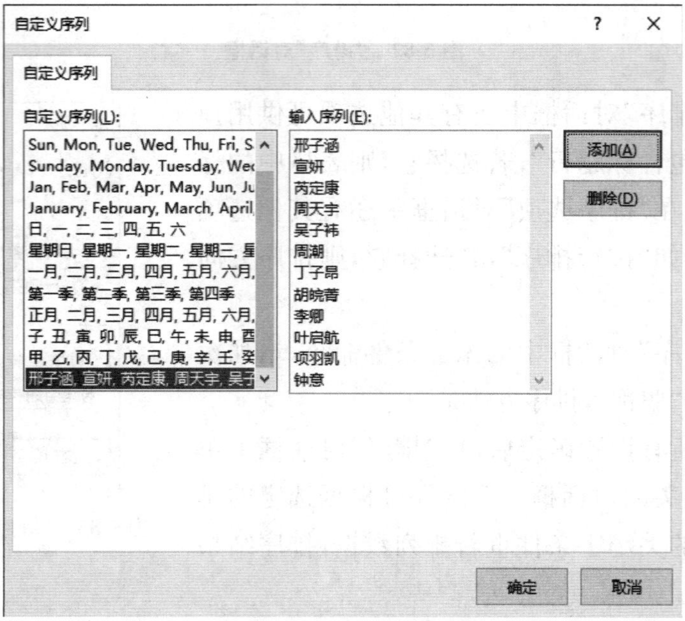

图 5-85 添加新序列

2. 自动筛选和高级筛选

如果用户需要浏览或操作的只是数据中的部分记录，那么为了方便操作和加快操作速度，往往把需要的记录筛选出来作为操作对象，而把无关的记录隐藏起来，使之不参加操作。一个经筛选的记录仅显示那些包含了某一特定值或符合一组条件的行，其他行暂时隐藏。

Excel 同时提供了自动筛选和高级筛选两种命令来筛选数据。自动筛选能满足大部分需求，然而当需要更复杂的条件来筛选数据时，则需使用高级筛选。

(1)自动筛选。

在要筛选数据的清单中选定任意单元格后，单击“数据”选项卡|“排序和筛选”组下的筛选命令，Excel 便在数据的每个列标记的右边插入了一个下拉式按钮。单击某个列标记右边的下拉按钮▼，会出现一个下拉式列表，如图 5-86 所示。

图 5-86　对工作表进行自动筛选

在筛选条件复选框选中的数据显示，未选中的数据隐藏。

如果筛选的条件不仅仅是下拉式列表中的一个值，那么我们可以在下拉式列表数字筛选下选择自定义筛选，在“自定义自动筛选方式”对话框中输入筛选条件。

【例 5.15】 在如图 5-81 所示工作表中筛选实发工资大于 8000 且小于 9000 的工资记录。对话框设置如图 5-87 所示，筛选结果如图 5-88 所示。

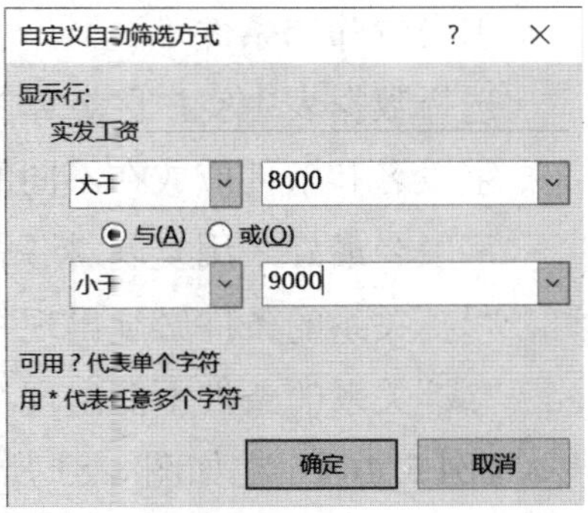

图 5-87　“自定义自动筛选方式”对话框

在筛选结果中，满足条件的数据的行号以蓝色显示，刚才使用过的下拉式按钮则添加了筛选标记。如果要再显示全部数据，可单击“数据”选项卡|“排序和筛选”组的清除命令。如果要去除自动筛选功能，可单击“数据”选项卡|“排序和筛选”组的筛选命令。

图 5-88 自动筛选样例

(2)高级筛选。

在某些情况下，查询条件比较复杂或必须经过计算才能进行查询，这就要使用高级筛选方式。其方法主要是定义三个单元格区域：一是定义查询的数据区域；二是定义查询的条件区域；三是定义存放查找出的满足条件的记录的区域。当这些区域都定义好后便可进行筛选。

①设置筛选条件。

选择数据表中空白区域作为条件区域。条件的设置应遵循以下要求。

字段名和条件应放在不同的单元格。

字段名最好采用复制、粘贴的方法放置在条件区域。

“与”关系的条件必须出现在同一行。

“或”关系的条件不能出现在同一行。

【例 5.16】 在如图 5-81 所示的工作表中筛选出实发工资大于 9000 元，职称是教授的人员。将筛选的条件放置在 K2:L3 单元格中，将筛选的结果放置在 A17 开始的单元格中。

②执行高级筛选。

单击“数据”选项卡|“排序和筛选”组的“高级”选项，打开“高级筛选”对话框，在对话框中进行下列设置。

设置方式：在方式框中有两个单选按钮，用来指定筛选结果存放的方式，即是在原有区域显示筛选结果，还是将筛选结果复制到其他位置。本例选择“将筛选结果复制到其他位置”单选按钮。

设置列表区域：在列表区域框中输入或利用折叠命令按钮选择数据区域，本例的数据区域为 A2：I15。

设置条件区域：在条件区域框中输入或利用折叠命令按钮选择条件区域，本例的条件区域为 K2：L3。只有在选中“将筛选结果存放到其他位置”单选按钮时，该区域才自动激活。

设置选择不重复的记录：如果选中此复选框，那么筛选结果不会存在完全相同的两个记录。本例可以不选择此项。单击“确定”按钮，开始高级筛选操作。

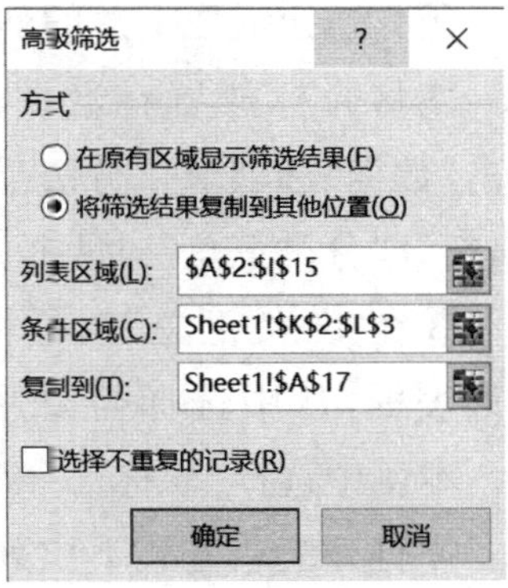

图 5-89　“高级筛选”对话框

“高级筛选”对话框的设置如图 5-89 所示。筛选结果如图 5-90 所示。

如果在方式选项中选中了“在原有区域显示筛选结果”单选按钮，如果要再显示全部数据，可单击“数据”选项卡|“排序和筛选”组的清除命令。

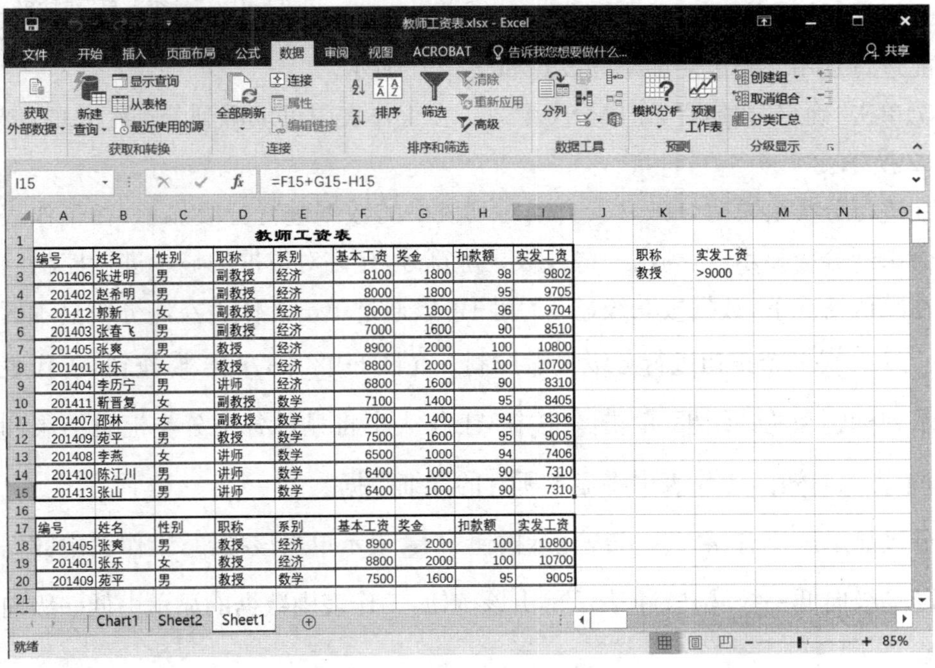

图 5-90　高级筛选样例

3. 数据的分类汇总

一般情况下,建立工作表的目的是将其作为信息提供给他人。报表是用户最常用的形式。通过计算与汇总,用户可以得到有条理的报表。Excel 提供的数据分类汇总功能提供了求和、均值、方差、最大值和最小值等用于汇总的函数。

【例 5.17】 在如图 5-81 所示的工作表中,按“职称”分类汇总所有数据的“基本工资”和“实发工资”的总额。

①先选定需要汇总的列,对数据进行排序。本例对“职称”所在列进行降序排序。

②将光标放置在数据清单中任一单元格。单击“数据”选项卡|“分级显示”组的分类汇总命令,打开“分类汇总”对话框。

③在“分类汇总”对话框中打开分类字段下拉列表框,从中选择需要用来分类汇总的数据列。本例中选择“职称”。

④打开汇总方式下拉列表框,从中选择所需的用于计算分类汇总的函数。本例中选择“求和”。

⑤在选定汇总项列表框中,选择需要汇总计算的数值列(可选择多个)所对应的复选框。本例中选择“基本工资”和“实发工资”。

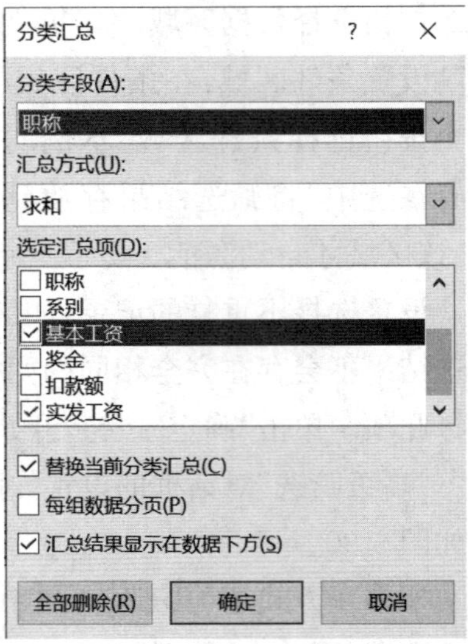

图 5-91 “分类汇总”对话框

⑥在对话框底部有三个复选项,可根据标出的功能进行选用。整个对话框的设置如图 5-91 所示。

⑦单击“确定”按钮后,完成分类汇总。在工作表中可以看到分类汇总的结果,如图 5-92 所示。

在进行分类汇总时,Excel 会自动对列表中的数据进行分级显示,在工作表窗口左边会出现分级显示区,列出一些分级显示符号,允许对数据的显示进行控制。

在默认情况下,数据按三级显示,用户可以通过单击工作表左侧分级显示区上方的 1 、2 、3 三个按钮进行分级显示控制。在图 5-92 中,单击 1 按钮,工作表中将只显示列标题和总计结果;单击 2 按钮,工作表中将显示各个分类汇总结果和总计结果;单击 3 按钮,工作表中将显示所有的详细数据。

分级显示区中有 - 、+ 分级显示按钮。- 表示单击该按钮,工作表中数据的显示由高一级向低一级展开;+ 表示单击该按钮,工作表中数据的显示由低一级向高一级折叠。

当不需要分类汇总表时,单击“数据”选项卡|“分级显示”组的分类汇总命令,在

打开的“分类汇总”对话框中单击“全部删除”按钮，恢复工作表。

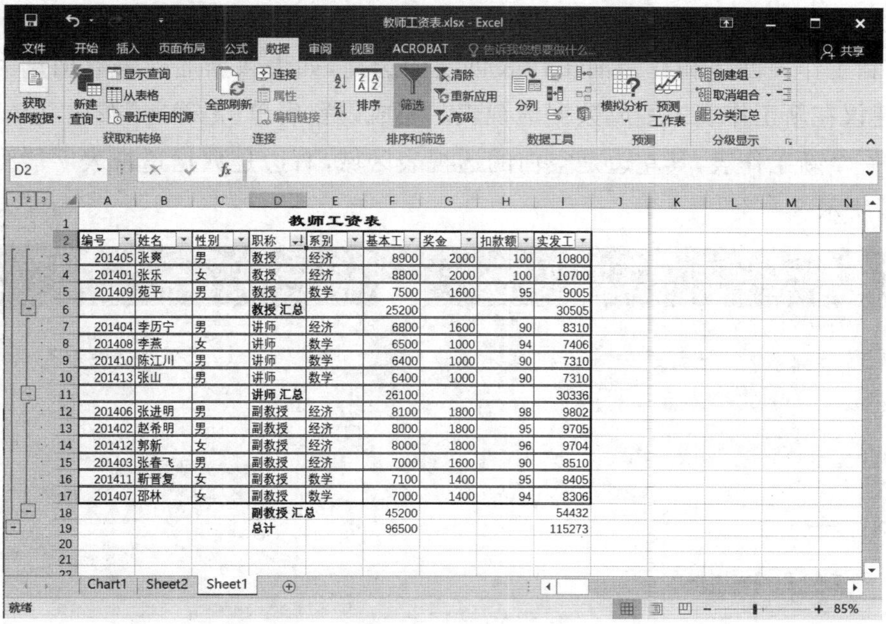

图 5-92　分类汇总样例

4. 使用数据透视表

数据透视表是数据汇总、优化数据显示和数据处理的强大工具，它是分类汇总的延伸，是进一步的分类汇总。一般的分类汇总只能针对一个字段进行分类汇总，而数据透视表可以按多个字段进行分类汇总，并且汇总前不用预先排序。

(1)创建数据透视表。

①选中数据区域或选中数据区域任一单元格，单击“插入”选项卡|“表格”组|“数据透视表”下的数据透视表命令，打开“创建数据透视表”对话框，如图 5-93 所示。

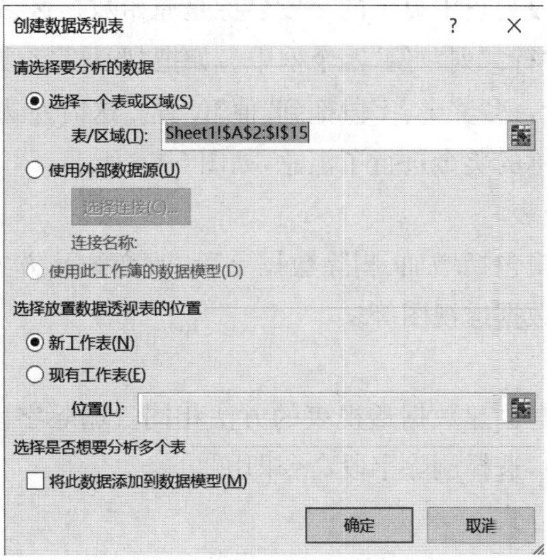

图 5-93　“创建数据透视表”对话框

②在“创建数据透视表”对话框的数据区域输入或利用折叠命令按钮选择数据区域(若已经选中数据区域则该步骤可省略),也可以使用外部数据源。数据透视表提供了在新工作表创建和在当前工作表创建的选择,如果数据透视表数据量大、内容多,则建议在新工作表中生成数据透视表。完成设置后单击“确定”按钮,Excel 中就生成了一个新工作表,其左边是空白的透视表区域,右边是数据透视表字段列表,如图 5-94 所示。

图 5-94 创建数据透视表时生成的新工作表

③数据透视表字段列表中显示的字段名称是原始数据区域的抬头。用户可以将它们拖动到“筛选器”“行”“列”“值”四个框中。如把“职称”字段拖到“行”位置,把“系别”字段拖到“列”位置,把“奖金”字段拖到“值”位置。这时左边的数据透视表已经按照不同系别对不同职称的奖金进行了汇总,如图 5-95 所示。

(2)编辑数据透视表。

数据透视表的编辑包括增加、删除数据字段,改变统计方式,改变数据透视表布局,使用切片器,插入数据透视图等。

①增加、删除字段。

增加字段的方法与创建数据透视表的方法相同。删除字段时,单击字段右侧下拉箭头,弹出快捷菜单,选择删除字段命令即可。

②改变按值汇总方式。

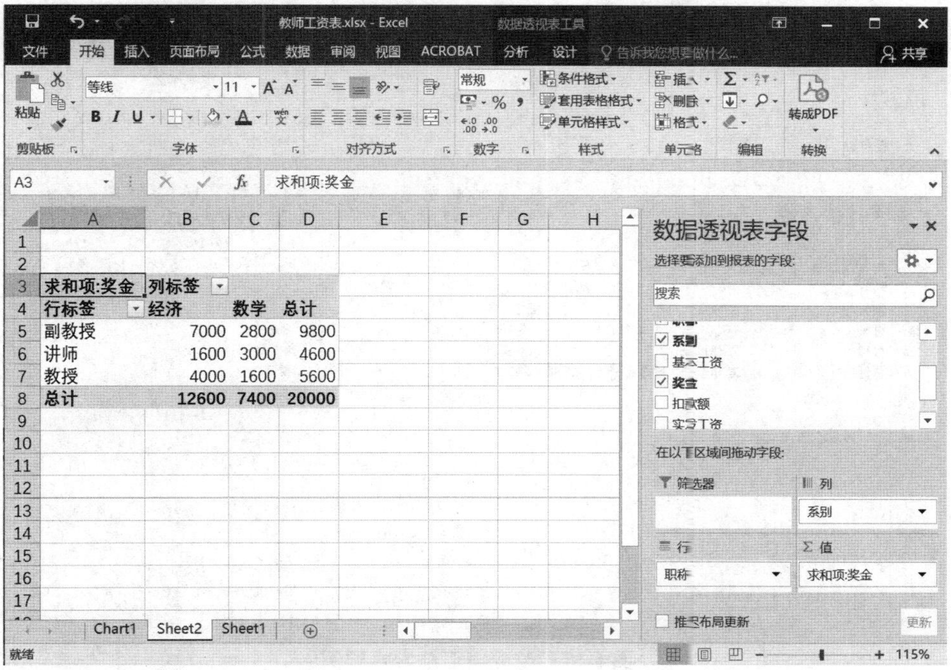

图 5-95 创建数据透视表样例

【例 5.18】 如图 5-95 所示，将“奖金”字段汇总方式由求和项改为平均值项。

选中“奖金”字段中任一单元格，单击“数据透视表工具”|“分析”选项卡|“活动字段”组下的字段设置命令，打开“值字段设置”对话框，如图 5-96 所示。在“值字段汇总方式”选项卡的计算类型中选择“平均值”，单击“确定”按钮后，“奖金”字段值汇总方式由求和项改为平均值项，改变后的数据透视表如图 5-97 所示。“值显示方式”选项卡可以改变值显示方式。以上操作也可以在“数据透视表工具”|“分析”选项卡|“计算”组下完成。

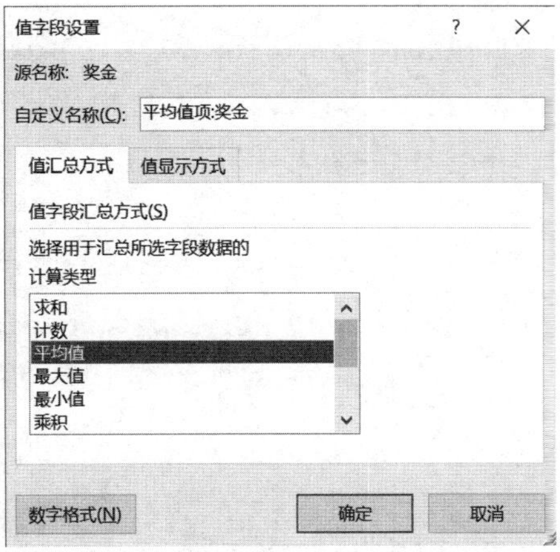

图 5-96 “值字段设置”对话框

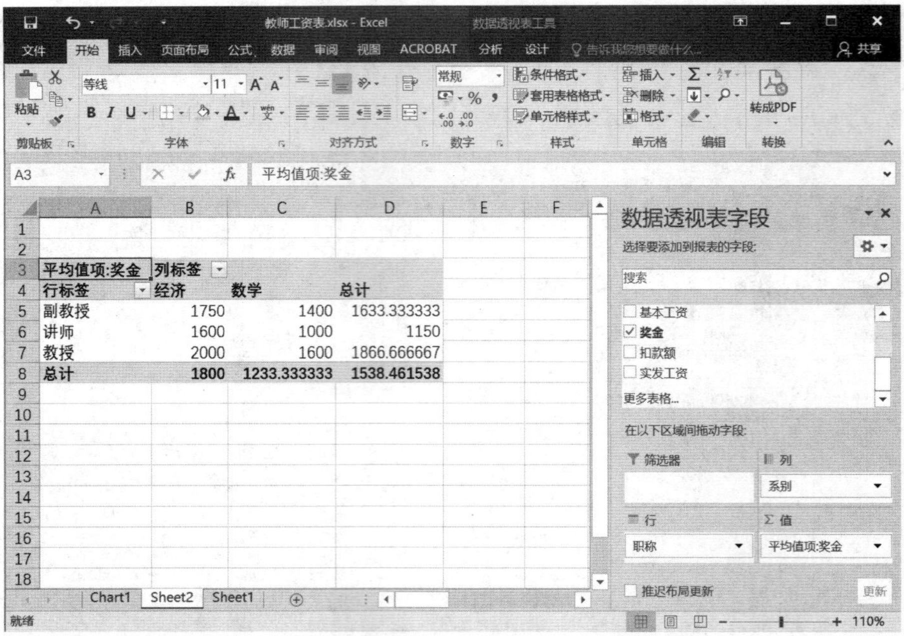

图 5-97 改变值汇总方式样例

③改变数据透视表布局。

在数据透视表字段列表“筛选器”“行”“列”“值”四个框之间拖动字段可以改变数据透视表布局。如图 5-95 所示，将列标签中的“系别”字段拖到行标签中，改变了数据透视表布局，如图 5-98 所示。利用“数据透视表工具”|“设计”选项卡|“布局”组下的报表布局命令也可以改变数据透视表布局。

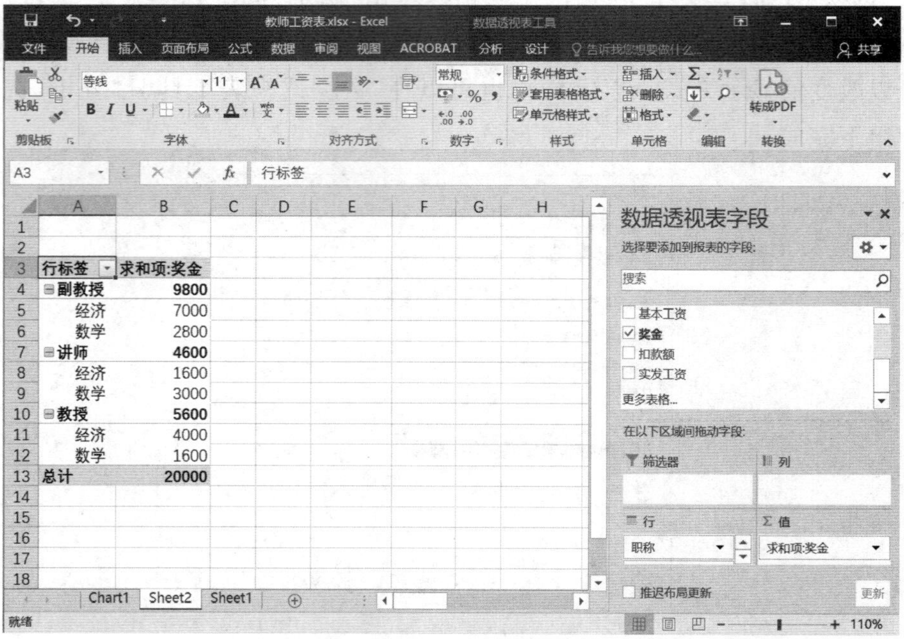

图 5-98 改变数据透视表布局样例

④使用切片器。

插入切片器后可以通过交互方式筛选数据，实现更快速轻松地筛选数据透视表和多维数据集功能。单击“数据透视表工具”|“分析”选项卡|“筛选”组下的插入切片器命令，打开“插入切片器”对话框，如图 5-99 所示。选中“系别”复选框，单击“确定”按钮后，生成切片器，如图 5-100 所示。

操作时，如单击切片器“经济”选项，则只显示“经济”系教师工资，其他选项操作一致。如果要去除切片器筛选数据的效果，可单击切片器清除筛选器命令按钮 ，使数据恢复原状。

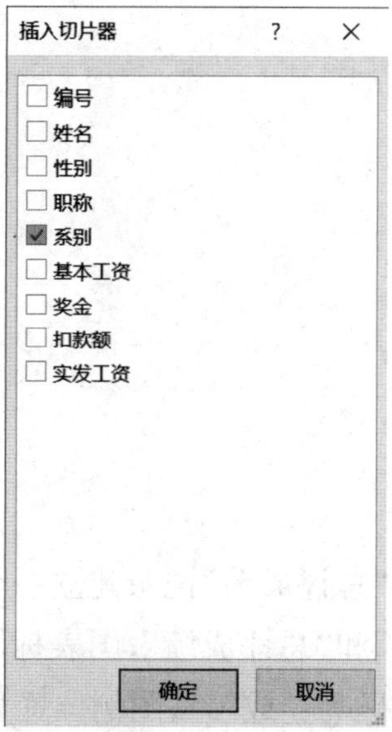

图 5-99　“插入切片器”对话框

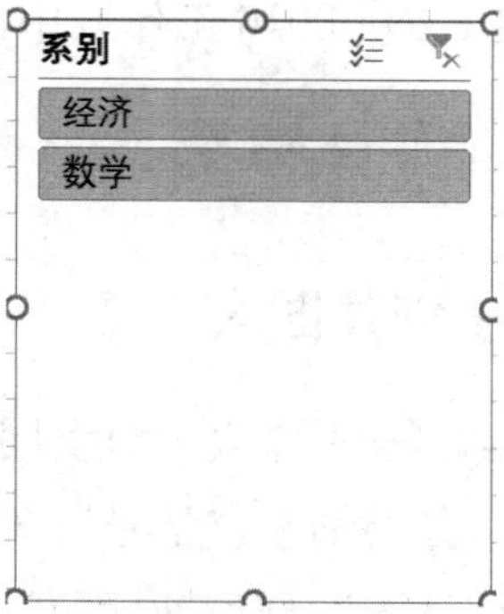

图 5-100　切片器

⑤插入数据透视图。

选中数据透视表数据区域或选中数据区域任一单元格，单击“数据透视表工具”|“分析”选项卡|“工具”组的数据透视图命令，打开“插入图表”对话框，选择数据透视图类型后可以插入数据透视图。数据透视图的设计、布局等操作可以在数据透视图工具下完成。

(3)删除数据透视表。

选中数据透视表数据区域或选中数据区域任一单元格，单击“数据透视表工具”|“分析”选项卡|“操作”选项|“清除”下的清除全部命令，删除数据透视表数据，但工作表保留；在数据透视表表名上单击鼠标右键，弹出快捷菜单，单击删除命令，可以将数据和工作表一同删除。

项目5.4 使用图表分析成绩表数据

5.4.1 项目要求

(1)掌握Excel 2016图表的创建。

(2)掌握Excel 2016图表的编辑和格式化。

(3)掌握Excel 2016迷你图的创建。

5.4.2 项目任务

(1)在Excel 2016中创建图表。

(2)在Excel 2016工作表中编辑图表。

(3)对Excel 2016图表进行格式化。

(4)在Excel 2016工作表中创建迷你图。

5.4.3 项目实现

任务 1 创建图表

在“成绩表”工作表中对女同学的“期末成绩”和“总评成绩”记录建立一个三维簇状柱形图。分类轴为:“学号”;数值轴为:“期末成绩”和“总评成绩”;图表标题为:“女学生成绩统计图”;分类轴标题为:“学号”;数值轴标题为:“成绩”;图例位置为:底部。

操作步骤:

(1)打开“成绩表”工作表,单击“性别”所在列任一单元格,再单击“数据”选项卡“排序和筛选”组的降序按钮,对“性别”字段进行排序。

(2)选择“插入”选项卡“图表”组“柱形图”下拉按钮,在下拉菜单中选择“三维簇状柱形图”图表类型,如图5-101所示。

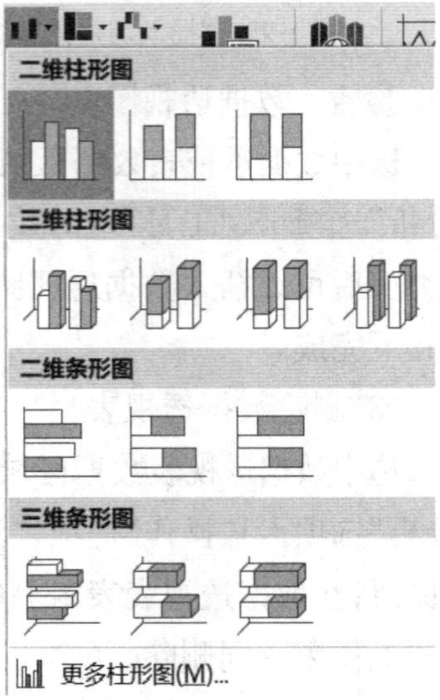

图5-101 插入图表

(3)选择生成的空白图表,单击“图表工具”|“设计”选项卡“数据”组“选择数据”命令,打开“选择数据源”对话框,在“图表数据区域”文本框中利用折叠按钮选择单元格区域“＝成绩表! $G$3:$G$6”,再按住“Ctrl”键选择“成绩表! $J$3:$J$6”。在“水平(分类)轴标签”中单击“编辑”按钮,选择水平

轴标签区域"＝成绩表！ $B$3：$B$6"，如图 5-102 所示。单击"确定"按钮，完成图表的创建。

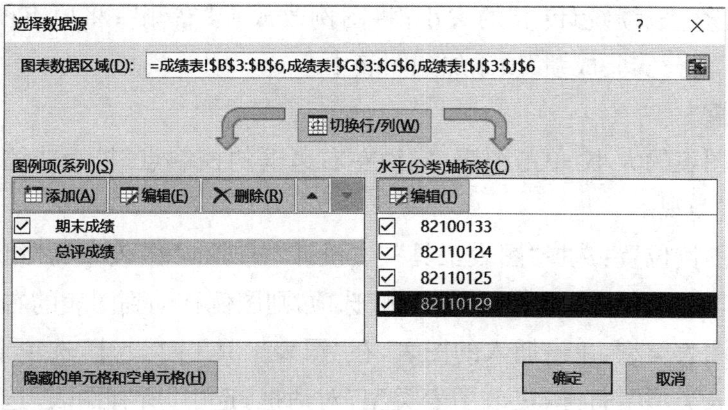

图 5-102　选择数据源

(4)单击图表任意位置，选择"图表工具"|"设计"选项卡"图表布局"组"添加图表元素"下拉按钮，从下拉菜单中选择"图表标题"选项中的"图表上方"选项，则会在图表上方出现"图表标题"文本框，在文本框中输入"女学生成绩统计图"。

(5)单击图表任意位置，选择"图表工具"|"设计"选项卡"图表布局"组"添加图表元素"下拉按钮，首先从下拉菜单中选择"轴标题"选项"主要横坐标轴"，则会在图表下方出现"坐标轴标题"文本框，在文本框中输入"学号"，再选择"主要纵坐标轴"选项，则会在图表左方出现"坐标轴标题"文本框，在文本框中输入"成绩"。

(6)继续选择"图表工具"|"设计"选项卡"图表布局"组"添加图表元素"下拉按钮，在"图例"选项中选择"底部"，则图例移动到图表的下方。设置完成后的图表如图 5-103 所示。

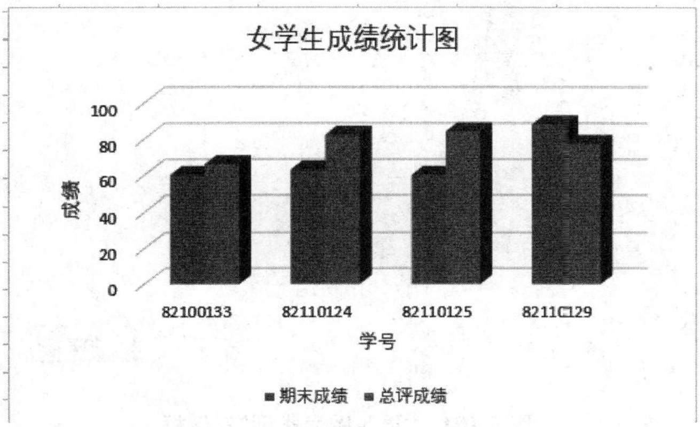

图 5-103　设置完成后的图表

任务 2 修改图表

改变“女学生成绩统计图”的大小；将图例改放在“右侧”；将原有图表类型改为“簇状柱形图”；将“实验成绩”项添加到图表中。

操作步骤：

(1)改变图表的大小：单击图表，拖动左右边框的控制点，扩大或缩小图表，使得图表显示完整美观。

(2)修改图例位置：选择“图表工具”|“设计”选项卡“图表布局”组“添加图表元素”下拉按钮，在“图例”选项中选择“右侧”选项，则图例移动到图表的右边。

(3)改变图表类型：单击插入的图表，在“图表工具”|“设计”选项卡“类型”组中单击“更改图表类型”，打开“更改图表类型”对话框，选中“所有图表”选项卡，再在右侧的“柱形图”中选择“簇状柱形图”，如图5-104所示。单击“确定”按钮后，即可改变图表类型，如图5-105所示。

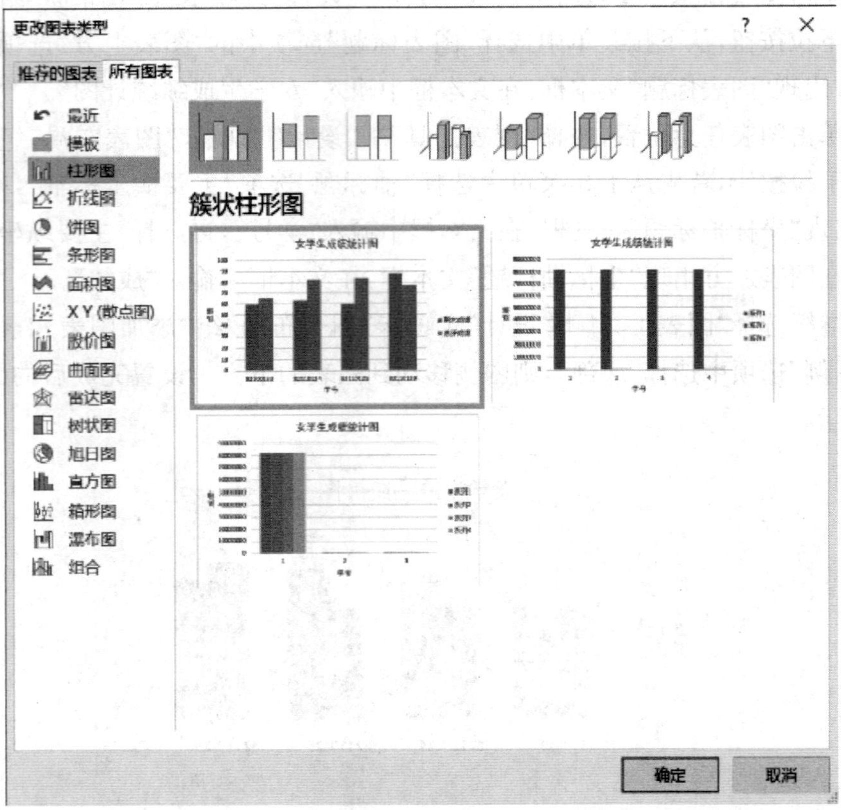

图 5-104 “更改图表类型”对话框

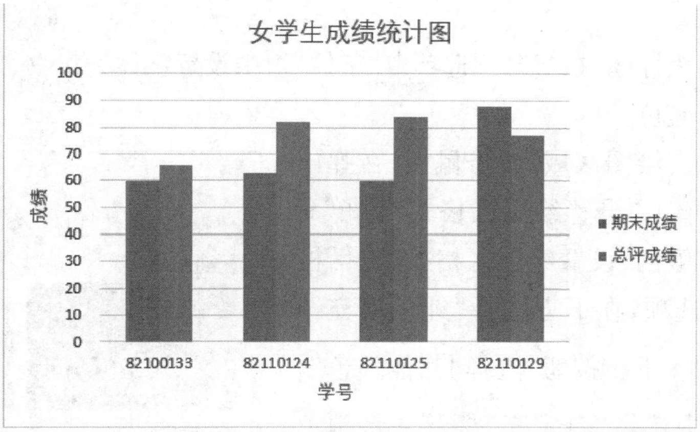

图 5-105　改变后的图形

(4)在图表中添加数据:单击插入的图表,在“图表工具”|“设计”选项卡“数据”组中单击“选择数据”,打开“选择数据源”对话框,在对话框中单击“图例项”中的“添加”按钮,弹出“编辑数据系列”对话框,在“系列名称”编辑框中利用折叠按钮选择“H2”单元格,然后单击系列值编辑框右边的 按钮,回到工作表中添加 H3:H6 单元格区域,如图 5-106 所示。单击“确定”按钮后,图表将根据数据的改变而改变,如图 5-107 所示。

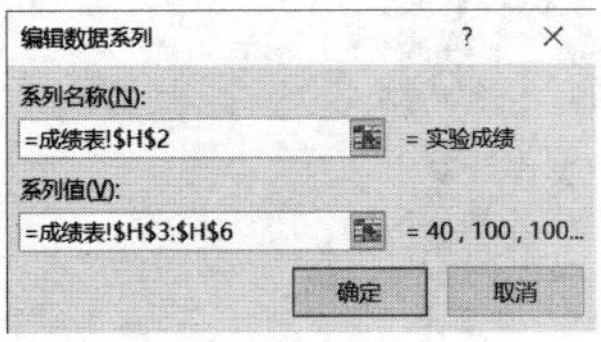

图 5-106　“编辑数据系列”对话框

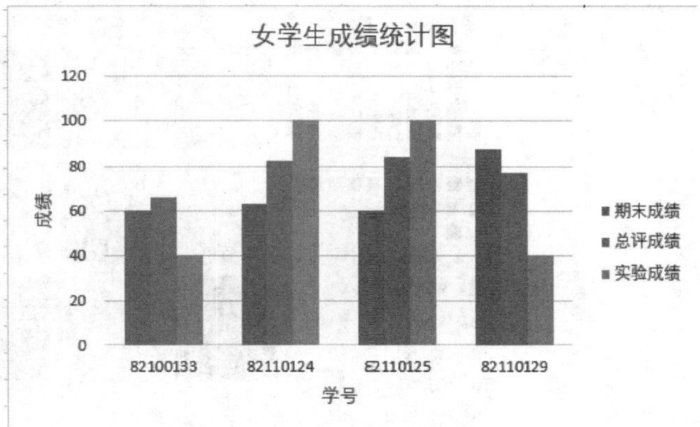

图 5-107　添加数据后的图形

说明: 在图表中删除数据可以直接单击要删除的数据项,右击鼠标,在弹出的快捷菜单中单击“删除”命令。

任务 3　格式化图表

对完成的“女学生成绩统计图”进行格式化设置,将图表标题设置成隶书、加粗、20 号字、蓝色。将绘图区设置成自定义颜色,将图表区域设置成白色大理石。将“实验成绩”数据系列颜色改为“渐变(颜色自动)”。

操作步骤：

(1)选择图表标题，在“开始”选项卡“字体”组中设置字体为隶书、加粗，字号为 20 号，字体颜色为蓝色。

(2)选择图表绘图区域，右击鼠标，在弹出的快捷菜单中单击“设置绘图区格式”菜单命令，在工作表右侧的“设置绘图区格式”对话框中选择“填充”选项，在下方选择“纯色填充”，单击“颜色”下拉按钮，选择“其他颜色”，在颜色对话框中选择“自定义”标签。将颜色模式设为“RGB”模式，将红色(R)设置成 255，将绿色(G)设置成 230，将蓝色(B)设置成 160，单击“确定”按钮完成设置，如图 5-108 所示。

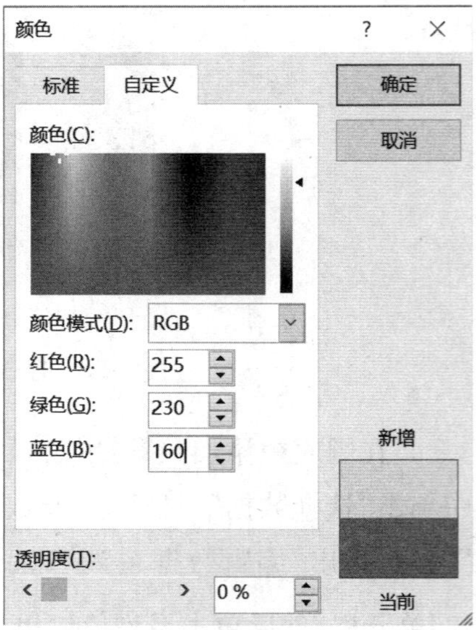

图 5-108 颜色设置

(3)选择图表区域，在“图表工具”|“格式”选项卡“形状样式”组中打开“形状填充”下拉按钮，在下拉菜单中选择“纹理”“白色大理石”纹理，如图 5-109 所示。

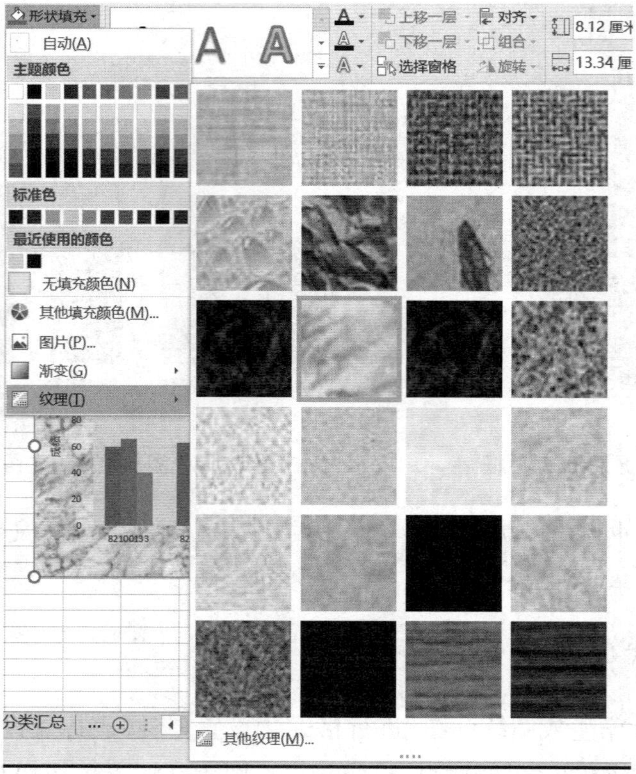

图 5-109 纹理填充

(4)在图表“实验成绩”数据系列上右击,在弹出的快捷菜单中单击“设置数据系列格式”菜单命令,在表格右侧弹出“设置数据系列格式”对话框,单击“填充与线条”图标,在“填充”选项中选择“渐变填充”,设置颜色,单击“确定”按钮完成设置。格式化完成后的图表如图 5-110 所示。

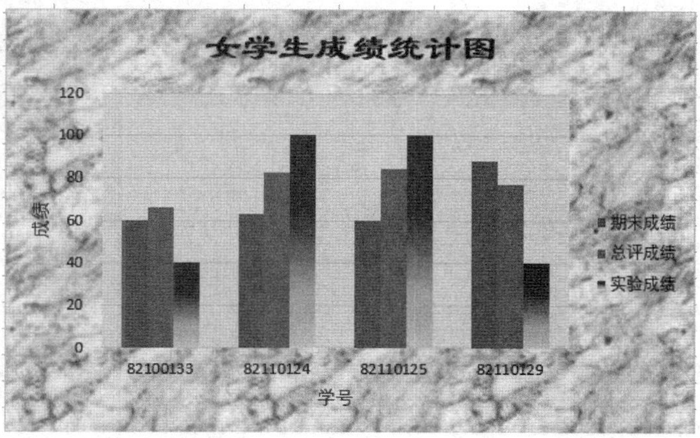

图 5-110 格式化完成后的图表

任务 4 创建柱形图

在“排序”工作表中根据男同学的“期末成绩”创建一个柱形图迷你图。

操作步骤:

打开“排序”工作表,单击“性别”所在列任一单元格,再单击“数据”选项卡“排序和筛选”组的升序按钮,对“性别”字段进行排序。在 M2 单元格中单击“插入”选项卡“迷你图”组的“柱形图”命令,弹出“创建迷你图”对话框。单击数据范围编辑框右边的按钮回到工作表中,选择 G3:G23 单元格区域,如图 5-111 所示。单击“确定”按钮完成迷你图的创建,如图 5-112 所示。

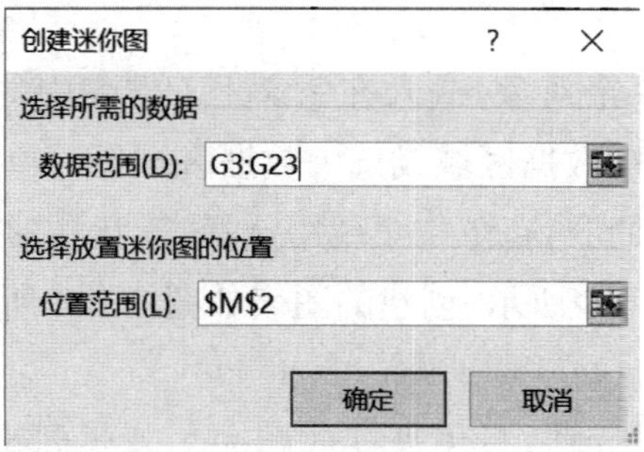

图 5-111 “创建迷你图”对话框

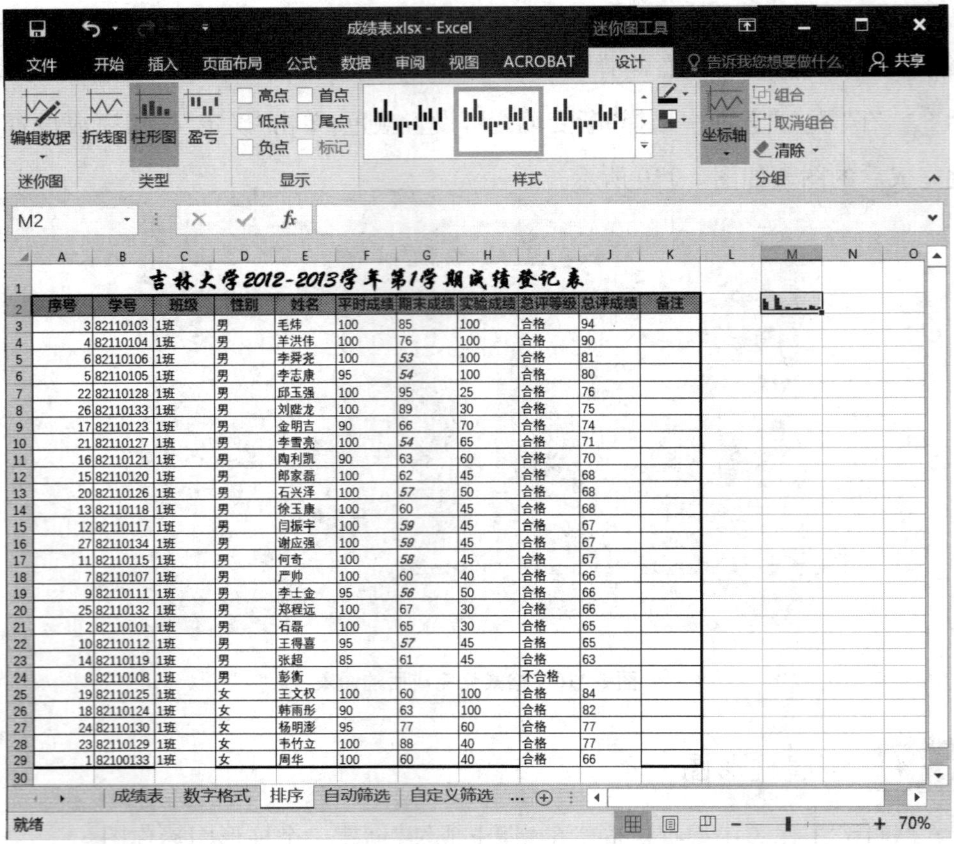

图 5-112 完成后的迷你图

5.4.4 相关知识

1. 创建图表

用户要创建图表,可以单击“插入”选项卡下的命令完成创建,Excel 取消了以往版本使用图表向导创建图表的方法。

(1)创建嵌入式图表。

嵌入式图表是作为一个对象,嵌入在 Excel 工作表中的。若要创建簇状柱形图类型的嵌入式图表,可选中数据区域或选中数据区域任一单元格,再单击“插入”选项卡|“图表”组下的柱形图命令,在下拉菜单中选择“簇状柱形图”后创建簇状柱形图类型图表,创建方法如图 5-113 所示,创建的图表如图 5-114 所示。

(2)创建图表工作表。

图表工作表中没有单元格,只用来存放图表。若要创建簇状柱形图类型图表工作表,可选中数据区域或选中数据区域任一单元格,按 F11 功能键创建图表工作表,默认名称为 Chart1,如图 5-115 所示。

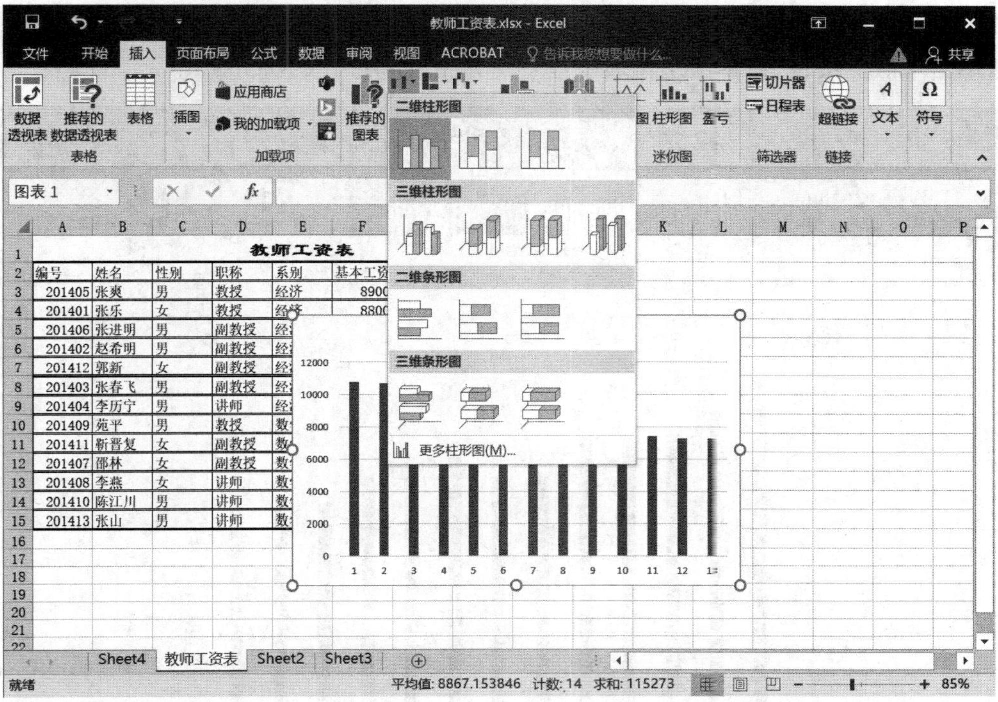

图 5-113　创建嵌入式图表

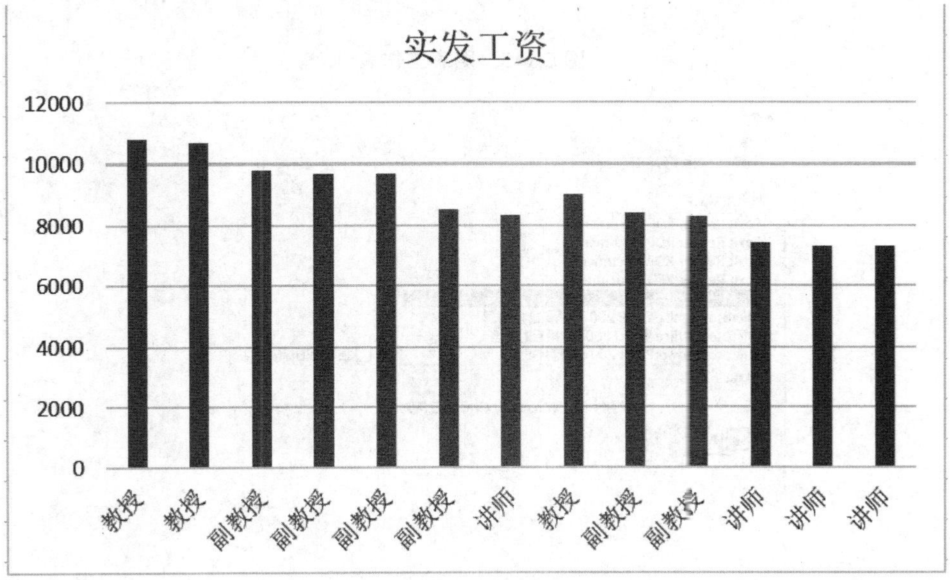

图 5-114　嵌入式图表

(3)创建 Microsoft Graph 图表。

Microsoft Graph 图表是 Excel 中的一个控件，因为 Microsoft Graph 图表自带数据表，所以只要选中工作表中任一空白单元格，再单击“插入”选项卡|“文本”组下的对象

命令，打开“对象”对话框，如图5-116所示，在“新建”选项卡中选择 Microsoft Graph 图表，单击“确定”按钮，再单击工作表中任一单元格，即可插入 Microsoft Graph 图表。

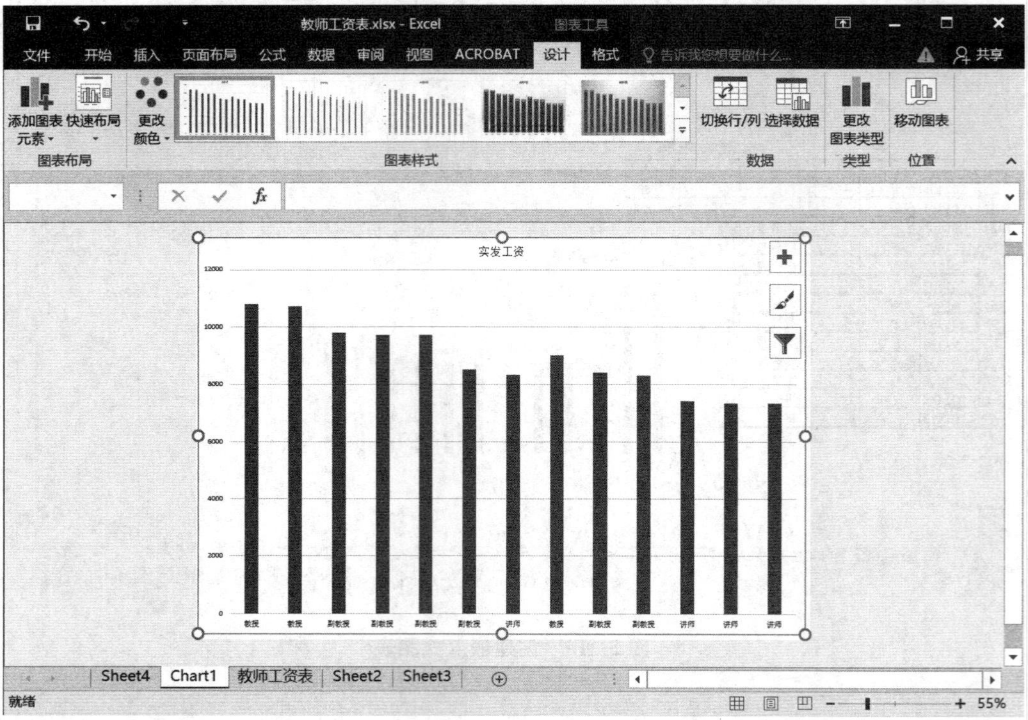

图5-115 图表工作表

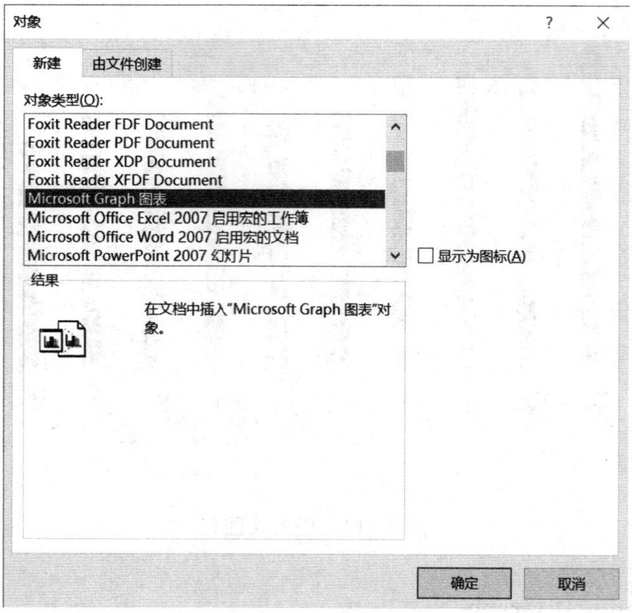

图5-116 “对象”对话框

若要修改 Microsoft Graph 图表中的数据，可以先选中创建的 Microsoft Graph 图表，单击鼠标右键，在弹出的快捷菜单图表对象选项下选择编辑命令，打开 Microsoft Graph 图表编辑器，将默认数据删除，复制粘贴工作表中的数据，再单击工作表中任一单元格完成数据修改，如图 5-117 所示。

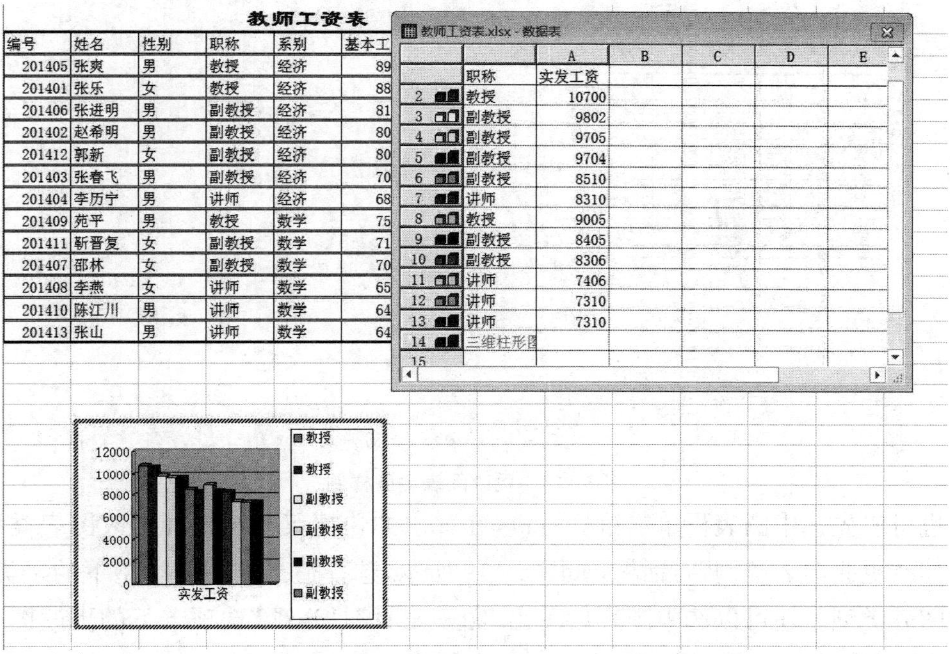

图 5-117 修改 Microsoft Graph 图表数据样例

2. 编辑图表

图表建立之后，经常需要对图表中的某些组成部分进行必要的修改。例如：图表类型的改变，数据系列的添加、删除、调整，图表中的文字编辑，对图表进行复制、移动、删除和缩放等。下面介绍一些常用的图表编辑操作。

(1)图表的复制、移动、删除和缩放。

图表的复制：可以采用复制粘贴的方法。对于嵌入式图表还可以按住“Ctrl”键用鼠标直接拖动复制。

图表的移动：可以采用剪切粘贴的方法。对于嵌入式图表还可以用鼠标直接拖动来移动。

图表的删除：选中图表，按“Delete”键直接删除或者删除整个图表工作表。

图表的缩放：选中图表，用鼠标直接拖动图表上的句柄。

(2)更改图表类型。

Excel 中常用的图表类型有柱形图、折线图、饼图、条形图、面积图、散点图、股价图、曲面图、雷达图、树状图、旭日图、直方图、箱形图、瀑布图、组合图。

更改图表类型的方法是选中图表后，单击“插入”选项卡|“图表”组下适当的图表

类型下拉框中的子类型，更改图表类型，如图 5-118 所示。

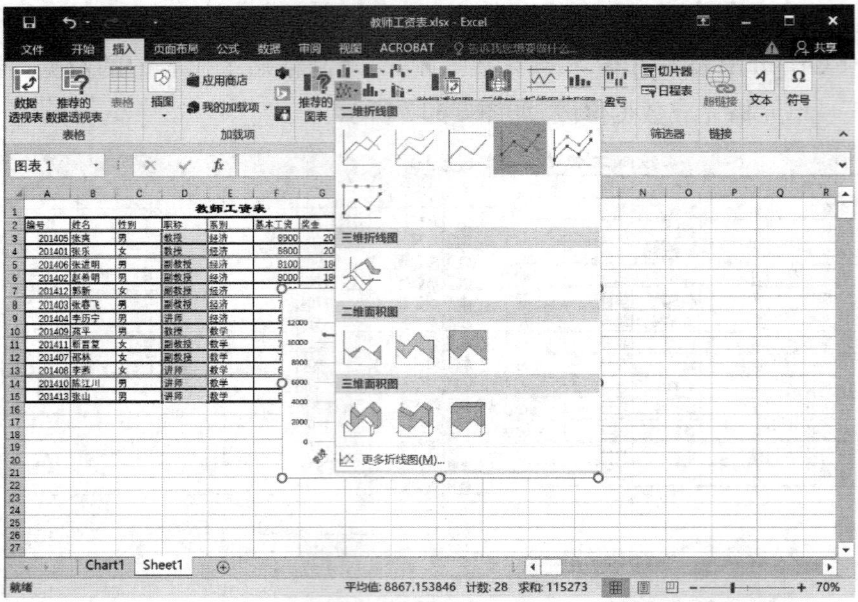

图 5-118 更改图表类型样例

也可以先选中图表再单击鼠标右键，在弹出的快捷菜单中选择更改图表类型命令，打开“更改图表类型”对话框，如图 5-119 所示，选择适当的图表类型下的子类型，更改图表类型。还可以选中图表后单击“图表工具”|“选项”选项卡下的更改图表类型命令，更改图表类型。

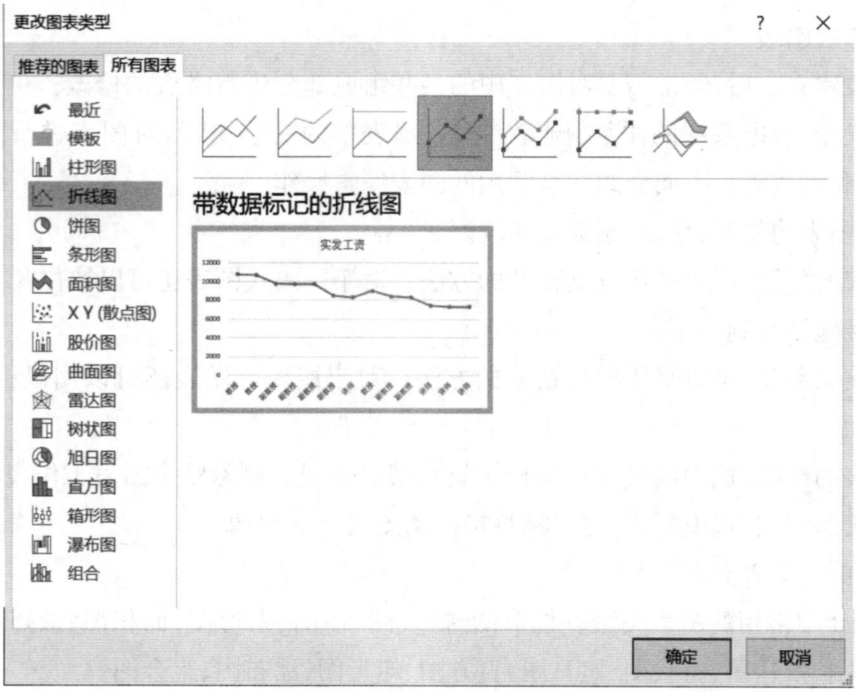

图 5-119 “更改图表类型”对话框

(3)更改数据源。

更改数据源的方法是，选中图表后单击“图表工具”|“设计”选项卡下的选择数据命令，或者在图表数据区域上单击鼠标右键后在弹出的快捷菜单中选择数据命令，打开“选择数据源”对话框，在图表数据区域输入或利用折叠命令按钮选择数据区域，单击“确定”按钮后更改数据源，如图 5-120 所示。在对话框中更改图表的数据源，插入的图表将根据数据的改变而改变。

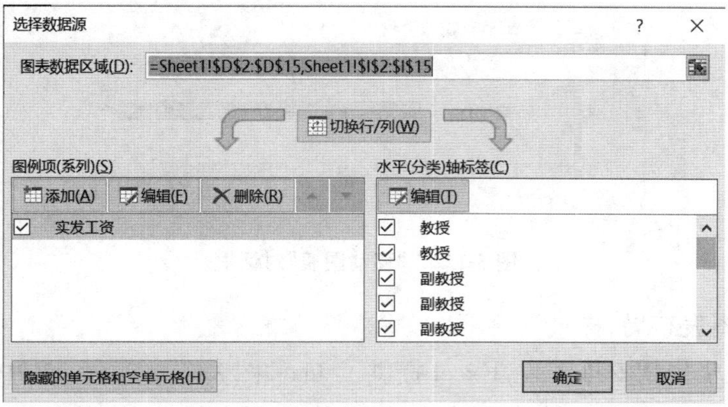

图 5-120　“选择数据源”对话框

(4)更改图表选项。

更改图表选项的方法是选中图表后在相应位置上(如标题、图例、网格线、数据源)单击鼠标右键，在弹出的快捷菜单中选择相应的命令，如可以选择编辑文字命令修改标题，选择设置图例格式命令修改图例位置，选择设置绘图区格式命令修改填充效果等，在此不再一一详述。更改图表选项也可以在“图表工具”|“设计”选项卡下完成。

【例 5.19】 将图 5-114 所示的工作表中图表的图例位置由右侧改为底部。

选中图表后在图例上单击鼠标右键，在弹出的快捷菜单中选择设置图例格式命令，打开“设置图例格式”列表，在图例位置中选择靠下单选按钮，关闭“设置图例格式”列表，完成图例位置修改，如图 5-121 所示。

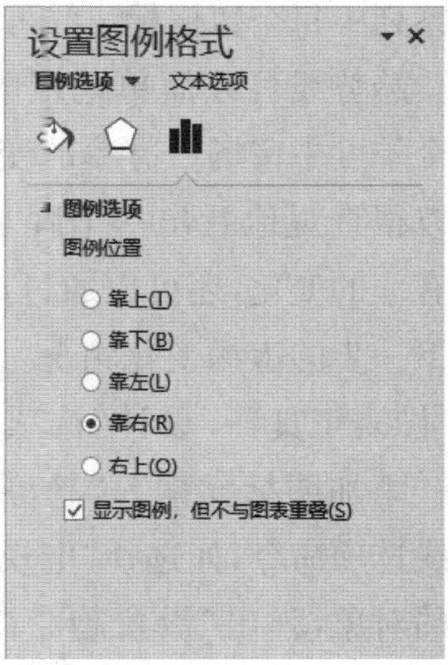

图 5-121　“设置图例格式”列表

(5)更改图表位置。

图表位置是可以改变的，嵌入式图表可以从一个工作表移动到另一个工作表，嵌入式图表和工作表图表也是可以相互更换的。

【例 5.20】 将工作表图表更换为嵌入式图表。

①创建一个工作表图表。

②在工作表图表空白位置单击鼠标右键，在弹出的快捷菜单中选择移动图表命令，也可以在“图表工具”|“设计”选项卡中选择移动图表命令，打开“移动图表”对话框，如图 5-122 所示，选择“对象位于”单选按钮，在下拉框中可以选择该图表更改的位置，单击“确定”按钮后完成更改。

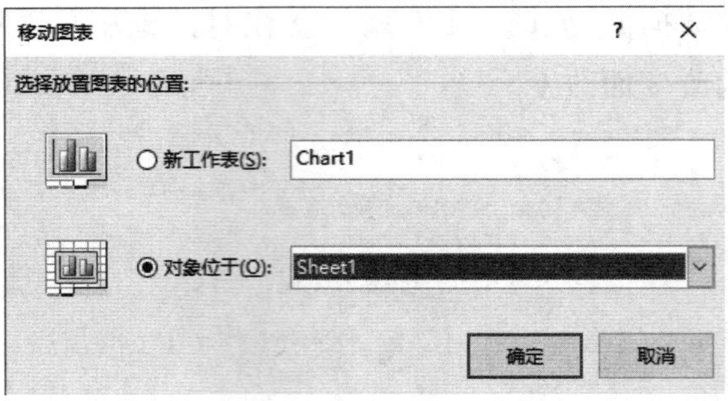

图 5-122 “移动图表”对话框

(6)更改图表布局、样式。

为了进一步规划安排图表，Excel 提供了 11 种图表布局方案。选中工作表后，单击“图表工具”|“设计”选项卡|“图表布局”组列表框中的 11 种图表布局方案中的一种，更改图表布局方案。为了更快地改变图表中组成元素的格式风格，Excel 提供了 16 种图表样式风格。选中工作表后，单击“图表工具”|“设计”选项卡|“图表样式”组列表框中的 16 种图表样式风格中的一种，更改图表样式风格。

(7)添加趋势线和误差线。

趋势线和误差线是 Excel 在进行数据分析时用到的一种重要手段。趋势线能够以图形的方式显示某个系列中数据的变化趋势，而误差线则能以图形的方式表示出数据系列中每个数据标记的可能误差量。

趋势线可以简单地理解成一个品牌在几个季度中市场占有率的变化曲线，使用它可以很直观地看出一个牌子的产品的市场占有率的变化，还可以通过这个趋势线来预测下一步的市场变化情况。选中图表后，单击“图表工具”|“设计”选项卡|“图表布局”组|“添加图标元素”|“趋势线”下的各类趋势线选项命令，如选择“电视机”为添加趋势线的对象，弹出“设置趋势线格式”列表，如图 5-123 所示。

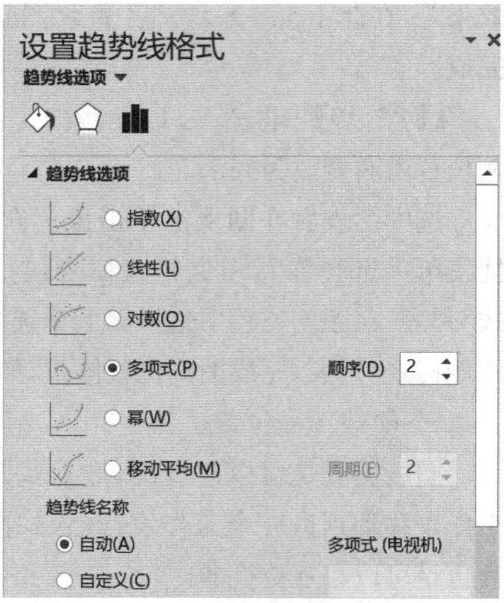

图 5-123 “设置趋势线格式”列表

在趋势线选项等选项中完成设置，关闭“设置趋势线格式”列表，图表中就多了一条刚刚添加的趋势线，如图 5-124 所示。从这条线我们可以清楚地看出不同季度电视机销量的变化趋势，双击趋势线还可以再次打开“设置趋势线格式”列表。

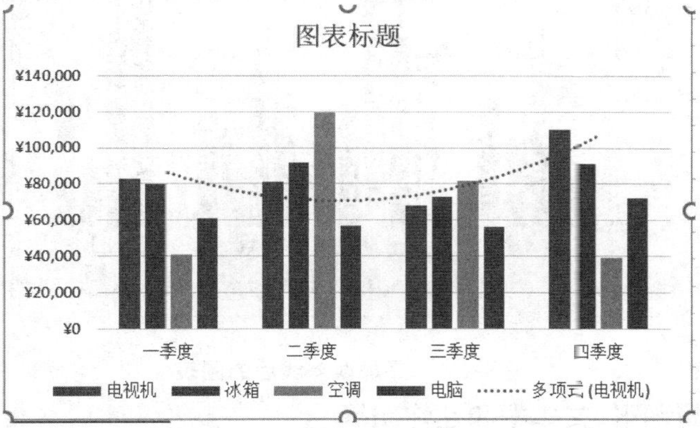

图 5-124　添加趋势线后的图表

误差线通常用于统计数据，误差线显示相对序列中每个数据标记的潜在误差或不确定度。数据系列是在图表中绘制的相关数据点，这些数据源自数据表的行或列，图表中的数据系列具有唯一的颜色或图案，并且在图表的图例中表现出来。

选中图表后，单击“图表工具”|“设计”选项卡|“图表布局”组|“添加图标元素”|“误差线”下的各类误差线选项命令，如选择“冰箱”为添加误差线的对象，弹出“设置误差线格式”列表，如图 5-125 所示。

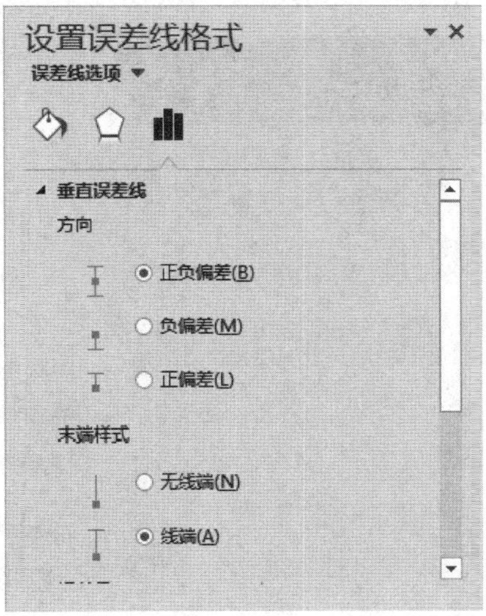

图 5-125　“设置误差线格式”列表

在误差线选项等选项中完成设置，关闭“设置误差线格式”列表，图表中就出现了我们刚刚添加的误差线，如图 5-126 所示。从这条线我们可以清楚地看出冰箱销量误差的情况，双击误差线还可以再次打开“设置误差线格式”列表。

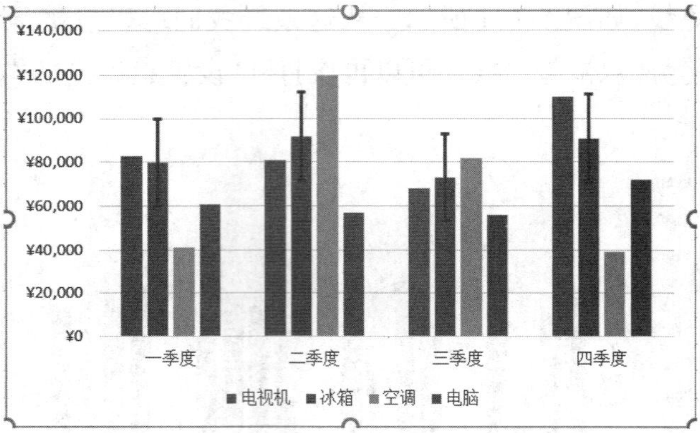

图 5-126 添加误差线后的图表

3. 插入与设置图形、文本框和迷你图等

Excel 提供了一套绘图工具，利用它可以进行一些简单图形的制作，例如，设计一些线条、箭头、基本图形、标注和文字框等。

用户可在“插入”选项卡下选择适当的命令进行所需的操作，Excel 中绘制图形、插入艺术字、插入文本框的方法与 Word 中基本相同。

迷你图是 Excel 2016 新增的一项功能。使用该功能，可以在一个单元格内显示一组数据的变化趋势，让用户获得直观快速的数据可视化显示。迷你图有三种格式：折线迷你图、柱形迷你图、盈亏迷你图，选定数据范围及迷你图所在单元格后，单击“确定”按钮完成迷你图的创建，效果如图 5-127 所示。

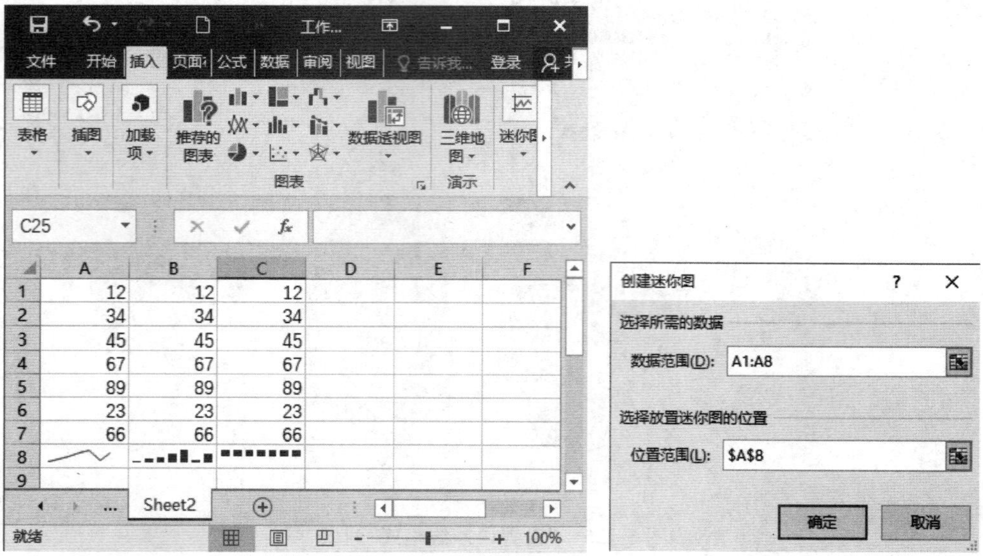

图 5-127 创建迷你图样例

习题 5

一、选择题

1. 在 Excel 中如果要设置行高、列宽，应选用________功能区中的“格式”命令。

   A. 开始　　B. 插入　　C. 页面布局　　D. 视图

2. 在 Excel 中，关于选定单元格区域的说法，错误的是________。

   A. 将鼠标指针指向要选定区域的左上角单元格，拖动鼠标到该区域的右下角单元格

   B. 在名称中输入单元格区域的名称或地址并按回车键

   C. 单击要选定区域的左上角单元格，按 Shift 键，再单击该区域的右下角单元格

   D. 单击要选定的区域的左上角单元格，再单击该区域右下角单元格

3. 在 Excel 中，表格的单元边距是指________。

   A. 表格内单元格与单元格之间的距离

   B. 表格的外边框与内部单元格边框的距离

   C. 单元格内文字与单元格边框的距离

   D. 单元格外框与内部文字之间的距离

4. 在 Excel 中，为了加快输入速度，在相邻单元格中输入“星期一”到“星期五”的连续字符时，可使用________功能。

   A. 复制　　B. 移动　　C. 自动填充　　D. 自动计算

5. 在 Excel 中，已知单元格 G2 中有公式“=SUM(C2:F2)”，将该公式复制到单元格 G3 后，G3 中的内容为________。

   A. =SUM(C2:F2)　　B. =SUM(C3:F3)

   C. SUM(C2:F2)　　D. SUM(C3:F3)

6. 在 Excel 的工作表中，已知 C2、C3 单元格的值均为 0，在 C4 单元格中输入“C4=C2+C3”，则 C4 单元格显示的内容为 ________。

   A. C4=C2+C3　　B. TURE

   C. 1　　D. 0

7. 在 Excel 中，针对某些行列的数据进行排序，下列哪项不属于排序的类型 ________。

   A. 简单排序　　B. 多条件排序　　C. 复杂排序　　D. 自定义排序

8. 在 Excel 中，图表建立后，如需复制图表，可以按住________键直接拖动复制。

   A. Ctrl　　B. Shift　　C. Delete　　D. Alt

9. 在 Excel 中，若需更改图表数据源，应选中图表后，单击图表工具下________选项卡下的选择数据命令，打开“选择数据源”对话框。

   A. 设计　　B. 格式　　C. 数据　　D. 视图

二、简答题

1. 简述 Excel 中工作簿、工作表、单元格的概念以及三者之间的关系。
2. 在 Excel 中，如何对单元格区域的数据进行条件格式设置？
3. 简述 Excel 公式的特点以及复制公式的方法。
4. 在 Excel 中，哪些情况下必须用高级筛选？
5. 数据透视表与分类汇总分别适用于什么情况？
6. 如何把 Excel 嵌入式图表改变为图表工作表？
7. 简述在 Excel 中创建迷你图的方法。

单元6 使用PowerPoint 2016制作演示文稿

【引言】

Microsoft PowerPoint 是一款广泛应用于商务、教育以及个人领域的演示文稿制作软件，通常被简称为 PPT 软件。该软件由微软公司开发，作为 Office 套件的一部分，它为用户提供了丰富的工具和功能，以创建专业而富有吸引力的演示文稿。PPT 软件的核心功能包括幻灯片制作、图形设计、动画效果设计、多媒体集成等。用户可以通过简单的拖拽和点击操作，将文字、图片、图表、音频和视频等多种元素整合到幻灯片中，从而制作出内容丰富、形式多样的演示文稿。此外，PPT 软件还支持多种主题和模板，方便用户快速搭建演示框架，提高工作效率。PPT 软件已成为企业沟通、汇报和展示的重要工具，广泛应用于各行各业，例如课件、工作汇报、商业展示等。

本单元将介绍演示文稿的基本操作、幻灯片的基本操作、母版的应用操作、主题的应用操作等知识，为熟练制作 PPT 打下坚实的基础。

项目 6.1 演示文稿的基本操作

6.1.1 项目要求

(1)熟悉 PowerPoint 2016 的工作界面。

(2)掌握 PowerPoint 2016 软件的启动、退出、新建、保存、查看、保护等基本操作。

(3)掌握 PowerPoint 2016 几种视图模式的操作方式。

(4)掌握 PowerPoint 2016 保存和关闭演示文稿的方法。

6.1.2 项目任务

(1)了解 PowerPoint 2016 的工作界面。

(2)掌握 PowerPoint 2016 演示文稿的基本操作。

6.1.3 项目实现

任务 1 了解 PowerPoint 2016 工作界面

工欲善其事，必先利其器。要想制作出精美的 PPT 作品，首先需要了解 PowerPoint 的工作界面(如图 6-1 所示)。

图 6-1 PowerPoint 工作界面

(1)标题栏。

标题栏位于界面的最上方，从左至右依次为快速访问工具栏、文档名称、功能区选项按钮以及窗口控制按钮。其中，快速访问工具栏包括保存、撤回、恢复、从头开始等命令按钮。用户可将一些常用的操作命令放置到快速访问工具栏中，具体操作为单击快速访问工具栏右侧的下拉三角按钮 ，在打开的下拉列表中勾选需要的选项，如图 6-2 所示。若当前列表中没有需要的选项，则可选择“其他命令”选项，在弹出的“PowerPoint 选项”对话框中的“快速访问工具栏”界面中选择需要的选项。例如添加“对齐方式”选项按钮，可先在对话框的“从下列位置选择命令”下拉列表中选择“所有命令”，再在下方的命令列表中选择“对齐方式”，单击“添加”按钮，该命令即被添加至右侧“自定义快速访问工具栏”列表中，单击“确定”按钮，完成命令添加操作，如图 6-3 所示。

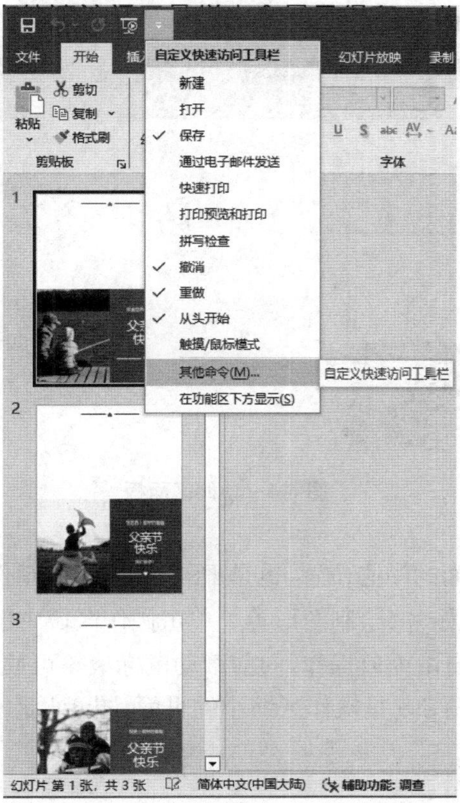

图 6-2 快速工具栏

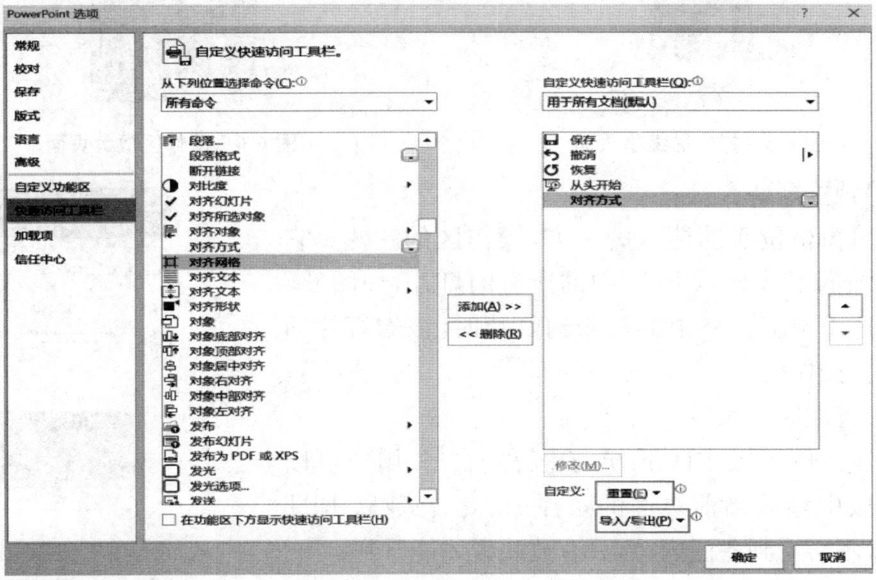

图 6-3 自定义快速访问工具栏

(2)功能区。

功能区位于标题栏下方，包括文件、开始、模板、插入、设计、切换、动画、幻灯片放映、录制、审阅、视图、帮助、PDF 工具等选项卡。每个选项卡都包含多个选项组，相同类别的命令通常集中在同一个选项组，如图 6-4 所示。

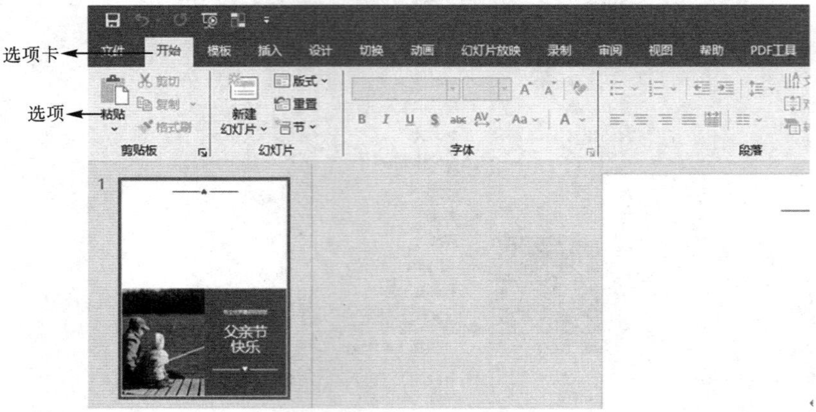

图 6-4 功能区面板

(3)操作区。

操作区位于整个页面的中心位置，也是 PPT 最主要的制作区域。在该区域可以向幻灯片中输入文字、插入图片、绘制图形等。单击操作区域中的任意位置，按住 Ctrl 键，并结合鼠标滚轮可进行自由缩放操作，向前滚动鼠标滚轮可放大显示操作区，向后滚动则可缩小显示操作区。图 6-5 是操作区缩小的页面，图 6-6 是操作区放大的页面。

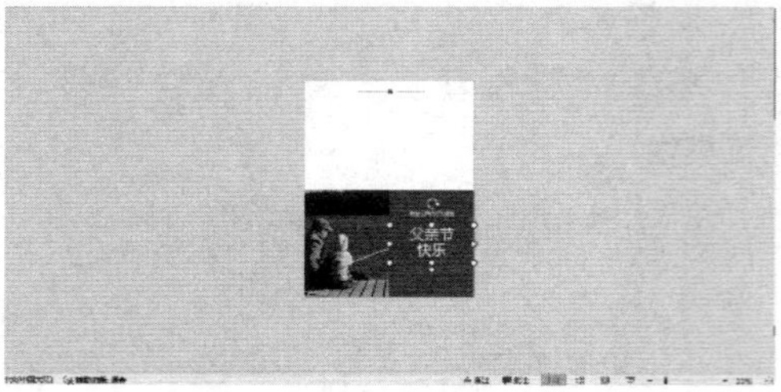

图 6-5 操作区缩小页面

图 6-6 操作区放大页面

(4)预览窗格。

预览窗格位于功能区的下方，操作区的左侧。它以预览图的形式显示 PPT 中的所有幻灯片，如图 6-7 所示。选中预览窗格中的一张幻灯片时，该幻灯片即被显示在操作区中。

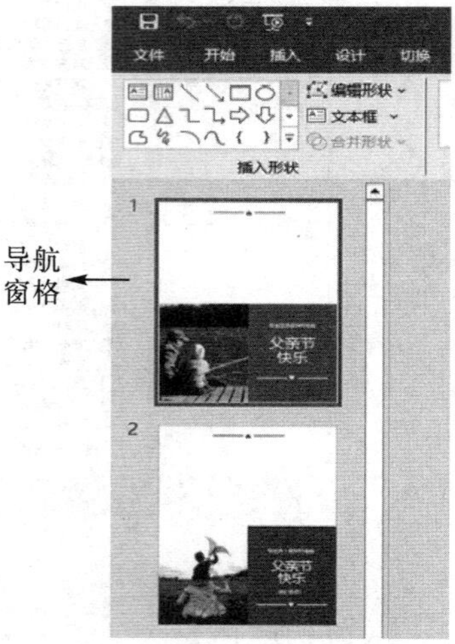

图 6-7 导航窗格面板

(5)备注区。

备注区位于操作区下方，状态栏上方。用户可以在该区域中输入当前页面的备注内容。在放映 PPT 时，观众不会看到备注内容，只有放映者才能看到。

(6)状态栏。

状态栏位于页面最下方，从左至右依次为幻灯片当前显示页码、总页数、拼写检索按钮、语言、“备注”按钮、“批注”按钮、视图按钮、幻灯片放映按钮、视图缩放栏等。

任务 2　掌握 PowerPoint 2016 的基本操作

PowerPoint 2016 的基本操作包括 PowerPoint 2016 的启动、退出、新建、保存、查看和文件保护等。

(1)启动和退出。

双击应用程序图标即可启动 PowerPoint 2016。启动程序后，单击标题栏的“关闭”按钮，或者单击“文件”选项卡，在打开的界面中选择“关闭”选项即可退出 PowerPoint 2016，如图 6-8 所示。

图 6-8　文件选项卡

(2)新建和保存。

新建 PPT 的方法有很多，如创建空白演示文稿、创建主题模板演示文稿等。这些操作都可以在“文件”选项卡的“新建”界面中进行，如图 6-9、图 6-10 所示。

图 6-9　新建空白演示文稿

图 6-10 创建主题模板演示文稿

在制作 PPT 的过程中,用户需要随时进行保存操作,以避免突然断电或死机造成文件丢失。首次保存时,只需单击快速访问工具栏中的“保存”按钮,或按 Ctrl＋S 组合键,打开“另存为”界面,单击“浏览”按钮,打开“另存为”对话框,在此设置好保存路径及文件名称,单击“保存”按钮完成保存操作,如图 6-11 所示。

图 6-11 PPT 保存界面

(3)查看。

PPT 制作完成后,用户可以通过以下三种模式来查看制作的效果。

①普通视图。在普通视图下,将光标移到编辑区上方,滑动鼠标滚轮就可以对幻

灯片的内容进行查看，该视图为 PPT 默认的视图模式。

②幻灯片浏览。在状态栏中单击“幻灯片浏览”按钮，或者在“视图”选项卡的“演示文稿视图”选项组中单击“幻灯片浏览”按钮均可切换到幻灯片浏览视图模式，如图 6-12所示。

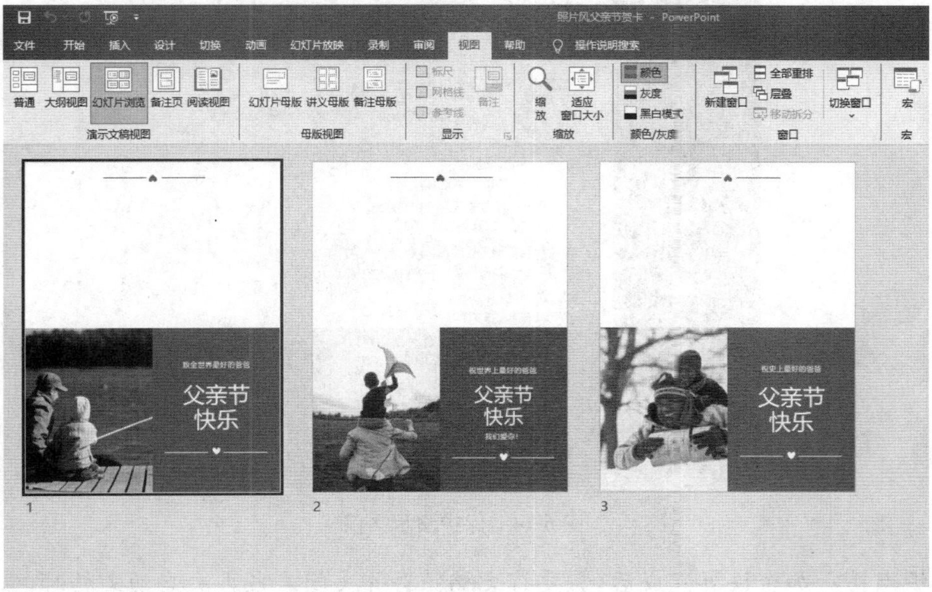

图 6-12　幻灯片浏览视图模式

③阅读视图。在状态栏中单击“阅读视图”按钮即可进入窗口放映状态。在这种状态下，用户可以对幻灯片中的内容和动画效果进行查看，如图 6-13 所示。

图 6-13　阅读视图

(4)文件保护。

如果不想自己制作的演示文稿被篡改，就可以对其进行加密。具体方法如下。

切换到“文件”选项卡，在“信息”界面中单击“保护演示文稿”下拉按钮，选择“用密码进行加密”选项；在“加密文档”对话框中输入密码，单击“确定”按钮；然后在“确认密码”对话框中再次输入相同的密码，单击“确定”按钮即可，如图 6-14 所示。

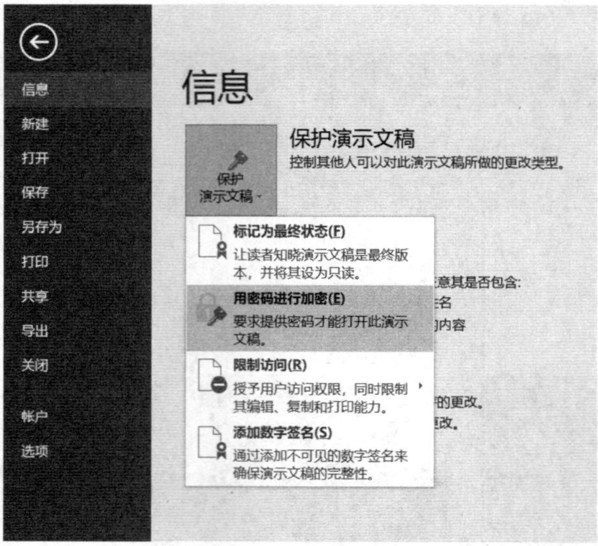

图 6-14 保护演示文稿

知识点拨： 加密设置完成后，需要将文稿保存并关闭。当再次启动文档时，需要输入“密码”才能打开文档。

如果想要取消密码保护，可按照前述操作打开“加密文档”对话框，删除密码，单击“确定”按钮，保存文档完成取消密码保护操作。

6.1.4 相关知识

1. 打开演示文稿

启动 PowerPoint 2016 后，选择“文件”|“打开”命令或按“Ctrl＋O”组合键，打开“打开”对话框，选择需要打开的演示文稿，单击“打开”按钮。

2. 打开最近使用的演示文稿

PowerPoint 2016 提供了记录最近打开的演示文稿的功能。如果想打开最近打开过的演示文稿，可选择“文件”|“打开”命令，在“打开”界面的“最近”列表中查看最近打开的演示文稿名称，选择需打开的演示文稿即可将其打开。

3. 以只读方式打开演示文稿

以只读方式打开的演示文稿只能进行浏览，不能进行编辑。方法为：打开“打开”对话框，在其中选择需要打开的演示文稿，单击“打开”按钮右侧的下拉按钮，在打开的下拉列表中选择“以只读方式打开”选项。此时，打开的演示文稿标题栏中将显示“只读”字样，在以只读方式打开的演示文稿中进行编辑后，不能直接进行保存操作。

4. 以副本方式打开演示文稿

以副本方式打开演示文稿指将演示文稿作为副本打开，在副本中进行编辑后，不会影响源文件的内容。在打开的“打开”对话框中选择需打开的演示文稿后，单击“打开”按钮右侧的下拉按钮，在打开的下拉列表中选择“以副本方式打开”选项，此时演示文稿“标题”栏中将显示“副本”字样。

项目 6.2 幻灯片的基本操作

一个演示文稿中包含多张幻灯片。一般来说，对演示文稿中幻灯片的操作管理是在普通视图或幻灯片浏览视图下进行的(如果没有特别说明，则以下操作均在幻灯片普通视图下完成)，其基本操作包括在演示文稿中添加、移动、复制以及删除幻灯片等。

6.2.1 项目要求

(1)掌握插入幻灯片的方法。

(2)掌握新建、移动、复制、删除幻灯片的方法。

(3)掌握幻灯片的尺寸调整和背景设置方法。

(4)掌握母版幻灯片的应用。

(5)掌握主题幻灯片的应用。

6.2.2 项目任务

创建适用于手机端的 PPT 页面，尺寸为 7.2 厘米×12.8 厘米，效果如图 6-15 所示。

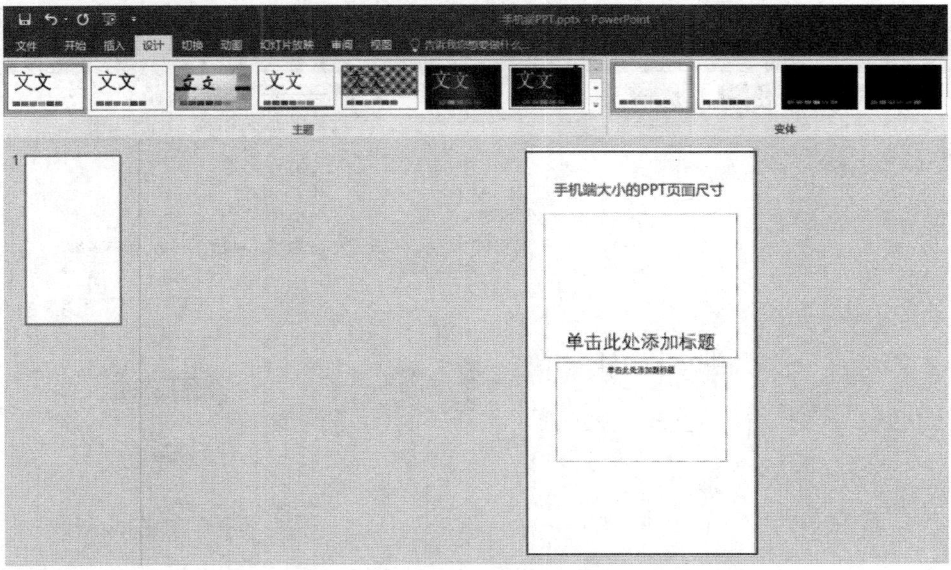

图 6-15 手机端 PPT 的页面效果

6.2.3 项目实现

任务 1 新建一个空白演示文稿

在电脑桌面空白处单击鼠标右键,选择“新建”|“PowerPoint 演示文稿”,即可在桌面上创建一个空白的演示文稿,输入演示文稿文件名“手机端 PPT”。

任务 2 自定义幻灯片大小

双击打开“手机端 PPT”演示文稿,在“设计”选项卡“自定义”选项组中单击“幻灯片大小”对话框,在其中进行相应设置,如图 6-16 所示。设置完成后,单击“确定”按钮,弹出如图 6-17 所示对话框,选择“确保适合”,则当前幻灯片尺寸发生了相应的变化。

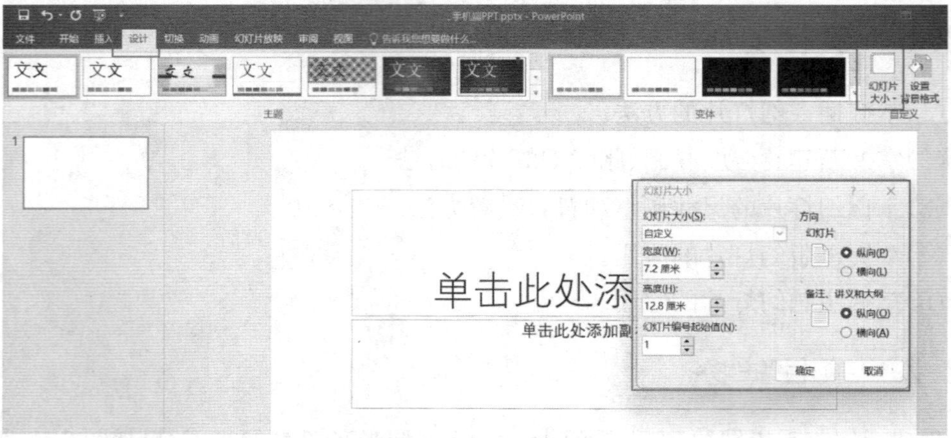

图 6-16 自定义幻灯片大小

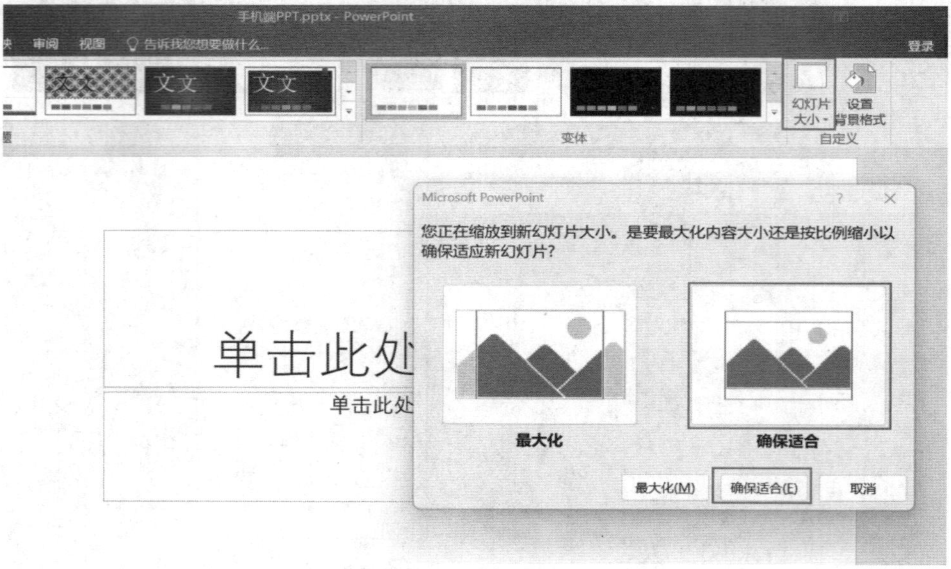

图 6-17 按比例缩小幻灯片尺寸

6.2.4 相关知识

1. 插入幻灯片

在修改和管理演示文稿的过程中，常常要插入幻灯片。插入幻灯片可以在普通视图的“大纲”窗格和“幻灯片”窗格中操作，也可以在幻灯片浏览视图中操作。

操作步骤：

单击要插入新幻灯片的位置。单击“开始”功能区“幻灯片”选项组的“新建幻灯片”下拉选项，选择对应主题的幻灯片，如图 6-18 所示。

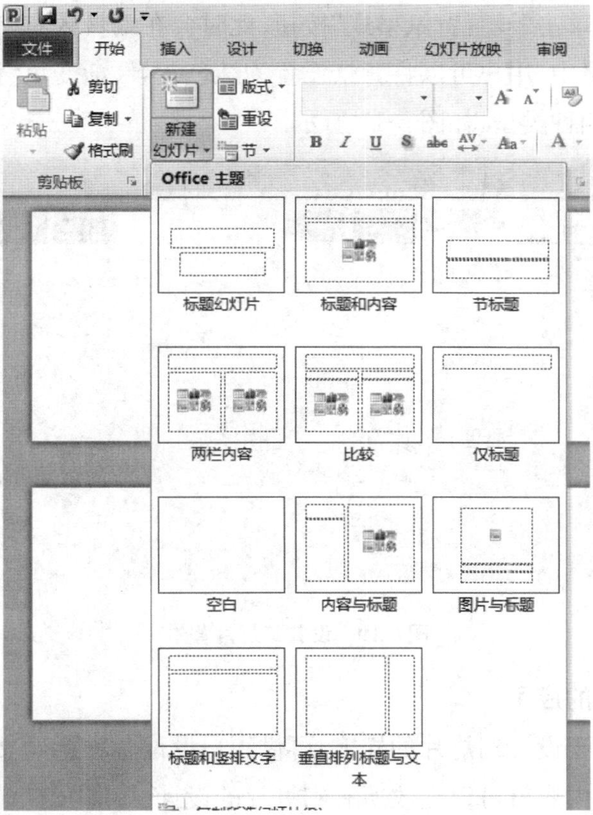

图 6-18 新建幻灯片

2. 复制、移动和删除幻灯片

复制、移动和删除幻灯片的操作可以通过快捷菜单、“开始”功能区和键盘命令，这与 Word 中文本操作的方式一样，以下均按快捷菜单命令来完成。

复制、移动幻灯片是通过剪贴板进行的，其操作步骤如下。

(1)选中一张或多张幻灯片。在导航窗格中单击任意一张幻灯片，此时被选中的幻灯片出现高亮显示；如果要选择多张幻灯片，可先单击一张幻灯片，再按住 Ctrl 键选择其他幻灯片，此时被单击的幻灯片都会被选中。

(2)如果要复制幻灯片,可先选中幻灯片,再在快捷菜单中选择“复制”命令,找到需要粘贴的位置,右击,在弹出的快捷菜单中选择粘贴。如果要移动幻灯片,则选择“剪切”命令将幻灯片移动到剪贴板中,再在合适的位置粘贴。

(3)删除幻灯片。具体操作步骤如下。

在“普通视图”的“大纲”窗格或在浏览视图中,选中要删除的幻灯片,选择“删除幻灯片”命令,或者按“Del”键,均可删除幻灯片。

3. 设置幻灯片背景

幻灯片背景默认为白色,用户可以根据设计的版式、风格来自定义幻灯片背景。在“设计”选项卡中单击“设置背景格式”按钮,此时会在编辑区右侧打开“设置背景格式”窗格。在该窗格中,用户可以将背景设置为纯色背景、渐变色背景、图片或纹理背景、图案填充背景四种类型,如图 6-19 所示。

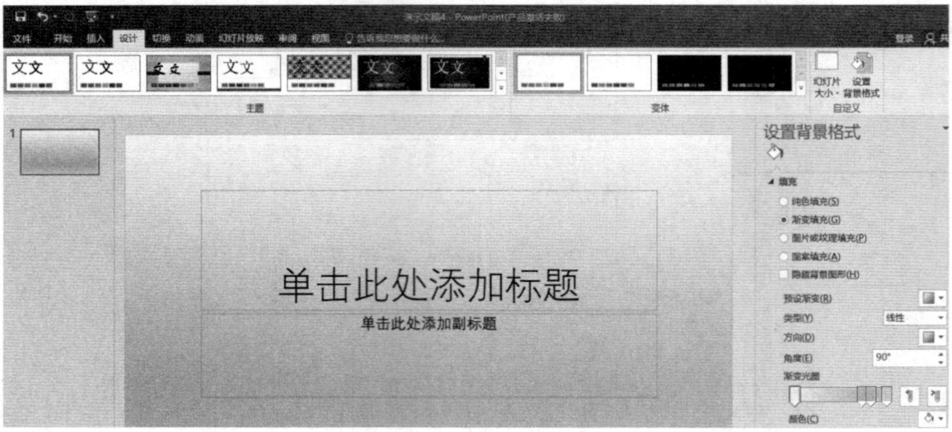

图 6-19 设置幻灯片背景

4. 母版幻灯片的应用

幻灯片母版用于设计幻灯片的样式,可供用户设计各种标题文字、背景、属性等。用户只需更改一项内容就可以更改所有幻灯片的设计。利用幻灯片母版可以快速统一幻灯片的风格,使之具有统一的外观。本节将向用户简单介绍母版幻灯片的应用。

(1)认识母版幻灯片。

在“视图”选项卡中单击“幻灯片母版”按钮,即可进入母版视图界面。在左侧的预览窗格中,首张幻灯片称为母版页,其余幻灯片称为版式页。当对母版页进行操作时,会直接影响版式页,如图 6-20 所示。而对任意一张版式页进行操作时,其他幻灯片均不会受到影响,如图 6-21 所示。

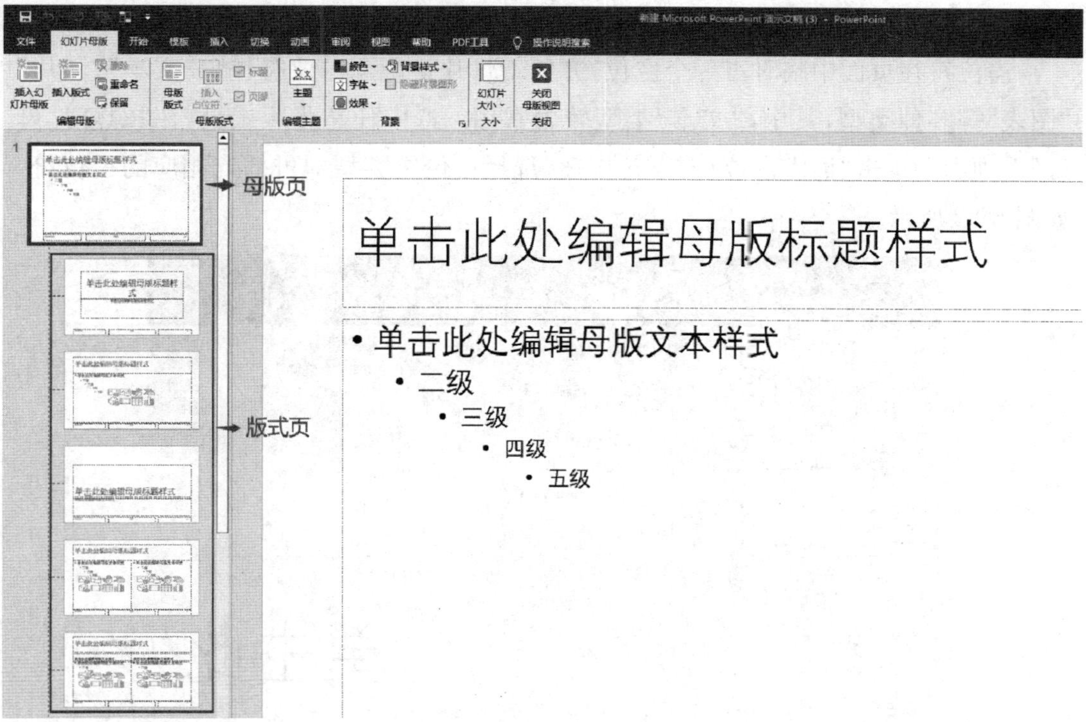

图 6-20　母版页设置

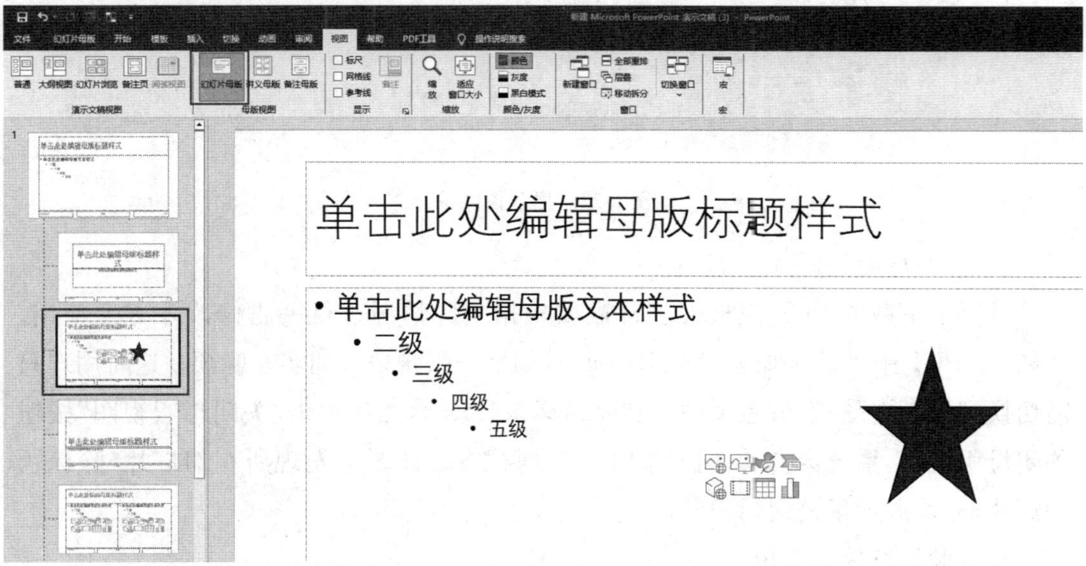

图 6-21　版式页设置

新手误区： 在母版页制作好版式后，若切换到其他版式页中，是不能进行版式修改的，只有再次进入母版页才可进行修改。

(2)占位符是母版幻灯片特有的功能。

占位符在页面中临时占一个空位,方便幻灯片排版。占位符包含“文本”“图片”“图表”等多种类型,其中,“文本”类型较为常用。选中任意张版式页,在“幻灯片母版”选项卡中单击“插入占位符”下拉按钮,选择占位符类型即可插入相应的占位符,如图 6-22 所示。

图 6-22 插入占位符

(3)修改母版幻灯片。

从网上下载的 PPT 模板大多都需要根据实际情况进行一番修改才方便使用。例如,在 PPT 中批量添加公司标识(logo),如果一张张地添加实在麻烦。这时用户只需切换到母版视图,在母版页中添加公司标识(logo),然后单击“关闭母版视图”按钮关闭母版视图,系统会自动切换到 PPT 普通视图。此时会发现所有幻灯片(除标题幻灯片外)均添加了公司标识(logo)。

5. 主题幻灯片的应用

在制作 PPT 时,使用系统自带的主题模板进行创建可以节省自己设计版式的时间,提高制作效率。

(1)应用内置主题。在“设计”选项卡的“主题”选项组单击“主题”滚动条,可以看到主题样式列表。在列表中选择一款满意的主题样式应用即可,如图 6-23、图6-24所示。

图 6-23　选择主题幻灯片

图 6-24　应用主题幻灯片

(2)修改主题。用户如果对内置的主题样式不满意，可以对其进行修改，如修改主题字体、颜色、背景等。

①修改主题字体。在“设计”选项卡的“变体”选项组中单击“其他”下拉按钮，选择“字体”选项，并在其级联菜单中选择满意的字体，此时幻灯片中所有字体均已发生相应的变化。当然也可以在列表中选择“自定义字体”选项，在“新建主题字体”对话框中自定义主题字体，如图 6-25、图 6-26 所示。

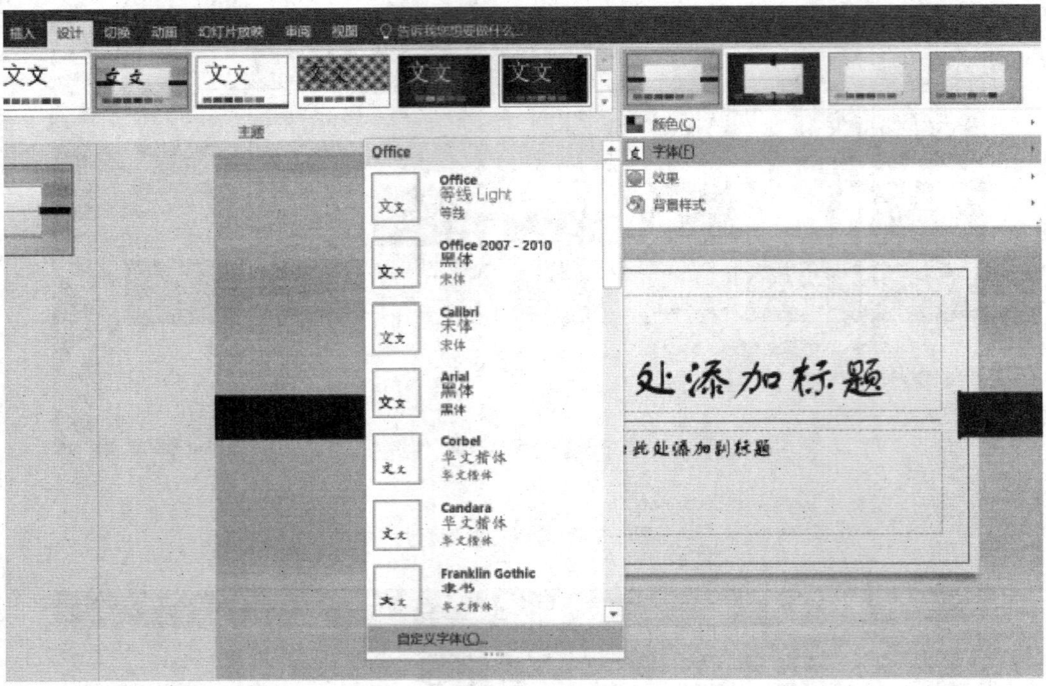

图 6-25 修改主题字体

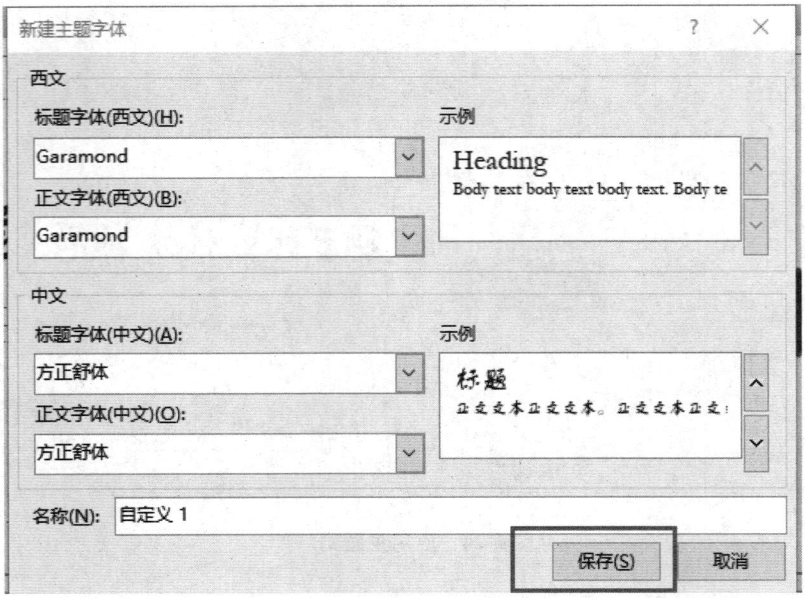

图 6-26 新建主题字体对话框

②修改背景样式。在“变体”选项组中单击下拉滚动条，选择“背景样式”选项，在打开的级联菜单中选择背景样式，如图 6-27 所示。在级联菜单中选择“设置背景格式”选项，在打开的“设置背景格式”窗格中对背景样式进行详细的设置，如图 6-28 所示。

图 6-27　更改背景样式

图 6-28　设置背景样式

(3)保存主题。主题样式设置完成后，为了方便后期直接调用，可将主题进行保存。在“设计”选项卡的“主题”样式列表中选择“保存当前主题”选项，如图 6-29 所示。在“保存当前主题”对话框中设置保存路径及文件名，单击“保存”按钮即可。

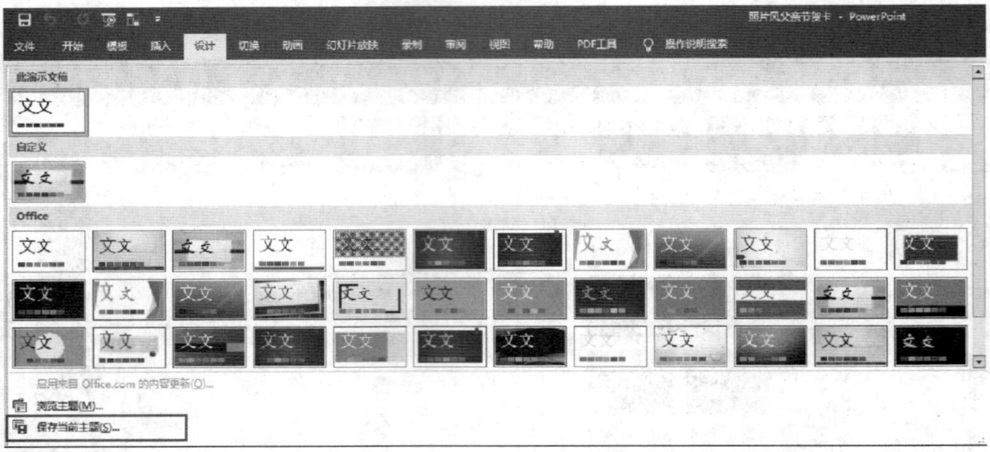

图 6-29　保存主题

(4)应用主题。以后调用时只需在“主题”样式列表中选择“浏览主题”选项，在打开的对话框中选择保存的主题模板即可，如图 6-30、图 6-31 所示。

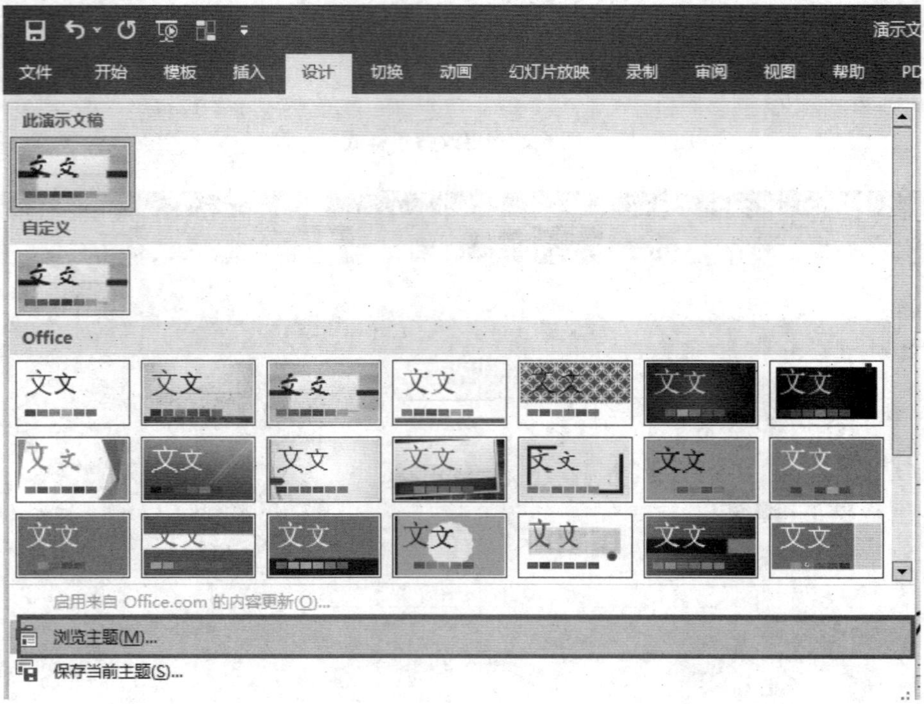

图 6-30　浏览主题模板

图 6-31　选择主题模板

项目 6.3　插入文本、图形与图片

编辑幻灯片是制作演示文稿的第一步。本项目根据制作“毕业答辩”演示文稿的实例，介绍在幻灯片中如何进行文字、形状、SmartArt 图形、图片及艺术字的运用。

6.3.1　项目要求

(1)掌握占位符的概念及文本框的添加方法。
(2)掌握文本框格式的设置方法。
(3)掌握在幻灯片中插入形状的方法。
(4)掌握在幻灯片中插入 SmartArt 图形的方法。
(5)掌握在幻灯片中插入图片和艺术字的方法。

6.3.2 项目任务

创建新的演示文稿，并在幻灯片中添加相应的文本框、形状和图片等，编辑过后达到如图 6-32 所示的效果。

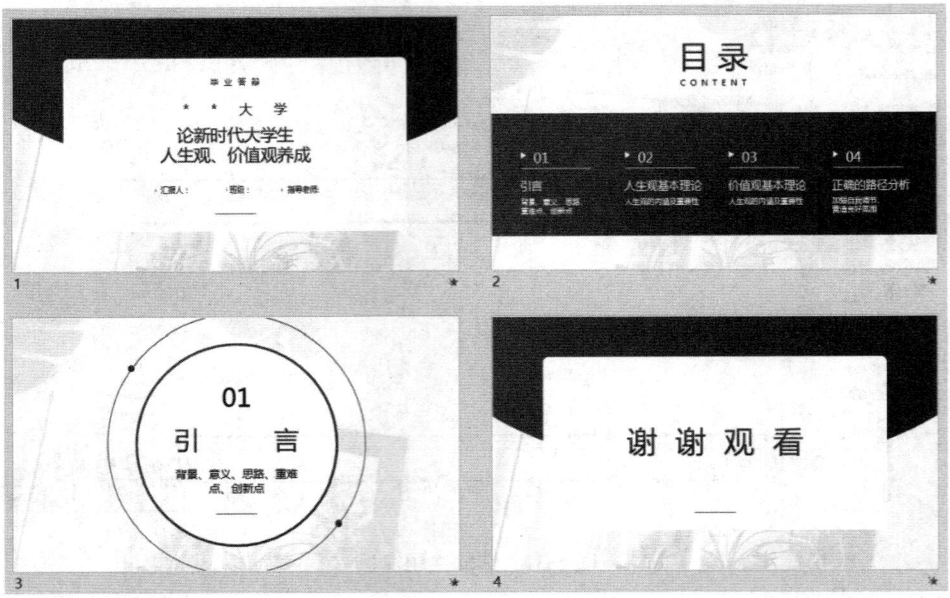

图 6-32 “毕业答辩”演示文稿效果

6.3.3 项目实现

任务 1 制作第一张幻灯片

第一张幻灯片中用到的知识有新建空白版式的幻灯片、绘制图形、插入文本框、编辑文本框、输入文本、设置文本格式、插入幻灯片背景图片等。

操作步骤：

(1)在桌面空白处右击鼠标，弹出快捷菜单，选择“新建”|“Microsoft PowerPoint 演示文稿”，这时候会在桌面上新建了一个 PowerPoint 文档，单击文档，右击鼠标，选择“重命名”，输入“毕业答辩演示文稿”，如图 6-33 所示。

(2)打开文档，将第一张幻灯片的版式改为“空白”。选择第一张幻灯片，右击鼠标，选择“版式”|“空白”，如图 6-34 所示。

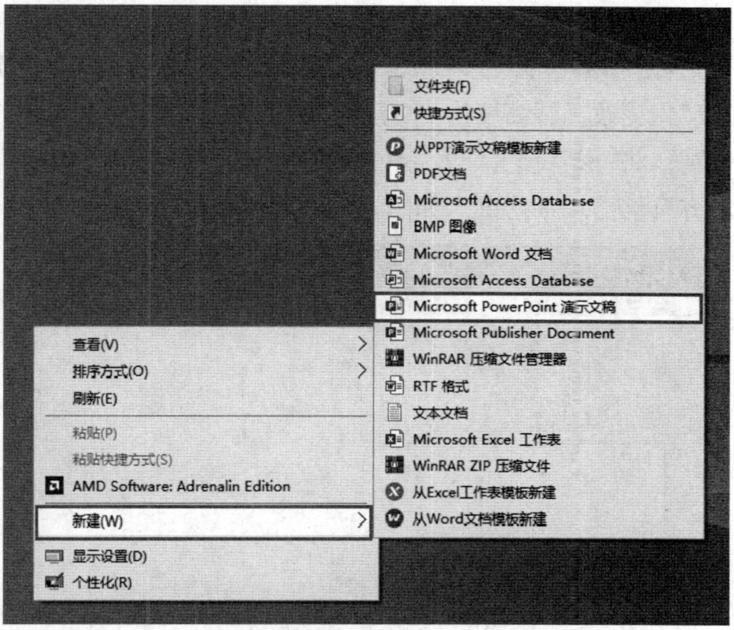

图 6-33　创建演示文稿

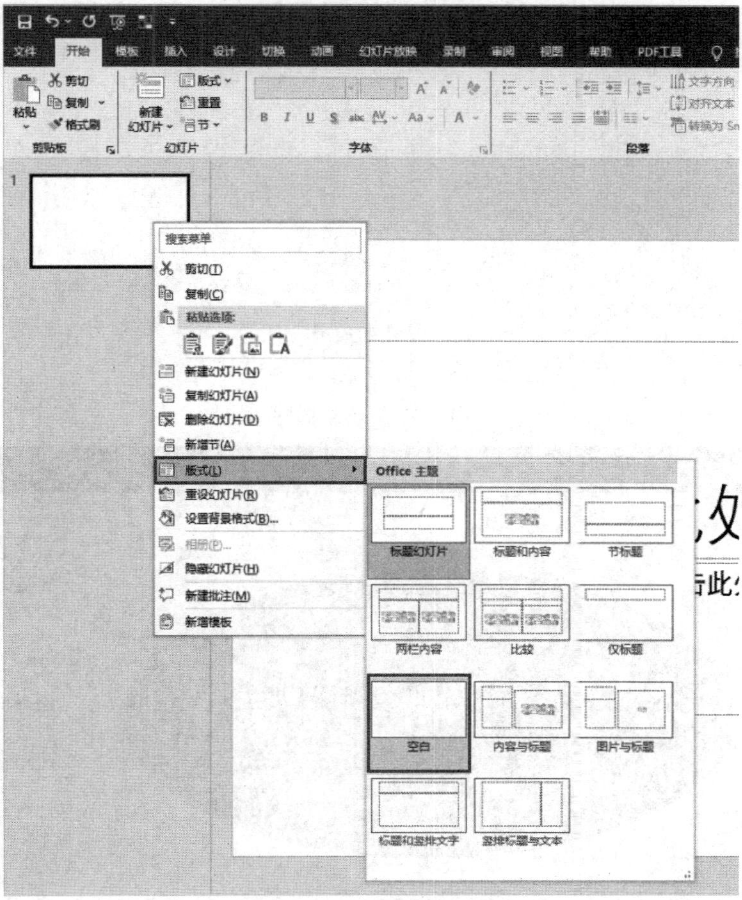

图 6-34　创建“空白”幻灯片

(3)绘制椭圆形状。单击“插入”选项卡,在“插图”选项组中找到“形状”,单击“形状”向下的小三角,选择第一排的“椭圆”形状,如图 6-35 所示。在幻灯片中绘制椭圆,在“绘图工具”中更改椭圆高度为 18.5 厘米,宽度为 39.5 厘米,并按图 6-36 所示移动到适当的位置,将“形状填充”设为红色,将“形状轮廓”设为“无轮廓”,在“排列”选项组中将“对齐”设为“水平居中”,如图 6-37 所示。

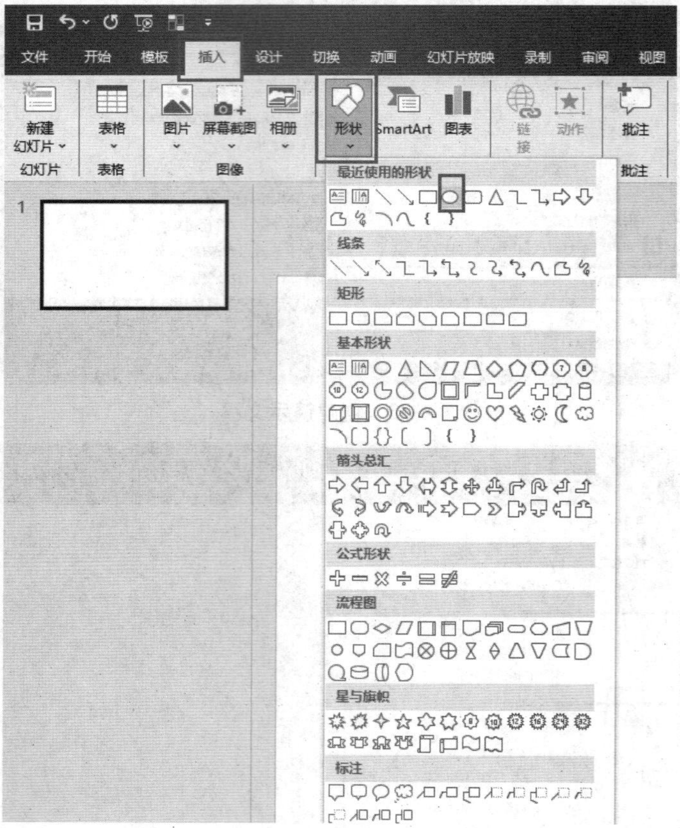

图 6-35 绘制椭圆

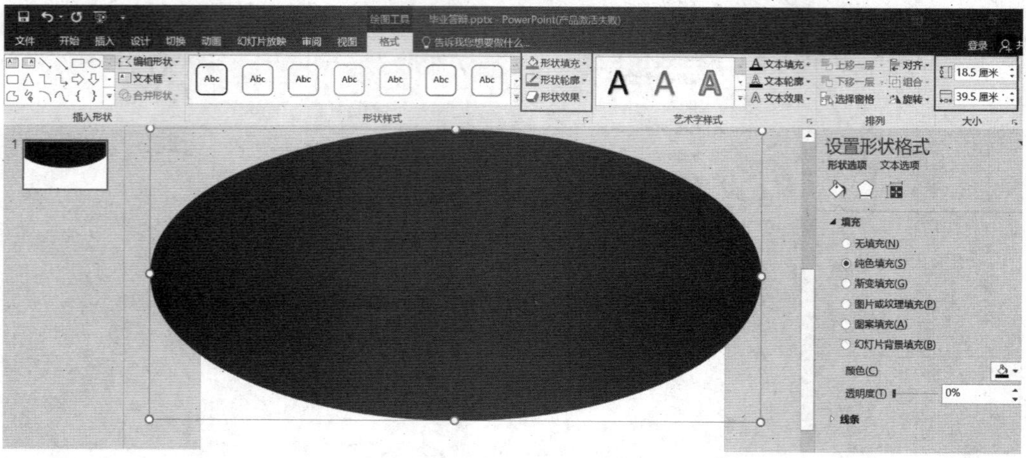

图 6-36 椭圆大小与颜色设置

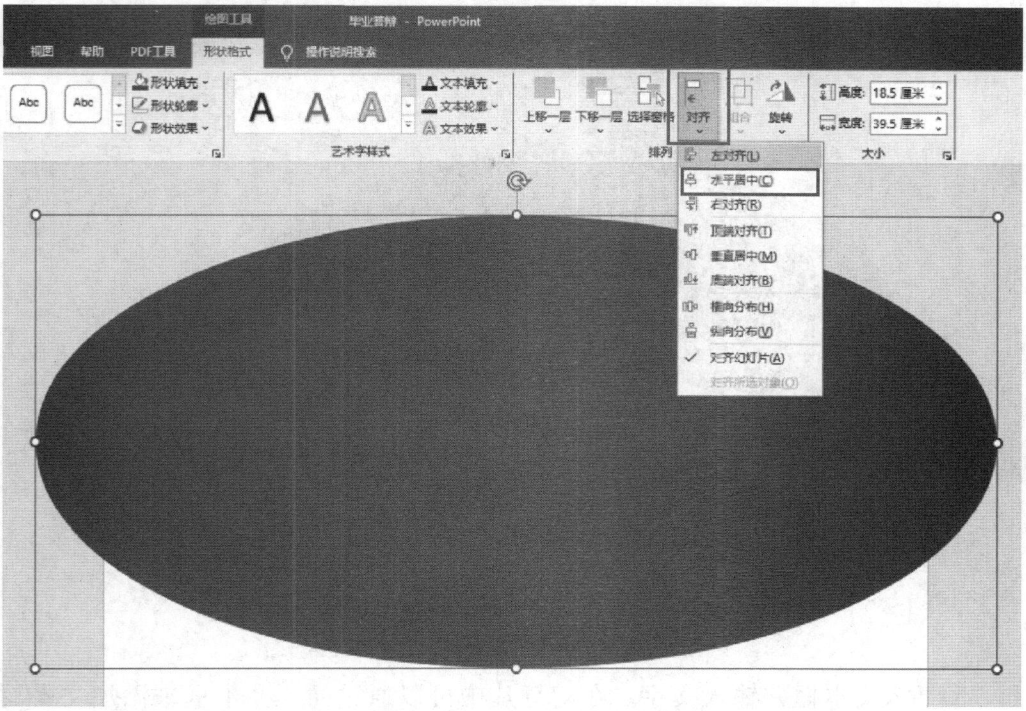

图 6-37　椭圆对齐方式设置

(4)绘制圆角矩形并设置。单击“插入”选项卡“形状”，选择“圆角矩形”，在幻灯片适当位置绘制，如图 6-38 所示。在“绘图工具”中设置高度为 12.3 厘米，宽度为 24.2 厘米，在“排列”中选择“对齐”|“居中对齐”，将“形状填充”设为白色背景 1，将“形状轮廓”设为无轮廓，如图 6-39 所示。

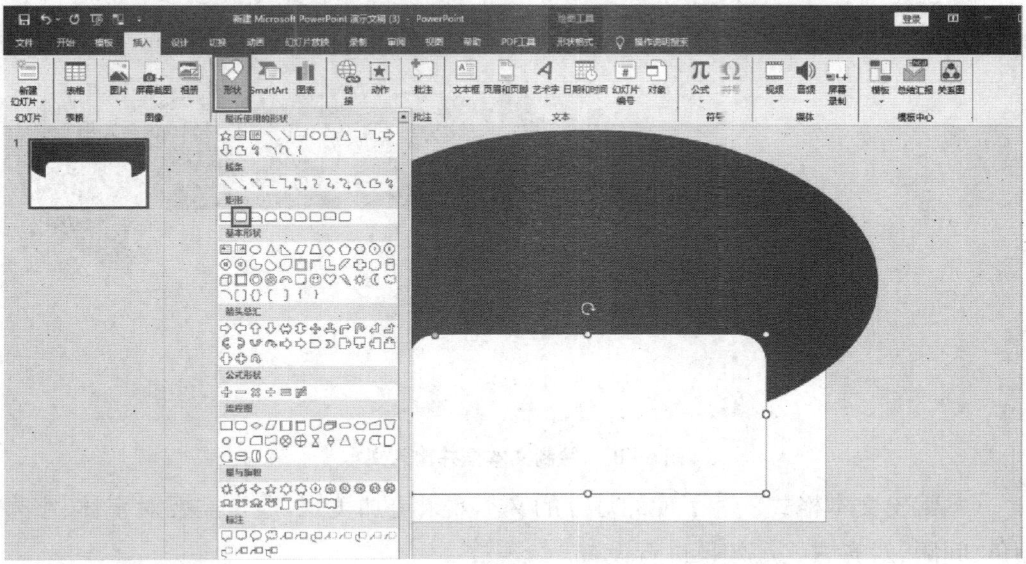

图 6-38　绘制圆角矩形

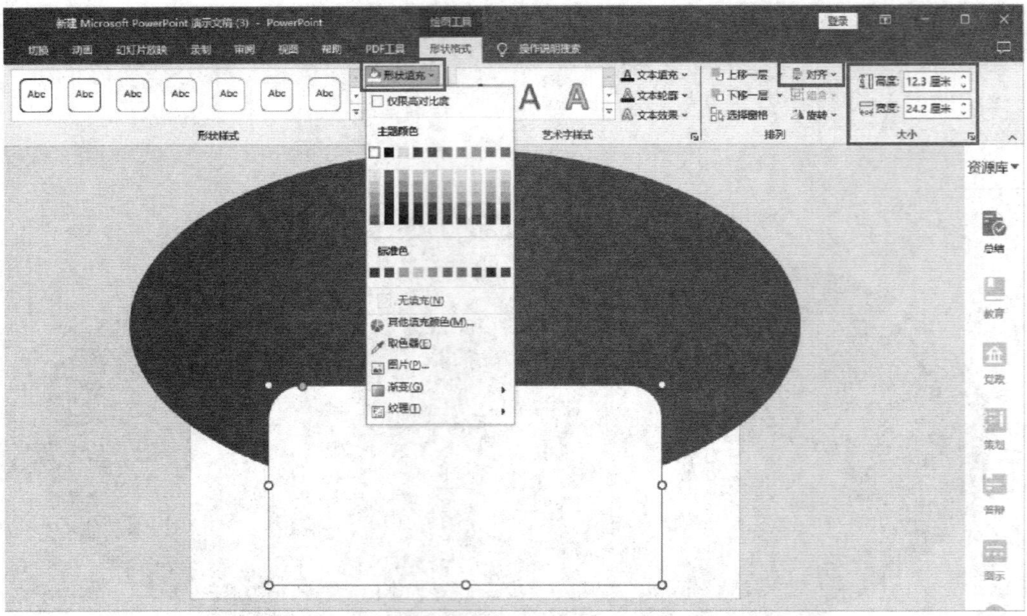

图 6-39 设置圆角矩形的大小与颜色

(5)插入文本框并输入文字。在幻灯片中可以通过插入文本框来添加文本,在“插入”|“文本”组,单击“文本框”的下拉按钮,选择“绘制横排文本框”,在幻灯片适当位置绘制文本框并在文本框中添加相应的文字,如图 6-40 所示。

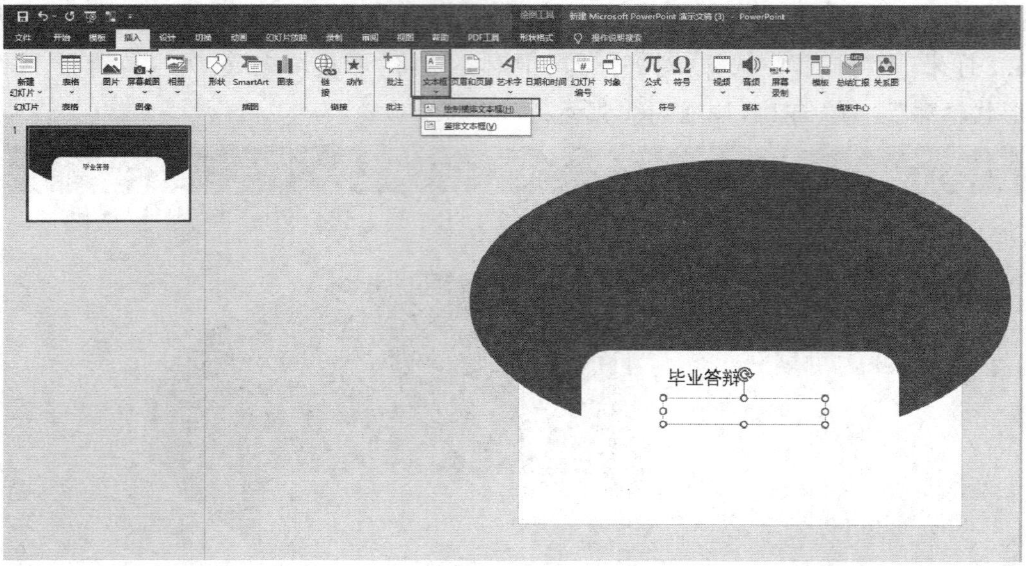

图 6-40 绘制文本框并输入文本

(6)编辑文本格式。为了使幻灯片的文本效果更加美观,通常需要对字体、字号、颜色、间距、对齐方式等效果进行设置。

①选中“毕业答辩”文本框,设置字体为黑体,字号为 28 号,单击“字体”选项组子菜单的三角箭头,弹出“字体”对话框,设置字距为“加宽”6 磅,单击“确定”按钮,如

图 6-41所示；单击“字体”选项组的字体颜色图标 A 设置颜色为红色；单击“绘图工具”选项卡，在“排列”选项组中单击选择“对齐”|“水平居中”，如图 6-42 所示。

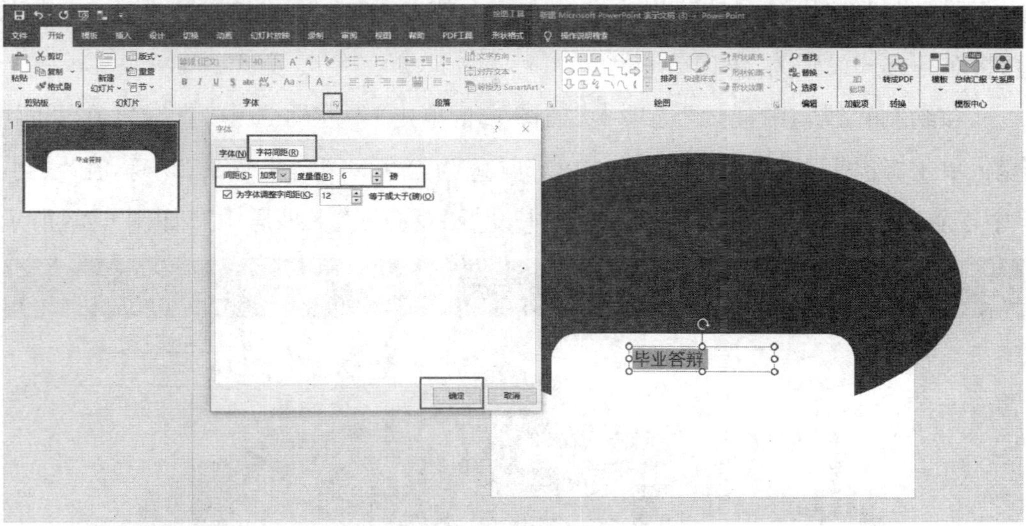

图 6-41　设置字体格式

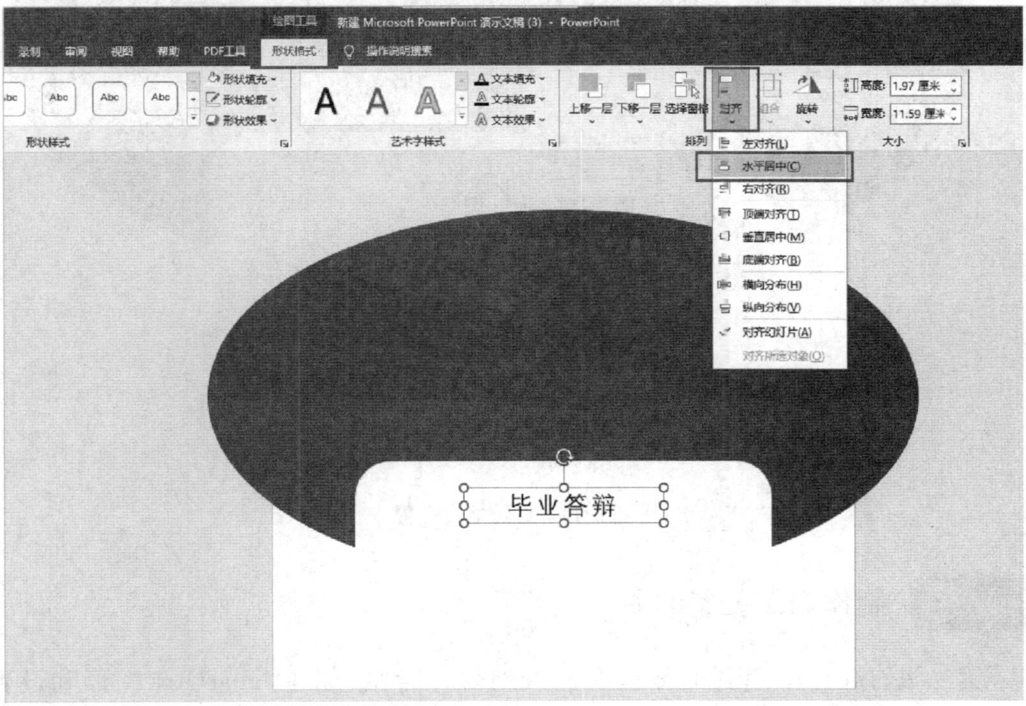

图 6-42　设置文本框对齐方式

②对第二个、第三个、第四个文本框及文本格式进行设置。将第二个文本框文字设置为宋体、32 号，将字间距设为加宽 50 磅，设置颜色为黑色；将第三个文本框文字

设置为宋体、32 号、加粗，设置字体颜色为红色；将第四个文本框字体设置为宋体、19 号，设置字体颜色为红色；将第二个、第三个、第四个文本框的对齐方式全部设置为“水平居中”，并按住 Shift 键，将四个文本框全部选中，在“绘图工具”选项卡“排列”组，将对齐方式设置为“纵向分布”。

(7)绘制直线，在“插入”选项卡“插图”组，单击“形状”，选中“直线”，在页面中绘制，单击“绘图工具”，设置“形状轮廓”颜色为红色，“粗细”为 2.25 磅，在“大小”组中设置“宽度”为 4 厘米，在“排列”组中设置“对齐”|“水平居中”，如图 6-43 所示。

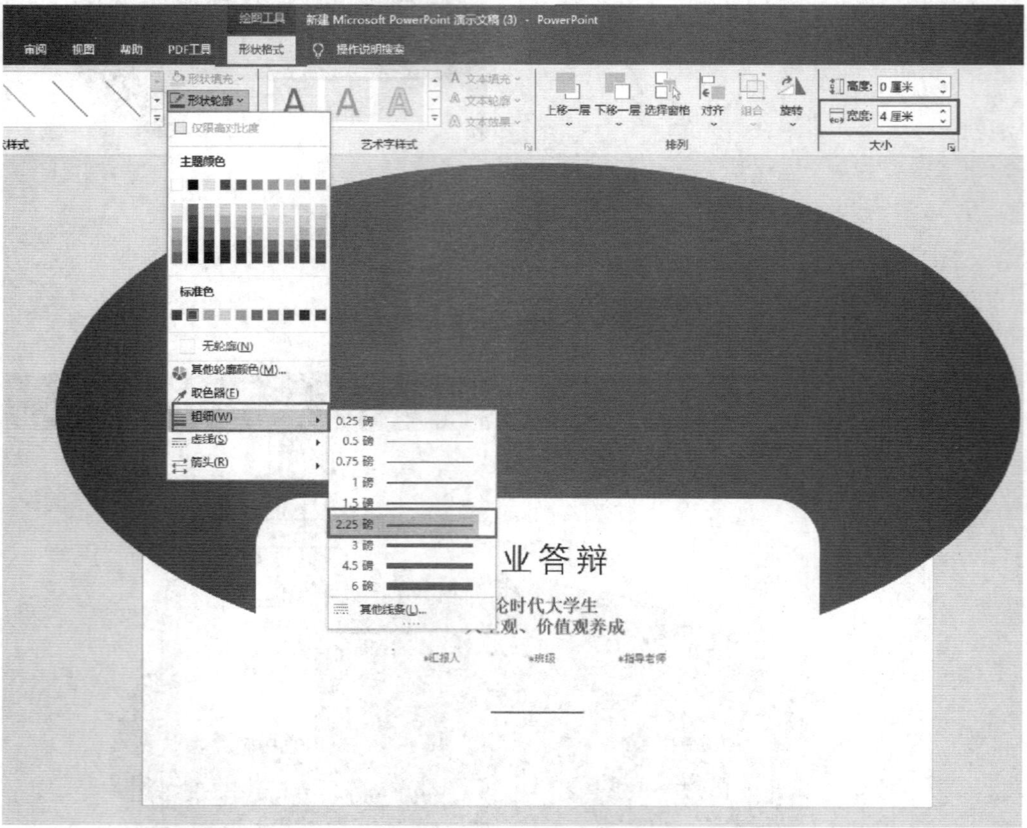

图 6-43 直线格式设置

任务 2 制作第二张幻灯片

第二张幻灯片中用到的知识有插入幻灯片背景、创建 SmartArt 图形和设置 SmartArt 格式等。具体步骤如下。

(1)启动“设置背景格式”窗格。为幻灯片添加背景，最好的方法是利用“设置背景格式”功能，这样可以有效地避免在对当前幻灯片进行编辑时误操作到背景图片。

新建空白版式幻灯片，在幻灯片编辑区单击鼠标右键，弹出快捷菜单，选择“设置背景格式”按钮，打开相应的设置窗格，如图 6-44 所示。

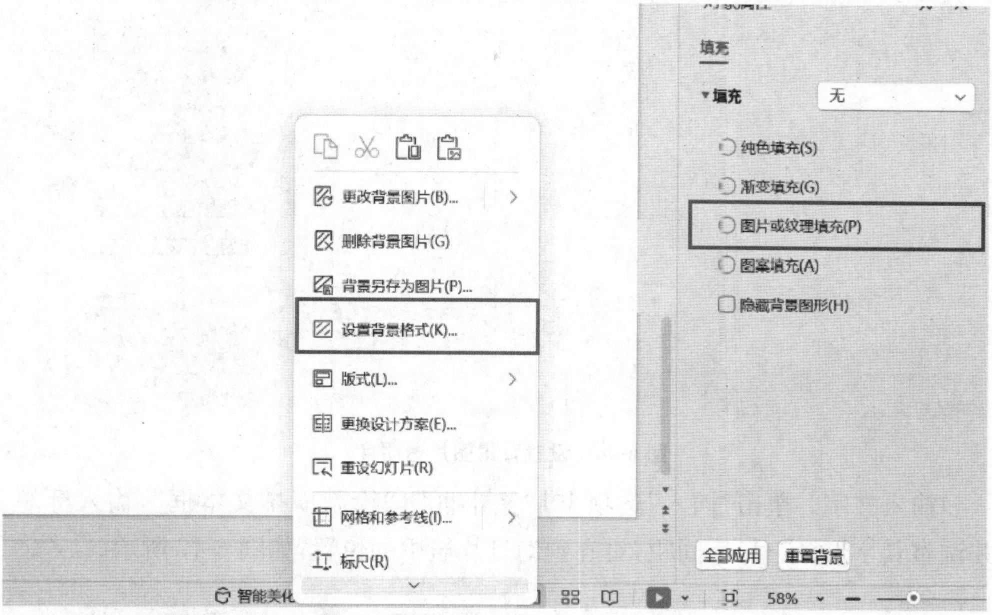

图 6-44　设置背景格式

(2)选择图片。在“设置背景格式”窗格中单击“图片或纹理填充”单选按钮，在展开的列表中单击“文件”按钮，打开“插入图片”对话框，选择背景图片，单击“打开”按钮，如图6-45所示。

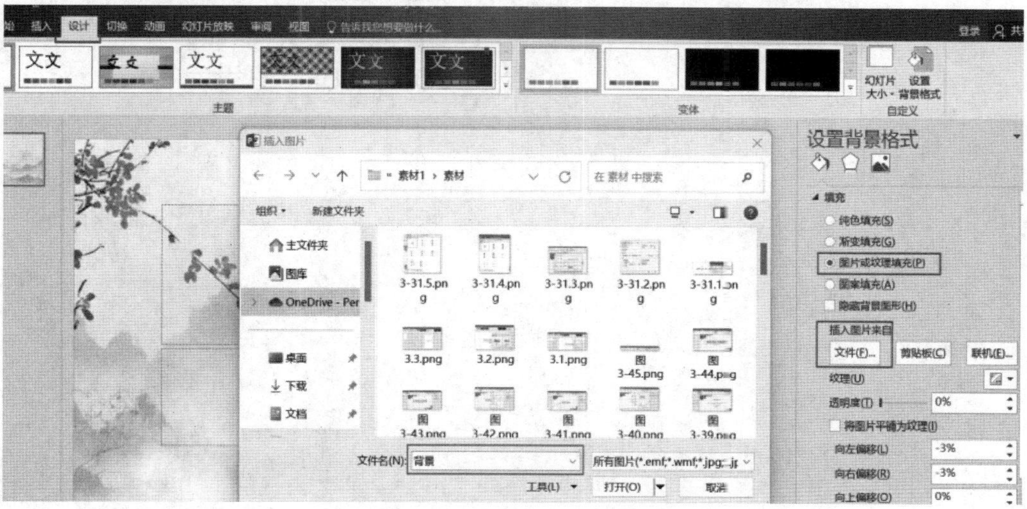

图 6-45　插入背景图片

(3)设置背景图片。为插入的背景图片设置透明度，制作淡雅柔和的背景效果。

在“设置背景格式”窗格中将“透明度”设为70%,效果如图6-46所示。

图6-46 设置背景图片透明度

(4)输入文字。单击“插入”选项卡|“文本框”|“绘制横排文本框”,输入标题文字,并调整其字形、字号、字间距,对齐到幻灯片居中的位置,如图6-47所示。

图6-47 设置标题文字

(5)绘制矩形并填充红色。单击“插入”|“形状”,选择矩形,如图 6-48 所示,在幻灯片合适位置绘制,为矩形“形状填充”选择“红色”,为“形状轮廓”选择“无”,如图6-49所示。

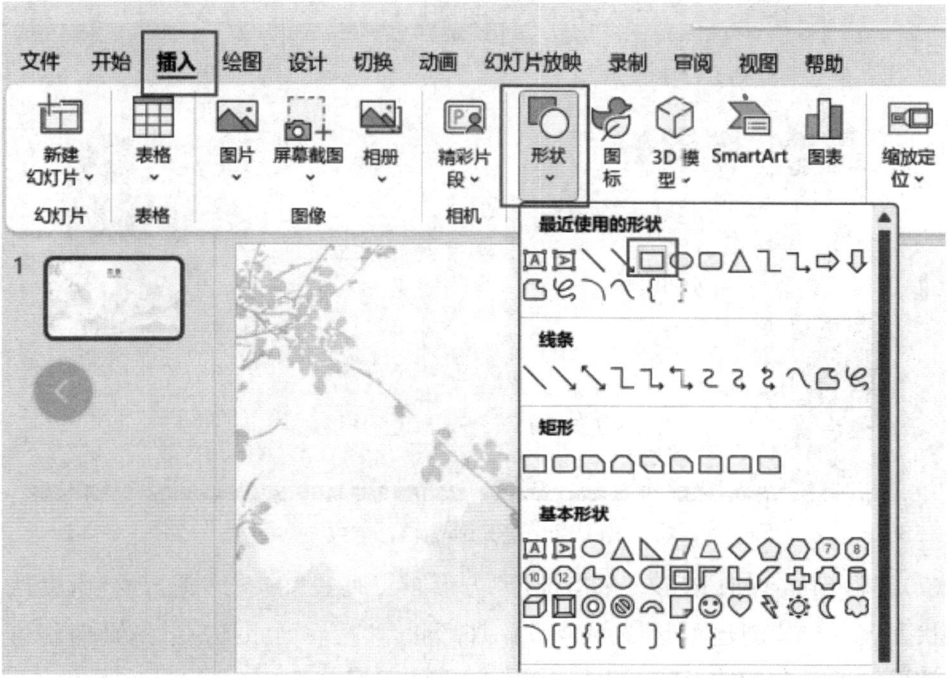

图 6-48　绘制矩形

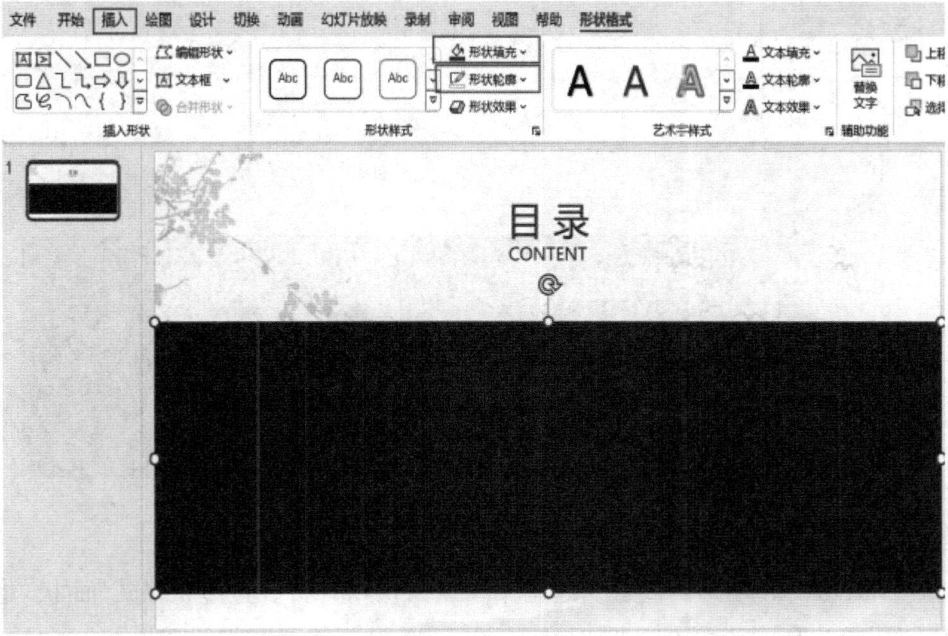

图 6-49　设置矩形颜色

(6)SmartArt 图形在 PPT 中常常被用来制作流程图、层次结构图等。单击“插入”|“SmartArt”,选择“列表”|“方形重点列表”,如图 6-50 所示。

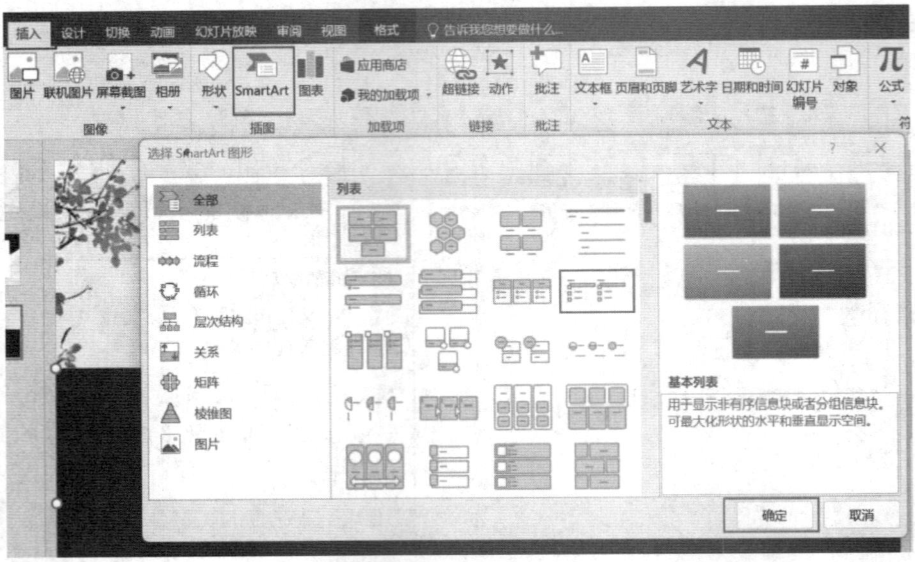

图 6-50 插入 SmartArt 图形

(7)编辑 SmartArt 图形。单击选择“方形重点列表”的图形进行绘制,默认为三个形状列表,单击“创建图形”选项组|“添加形状”|“在后面添加形状”,此时幻灯片画面中就添加了一个新的形状列表,如图 6-51 所示。

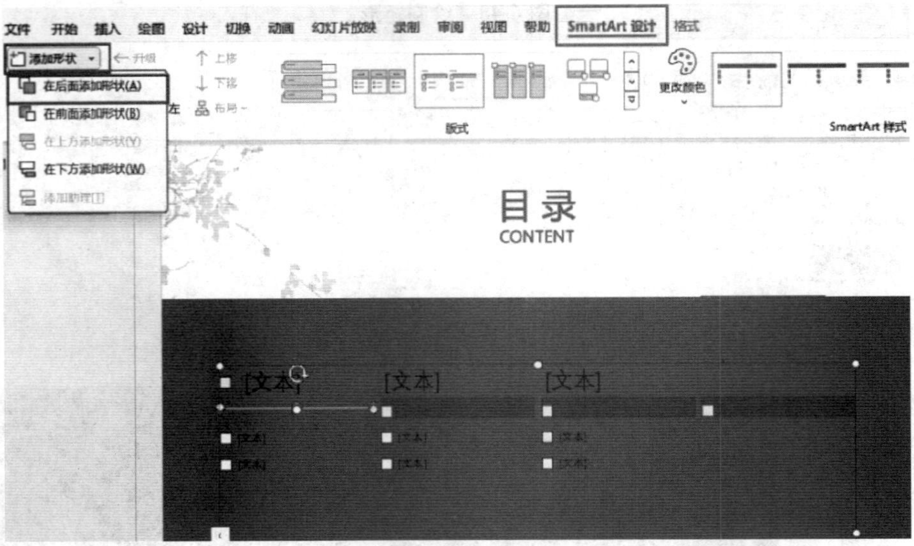

图 6-51 添加 SmartArt 形状

改变 SmartArt 图形的属性。选择第一个图形,单击“设置形状格式”面板,将“大小与属性”中的高度改为 0.1 厘米,如图 6-52 所示;在“填充与线条”中选择“纯色填充”,选择颜色为白色,选择“线条”为无线条,如图 6-53 所示;将白色的小方块图标改成三角形，并旋转到合适的角度，如图 6-54 所示。

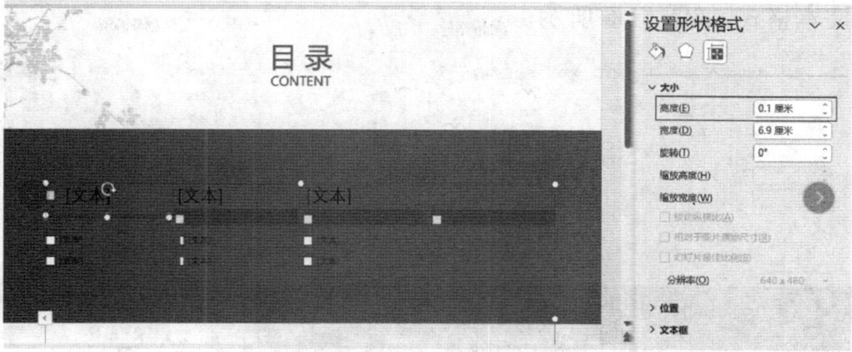

图 6-52　设置图形的大小属性

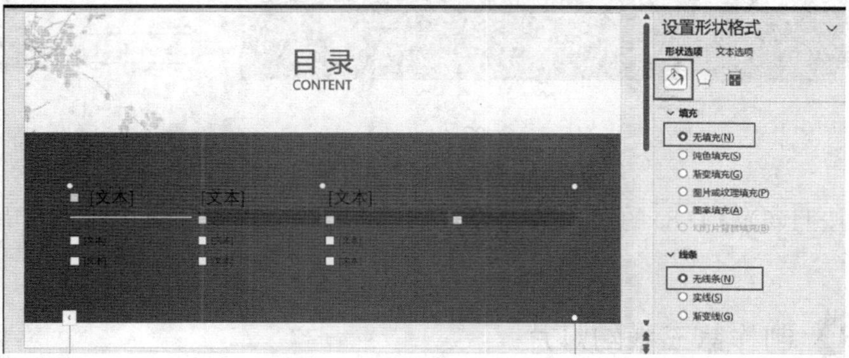

图 6-53　更改图形的颜色

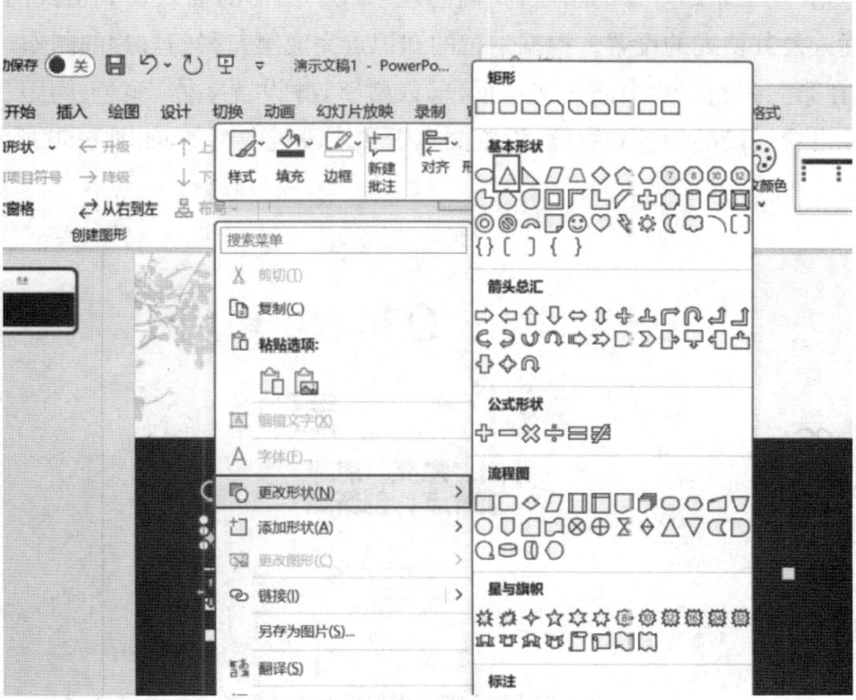

图 6-54　改变图标形状

(8)将第一个图形的其他两个小正方形图标隐藏，并为第一个形状列表添加文本，设置文本格式，如图6-55所示。

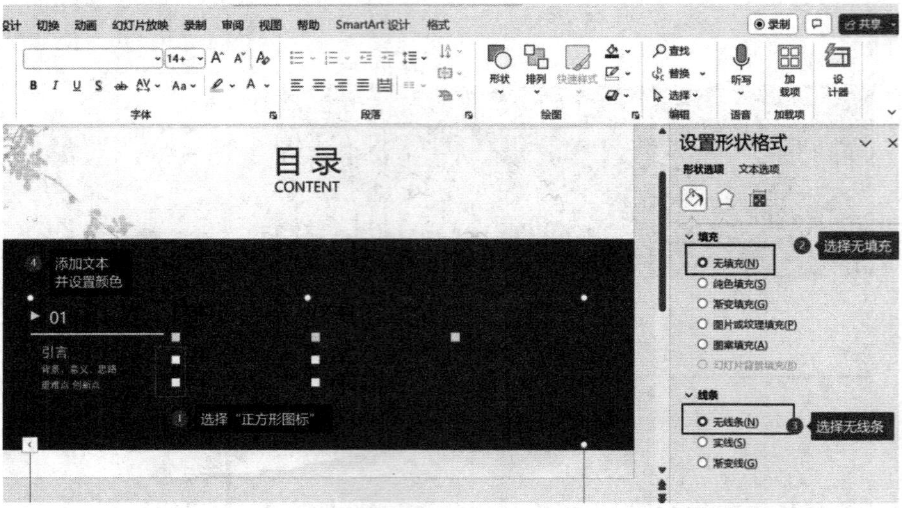

图6-55　隐藏形状图标并添加文本

(9)按照(6)(7)(8)的操作方法设计后面三个图形，完成第二张幻灯片的最终效果。

任务3　制作第三张幻灯片

通过第一、二张幻灯片的学习，我们已经掌握了图形的插入及其格式的设置，文本框的插入及其格式的设置。根据学过的知识点完成第三张幻灯片的制作。

(1)在第三张幻灯片中插入文本框，输入文字，并设置字体、颜色、间距、字号；插入线段并设置线段的颜色和宽度；设置文本框和线段居中对齐，如图6-56所示。

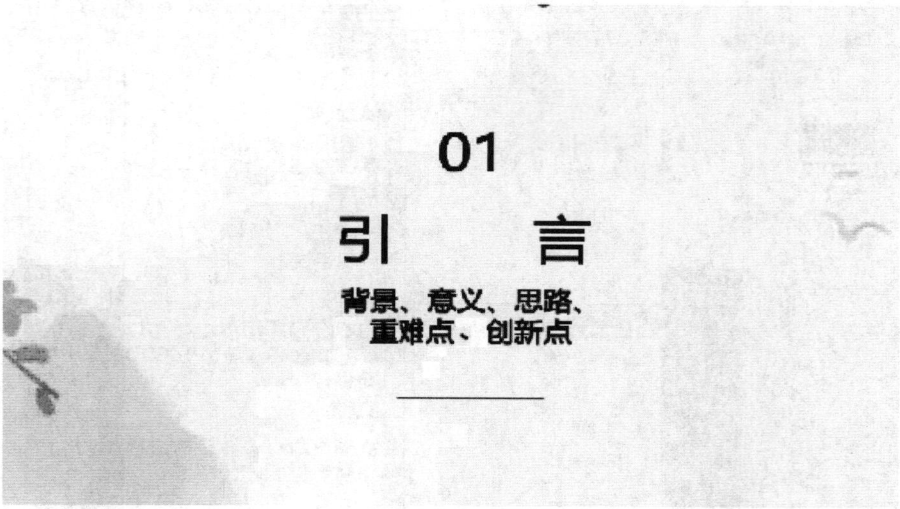

图6-56　输入第三张幻灯片的内容

(2)绘制内圆轮廓和外圆轮廓。单击选择“插入”|“形状”|“椭圆”,如图 6-57 所示,按住 Ctrl+Shift 键,在画面中心位置向外拖动鼠标绘制圆形,调整到合适大小,在“绘图工具”的格式中将圆形的填充色设为“无填充颜色”,将形状轮廓设为“红色”,将“粗细”设为 3 磅,如图 6-58 所示。绘制外圆轮廓和内圆轮廓的方法一样。

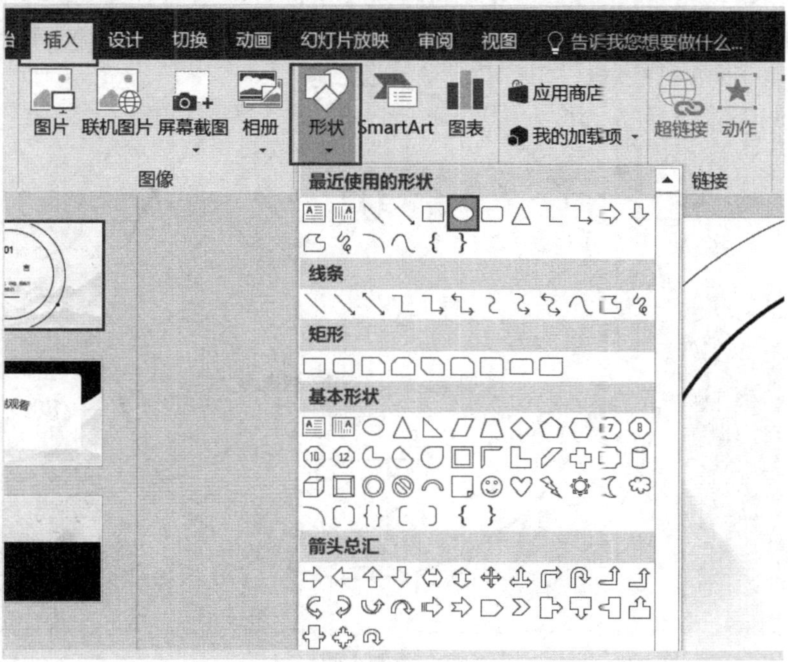

图 6-57 插入椭圆形状

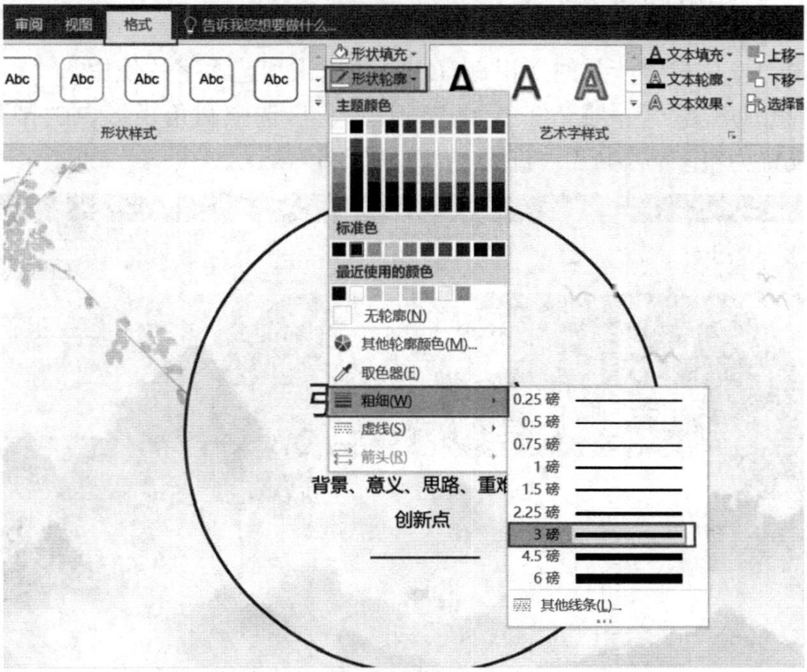

图 6-58 设置形状格式

(3)在外圆轮廓上绘制两个小圆形,并为小圆填充红色。效果如图 6-59 所示。

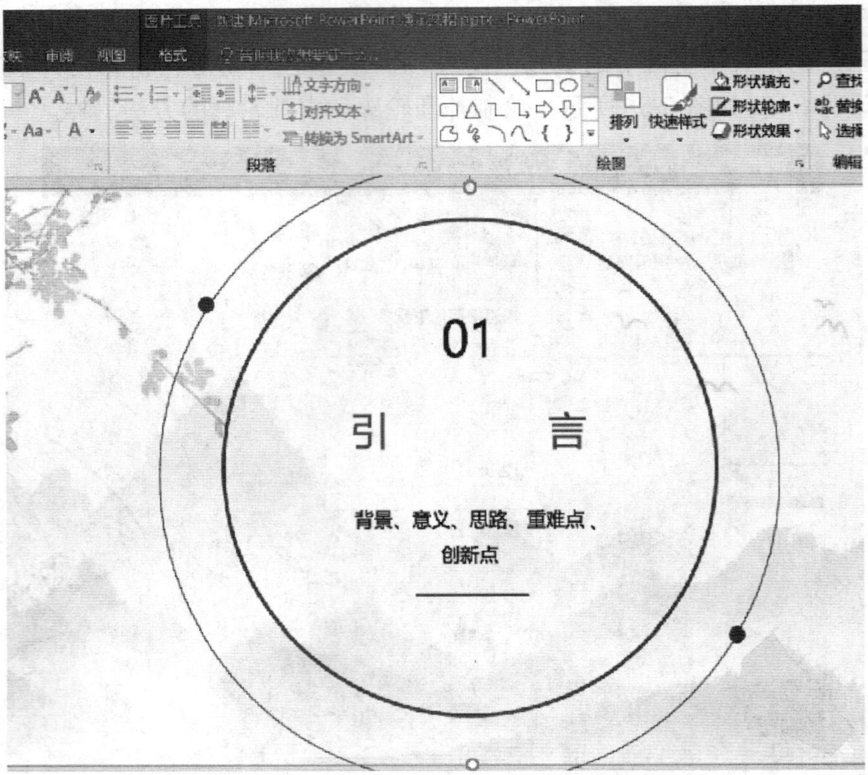

图 6-59 绘制小圆形状

任务 4 制作第四张幻灯片

第四张幻灯片主要涉及的知识点有图形的插入和艺术字的使用。

(1)绘制圆角矩形,并填充红色,调整圆角大小,选中圆角矩形,在“排列”选项组将“对齐”设置为“左右居中”“垂直居中”,如图 6-60 所示。

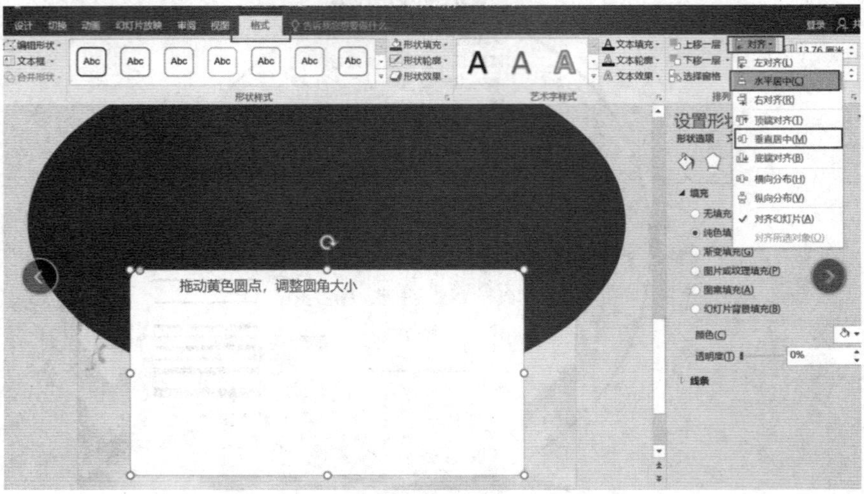

图 6-60 设置圆角矩形

(2)插入并编辑艺术字。选中“插入”|“文本”|“艺术字”下拉列表中的“填充:蓝色,着色 1;阴影”选项。将“请在此放置您的文字”改为“谢谢观看”。选择文字单击“开始”选项卡“字体”选项组,将文字颜色改为“红色”,如图 6-61 所示。

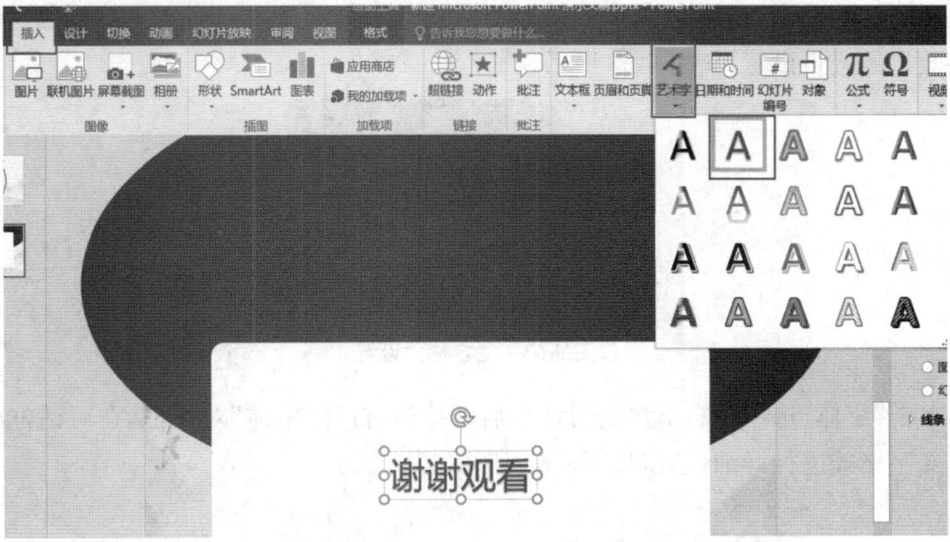

图 6-61　插入艺术字

(3)利用鼠标调整文本框大小并拖动该艺术字至适当位置。单击“格式”|“艺术字样式”选项组|“文本效果”下拉列表,选择需要的效果,如“转换”|“跟随路径”|“上弯弧”,如图 6-62 所示。

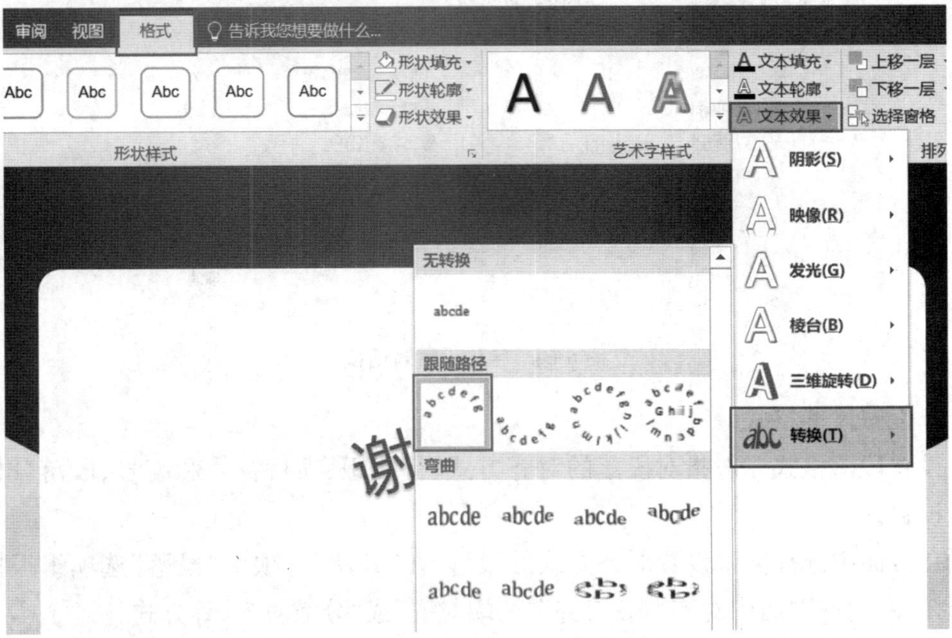

图 6-62　设置艺术字效果

6.3.4 相关知识

1. 设置文字格式

在“字体”选项组，用户除了可以对字体进行设置外，还可以对文字的颜色、字形、文字效果等进行设置，如图 6-63 所示。

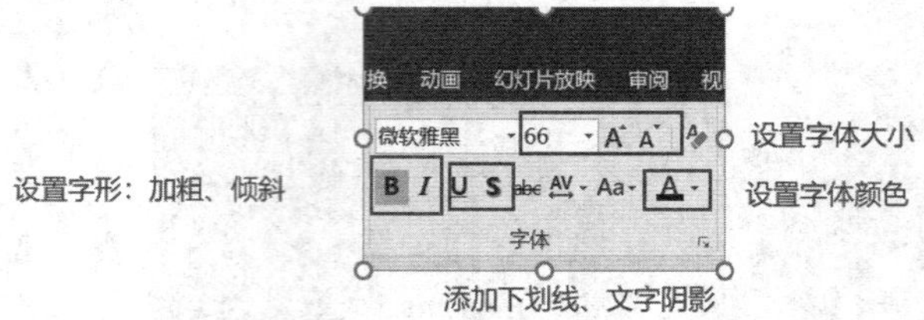

图 6-63 文字格式设置

单击“字体”选项组右下角的对话框启动按钮，打开“字体”对话框，在对话框中可以对文字格式进行详细设置，如图 6-64 所示。

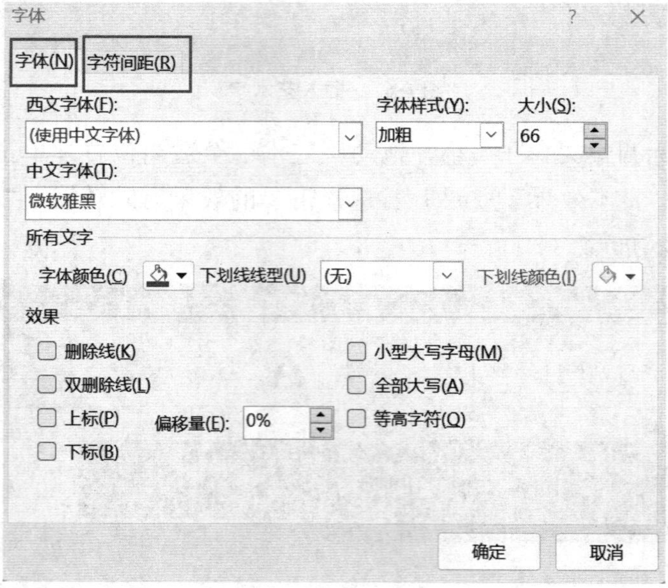

图 6-64 字体设置对话框

2. 设置段落格式

设置段落格式一般指对段落的对齐方式、行间距、项目符号和编号、段落分栏等进行设置。

在页面中选择需要设置对齐方式的段落，在“开始”选项卡“段落”选项组根据需要选择“左对齐”“居中对齐”“右对齐”“两端对齐”或“分散对齐”等方式。

默认情况下，段落对齐方式为左对齐。在使用中，经常将主标题设置为居中对齐，将段落设置为左对齐，并且设置段落首行缩进，行距为 1.5 倍行距，如图 6-65 所示。

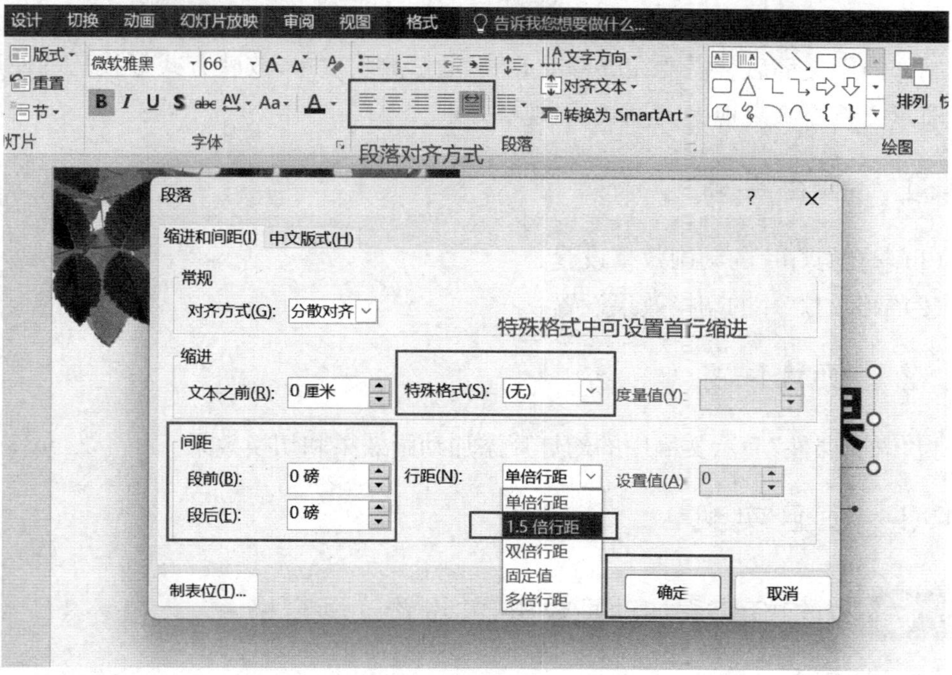

图 6-65　段落设置对话框

3. 项目符号及编号

为了使内容更具有条理性，可为其添加项目符号或编号。

添加项目符号或编号的方法：选择段落，单击“段落”选项组的“项目符号”或“项目编号”下拉按钮，在打开的列表中选择一种符号或编号样式，如图 6-66、图 6-67 所示。

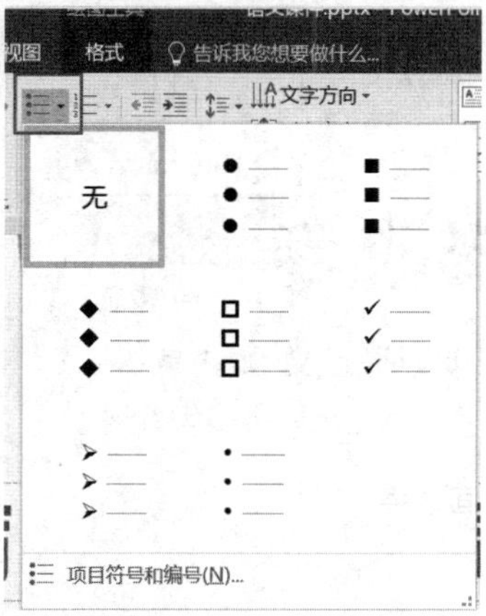

图 6-66　添加项目符号

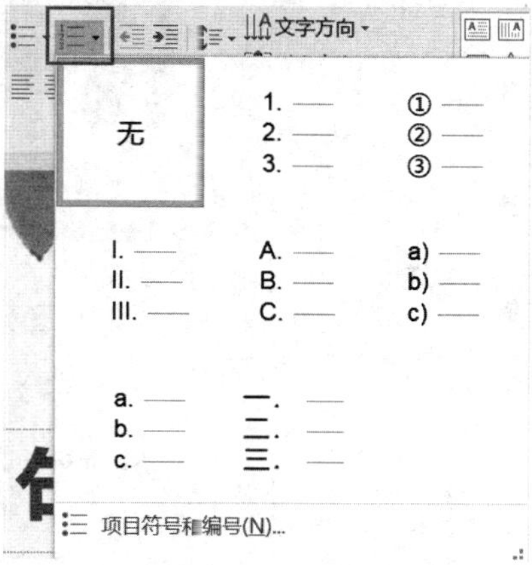

图 6-67　添加项目编号

项目6.4 幻灯片切换及动画效果设置

制作演示文稿后就需要在屏幕上放映，通过放映效果、放映方式等技巧的使用可以使演示文稿充满表现力，更加吸引观众。

6.4.1 项目要求

(1)掌握幻灯片的动画效果设置。

(2)掌握幻灯片的切换效果设置。

6.4.2 项目任务

为“语文课件”演示文稿中的幻灯片添加动画效果和切换效果。

6.4.3 项目实现

任务1 为幻灯片添加动画效果，并设置动画窗格

操作步骤：

(1)打开本单元素材中的“语文课件”演示文稿，选中首页幻灯片的主标题，为其添加“飞入”效果，并将“效果选项”设为“自顶部”，如图6-68所示。

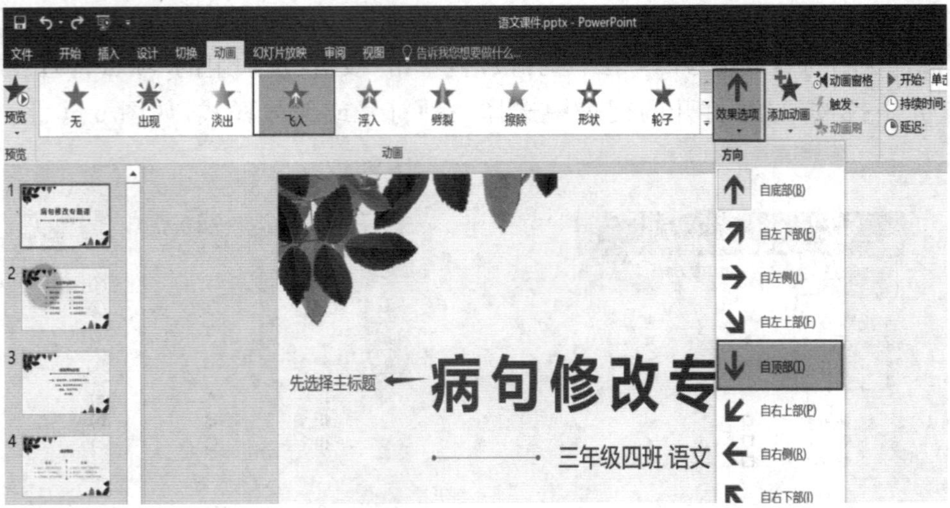

图6-68 为主标题设置动画效果

(2)为副标题也添加“飞入”效果,将“效果选项”设为默认,如图 6-69 所示。

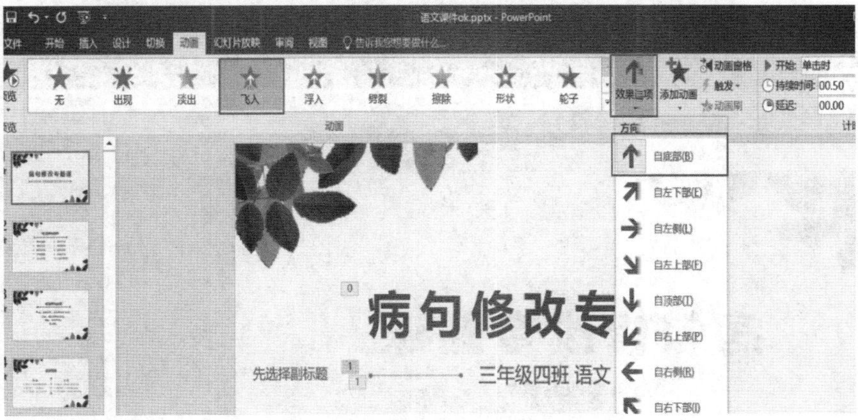

图 6-69　为副标题添加动画效果

(3)选择直线图形,添加“缩放”进入效果,将“效果选项”设为默认,如图 6-70 所示。

图 6-70　为直线添加动画效果

(4)打开动画窗格,选择所有动画项,右击,在弹出的快捷菜单中选择“从上一项开始”选项,设置好动画的开始方式,如图 6-71 所示。

图 6-71　所有动画设置

(5)右击主标题动画项，在弹出的快捷菜单中选择“效果选项”，打开“飞入”对话框，将“动画文本”设为“按字/词”，其他保持默认设置不变，如图 6-72、图 6-73 所示。

图 6-72 设置动画窗格

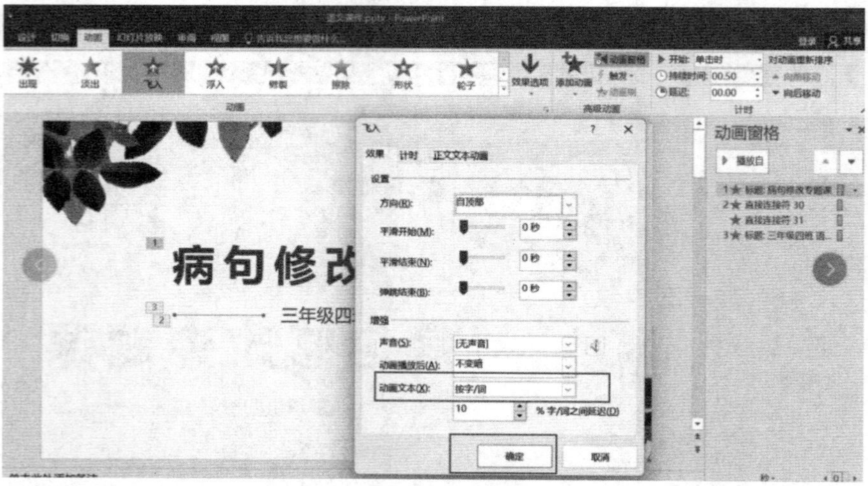

图 6-73 设置效果选项

(6)按照(5)的方法，将副标题动画项的“动画文本”也设为“按字/词”。单击“全部播放”按钮，浏览设置的效果，如图 6-74 所示。

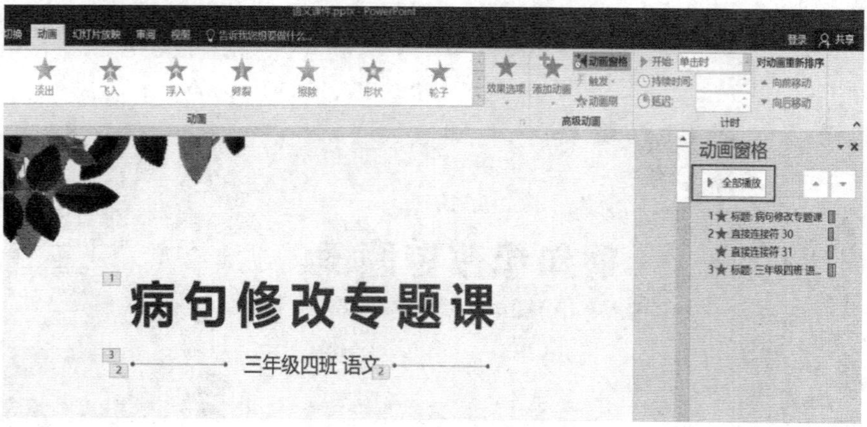

图 6-74 设置动画全部播放

(7)选择第三张幻灯片，选中正文内容，为其添加“字体颜色”强调效果，如图6-75所示。

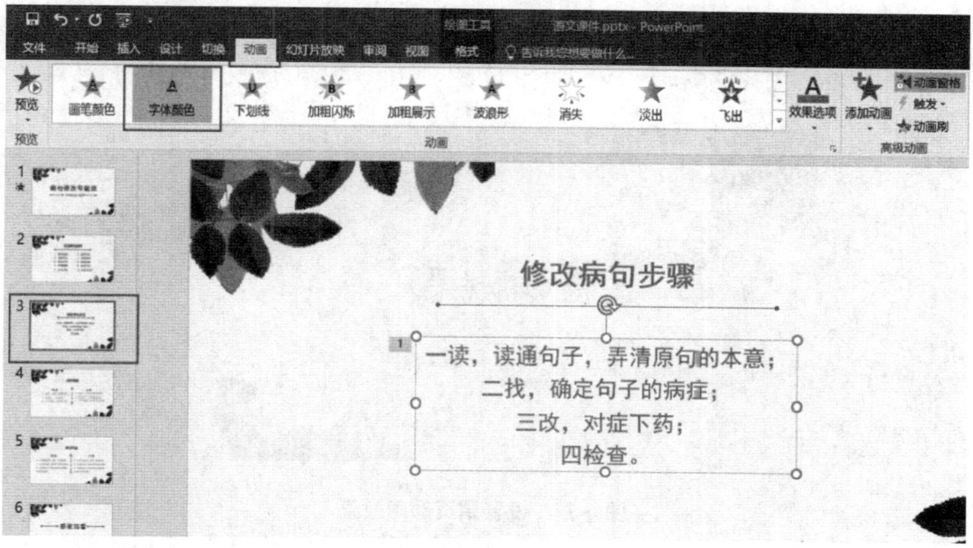

图 6-75　设置强调动画效果

(8)在动画窗格中，右击该动画项，在弹出的快捷菜单中选择“效果选项”，在打开的“字体颜色”对话框中，将“动画文本”设为“按字母”，将“字母之间延迟”设为“5”，如图 6-76 所示。

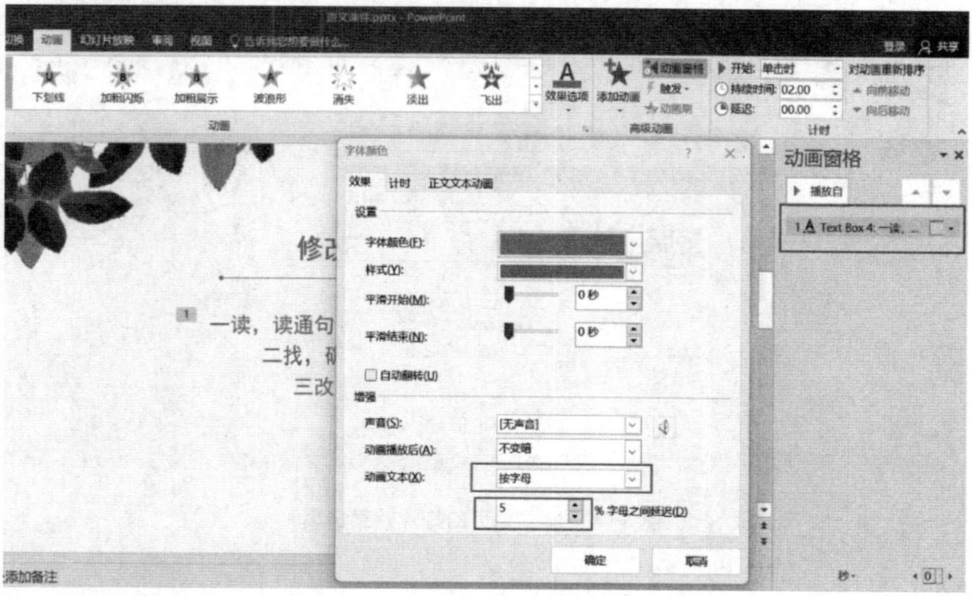

图 6-76　设置“字体颜色”效果

(9)选择尾页幻灯片,按“Ctrl＋A”全选幻灯片中的文字和直线,都添加“飞入”动画效果,并将“效果选项”设为“自左侧”,如图 6-77 所示。

图 6-77　设置尾页动画效果

(10)在动画窗格中全选动画项后右击,在弹出的快捷菜单中选择“从上一项开始”。再次选择所有动画项后右击,在弹出的快捷菜单中选择“效果选项”,在打开的对话框中,将“弹跳结束”设置为 0.19 秒,如图 6-78 所示。

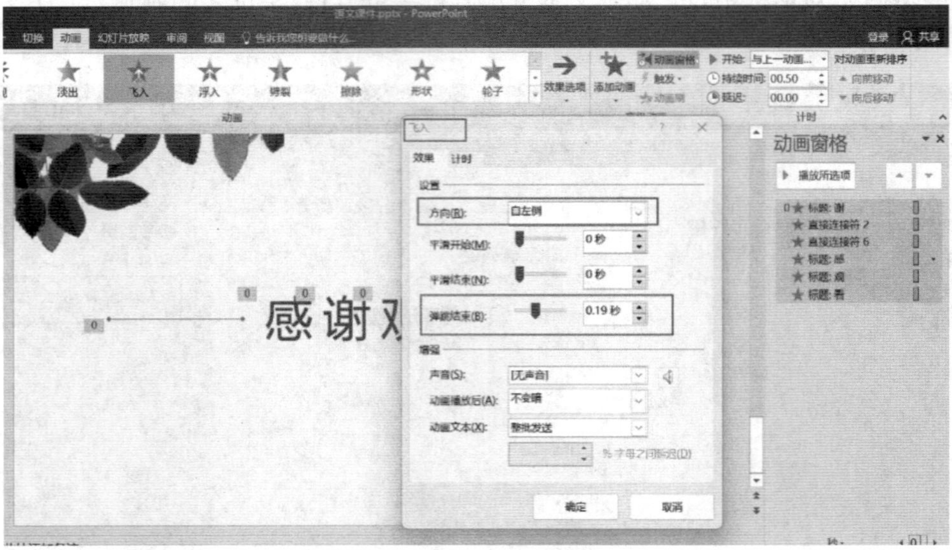

图 6-78　设置尾页幻灯片效果选项

任务 2　为幻灯片添加切换效果,并设置切换选项

选中首张幻灯片,在“切换”选项卡中选择“轨道”切换效果,在“计时”选项组中“设置自动换片时间”为 3 秒,然后单击“全部应用”按钮,将该切换效果应用于所有

幻灯片中，如图 6-79 所示。至此，“语文课件”动画效果添加完毕。用户可按 F5 键查看最终的动画效果。

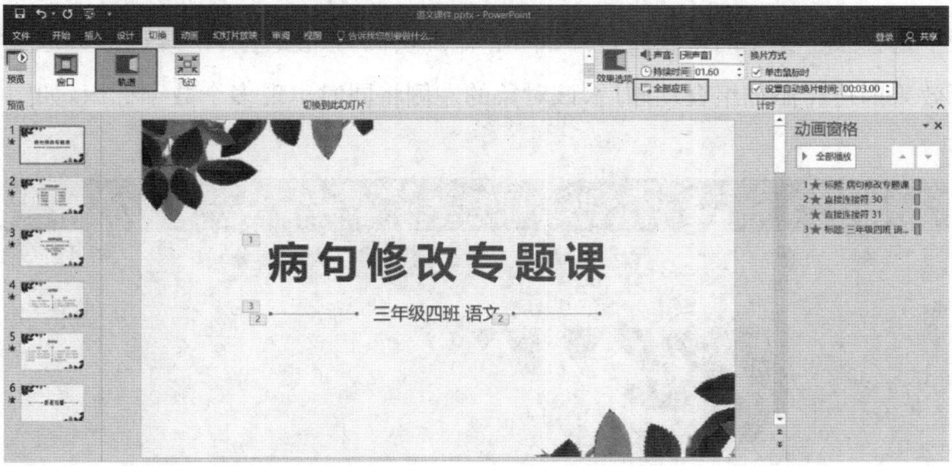

图 6-79 设置全部幻灯片自动切换效果

6.4.4 相关知识

1. 添加动画效果

动画效果是演示文稿中非常独特的一种元素，直接关系着演示文稿的放映效果。在演示文稿的制作过程中，可以为幻灯片中的文本、图片等对象设置动画效果，还可以设置幻灯片之间的切换动画效果等，使幻灯片在放映时更加生动。

PowerPoint 动画效果的类型主要包括进入动画、退出动画、强调动画和动作路径动画四种。

进入动画：反映文本或其他对象在幻灯片放映时进入放映界面的动画效果。

退出动画：反映文本或其他对象在幻灯片放映时退出放映界面的动画效果。

强调动画：反映文本或其他对象在幻灯片放映过程中需要强调的动画效果。

动作路径动画：指定某个对象在幻灯片放映过程中的运动轨迹。

(1)添加单一动画。

为对象添加单一动画效果是指为某个对象或多个对象快速添加进入、退出、强调或动作路径动画。

在幻灯片编辑区中选择要设置动画的对象，在“动画”|“动画”组中单击右下角的下拉按钮，在打开的下拉列表框中选择某一类型动画下的动画选项即可。为幻灯片对象添加动画效果后，系统将自动在幻灯片编辑窗口中对设置了动画效果的对象进行预览放映，该对象旁边会出现数字标识，数字顺序代表播放动画的顺序。

(2)添加组合动画。

组合动画是指为同一个对象同时添加进入、退出、强调和动作路径四种动画类型

中的任意组合，例如同时添加进入和退出动画等。选择需要添加组合动画效果的幻灯片对象，在“动画”|“高级动画”选项组中单击“添加动画”按钮 ，在打开的下拉列表中选择某一类型的动画后，再次单击“添加动画”按钮 ，继续选择其他类型的动画效果即可。添加组合动画后，该对象的左侧将同时出现多个数字标识，如图 6-80 所示。

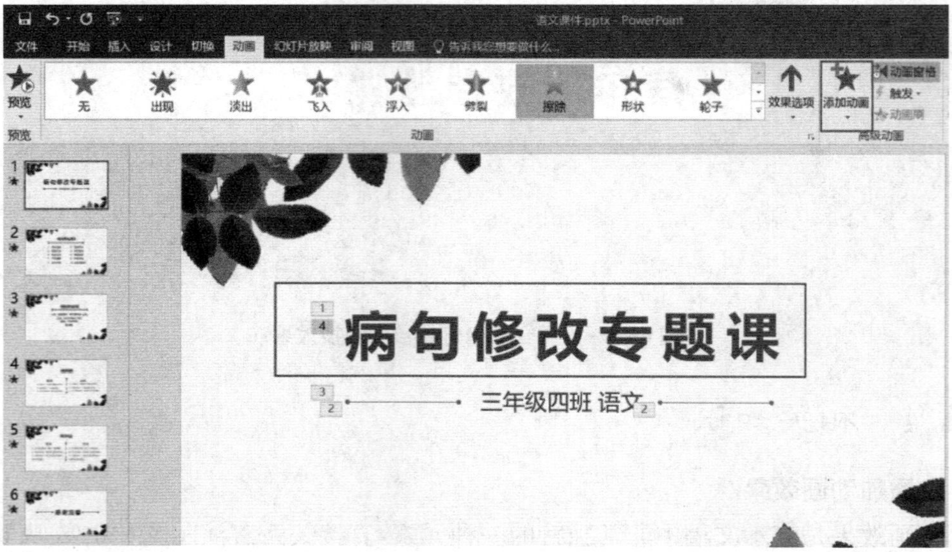

图 6-80 添加组合动画

2. 设置动画效果

为幻灯片中的对象添加动画效果后，还可以通过“动画”选项卡中的“高级动画”|“计时”选项组，对添加的动画效果进行设置。这些动画效果使幻灯片在播放时更具有条理性，例如设置动画播放参数、调整动画的播放顺序和删除动画等，如图 6-81 所示。

图 6-81 动画选项卡

(1)“动画”选项组：主要设置动画的效果选项，包括“序列”“方向”“形状”等，也可以在动画列表中重新选择动画效果。

(2)“高级动画”选项组：主要对同一对象的多个动画进行设置，包括多个动画的添加、触发动画的设置等。此外，单击“动画窗格”按钮，在打开的窗格中还可以对动画的播放顺序和播放效果进行预览。

(3)“计时”选项组：在该组中，可以对添加动画的播放时间、播放速度和播放顺序进行设置。

3. 设置幻灯片切换效果

幻灯片的切换效果是指幻灯片放映时进入和离开屏幕的方式。既可以为一组幻灯片设置一种切换方式，也可以为每一张幻灯片设置切换效果。设置幻灯片切换效果的操作步骤如下。

(1)添加切换效果。

在 PowerPoint 2016 中，预设了细微、华丽和动态内容三种类型的预设效果。具体添加方法是，先选中准备设置切换效果的幻灯片，单击“切换”|“切换到此幻灯片”选项组中的某一个切换方案，如图 6-82 所示。

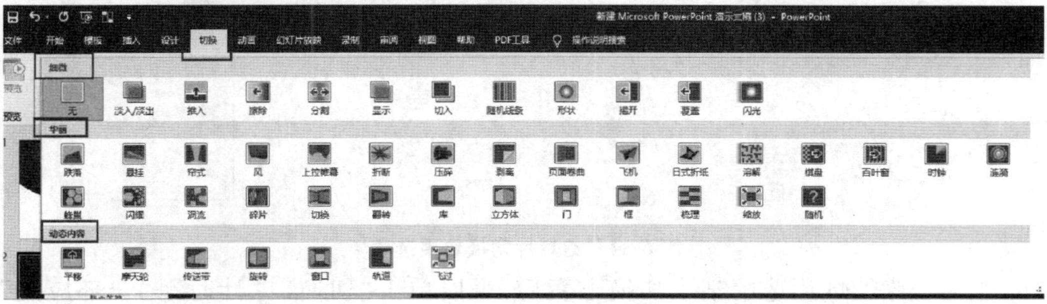

图 6-82　幻灯片切换效果展示

添加完成后返回幻灯片页面中，用户可以预览刚刚设置的幻灯片切换效果，也可以通过“切换”|“预览”按钮显示切换效果。对于设置了切换效果的幻灯片，在幻灯片窗格该幻灯片编号的下方带有  标记，如图 6-83 所示。

图 6-83　幻灯片切换效果设置

PowerPoint 2016 为许多(并非所有)切换效果提供了效果选项,不同方案的选项是不同的,例如“覆盖”方案的效果选项有“自右侧”等八个选项,如图 6-84 所示。

图 6-84 幻灯片切换效果选项

当为一张幻灯片选中某个切换方案后,可以单击“切换”|“计时”|“全部应用”按钮,将该方案应用于演示文稿的所有幻灯片,如图 6-85 所示。

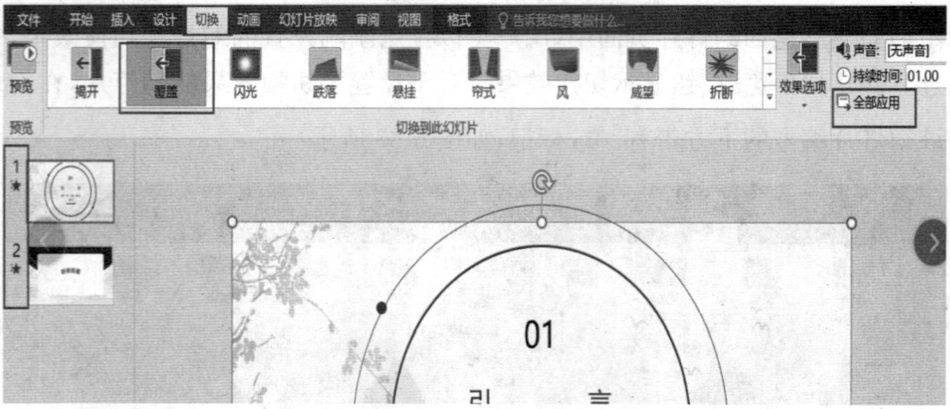

图 6-85 将切换效果应用于所有幻灯片

(2)设置切换的持续时间及声音。

在幻灯片的放映过程中,用户可以根据需要改变幻灯片切换效果的持续时间。先选中要切换的幻灯片,在“切换”|“计时”|“持续时间”的微调框中调整幻灯片的切换时间,系统默认值为“00.01”,值越小表示切换的速度越快,如图 6-86 所示。

用户可以根据需要改变幻灯片切换效果的声音,先选中要切换的幻灯片,在“切换”|“计时”|“声音”的下拉框中调整幻灯片的切换声音,系统默认值为“无声音”。

(3)设置幻灯片的切换方式。

为了灵活地控制幻灯片之间的切换,PowerPoint 2016 为用户提供了单击鼠标和以指定的时间切换幻灯片两种切换方式。

单击“切换”|“计时”选项组中的“换片方式”，选择“单击鼠标时”复选框，则在放映幻灯片时，利用单击鼠标的方式实现幻灯片的切换。

单击“切换”|“计时”选项组的“换片方式”，选择“设置自动换片时间”复选框，在其后的微调框中输入时间，如“00:03.00”，则表示在 3 秒之后幻灯片在依顺序播放情况下自动切换到下一张幻灯片。

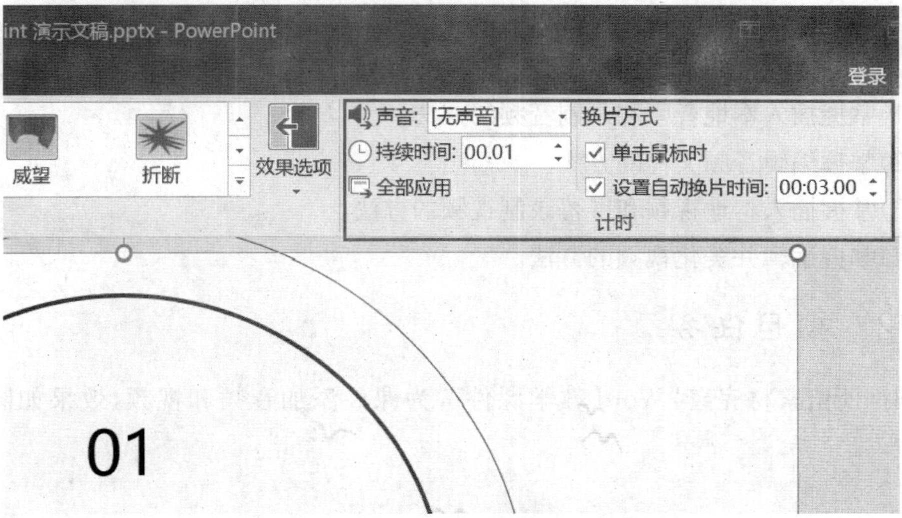

图 6-86　设置幻灯片切换持续时间及声音

4. 删除切换效果

如果用户对设置的幻灯片切换效果不满意，则可以将其删除。选择准备删除切换效果的幻灯片，选中“切换”|“切换到此幻灯片”选项组的切换样式，选择“无”。如果需要删除所有幻灯片的切换效果，则继续单击“切换”|“计时”选项组|“全部应用”按钮，如图 6-87 所示。

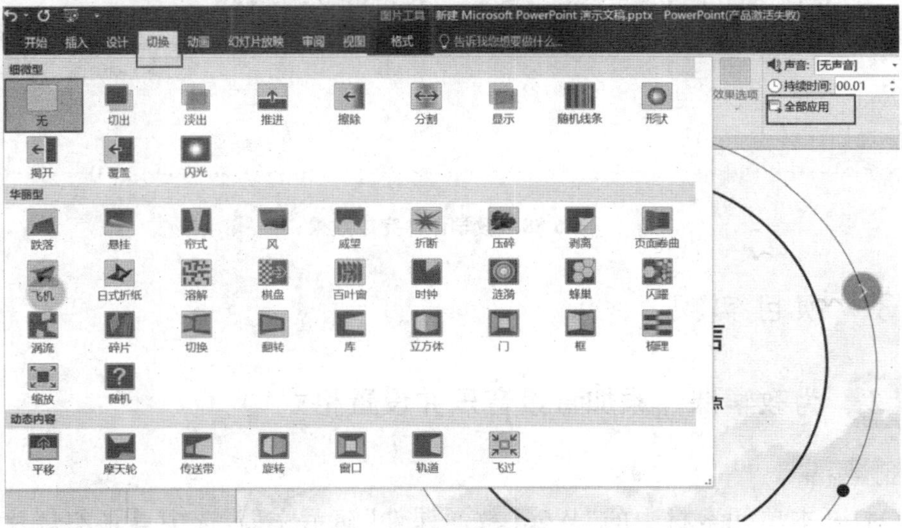

图 6-87　删除幻灯片切换效果

项目6.5 音频和视频的添加与应用

在PPT中添加音频和视频元素,可以为PPT增添光彩,也能给观众带来听觉和视觉上的享受。本节将介绍在幻灯片中添加音频和视频的相关操作。

6.5.1 项目要求

(1)掌握插入本地音频和录制音频的方法。

(2)掌握编辑音频文件的方法。

(3)掌握插入本地视频和屏幕录制视频的方法。

(4)掌握编辑并美化视频的方法。

6.5.2 项目任务

根据所给素材完善“Word教学课件”,为课件添加音频和视频,效果如图6-88所示。

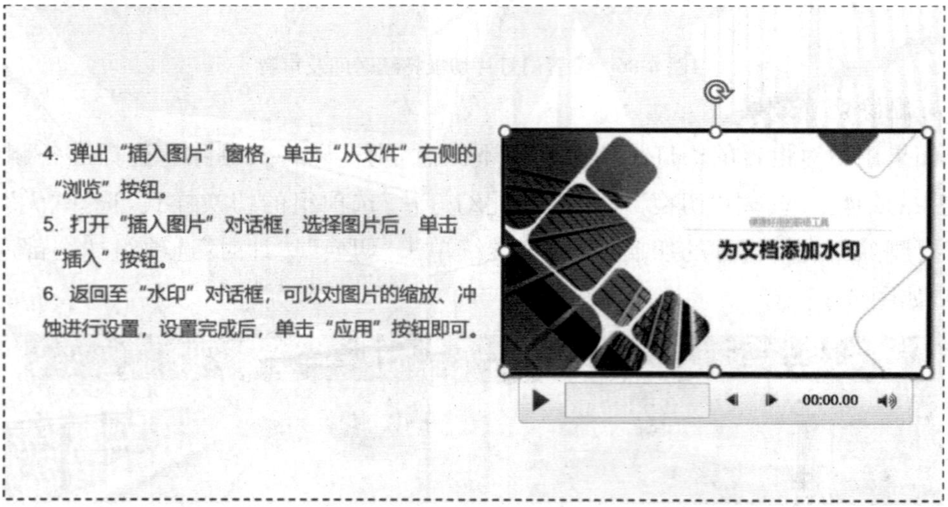

图6-88 教学课件完成效果

6.5.3 项目实现

任务1 为教学课件添加背景音乐并设置格式

操作步骤:

(1)打开本单元素材中的“Word教学课件”演示文稿,选中首张幻灯片,选择“插入”选项卡|“媒体”选项组|“音频”|“PC上的音频”,将音频素材“背景乐.mp3”插

入幻灯片中，如图 6-89 所示。

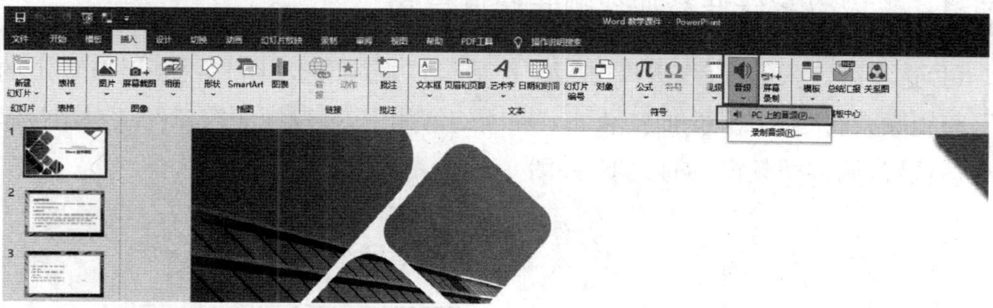

图 6-89　插入音频文件

(2)选中 图标，将其移动至页面外；在“音频工具”|“播放”选项卡中将“开始”设为“自动”，勾选“跨幻灯片播放”和“循环播放，直到停止”两个复选框，单击“音量”下拉按钮，从列表中选择“中”选项，如图 6-90 所示。

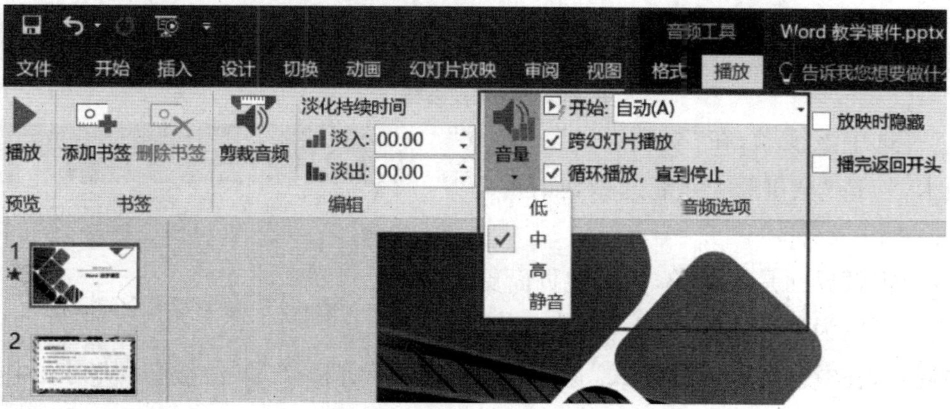

图 6-90　音频设置工具

(3)在“编辑”选项组中选择“剪裁音频”选项，打开“剪裁音频”对话框，在此可对当前音频进行剪裁操作，如图 6-91 所示。

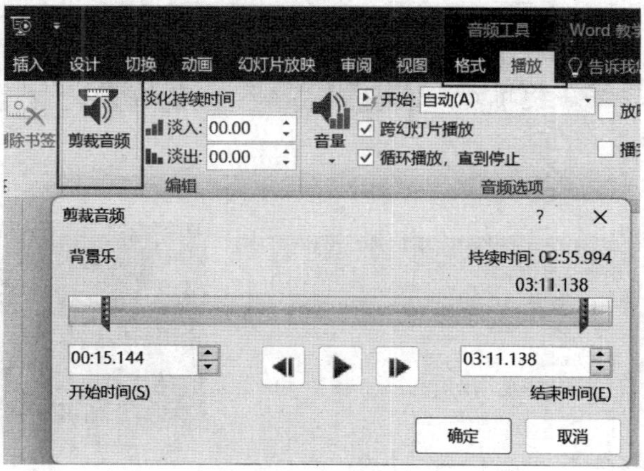

图 6-91　剪裁音频文件

任务 2 为教学课件添加视频并设置格式

(1)选择第三张幻灯片，选择“插入”选项卡|“媒体”选项组|“视频”|“PC上的视频”，将视频素材“为文档添加水印.avi”插入幻灯片中，拖曳视频窗口任意对角控制点至合适位置，调整视频窗口的大小，如图6-92所示。

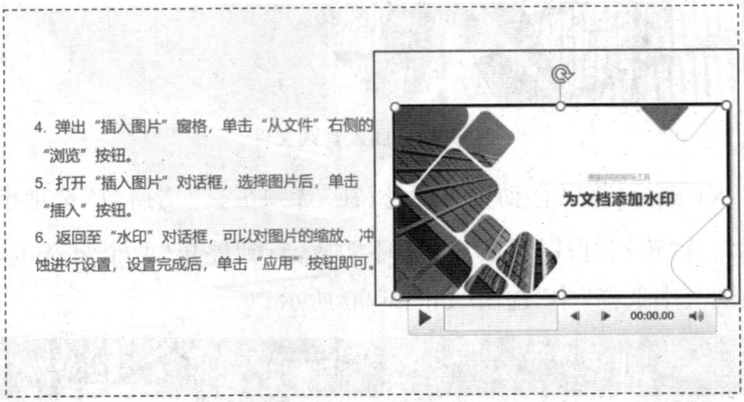

图 6-92 调整视频窗口大小

(2)选中该视频，在“视频工具”|“播放”选项卡，勾选“全屏播放”复选框，如图6-93所示。

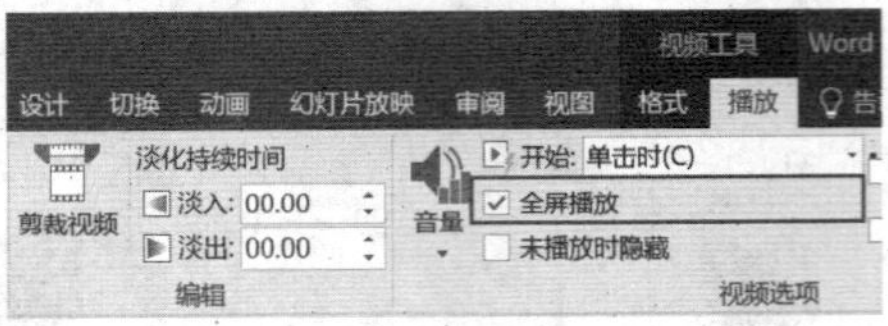

图 6-93 设置视频全屏播放

(3)视频界面是黑色的，为了使页面更美观，用户可以为视频添加封面。具体方法是，选中视频，在“视频工具”|“格式”选项卡中单击“标牌框架”下拉按钮，从列表中选择“文件中的图像”选项，如图6-94所示；在打开的“插入图片”对话框中，选择封面图片“视频封面.jpg”，单击“插入”按钮，如图6-95所示。

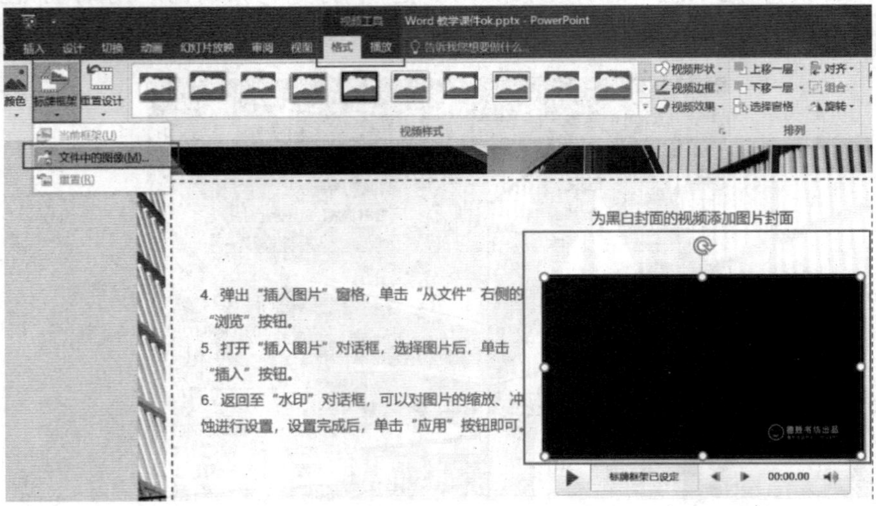

图 6-94 为视频添加封面

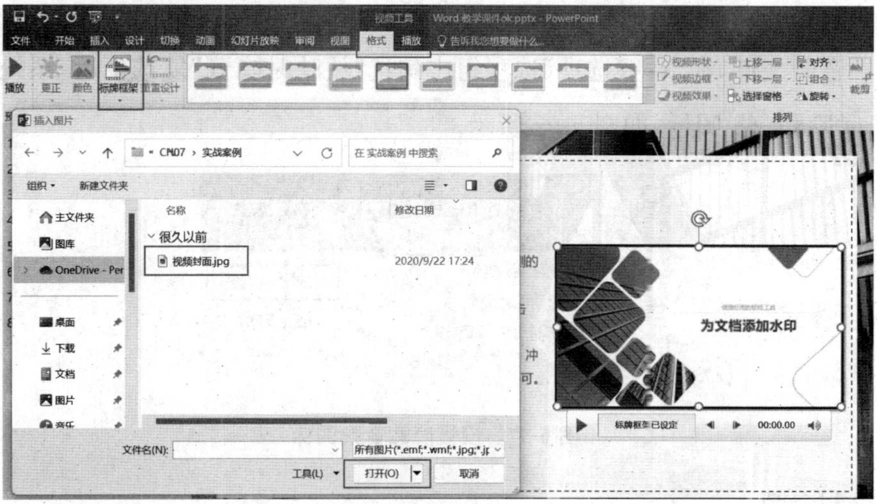

图 6-95　完成视频封面添加

(4)在“视频工具”|“格式”选项卡的“视频样式”选项组中,选择一种满意的样式,更改当前视频窗口的外观样式,如图 6-96 所示。

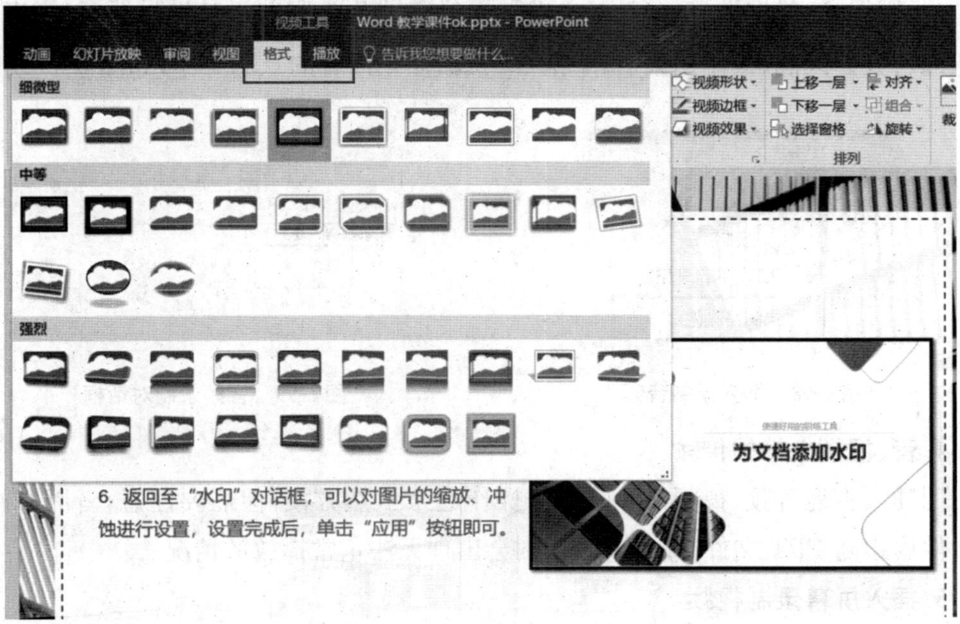

图 6-96　更改视频窗口的外观样式

6.5.4　相关知识

1. 音频文件的播放

插入的音频文件只会在当前幻灯片中播放,一旦切换到下一张幻灯片,音频就会停止。如果想要音频不间断播放,直到幻灯片结束,只需在“音频选项”选项组中勾选“跨幻灯片播放”和“循环播放,直到停止”复选框即可。

2. 隐藏音频图标

选中音频文件，在“音频选项”选项组中勾选“放映时隐藏”复选框后，系统会在放映 PPT 时隐藏 图标，如图 6-97 所示。

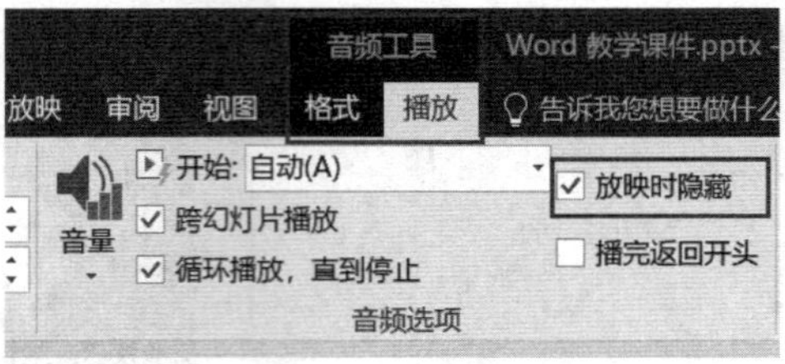

图 6-97 设置隐藏音频图标

3. 录制音频

如果想对当前幻灯片中的内容进行解释说明，可以录制旁白。具体方法为：在“插入”选项卡|“媒体”选项组|“音频”列表中选择“录制音频”选项，如图 6-98 所示，打开“录制声音”对话框；在“名称”文本框中对当前要录制的声音进行命名，单击 按钮即可开始录制，录制结束后，单击 按钮停止声音的录制工作，如图 6-99 所示。

图 6-98 插入录制音频

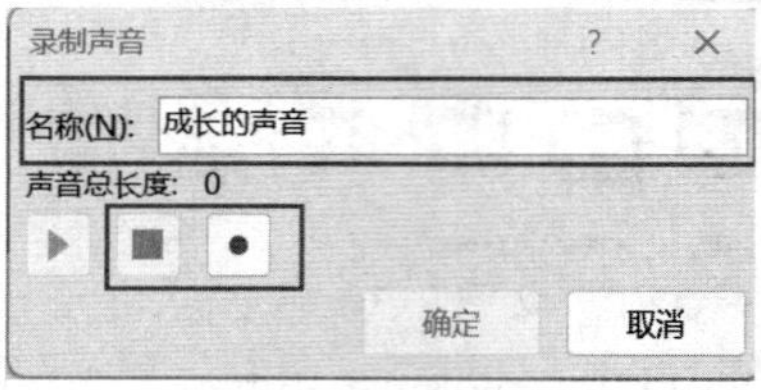

图 6-99 音频录制对话框

4. 音、视频文件的传输

用插入本地音频、视频文件的方法操作起来虽然方便，但需要注意，音频和视频源文件要跟随 PPT 文件一起传输，否则会出现无法正常播放的情况。

5. 插入屏幕录制视频

PowerPoint 的屏幕录制功能非常实用，它与其他屏幕录制软件一样，可以对计算机桌面上所有的操作进行录制。在录制完成后，所录制的视频会自动插入幻灯片中，省去了视频的保存与插入操作，一步到位。

插入屏幕录制视频的方法是，在“插入”选项卡的“媒体”选项组中单击“屏幕录制”按钮，这时屏幕呈半透明状态，并在屏幕上方显示录制工具栏，单击工具栏中的“选择区域”按钮，在屏幕中框选出录制区域，如图 6-100 所示；单击“录制”按钮即可进入开始录制倒计时；在录制结束后单击“停止”按钮，录制的视频会自动插入当前幻灯片中。

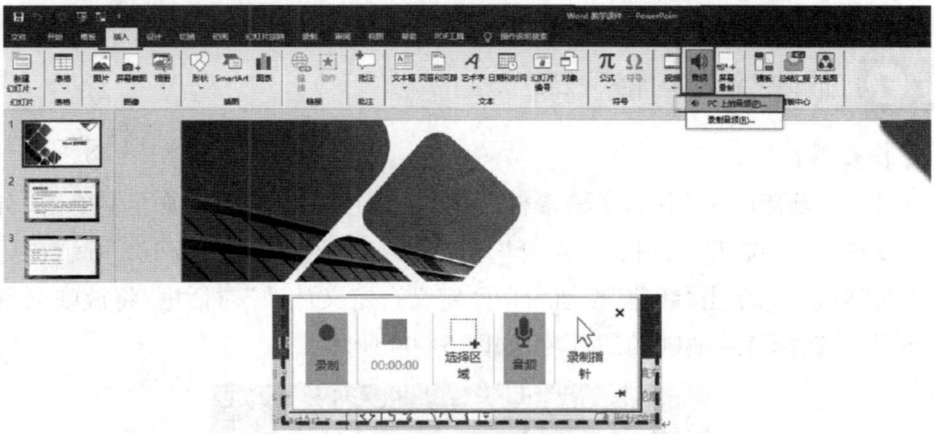

图 6-100　PPT 屏幕录制视频

项目 6.6　PPT 的放映与输出

使用 PowerPoint 制作演示文稿的最终目的就是要将幻灯片效果展示给观众，即在放映幻灯片的同时，幻灯片的音频效果、视频效果、动画效果都需要通过放映功能进行展示。除了可以放映之外，PowerPoint 2016 还提供了打印输出功能，供用户对幻灯片进行打印并留档保存。

6.6.1　项目要求

(1)掌握 PPT 三种放映类型的操作方法。

(2)掌握 PPT 的输出与打包方法。

6.6.2　项目任务

打开本单元素材中的“新年习俗”演示文稿，如图 6-101 所示。给“新年习俗”演示文稿制作两个放映方案，进行放映，并对该演示文稿进行打包。

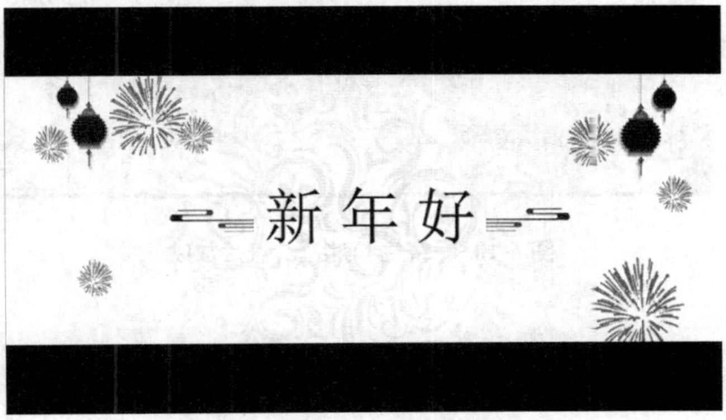

图 6-101　“新年习俗”演示文稿

6.6.3 项目实现

任务 1 放映“新年习俗”PPT

操作步骤:

(1)打开“新年习俗”演示文稿素材文件,在“幻灯片放映”选项卡中单击“自定义幻灯片放映”下拉按钮,从列表中选择“自定义放映”选项,如图 6-102 所示;打开“自定义放映”对话框;单击“新建”按钮,打开“定义自定义放映”对话框,将放映名称命名为“习俗”,并选择好要放映的幻灯片,如图 6-103 所示。

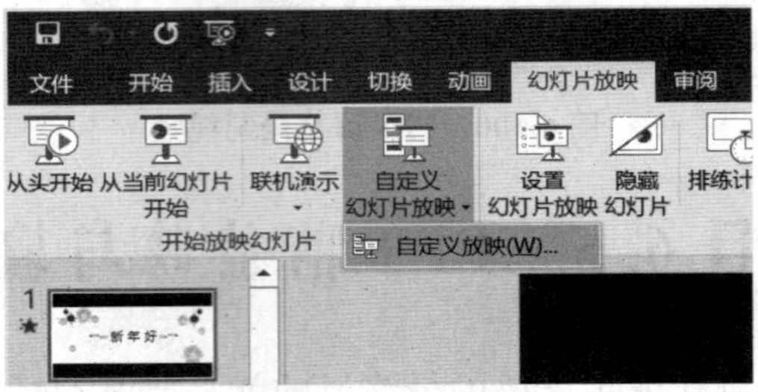

图 6-102 添加自定义幻灯片放映

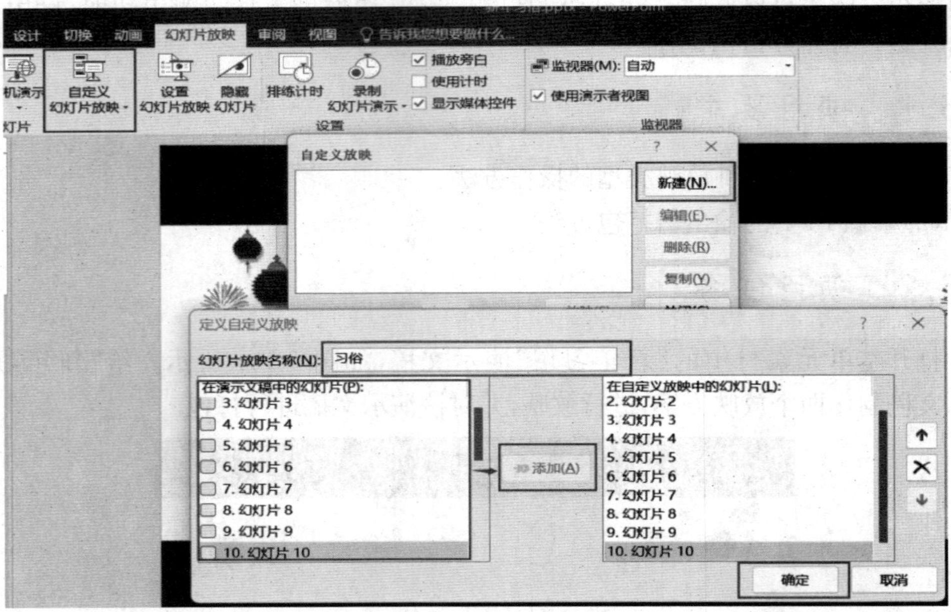

图 6-103 新建“习俗”幻灯片放映

(2)按照(1)的方式,再新建一个"传说"的放映方案,如图 6-104 所示。

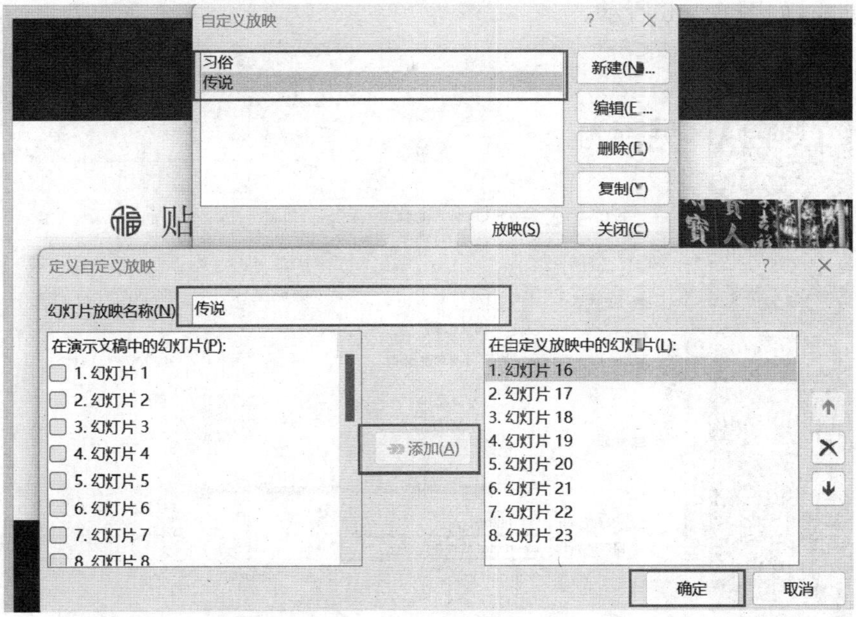

图 6-104　新建"传说"幻灯片放映

(3)打开"设置放映方式"对话框,在"放映幻灯片"选项区域单击"自定义放映"单选按钮,并在其列表中选择放映方案,如图 6-105 所示。

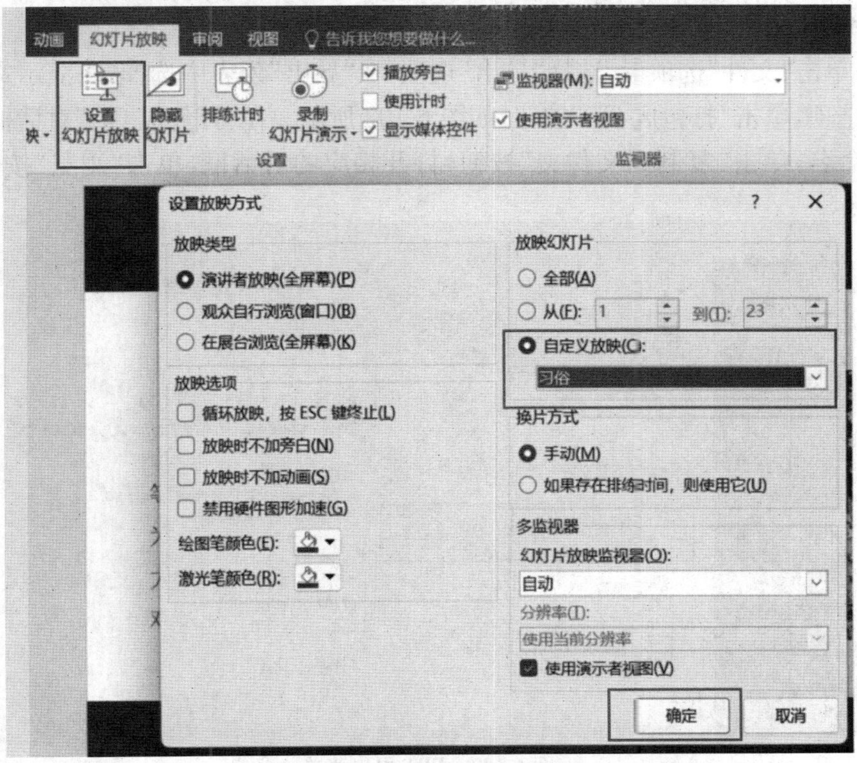

图 6-105　设置自定义放映方式

(4)在“文件”选项卡中选择“另存为”选项，打开“另存为”对话框，将保存类型设为放映模式，如图 6-106 所示。

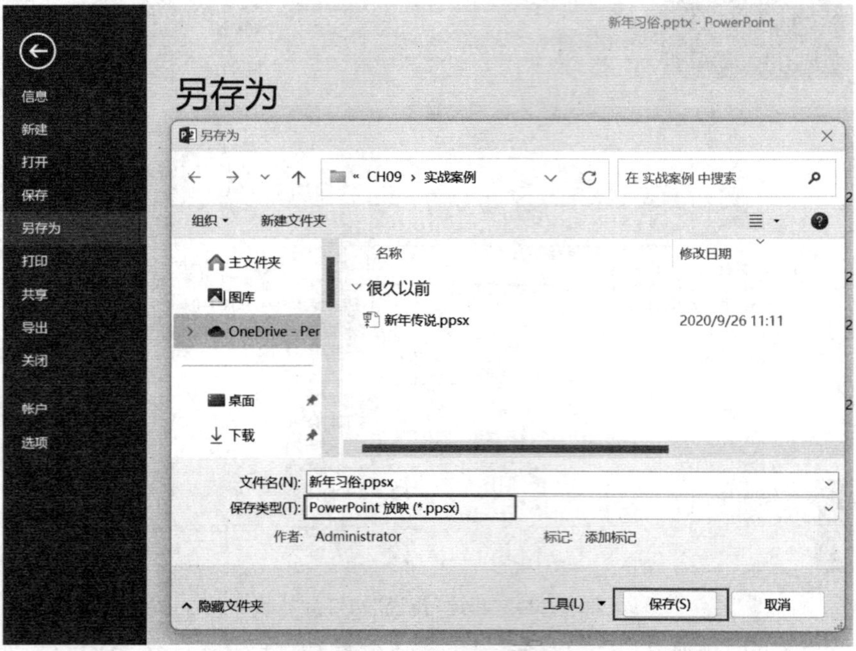

图 6-106 对自定义的放映方案进行保存

任务 2 打包演示文稿

(1)单击“文件”选项卡，选择“导出”选项，在“导出”列表中选择“将演示文稿打包成 CD”选项，单击“打包成 CD”按钮，如图 6-107 所示。在“打包成 CD”对话框中对文件进行命名，单击“复制到文件夹”按钮，打开相应的对话框，单击“浏览”按钮，如图 6-108所示。

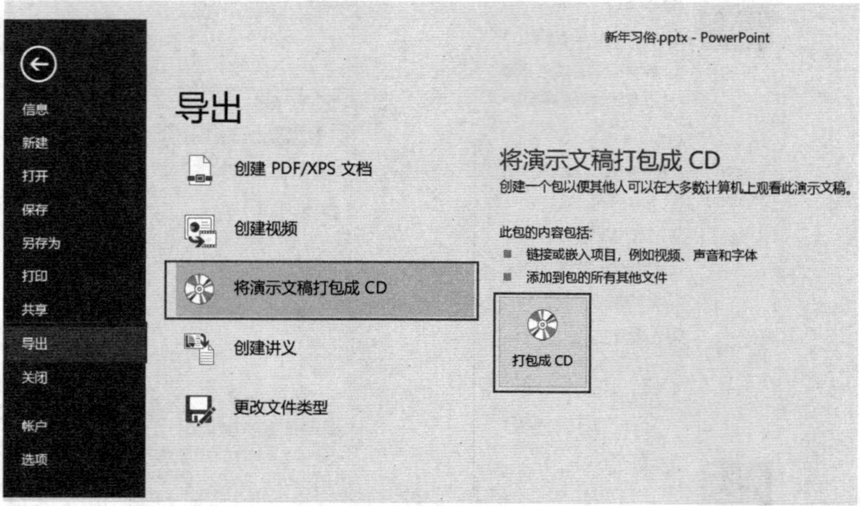

图 6-107 PPT 导出菜单

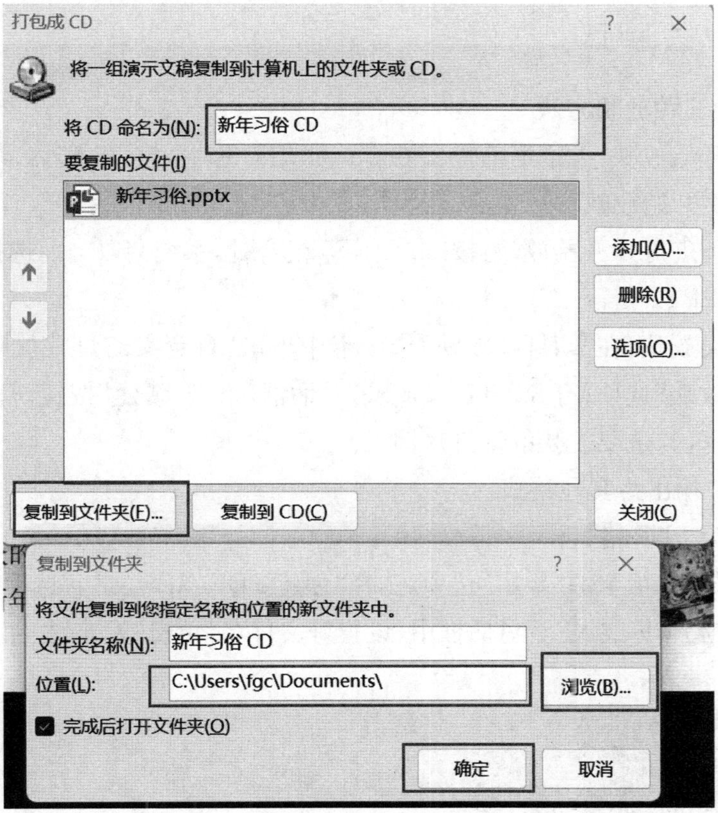

图 6-108　PPT 打包成 CD

(2)选择好要保存文件的位置,单击“选择”按钮。返回上一层对话框,单击“确定”按钮,在打开的提示框中,单击“是”按钮,稍等片刻系统会自动打开相应的文件夹,在该文件夹中会显示 PPT 所使用的全素材文件,如图 6-109 所示。

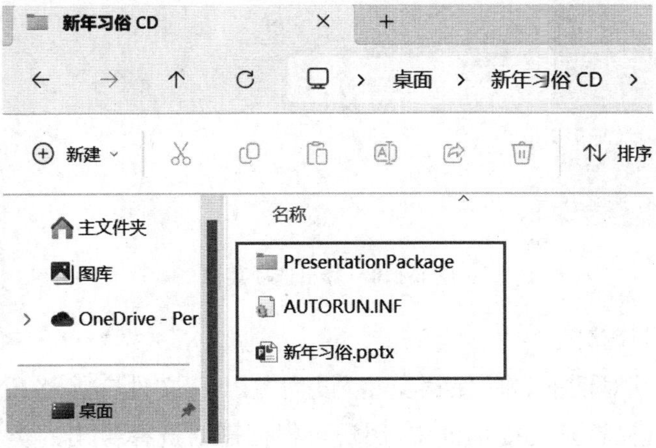

图 6-109　打包成 CD 的完成效果

6.6.4 相关知识

1. PPT 的三种放映方法

(1)从头开始放映:无论当前停留在哪一张幻灯片上,按 F5 键后,系统会自动从该 PPT 的首页开始放映。

(2)从当前幻灯片开始放映:按 Shift+F5 组合键,系统会以当前选择的幻灯片为首,开始放映 PPT。

(3)自定义放映:在“幻灯片放映”选项卡中单击“自定义幻灯片放映”下拉按钮,选择“自定义放映”选项;打开“自定义放映”对话框,单击“新建”按钮;打开“定义自定义放映”对话框,勾选要放映的幻灯片即可。

2. 将 PPT 输出为其他格式

(1)输出为 PDF 格式。

单击“文件”选项卡的“导出”选项,选择“创建 PDF/XPS 文档”选项,如图6-110所示。在“发布为 PDF 或 XPS”对话框中,设置好文件名,单击“发布”按钮,如图6-111所示。

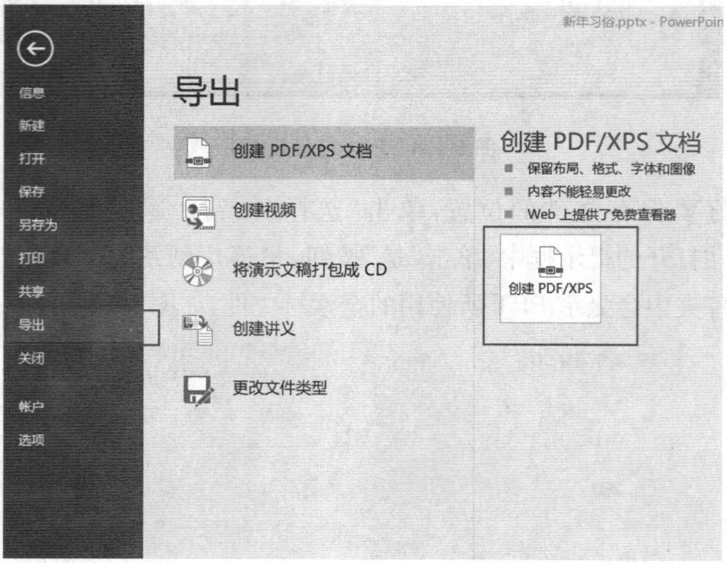

图 6-110 导出选项菜单

(2)输出为图片格式。

打开“另存为”对话框,将“保存类型”设为“JPEG 文件交换格式(*.jpg)”选项,单击“保存”按钮,在打开的提示框中,用户可根据需要选择导出的类型,这里选择“所有幻灯片”选项,此时系统会将当前 PPT 中的所有幻灯片都导出为独立的 JPG 文件,如图 6-112 所示。

图 6-111　将 PPT 发布为 PDF

图 6-112　将 PPT 输出为图片

习题6

一、选择题

1. 演示文稿默认的文件扩展名是________。

A. . pptx　　B. . exe　　C. . bat　　D. . bmp

2. 在下列 PowerPoint 视图中,可编辑、修改幻灯片内容的视图是________。

A. 普通视图

B. 幻灯片浏览视图

C. 幻灯片放映视图

D. 都可以

3. 关于 PowerPoint 幻灯片母版的使用,下列说法不正确的是________。

A. 通过对母版的设置可以控制幻灯片中不同部分的表现形式

B. 通过对母版的设置可以预定幻灯片的前景颜色、背景颜色和字体大小

C. 修改母版不会对演示文稿中任何一张幻灯片带来影响

D. 标题母版为使用标题版式的幻灯片设置了默认格式

4. 关于幻灯片切换,下列说法正确的是________。

A. 可设置进入效果

B. 可用鼠标单击切换

C. 可设置切换音效

D. 以上全对

5. 幻灯片中占位符的作用是________。

A. 表示文本长度

B. 限制插入对象的数量

C. 表示图形的大小

D. 为文本、图形预留位置

二、操作题

新建一个空白演示文稿,并将其以“景区简介”为名进行保存,按照下列要求进行操作,效果如图6-113所示。

(1)为幻灯片应用“视差”主题样式。

(2)在第1张幻灯片中输入标题内容,删除副标题占位符。

(3)新建5张幻灯片,在第2张幻灯片中输入景区简介,设置正文文本格式为楷体、28、蓝色、个性色1、深色50%。

(4)将第3～6张幻灯片中的标题占位符删除,插入艺术字,其样式为:填充蓝色、主题色1、阴影。

(5)通过占位符中的“图片”按钮，插入提供的图片文件，并将图片样式设置为“简单框架、白色”的效果，然后为插入的图片添加“浮入”的动画效果，同时将动画的开始时间设置为“与上一动画同时”。

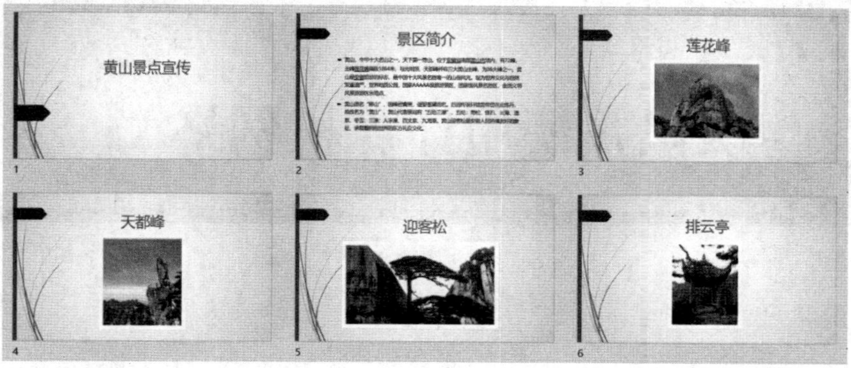

图 6-113　“景区简介”效果

单元 7 认识并使用计算机网络

【引言】

当今时代信息技术飞速发展，计算机网络已经成为全球信息产业的基石。它将分布在不同地点的具有独立功能的多个计算机系统通过通信设备和通信线路连接起来，在功能完善的网络软件的支持下，实现数据通信和资源共享。目前常用的网络是因特网(Internet)，它是一个国际性的网络。本单元将通过四个典型项目来介绍计算机网络的基础知识、因特网的应用、信息检索和信息安全。

项目 7.1 认识计算机网络

7.1.1 项目要求

(1)掌握计算机网络的定义、功能和发展历程。

(2)掌握常见计算机网络的组成部分。

(3)熟悉常见的网络拓扑结构及其特点。

(4)致敬科学家前辈，增强民族自豪感和互联网共享精神。

(5)关注前沿技术，激发爱国热情和民族创新精神。

7.1.2 项目任务

李明最近被调到公司的综合事务部做行政工作。行政工作内容本身不太复杂，李明相信用大学学习的知识加上勤学苦干，自己一定可以做得很好。在日常的工作中，李明经常需要与网络接触，因此，他决定先了解计算机网络的基础知识。

本项目要求了解计算机网络的定义、网络中的硬件和软件，以及无线局域网。

7.1.3 项目实现

任务1 计算机网络概述

计算机网络的形式多种多样，从书房、办公室内几台计算机通过局域网实现的基本连接，到覆盖整个城市或国家、涉及成千上万计算机的大型广域网，展示了其广泛的适用性和强大的连接能力。

1. 计算机网络的定义

在计算机网络发展的各个阶段，根据人们对计算机网络的认识以及计算机网络应用重点的差异，人们提出了不同的定义。目前，较为公认的计算机网络的定义是：将分布在不同地点的具有独立功能的多个计算机系统通过通信设备和通信线路连接起来，在功能完善的网络软件的支持下，实现数据通信和资源共享的系统。

从计算机网络的定义可以看出，构成计算机网络的条件有四个。

(1)计算机相互独立。网络内的计算机是自主工作的，且至少有两台。从分布的地理位置来看，它们既可以相距很近，也可以相隔千里；从数据处理功能上来看，它们既可以联网工作，也可以脱离网络独立工作，而且联网工作时没有明确的主从关系。

(2)通信线路相连接。网络内的计算机通过通信介质和互连设备连接在一起。通信介质可以是双绞线、同轴电缆、光纤、微波和无线电等。

(3)采用统一的网络协议。全网中的计算机在通信过程中必须遵守“全网统一”的通信规则，即网络协议。

(4)资源共享。计算机网络中一台计算机的资源(包括硬件、软件和信息)可以与全网其他计算机系统共享。

2. 计算机网络的功能

计算机网络的核心功能在于实现计算机系统间的资源共享、网络通信、分布式处理以及集中化管理。

(1)资源共享：是指在一个计算机网络系统中，各计算机用户能够充分利用网络内其他计算机系统的资源，主要包括硬件资源共享、软件资源共享、数据资源共享以及通信信道资源共享。

(2)网络通信：是指通信通道可以传输各种类型的信息，包括数据信息和图形、图像、声音、视频等各种多媒体信息。

(3)分布式处理技术：是指将待处理任务分散至网络中各计算机上执行，而非集中在一台大型计算机上。此技术不仅有助于简化软件设计的复杂程度，还能显著提升系统效能，同时降低成本。

(4)集中化管理:是指在计算机没有联网的条件下,每台计算机都是一个"独立个体",管理时必须分别对这些计算机进行管理;而计算机联网后可以在某个中心位置实现对整个网络的管理,如文献检索系统,交通运输行业的订票系统等。

3. 计算机网络的分类

计算机网络类型的划分方法有多种。按照覆盖区域的大小,计算机网络可以划分为局域网(Local Area Network, LAN)、城域网(Metropolitan Area Network, MAN)和广域网(Wide Area Network,WAN)。

(1)局域网。局域网是一种将较小地理区域内的计算机或数据终端设备相互连接的通信网络。其覆盖范围相对较小,通常指10千米以内的地域。局域网广泛应用于办公场所、大楼、小区、医疗机构以及企业等场景。局域网的类型包括以太网(Ethernet)、令牌环网(Token Ring Network)和光纤分布式接口(Fiber Distributed Data Interface, FDDI)网络等,目前,最为常见的局域网主要采用以太网标准。局域网的核心功能是实现短距离内的资源共享,其优势在于分布地域临近、传输速率快捷以及数据传输稳定等。

(2)城域网。城域网的覆盖范围介于局域网和广域网之间,一般为几千米至几万米。城域网将位于同一座城市之内不同地点的多个局域网连接起来,实现资源共享。城域网所使用的通信设备和网络设备的功能要求比局域网高,这样可以有效地覆盖整个城市。一个大型城市中,城域网可以将很多学校、企事业单位、公司和医院的局域网连接起来共享资源。

(3)广域网。广域网可以跨越很大的物理范围,从几十公里到几千公里不等,甚至可以连接多个地区、城市和国家。网络覆盖跨越国界、洲界,甚至遍及全球范围。由于广域网的覆盖范围较大,其数据传输速率通常比局域网要快,但信号传播延迟也相对较长。广域网使用多种通信协议,适用于需要远程通信和数据交换的场景,如企业的不同分支机构之间的网络连接,或者个人用户访问互联网服务等。

局域网是组成其他两种类型网络的基础,城域网一般加入广域网,广域网的典型代表是因特网。

4. 计算机网络的拓扑结构

计算机网络的拓扑结构是指网络中各节点(计算机、打印机等设备)相互连接的方式和形态。它主要分为两大类:物理拓扑和逻辑拓扑,其中物理拓扑描述了实际的物理连接方式,而逻辑拓扑则是从功能上描述网络中各节点如何相互通信。

以下是一些常见的网络拓扑结构及其特点。

(1)星型拓扑:在星型拓扑中,所有的节点都通过点到点的方式连接到一个中央节点，通常是一个网络交换机或集线器，如图 7-1 所示。这种结构的优点是结构简单，易于管理和维护，扩展性强；缺点是中央节点出现故障会导致整个网络瘫痪，且通信线路利用率不高。

（2）环形拓扑：环形拓扑结构中的节点形成一个闭合环，每个节点都与相邻的两个节点相连，如图 7-2 所示。环形拓扑的优点是可以处理较大的通信负载，缺点是如果环中的任何一个节点或连接出现问题，整个网络都会受到影响。

（3）总线型拓扑：在总线型拓扑结构中，所有的节点都连接到一条主通信线路（总线）上，如图 7-3 所示。这种结构易于安装和扩展，但缺点是如果总线出现故障，整个网络将无法工作。

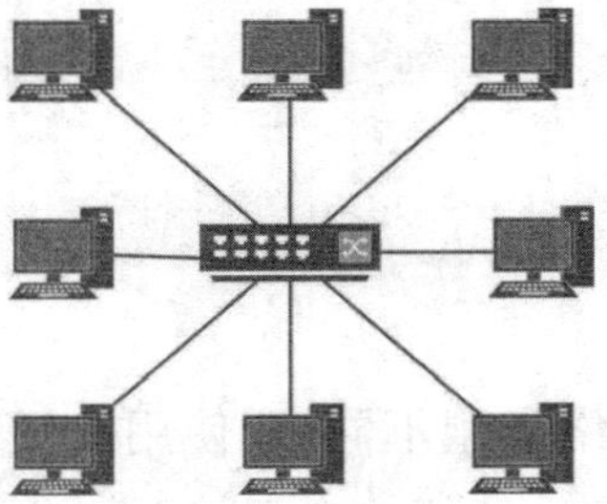

图 7-1　星型拓扑

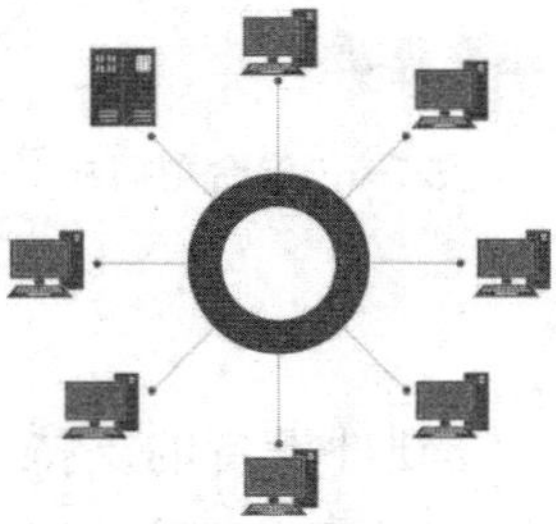

图 7-2　环形拓扑

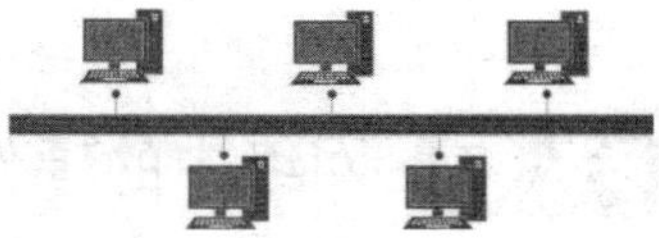

图 7-3　总线型拓扑

（4）树型拓扑：树型拓扑结构结合了星型拓扑结构和总线型拓扑结构的特点，形状类似于倒置的树，如图 7-4 所示。它从一个根节点分出多个分支，每个分支可以是一个星型拓扑结构。树型拓扑适合分层的网络设计，便于管理和维护。

（5）网状拓扑：网状拓扑中的节点之间有多条路径相连，这种结构提供了高度的冗余性，即使某些节点或连接出现问题，数据仍然可以通过其他路径传输，如图 7-5 所示。

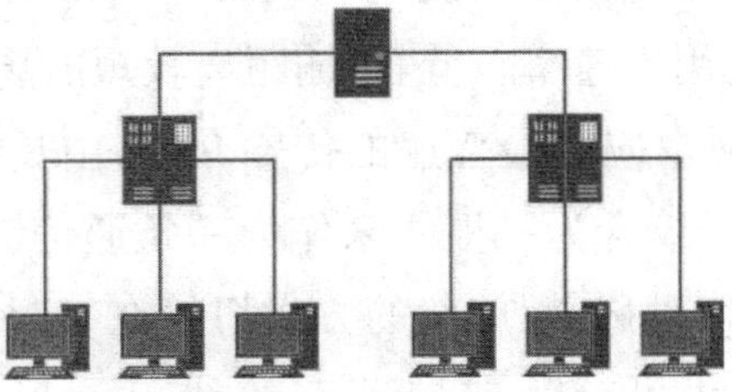

图 7-4　树型拓扑

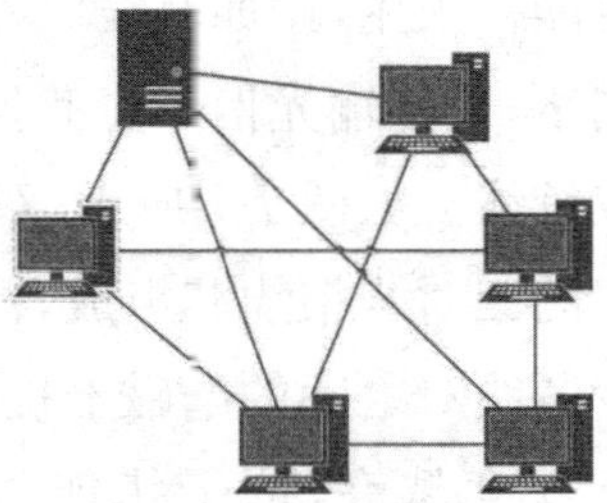

图 7-5　网状拓扑

（6）混合型拓扑：混合型拓扑结合了两种或两种以上的拓扑结构，以满足复杂网络设计的需要，如图 7-6 所示。

每种拓扑结构都有其特定的应用场景和优缺点，选择合适的拓扑结构对于确保网络的稳定性和效率至关重要。在设计网络时，通常需要考虑网络的规模、需求、成本以及可靠性等因素。

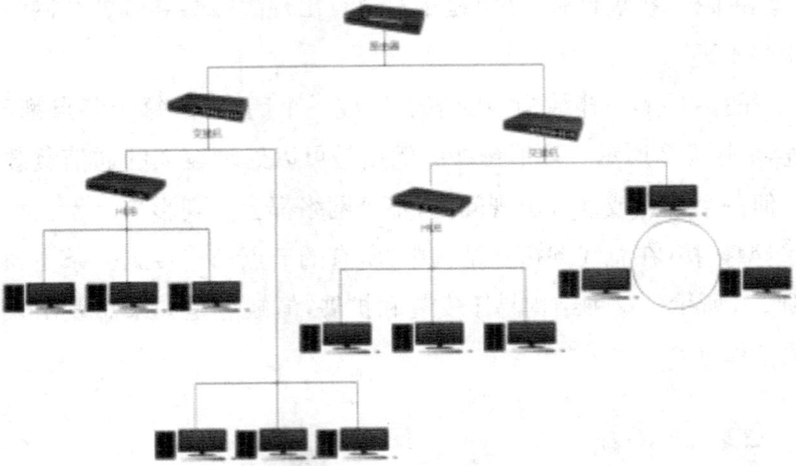

图 7-6 混合型拓扑

任务 2 网络中的硬件

构建一个信号传输网络离不开硬件设备的支持。网络类型不同,所使用的硬件设备或许存在一定的差别。总体来说,网络硬件设备主要包括传输介质、网卡、交换机和路由器等。

1. 传输介质

传输介质是网络中传输数据、连接各网络节点的实体。传输介质可以分为有线传输介质和无线传输介质两大类。

(1)有线传输介质。

金属、玻璃纤维等导体在信号传输中应用广泛。金属导体,尤其是铜线,是电信号传输的主要介质。双绞线和大部分同轴电缆的构造均基于铜线。在特定情况下,铝线也可能被采用,例如有线电视网络中,铜线外包铝质干线电缆。玻璃纤维主要用于光纤网络,以传输光信号。此外,塑料光纤适用于速率较低、传输距离较短的场合。

①双绞线。如图 7-7 所示,双绞线是局域网中应用最普遍的传输介质,由具有绝缘保护层的四对八根线芯组成,将两根绝缘导线绞合为一根线来作为一条通信链路。为了减少各线对之间的电磁干扰,各线对以均匀对称、螺旋状的方式扭绞在一起。线对的绞合程度越高,抗干扰能力越强。双绞线可分为非屏蔽双绞线(Unshielded Twisted Pair,UTP)和屏蔽双绞线(Shielded Twisted Pair,STP)。与其他传输介质相比,双绞线在传输距离、信道带宽和数据传输速率等方面均受到一定的限制,但价格较为低廉。

②同轴电缆。如图 7-8 所示,同轴电缆由一根空心的圆柱体和其所包围的单根内导线组成,是初期网络中最常用的具有保护套的传输介质。同轴电缆可连接的地

理范围较双绞线更大，抗干扰能力更强，使用与维护也更方便，但其价格较双绞线更高。广泛使用的同轴电缆有两种：一种是阻抗为50欧姆的基带同轴电缆，另一种是阻抗为75欧姆的宽带同轴电缆。同轴电缆的屏蔽性能好、抗干扰能力强，与双绞线相比具有更高的带宽。

③光纤：光导纤维的简写，如图7-9所示，是一种利用光在玻璃或塑料制成的纤维中的全反射原理传递光脉冲，实现光信号传输的新型材料。它携带的是光脉冲，不受外界的电磁干扰或噪声影响，在有大电流脉冲干扰的环境中也能保持较高的数据传输速率并提供良好的数据安全性。因此，光纤是电气噪声环境中最好的传输介质，常用于需要以极快的速度传输海量数据的场合。光纤因其数据传输速率高、抗干扰能力强、误码率低及安全保密性好等特点，被认为是未来会被广泛应用的传输介质。光纤价格一般高于同轴电缆与双绞线。

图7-7 双绞线

图7-8 同轴电缆

图7-9 光纤

(2)无线传输介质。

无线传输是指信号通过空气传输，其介质主要包括无线电波、微波、红外线等。这些载体都属于电磁波，它们之间是通过电磁波的频率进行区分的，按照电磁波的频率由低到高依次为无线电波、微波、红外线、可见光、紫外线(UV)、伦琴射线(X射线)与伽马射线(γ射线)。在无线传输过程中，信号完全通过空间从发射器传输至接收器。由于辐射和散射的影响，无线传输过程中的信号会衰减和失真，因此无线传输一般距离较短。

2. 网卡

网卡的全称是网络接口卡(Network Interface Card，NIC)，用于连接计算机和传输介质，从而实现信号传输。网卡具备帧的发送与接收、帧的封装与拆封、介质访问控制、数据的编码与解码及数据缓存等功能。每一个网卡都有一个唯一的MAC地址。MAC地址的长度为48位(6个字节)，通常表示为12个16进制数。如：00-11-EA-AE-3C-23就是一个MAC地址，它被写在网卡的一块ROM中。MAC地址是唯一的。形象地说，MAC地址就如同身份证上的身份证号码，具有唯一性。这是因为电气与电子工程师协会(Institute of Electrical and Electronics Engineers，IEEE)负责为网络接口控制器(网卡)销售商分配唯一的MAC地址。网卡是计算机连接到局域网的必备设备，一般分为有线网卡和无线网卡两种。

3. 交换机

交换机(Switch)是局域网中使用非常广泛的网络连接设备。它工作在数据链路层，可以为接入交换机的任意两个网络节点提供独享的数据通路，支持端口连接节点之间的多个并发连接(类似于电路中的并联)，从而增加网络带宽，改善局域网的性能。交换机的主要功能包括物理编址、构建网络拓扑结构、错误校验、传输数据帧、流量控制等。交换机分为以太网交换机、电话语音交换机和光纤交换机等。

4. 路由器

路由器(Router)是一种连接多个相同或不同类型网络的网络互联设备。它工作在网络层，具有按某种准则自动选择一条到达目的子网的最佳传输路径的能力，用来连接两个及以上复杂的网络。路由器通过路由决定数据的转发，它保存着各种传输路径的相关数据(这些数据构成路由表)，供选择时使用。路由器的主要功能包括：路由选择、连接网络、划分子网、隔离广播。路由器分为：家用路由器、企业路由器和核心路由器。

说明： 路由器和交换机之间的主要区别是交换机工作在开放系统互连参考模型(Open System Interconnect，OSI)第2层(数据链路层)，而路由器工作在第3层(网络层)。这一区别决定了路由器和交换机在传递信息的过程中需要使用不同的控制信息，因此两者实现各自功能的方式是不同的。

任务3 网络中的软件

在网络环境的构建与运作中，软件相较于硬件，承担着至关紧要的职责，在实现数据资源的共享和提供关键性功能方面具有不可替代的作用。网络软件的构成要素主要包括网络操作系统、网络通信协议以及支持网络服务的应用软件等。

(1)网络操作系统(Network Operating System, NOS)：是网络软件架构中的关键组成部分，承担着管理和协调网络环境中所有计算资源的重要职责。网络操作系统负责有效地分配和管理网络中的硬件和软件资源；建立机制用于控制数据在网络内的流动，管理数据传输过程；为用户提供安全机制，包括用户身份验证、权限分配和网络安全策略的执行，以防止未授权访问和数据泄露；为不同设备和平台之间提供交互能力，允许它们在同一网络体系结构内无缝协作；提供故障恢复功能，即使在硬件或软件故障的情况下也能迅速恢复服务。常见的网络操作系统有Unix、NetWare、Windows Server和Linux等。

(2)网络通信协议：确立了数据在网络中传输的规范和原则，确保信息交换的准确性与可靠性。这些协议涵盖了数据格式、传输方式、错误检测与纠正机制等关键方面，以及如何实现不同硬件和操作系统之间的通信兼容性。常见的网络通信协议有：

IP 协议、TCP/IP 协议、NetBEUI 协议、IPX/SPX 协议、AppleTalk 协议、UDP 协议、HTTP 协议、FTP 协议、SMTP 协议、DHCP 协议和 DNS 协议。Internet 采用的协议是 TCP/IP。

(3)支持网络服务的应用软件:通过提供多样的网络服务功能,满足了用户在数据处理、信息获取、资源分享等方面的需求。这些应用软件通常包括邮件服务器、数据库管理系统、文件传输协议等,它们的设计宗旨在于优化网络资源的分配,提高用户体验。该类软件用于提供一些特定的网络服务功能,如文件的上传与下载服务、信息传输服务等功能。

任务 4 无线局域网

随着移动终端设备的普及和上网需求,人们希望能够随时随地访问网络。在现有的有线网络中,可通过无线接入点或无线路由器使人们方便地接入无线网络。无线局域网(Wireless Local Area Network,WLAN)是采用无线传输介质的局域网,它是有线局域网的一种延伸,能快速方便地解决有线方式不容易实现的网络连通问题。随着技术的发展,无线局域网已逐渐代替有线局域网,成为家庭和小型公司主流的局域网组建方式。

1. 无线局域网标准

WLAN 使用的协议标准是 IEEE 802.11 系列标准,它定义了 WLAN 所使用的无线频段及调制方式。下面介绍其中几种主要的标准。

①IEEE 802.11 标准:于 1997 年 6 月公布,是第一代无线局域网标准。它工作在 2.4GHz开放频段,支持 1Mbps 和 2Mbps 的数据传输速率。

②IEEE 802.11a:扩充了标准的物理层,工作在 5GHz 频段,其数据传输速率高达 54Mbps,传输距离为 10m～100m。

③IEEE 802.11b:工作在 2.4GHz 频段,数据传输速率可以为 11Mbps、5.5Mbps、2Mbps、1Mbps 或更低,且可以根据噪声状况自动调整速率。

④IEEE 802.11g:为了解决 IEEE 802.11a 与 IEEE 802.11b 的产品因为频段与物理层调制方式不同而无法兼容的问题,IEEE 批准了新的 802.11g 标准。IEEE 802.11g 既适应传统的 802.11b 标准,在 2.4GHz 频段下提供 11Mbps 的传输速率,也符合 802.11a 标准,在 5GHz 频段下提供 54Mbps 的传输速率。IEEE 802.11g 标准已普遍应用。

⑤IEEE 802.11n:采用多入多出(Multiple-Input Multiple-Output,MIMO,多重天线进行同步传送)与正交频分复用(Orthogonal Frequency Division Multiplexing,OFDM)技术,提高了无线传输质量,也使传输速率得到了极大提升。802.11n 可以将 WLAN 的数据传输速率由目前 802.11a 及 802.11g 提供的 54Mbps,提高到理论

速率,最高可达600Mbps。802.11n还具有覆盖范围广,兼容性好,可工作在2.4GHz和5GHz两个频段,支持向前后兼容,并可以实现WLAN与无线广域网的结合等特点。

2. 无线局域网特点

无线局域网通常用在以下场合:家庭、小型办公室、不方便布线的地方、现有网络需要扩展时。无线局域网具有以下特点。

(1)灵活性与移动性,可实现随时随地接入网络。

(2)易于进行网络规划和调整。

(3)安装方便、成本低廉、施工周期短。

(4)故障定位排除容易。

(5)易于扩展。

(6)容易受到干扰,可靠性低于有线网络。

(7)安全性低于有线网络。

3. 无线局域网技术

无线局域网利用无线电波作为信息传输媒介,通过射频(Radio Frequency, RF)技术使用电磁波进行通信,从而取代了传统的双绞铜线或同轴电缆。这样的网络构建方式不仅提高了网络布局的灵活性,还使得用户可以更加方便地移动终端设备。以下是几种常见的无线局域网实现技术。

(1)射频技术:无线局域网中最基本的技术,它使用无线电波在空中进行通信连接。

(2)红外技术:使用红外线作为传输媒介,但由于其直线传播的特性和距离限制,使用较少。

(3)蓝牙技术:主要用于短距离内设备之间的数据传输,如连接手机与耳机、键盘等周边设备。

(4)Wi-Fi技术:基于IEEE 802.11标准的无线局域网技术,是目前应用最广泛的无线局域网技术之一。

(5)ZigBee技术:一种低功耗、低成本、低数据速率的无线通信技术,适用于物联网设备的通信。

(6)NFC技术:允许设备在极短的距离内进行通信,常用于移动支付和快速配对等场景。

(7)无线宽带技术:如WiMAX,提供更广泛的覆盖范围和更高的数据传输速率,适合构建城域网。

这些技术各有特点和适用场景,它们共同推动了无线局域网的发展,使得无线网络在家庭、企业乃至公共场合的应用变得越来越普遍。随着技术的不断进步,未来的无线局域网将提供更高的数据传输速率、更好的安全性和更广的覆盖范围。

4. 无线局域网组件

无线局域网主要由计算机、无线网卡、无线传输介质、无线接入点和无线路由器等组成。

(1)无线网卡:作为无线信号的接收装置承担着计算机与无线网络连接的接口功能。它是无线网络的重要组成部分,其主要职责是实现数据的传输与接收。常见的无线网卡类型包括:PCMCIA 无线网卡、PCI 接口无线网卡、USB 无线网卡。

(2)无线接入点(Access Point,AP):是有线局域网和无线局域网的桥梁,用于无线网络设备组网或接入有线局域网络。无线 AP 主要分为普通 AP 和路由 AP 两种。普通 AP 仅提供一个无线信号发射功能,路由 AP 可以提供自动拨号上网功能。

(3)无线路由器:集成了无线接入点功能的路由器,可以用于有线或无线网络连接,无线路由器一般内置多个交换端口,允许企业、办公室或家庭中多台计算机接入网络。它将宽带网络信号通过天线转发给附近的无线网络设备同时还具有其他网络管理功能。如动态主机配置协议(Dynamic Host Configuration Protocol,DHCP)服务、网络地址转换(Network Address Translation,NAT)防火墙、访问控制地址过滤和动态域名解析(Dynamic Domain Name Server,DDNS)等。

项目 7.2 应用 Internet

7.2.1 项目要求

(1)了解网络体系结构的思想和 OSI 参考模型。

(2)了解 IP 地址和域名系统。

(3)熟悉 Microsoft Edge 的基本操作。

(4)学会使用 Edge 浏览器浏览网页,获取信息。

(5)增强严格遵守标准规范的意识,养成良好的职业素养。

(6)注重学思结合,知行合一,树立正确的职业观。

7.2.2 项目任务

通过一段时间对基础知识的学习,李明迫不及待地想进入 Internet 的神奇世界。同事告诉他,Internet 可以实现的功能很多,不仅可以查看和搜索信息,还可以下载资料等。在新一代信息技术如此发达的今天,不管是办公工作还是日常生活,都离不开 Internet。李明决定系统地学习 Internet 的使用方法。

本项目要求了解网络体系结构,掌握常见的 Internet 操作,包括使用 Microsoft Edge 浏览器、使用搜索引擎、下载资源等。

7.2.3 项目实现

任务1 网络体系结构

1. 网络体系结构

网络体系结构是计算机网络技术中的一个重要概念，它将计算机互联的功能划分成有明确定义的层次，并规定同层次实体通信的协议及相邻层之间的接口服务，以给出网络通信的一般解决办法，简单来说，网络体系结构就是网络各层及其协议的集合。

为了减少网络设计的复杂性，绝大多数网络采用分层设计方法。所谓分层设计方法，就是按照信息的流动过程将网络的整体功能分解为一个个功能层，同一机器上的相邻功能层之间通过接口进行信息传递，不同机器上的同等功能层之间采用相同的协议。也就是说，网络体系结构只是从功能上描述计算机网络的结构，而不关心每层硬件和软件的组成，也不解决这些硬件或软件的实现问题，它只是为各个标准化组织制定协议标准提供了一个参考模型。因此，网络体系结构是众多现有网络标准的抽象，也是制定新的网络标准与协议的准则。

2. OSI 参考模型

世界上第一个网络体系结构是1974年由IBM公司提出的“系统网络体系结构”(System Network Architecture，SNA)。此后，许多公司纷纷推出了各自的网络体系结构。虽然这些体系结构都采用了分层技术，但是层次的划分、功能的分配及采用的技术均不相同。随着信息技术的发展，不同结构的计算机网络互联已成为迫切需要解决的问题。

为此，许多标准化机构积极开展了网络体系结构标准化方面的工作，其中最为著名的就是国际标准化组织ISO提出的开放式系统互连参考模型，即OSI参考模型，如图7-10所示。

OSI参考模型是一种严格的理论模型，是厂商在设计硬件和软件时必须遵循的通信规则。它的目的就是在不需要改变不同系统的软硬件逻辑结构的前提下，使不同系统之间可以通信。

OSI参考模型从下到上由物理层、数据链路层、网络层、传输层、会话层、表示层和应用层组成。低层(物理层、数据链路层)执行的功能与物理通信相关，如传输比特流、封装数据帧；中间层(网络层、传输层)协调节点间的网络通信，确保通信会话无中断、无差错地持续进行；高层(会话层、表示层、应用层)的工作是支持用户对数据交换的控制和管理，屏蔽不同计算机在信息表示方面的差异，为网络用户和应用程序提供各种服务。

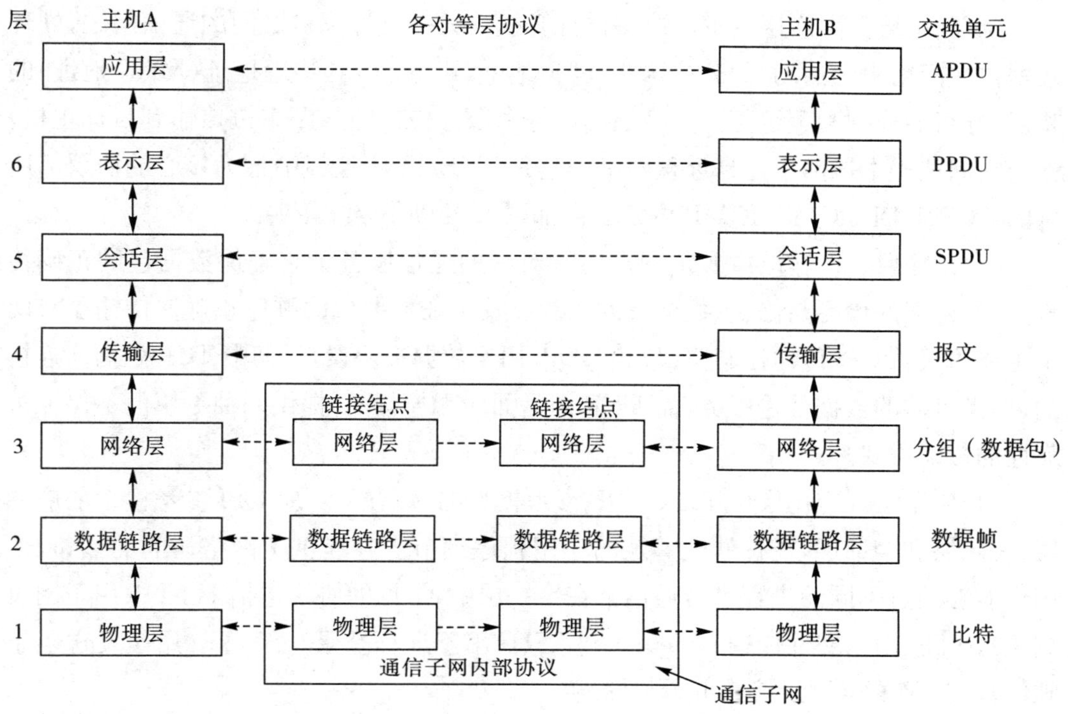

图 7-10　OSI 参考模型

说明： 在通信技术中，人们常用链路(Link)这个术语来描述一条点对点的线路段，这条线路段中间是没有任何交换节点的。当需要在一条链路上传送数据时，除了必须具有一条物理线路之外，还必须有一些规程或协议来控制这些数据的传输，以保证传输数据的正确性。实现这些规程或协议的硬件和软件加上物理线路就构成了数据链路。此外，一般所说的物理链路就是指物理线路，逻辑链路就是指数据链路。

3. TCP/IP 参考模型

Internet 网络体系结构以 TCP/IP 协议为核心。其中 IP 协议用来给各种不同的通信子网或局域网提供一个统一的互联平台，TCP 协议则用来为应用程序提供端到端的通信和控制功能。基于 TCP/IP 协议的 Internet 网络体系结构分为四层，即网络接口层、网络层、传输层和应用层。

(1)网络接口层。网络接口层也被称为数据链路层或网络访问层，是 TCP/IP 参考模型的最低层，用于控制对本地局域网或广域网的访问。这一层的作用是负责接收从网络层传过来的数据包，然后将数据包转化成帧并通过低层物理网络发送出去。帧除了包括需要传输的数据外，还包括发送方和接收方的物理地址以及检错和控制信息。其中的物理地址确定了帧将发送到何处，检错和控制信息则是用来保证数据无差错到达。

(2)网络层。网络层负责解决一台计算机与另一台计算机之间的通信问题,处理数据包在网络中的活动,如分组选路、逻辑地址(IP 地址)到物理地址(MAC 地址)的映射、分组的分割和重组等。网络层确保每个数据包都能从源主机传输到目标主机,无论它们位于本地网络还是远程网络。它是 TCP/IP 协议族中最为核心的协议。所有的 TCP、UDP、ICMP、IGMP 协议数据都以 IP 数据报格式传输。

(3)传输层。传输层主要负责提供端对端的通信服务。它确保数据包的正确传输,包括错误的检测与修正、数据流的控制以及保证数据包的顺序正确。传输层有两个主要协议:TCP(传输控制协议)和 UDP(用户数据报协议)。其中 TCP 是面向连接的,提供可靠的数据传输服务;而 UDP 则是面向无连接的,提供一种更快但不保证可靠性的传输方式。

(4)应用层。应用层位于 TCP/IP 参考模型的最高层,对应 OSI 参考模型的应用层、表示层和会话层,负责处理特定的应用程序细节。它提供了网络访问的接口,使用户能够通过不同的进程进行通信。在这一层中,常见的协议包括 HTTP(用于网页浏览),FTP(用于文件传输),Telnet 和 SSH(用于远程登录),SMTP(用于发送电子邮件)以及 POP3(用于接收电子邮件)等。

任务 2 认识 Internet

1. Internet 的产生与发展

Internet 的意思是互联网,根据音译它也称为因特网。因特网是网络与网络串联成的庞大网络。这些网络以一组通用的协议相连,形成逻辑上的单一巨大的全球化网络。

Internet 的起源可以追溯到 1960 年代,当时美国国防部的高级研究计划局(Advanced Research Projects Agency, ARPA)开始了一个名为 ARPAnet 的项目,旨在建立一个能够在核战争中保持通信的网络。这个项目最终发展成为 Internet 的前身;在 20 世纪 70 年代,TCP/IP 协议的出现标志着 Internet 的一个重要发展阶段。TCP/IP 协议是一组用于数据传输的规范,它使得不同网络之间的互联成为可能,为 Internet 的发展奠定了基础;进入 20 世纪 90 年代,Internet 进入了高速发展时期,并开始向全世界普及。这一时期,万维网(World Wide Web,WWW)的出现极大地改变了 Internet 的使用方式,使得信息的获取和分享变得更加容易和直观。商业活动的加入也为 Internet 的发展带来了新的动力。进入 21 世纪以来,Internet 继续在全球范围内扩展,宽带互联网、移动互联网、社交媒体、云计算等技术的发展进一步推动了 Internet 的普及和应用。同时,随着物联网(Internet of Things,IoT)和人工智能(Artificial Intelligence,AI)等新技术的出现,Internet 正在进入一个全新的智能化、自动化的时代。

在我国,Internet 的发展也经历了从引入到普及的过程。1986 年,北京计算机应用技术研究所与德国卡尔斯鲁厄大学实施了一项国际联网合作项目,名为中国学术网

(China Academic Network,CANET)。为了研究需要,1987 年 9 月,CANET 在北京计算机应用技术研究所内正式建成中国第一个国际互联网电子邮件节点,并于 1987 年 9 月 20 日 20 时 55 分发出了中国第一封电子邮件:"Across the Great Wall we can reach every corner in the world.",揭开了中国人使用互联网的序幕。这封电子邮件通过意大利公用分组网 ITAPAC 设在北京的 PAD 机,经由意大利 ITAPAC 和德国 DATEX-P 分组网,实现了和德国卡尔斯鲁厄大学的连接,通信速率最初为 300bps。

1989 年,由世行贷款,国家计委、国家教委、中国科学院等配套投资,开始了中国国家计算与网络实施高科技信息技术设施项目的建设。

1990 年,CANET 向 InterNIC(Internet Network Information Center,互联网网络信息中心)申请注册了我国最高域名"cn"。从此,从我国发出的电子邮件有了自己的域名。

1992 年,中国科学院网(CASNET)、清华校园网(TUNET)、北大校园网(PUNET)建成。

1993 年 2 月,中国教育与科研计算机网开始进入规划,计划把全国高等教育机构和科研机构连接起来。此即为教育网的前身。

1994 年,由原邮电部投资的中国公用计算机网 ChinaNet 开始启动,并于 1996 年正式投入使用。这是我国第一个商用计算机网络,从此我国的网络事业开始进入高速发展阶段。

随着改革开放的深入,Internet 在我国蓬勃发展,尤其是在 20 世纪 90 年代中期以后,我国的互联网用户数量迅速增长,出现了许多知名的互联网企业和创新的互联网应用,如阿里巴巴、腾讯、百度等,这些企业的发展不仅推动了我国经济的转型升级,也在全球互联网行业中占据了重要的地位。

Internet 的发展是一个不断演进的过程,它深刻地改变了人们的生活方式和工作模式,对社会经济的发展产生了深远的影响。随着技术的不断进步,Internet 的未来将更加智能化、个性化和安全化。

2. IP 地址及分类

IP 地址(Internet Protocol Address)是互联网上设备的逻辑标识符,它由网络号和主机号两部分组成,用于在互联网中定位和寻址设备。每个连接到互联网的设备都必须有一个独一无二的 IP 地址,以便于数据包能够准确地发送至目标地点。IP 地址有两种主要的版本,分别是 IPv4 和 IPv6。

IP 地址由 32 位二进制数构成,这些二进制数可以被分为四个八位的部分,每一部分代表一个字节。这种结构允许 IP 地址表示为点分十进制形式,即使用四组 0 到 255 之间的十进制数来表示,各组之间用点号分隔。例如,一个 IP 地址 100.4.5.6 在二进制中表示为 01100100.00000100.00000101.00000110。这种格式方便人们阅读和记忆,而在计算机网络中传输时,则是以二进制形式进行的。

IP地址包含两部分：一部分是网络(地址)号，用以区分在Internet上互联的各个网络；另一部分是主机(地址)号，用以区分在同一网络上的不同计算机(以下称为"主机")。如IP地址为192.168.10.2的网络地址为192.168.10，主机地址为2。

IP地址分为A、B、C、D、E五类。具体如下。

A类地址：用于大型网络，其网络号占1字节，主机号占3字节。A类地址的范围是1.0.0.0到126.255.255.255。

B类地址：用于中型网络，其网络号占2字节，主机号占2字节。B类地址的范围是128.0.0.0到191.255.255.255。

C类地址：用于小型网络，其网络号占3字节，主机号占1字节。C类地址的范围是192.0.0.0到223.255.255.255。

D类地址：用于多点广播，不区分网络号和主机号。D类地址的范围是224.0.0.0到239.255.255.255。

E类地址：保留地址，用于实验和留给未来使用。E类地址的范围是240.0.0.0到255.255.255.255。

3. 域名、统一资源定位器

(1)域名的概念。在Internet中，计算机通过IP地址来确定每台主机的位置，但是IP地址是由32位二进制数字组成的，难以记忆。为了解决这一问题，Internet委员会引入域名系统(Domain Name Server，DNS)。域名系统是一种用于将域名转换为IP地址的服务。它允许用户通过输入易于记忆的域名(例如www.163.com)来访问网站，而不是难以记忆的IP地址(例如60.174.243.162)。

(2)域名结构。域名采用层次结构，整个Internet是一个DNS的域名空间，这个空间由可以注册的各级域名共同组成，整个DNS的域名空间像一棵倒过来的树，顶端称为"根域"，用"."表示，接下来是顶级域，再接下来是二级域、三级域，以此类推。例如"sse.ustc.edu.cn"域名中的每个单词依次表示软件学院、中国科学技术大学、教育机构、中国。完整表示是中国科学技术大学软件学院的主机。

常用的顶级域名如表7-1、表7-2、表7-3所示。

表7-1 常用的地理顶级域名

域名	国家或地区
.ru	俄罗斯
.au	澳大利亚
.kr	韩国
.uk	英国
.fr	法国
.jp	日本
.us	美国

表7-2 常用的类别顶级域名

域名	机构类型
.gov	政府机构
.edu	教育机构
.int	国际组织
.mil	军事部门
.com	商业机构
.net	网络中心
.org	社会组织

表7-3 部分新增顶级域名

域名	机构类型
.aero	与航空相关
.biz	商业领域
.museum	博物馆
.name	个人域名
.pro	专业组织
.info	网络信息服务
.coop	商业合作组织

4. 连入 Internet

用户的计算机连入 Internet 的方法有多种。

首先，选择合适的互联网接入服务提供商（Internet Service Provider，ISP），用户可以考虑服务提供商的信誉、服务质量、价格，以及是否提供客户支持等因素。在我国，主要的 ISP 包括中国电信、中国联通等，它们提供了广泛的服务选项和覆盖范围。用户可以根据自己的地理位置和服务需求，选择合适的 ISP 进行互联网接入。

其次，在选择接入方式时，用户需要考虑自己的需求，如带宽、稳定性、成本和可用的服务类型。此外，用户还需要与 ISP 签署服务协议，并可能需要租赁或购买相应的硬件设备。在设置网络连接时，如果遇到问题，用户可以参考 ISP 提供的技术支持或自行查找相关的疑难解答信息。以下是一些常见的接入方法。

（1）有线宽带接入：用户可以通过电话线或光纤连接到 ISP 提供的宽带服务，这通常需要用户在家庭或办公室安装调制解调器或光猫。

（2）无线网络接入：包括 Wi-Fi 和移动数据网络（如 3G、4G、5G），用户可以通过无线路由器或移动设备的数据计划连接到互联网。

（3）拨号接入：虽然现在较少使用，但仍然是一种通过电话线路和调制解调器进行连接的古老方式。

（4）卫星互联网服务：对于偏远地区或其他无法通过传统方式接入互联网的用户，卫星互联网提供了另一种可能。

（5）局域网接入：在企业或教育机构中，用户可以通过内部网络连接到互联网，这通常由 IT 部门管理。

（6）专线接入：对于需要高稳定性和高带宽的用户，如大型企业或数据中心，可以通过专线直接连接到互联网骨干网。

（7）虚拟专用网络（Virtual Private Network，VPN）：用户可以通过 VPN 服务在公共网络上建立一个安全的私人网络，从而接入互联网。

任务 3 应用 Internet

1. 互联网服务

互联网的高速发展确实带来了种类繁多的服务，这些服务极大地丰富了人们的网络生活和工作方式。这些服务均是基于向用户提供不同的信息而实现的。Internet 向用户提供的这些功能也被称为“互联网的信息服务”或“互联网的资源”。以下是一些最常见的互联网服务。

（1）电子邮件（E-mail）服务：允许用户发送和接收邮件，是最基本的互联网通信方式之一。

（2）万维网（WWW）服务：通过网页浏览器访问的网站，提供了丰富的内容和互动功能。

(3)文件传输(File Transfer Protocol,FTP)服务:允许用户上传和下载文件,匿名 FTP 还允许用户匿名访问文件。

(4)远程登录(Telnet):允许用户远程登录到其他计算机,执行命令和管理任务。

(5)电子公告板系统(Bulletin Board System,BBS):在线讨论区,用户可以发帖交流信息。

(6)即时通信服务:如 QQ、微信等,提供实时的消息传递和视频通话功能。

(7)网络直播服务:允许用户实时分享视频内容给观众。

(8)网络支付服务:如支付宝、微信支付等,提供在线交易和支付功能。

(9)网络广告推广服务:帮助企业在网络上推广产品和服务。

(10)网络存储服务:如百度网盘等,提供数据存储和共享功能。

(11)网络购物服务:如淘宝、京东等电商平台,提供在线购物体验。

(12)网络预约服务:如滴滴出行等,提供预约交通或其他服务的功能。

(13)应用软件下载服务:各种应用商店提供的软件下载和更新服务。

2. 使用 Microsoft Edge 浏览器

Microsoft Edge 是一款基于 Chromium 的网页浏览器,由微软开发。

Microsoft Edge 是随着 Windows 10 操作系统首次发布而被引入市场的,并逐步成为微软的新旗舰浏览器。它取代了先前的 Internet Explorer 浏览器,标志着微软在浏览器市场上的一次重大转变。Microsoft Edge 作为 Windows 操作系统集成的浏览器,具有浏览网页、保存网页中的资料、使用历史记录、使用收藏夹和隐私清理等多种功能。

(1)认识 Microsoft Edge 浏览器窗口。

单击"开始"按钮,在打开的菜单中选择"所有程序"/"Microsoft Edge"命令启动该程序,打开如图 7-11 所示的窗口。

图 7-11 Microsoft Edge 浏览器窗口

浏览器窗口中的后退按钮的作用与应用程序窗口的类似，下面介绍 Microsoft Edge 浏览器窗口的特有部分。

①地址栏。地址栏用来显示用户当前所打开网页的地址，也就是常说的网址，单击地址栏右边的☆按钮，可将当前网址添加到收藏夹中。

②网页选项卡。通过网页选项卡可以使用户在单个浏览器窗口中查看多个网页，即当打开多个网页时，单击不同的选项卡可以在打开的网页间快速切换。

③工具栏。工具栏包含浏览网页时所需的常用工具按钮，单击相应的按钮可以快速对浏览的网页进行相应的设置或操作。

④网页浏览窗口。所有的网页文字、图片、声音和视频等信息都显示在网页浏览窗口中。

⑤标签栏：用来显示浏览器标记和当前打开的网页的名称。

(2)浏览网页。

浏览网页是一件简单的事情。使用 Microsoft Edge 浏览器打开央视网的主页，然后进入“新闻”专题，查看其中的内容。

单击 Microsoft Edge 的图标启动浏览器，在上方的地址栏中输入“央视网”网址的主要部分，按“Enter”键确认，浏览器系统会自动补齐剩余的部分，并打开该网页。网页中有很多目录，将鼠标指针移动到“新闻”超链接上，单击超链接，如图 7-12 所示。

图 7-12　打开网页，单击超链接

打开“新闻”专题，滚动鼠标滚轮上下移动网页，在该网页中找到自己感兴趣的内容的超链接后，单击该超链接，打开的网页上会显示其具体内容。

说明： 启动 Microsoft Edge 浏览器后，自动打开的网页称为主页，用户可修改浏览器的主页，方法是：在工具栏中单击“设置及其他”按钮，在打开的下拉列表中选择“设置”选项，在打开的面板中将“显示主页按钮”设置为“开”状态，在下方的“设置您的主页”下拉列表中选择“特定页”选项，在下方的文本框中输入需要设置为主页的网址，单击 保存。

(3)使用收藏夹。

可以将经常浏览的网页添加到收藏夹中，以便快速打开。下面将“京东”主页添加到收藏夹中的“购物”文件夹中，具体操作步骤如下。

在地址栏中输入京东主页的网址，按“Enter”键打开该主页，在地址栏右侧单击“收藏夹”按钮☆。在按钮下方会打开“编辑收藏夹”窗口，单击“更多”，单击“新建文件夹”，在添加的文本框中输入“购物”，修改文件夹名称，单击“保存”，如图 7-13 所示。

再次打开收藏夹，会发现多了一个“购物”文件夹，选择该文件夹，会显示保存在该文件夹中的“京东”主页选项，如图 7-14 所示，单击该选项即可打开该主页。

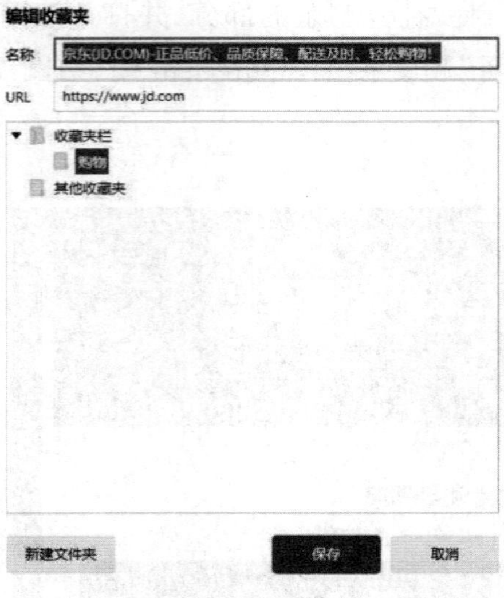

图 7-13 创建文件夹并修改名称

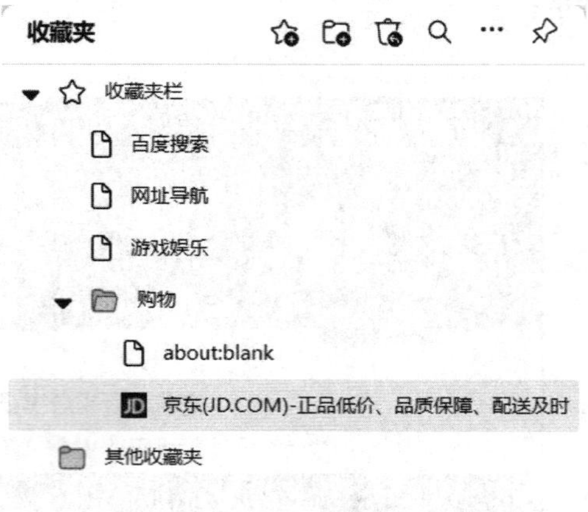

图 7-14 收藏后的主页

3. 收发电子邮件

电子邮件(E-mail)是一种基于计算机和互联网的信息传递技术，是互联网应用最广泛的服务之一，具有以下特点：成本低(只需承担网费)、速度快(数秒内送达全球任意地点)、内容多样(文字、图像、声音等)，提供丰富的资讯和专题邮件服务，以及便捷的信息搜索功能。相比传统通信方式，电子邮件具有明显优势。

在发送电子邮件前，每个用户必须申请一个电子邮箱。每个电子邮箱有唯一的电子邮箱地址。其结构为：邮箱名@邮件服务器域名。例如：hfstu@126. com。这里，“hfstu”指邮箱名，“126. com”指邮件服务器域名。在选择电子邮件服务商之前，明确使用电子邮箱的目的，并根据目的有针对性地选择。如果经常和国外的客户联系，建议使用国外的电子邮箱，例如：Gmail、Hotmail、MSN mail 等。如果经常和国内的客户联系，可以选择国内的电子邮箱，例如：126 网易免费邮、QQ 邮箱、Foxmail 等。

下面以 126 网易免费邮为例，详述申请免费邮箱和收发电子邮件的过程。

(1)在 Microsoft Edge 浏览器地址栏输入 https://www. 126. com/，打开 126 网易免费邮的主页。单击“注册新账号”，打开如图 7-15 所示的邮箱注册页面。如果已经申请过 126 网站的免费邮箱，就可以直接输入用户名和密码进行登录。

图 7-15　邮箱登录页面

(2)在打开的页面中按照要求输入用户名、登录密码、验证码等信息，如图 7-16 所示。

图 7-16　注册页面

(3)在完成邮箱注册信息的填写后，单击页面上的“立即注册”按钮，将显示申请成功的提示。

(4)打开如图 7-17 所示页面，选择“收信”选项卡，单击“收件箱”。在窗口右侧可查看当前邮件信息。单击某封邮件的标题，即可展开该邮件。

图 7-17 邮箱页面

(5)单击“写信”选项卡，弹出邮件编辑页面，如图 7-18 所示。在收件人栏中输入收件人的电子邮箱地址。

图 7-18 编辑新邮件

（6）在邮件中除了可以写信之外，还可以将不同类型的文件作为邮件附件发送给收件人。这些文件可以是图片、视频、音乐、文档、表格等，一封邮件可以发送多个附件。在如图 7-19 所示的页面中，可单击"添加附件"选择所需的文件添加附件。

图 7-19　为邮件添加附件

（7）在完成附件添加后，单击发送按钮，完成邮件发送过程。

项目 7.3　信息检索与搜索引擎

7.3.1　项目要求

（1）理解信息检索的概念与分类，掌握信息检索的基本流程。

（2）掌握通过搜索引擎进行信息检索的方法。

（3）掌握通过数字信息资源平台等专用平台进行信息检索的方法。

（4）培养良好的信息素养和社会责任感。

7.3.2　项目任务

信息化浪潮席卷而来，信息已然成为时代不可或缺的战略资源。在打下扎实的信息技术基础后，李明按捺不住内心的激动，渴望掌握信息检索的技巧。朋友向他描绘，信息检索不仅是信息技术的关键应用，更是探寻知识宝库的钥匙，能查找、筛选、挖掘信息，获取所需的珍贵资料。在这个信息爆炸的时代，无论是在学术研究的殿堂,还是在日常生活中,信息检索都如影随形。于是,李明下定决心,要系统地学习信息检索的流程和方法,掌握这项必备技能。

本项目要求掌握信息检索的概念、分类和基本流程。

7.3.3 项目实现

任务1 认识信息检索

1. 信息检索的概念

人类的信息检索行为基于特定的信息需求,发生在特定的环境中,并使用特定的信息检索系统。这里的"环境"涵盖了激发信息需求的情境、信息检索系统的运行环境以及相关限制因素。而"特定的信息检索系统"则是指进行检索所需的设施和工具,这可能包括图书馆、信息中心或专业人员,以及各种工具书(如文摘索引、目录、资料集、手册、词典等),或信息源,如数据库等。

广义上的信息检索涵盖了信息的存储和检索两个环节,如图7-20所示。信息存储是将搜集到的原始信息经过特征(如题名、作者、主题词、分类号等)描述转化为条目,并将这些条目组织起来形成二次信息的过程。而信息检索则是针对已存储的二次信息库进行,是存储过程的逆向操作。存储的目的是为检索服务,为了实现快速且有效的检索,存储显得尤为重要。没有存储,检索就无从谈起。

存储与检索之间存在相辅相成、相互依存的关系。信息存储和信息检索共同遵循的规则被称为信息检索语言。使用检索语言,对需存储的信息特征和查找的检索提问进行标识,存储和检索过程便具备相符性。因此,存储的文献可以通过信息检索工具(系统)进行检索。

信息检索的有效性建立在信息存储与检索之间的相符性基础上。如果这两个过程无法实现相符,信息检索就会失去其基础;如果无法检索到所需信息,那么存储也将失去其意义。

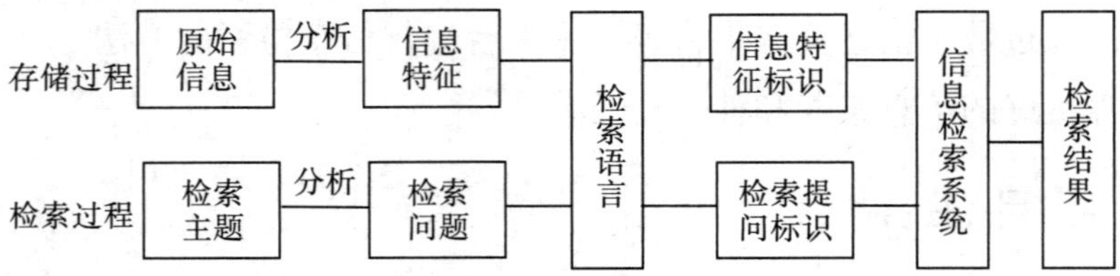

图7-20 信息检索原理

2. 信息检索的分类

信息检索可以根据不同的标准进行分类,以下是几种常见的分类方式。

(1)按存储与检索对象划分。

①文献检索:以文献为查找对象,从各种文献中查找用户所需要的信息内容,如"汽车制动系统设计的参考文献有哪些"。

②数据检索:关注数值、统计数据等结构化信息的检索。

③事实检索:旨在查找特定的事实或信息点,如某个事件的日期、地点等。

(2)按组织方式划分。

①全文检索:指计算机索引程序通过扫描文章中的每一个词,对每一个词建立一个索引,指明该词在文章中出现的次数和位置,当用户查询时,检索程序就根据事先建立的索引进行查找,并将查找的结果反馈给用户的检索方式。

②超文本检索(Hypertext Retrieval):通过超文本链接的方式来组织和检索信息。超文本是一种可以包含多媒体元素、链接到其他文档或资源的文本形式,通过超链接可以在不同文档之间进行跳转。

③超媒体检索:涉及对多种媒体信息(如文本、图像、声音)的检索,通常采用多维存储结构和有向链接的方式。

(3)按检索的手段划分。

①手工检索:通过人工方式查找信息,不依赖于计算机系统。人们利用卡片目录、文摘、索引等检索工具,进行信息检索。人工检索费时费力,效率低。

②计算机检索:利用计算机和专门的软件工具进行信息的查找和管理。

(4)按字段限定检索的操作形式划分。

①菜单式检索:通过在下拉菜单中选择特定字段后输入检索词来进行检索。

②直接输入检索:直接输入字段名称和检索词来执行检索。

综上所述,信息检索是一个涉及多个领域的复杂过程,包括图书馆学、计算机科学、信息科学等。随着技术的发展,信息检索的方法和工具也在不断进步,使得我们能够更有效地获取和利用信息资源。

3. 信息检索的基本流程

信息检索的基本流程主要包括确定信息需求、选择信息源、制定搜索策略、执行搜索、筛选和评估信息以及获取全文等。

(1)确定信息需求:这是信息检索的出发点,需要明确自己要解决的问题或寻找的信息是什么,并确定问题的范围和关注点,以便更精确地进行搜索。

(2)选择信息源:根据确定的信息需求选择合适的信息源,如图书馆、学术数据库、网络搜索引擎等。信息源的选择会直接影响检索结果的质量和效率。

(3)制定搜索策略:包括确定检索词、构造检索式,以及选择合适的检索方法(如顺查法、倒查法、抽查法、追溯法、综合法等)来优化检索过程。

(4)执行搜索:将确定的关键词输入搜索引擎或数据库的搜索框中,运行搜索并获取结果。

(5)筛选和评估信息:查看搜索结果,根据摘要或标题初步筛选信息,然后对选定的文献或页面进行仔细阅读,评估其与问题的相关性和可信度。

(6)获取全文:根据文献线索获取所需的全文资料,这可能涉及访问图书馆实体或电子资源,或者通过购买、借阅等方式获得。

在整个信息检索过程中,可能需要不断地调整检索策略,以更好地满足信息需求。此外,信息检索不仅仅是查找信息的技术过程,还包括了解用户的信息需求和满足这些需求的过程。随着技术的发展,信息检索的方法和工具也在不断进步,使信息检索变得更加高效和准确。

任务2 学习常用的信息检索方法

信息检索的方法是指利用现代信息检索而采用的相关方法,主要信息检索方法有布尔逻辑检索、截词检索、位置检索和字段限定检索。这些方法都是利用现代信息检索系统进行有效检索的重要手段。

(1)布尔逻辑检索:通过使用逻辑运算符:逻辑与“AND”、逻辑或“OR”和逻辑非“NOT”,来组合或排除关键词,从而缩小或扩大检索范围,提高检索的精确性。为加深对三种逻辑运算关系的理解,我们以检索词“AI”和“视觉识别”来举例说明。“AI AND 视觉识别”表示同时含有这两个关键词的文献被选中。“AI OR 视觉识别”表示含有其中一个或同时含有两个检索词的文献被选中;“AI NOT 视觉识别”表示含有“AI”关键词但不含有“视觉识别”关键词的文献被选中。

(2)截词检索:是预防漏检、提高查全率的一种常用检索技术。在关键词的某个部分使用截词符号,以表示该位置可以匹配任意字符,这样可以用来检索词根相同但词尾不同的词汇,有助于提高检索的全面性。

(3)位置检索:使用位置运算符来指定检索词之间的位置关系,例如相邻、同句或同段等,这样可以更准确地定位信息。

(4)字段限定检索:在特定的字段(如标题、作者、关键词等)内进行检索,可以更有针对性地找到所需信息。

除了上述检索方法,还有其他一些信息检索技巧,如使用通配符、短语检索、权重检索等,这些方法可以帮助用户更有效地从海量数据中提取出有价值的信息。在实际操作中,通常需要结合多种方法和策略,以达到最佳的检索效果。

任务 3　使用搜索引擎检索信息

互联网犹如浩瀚无垠的知识之海，在其中搜寻所需的信息，就如同试图从汪洋中捞出那一根细小的针。那么，如何才能迅速且精准地捕获我们真正需要的资讯呢？“搜索引擎”便是一种巧妙化解此难题的神奇工具。

搜索引擎是一种帮助用户在互联网上查找信息的工具，主要功能是通过特定的算法，对互联网上的内容进行索引排序，以便用户输入关键词后能够快速找到相关的网页、图片、视频等内容。不同的搜索引擎可能会有不同的特色和优势，选择合适的搜索引擎可以帮助用户更高效地获取信息。在实际生活中，我们会通过不同的信息平台获取各种信息，而不同的信息平台所用到的搜索引擎也不相同，下面我们使用常用搜索引擎搜索“2024 年春运”的相关信息。

1. 使用百度搜索

百度是全球最大的中文搜索引擎，它拥有庞大的数据库，可以提供多样化的搜索服务。用户可以根据需要使用高级搜索功能，如限定关键词、时间、语言等，以获得更加精确的搜索结果。

在百度首页（网址：https://www.baidu.com/）的搜索框输入“2024 春运”并单击“百度一下”，可以看到关于“2024 春运”的相关信息，如图 7-21 所示。

图 7-21　在百度中搜索“2024 春运”

2. 使用 360 搜索

360 搜索是一个强调安全性的搜索引擎，它利用 360 公司的安全技术优势，为用户提供一个可信赖的搜索平台。它可以为用户提供精准的搜索结果，帮助用户快速找到所需的网页、图片、视频等内容。

在 360 搜索首页（网址：https://www.so.com/）的搜索框内输入“2024 春运”并单击“搜索”按钮，可以看到关于“2024 春运”的相关信息，如图 7-22 所示。

图 7-22 在 360 搜索“2024 春运”

3. 使用微博搜索

微博是一种流行的社交媒体平台，可以让用户发现最新的话题和趋势。用户可以根据类型、时间、地点等多个条件筛选搜索结果。微博的热搜榜提供实时更新的热门话题，让用户能够追踪全网热点，实现简单高效的阅读体验。通过微博搜索，用户不仅可以发现新鲜的社会动态和幕后故事，还可以分享自己的声音，让全世界听到他们的想法和观点。微博允许用户通过 PC、手机等多终端接入。

在微博发现页面（网址：https://s.weibo.com/）搜索“2024 春运”，可以看到关于“2024 春运”的相关信息，如图 7-23所示。

图 7-23 在微博搜索“2024 春运”

任务 4 检索数字资源

检索数字资源是指利用特定的工具和技术来查找和获取数字化的信息内容。这些数字资源包括电子期刊、论文、专利、多媒体文件等，它们可以通过互联网或专用网络访问。常用的数字资源检索工具有维普科技期刊、国家图书馆数字资源检索系统、学术数据库、在线书店和出版社网站、专利数据库、政府和机构数据库等。在使用这些工具时，用户应该根据自己的信息需求选择合适的工具，并学习如何有效地使用它们。此外，用户还应该注意版权问题，确保在合法的前提下使用这些数字资源。

1. 在维普期刊官网检索包含“人工智能”的期刊

在维普期刊官网（http://qikan.cqvip.com/）首页“任意字段”下拉列表框中选择“题名或关键词”选项，按照题名或关键词检索有关“人工智能”的文献，可以看到文献名中包含“人工智能”的相关文献，如图 7-24 所示。

图 7-24 检索关于“人工智能”的相关文献

在按照题名字段检索后，还可以进行二次检索，可以按照年份、学科、期刊收录、主题、作者和机构进行二次检索。用户可以根据自己的需求，灵活组合以上各种检索方式。同时，为了提高检索效果，建议在使用多种检索方式时，遵循以下原则。

(1)充分利用关键词：在设置检索条件时，尽量使用关键词来进行筛选，以提高检索的准确性。

(2)避免使用过于宽泛的检索条件：设定检索条件时，尽量具体明确，避免使用过于宽泛的词汇，以免导致检索结果过多，增加筛选难度。

(3)适时调整检索策略：在检索过程中，根据检索结果的实际情况，适时调整检索策略，以提高检索效果。

(4)善用逻辑运算符：在组合检索条件时，可以使用逻辑运算符(如 AND、OR、NOT 等)来提高检索的精准度。

2. 在公益学术平台 PubScholar 检索包含“人工智能”的论文

PubScholar 公益学术平台(https://pubscholar.cn/)是一个依托中国科学院学术资源优势建立的平台，提供了大量的免费资源，包括科技论文、专利等。在平台首页“主题”下拉列表框中选择“标题”选项，按照标题检索有关“人工智能”的信息，可以看到标题中含有“人工智能”的有关信息，如图 7-25 所示。

图 7-25 在公益学术平台检索“人工智能”

项目 7.4 信息安全

7.4.1 项目要求

(1)了解信息安全的概念。

(2)熟悉网络安全技术。

(3)了解防火墙及病毒防护。

(4)建立信息安全意识,能解决常见的网络安全问题。

7.4.2 项目任务

随着数字化时代的飞速发展,在这个充满未知风险的网络时代,无论是对于商业秘密的保护,还是对于个人信息的保护,信息安全技术都显得尤为重要。信息安全技术已成为保护个人、企业乃至国家安全的坚固屏障。李明在掌握了计算机网络的基础理论之后,意识到仅仅拥有信息技术的知识还远远不够,信息安全技术的掌握同样至关重要。李明意识到信息安全不仅是守护信息资产不受威胁的利剑,更是维护数字世界秩序的基石。它能够防范各种网络攻击,保护数据的完整性、可用性与机密性,确保信息传输的安全性。因此,李明下定决心,要深入学习信息安全的原理和实践,他要全面提升自己的信息安全技术能力,以便能够在复杂多变的网络环境中,保卫每一份数据的安全,成为数字化浪潮中的一名可靠的守护者。

本项目主要介绍信息安全的基础知识、信息安全技术、配置防火墙及病毒防护的方法。

7.4.3 项目实现

任务1 认识信息安全

2019年12月,美国谷歌公司遭受了一起重大网络攻击事件,被称为"极光行动"。此次攻击不仅针对谷歌,还波及了包括Adobe Systems、Juniper Networks、Rackspace、雅虎、赛门铁克在内的20余家知名企业。该攻击行动的名称"Aurora"是攻击者电脑上恶意文件所在目录的一部分。事件起因是谷歌公司一名员工点击了一条即时信息中的恶意链接,导致网络被渗透数月,并造成重要数据损失。此次攻击的后果促使谷歌采取更为严格的网络安全措施,包括推出BeyondCorp安全计划,以提升其网络安全防御能力。

"极光行动"不仅对受害企业的网络安全构成严重威胁,也对全球网络安全环境产生了深远影响。它警示各组织和企业,无论规模大小,都应保持高度的网络安全警觉,并采取有效措施防范潜在网络攻击。此外,这一事件也强调了国家之间在网络安全领域合作的重要性,以及构建全面网络安全防御体系的必要性。

1. 信息安全的基本概念

国际标准化组织(International Organization for Standardization,ISO)对信息安全的定义是:在数据处理系统中建立和采用的技术和管理上的安全保护措施,目的是保护计算机硬件、软件和数据不因偶然或恶意的原因而遭到破坏、更改和泄露。信息安全领域广义上涵盖信息的保密性、完整性、可用性、真实性和可控性的相关技术与理论,主要涉及两个方面:一是技术层面,防范外部非法入侵;二是管理层面,对内部人员进行教育和管控,提升其安全意识。

信息安全的核心目标是确保信息的保密性(Confidentiality)、完整性(Integrity)和可用性(Availability)。这通常被称为CIA三元组,是信息安全管理的基础。

(1)保密性:是指确保信息不被未授权的个人、实体或进程所访问或披露。这通常通过加密技术、访问控制和安全策略来实现。例如,使用密码对数据进行加密可以防止未经授权的用户读取敏感信息。

(2)完整性:是指保护信息免受未授权的修改,无论是在创建、传输还是在存储过程中。这意味着信息应当保持其真实性和一致性。完整性可以通过哈希函数、数字签名和访问控制机制来维护。

(3)可用性:是指确保授权用户能够在需要时访问和使用信息及相关资产。这涉及确保信息系统的正常运行、防止拒绝服务攻击等威胁。备份系统、冗余设计和故障恢复计划都是提高可用性的措施。

2. 增强信息安全意识

信息技术可以被视为一把双刃剑,它既带来了便利和效率的提升,也引入了新的安全风险。计算机软硬件系统及网络结构与协议等方面的潜在缺陷可能引发信息安全风险,在信息采集、处理、存储及传输等环节存在安全隐患。不法分子与犯罪团伙因而得以乘虚而入,借助人们网络安全意识薄弱的漏洞,通过不正当手段或恶意运用信息技术,实施网络攻击或侵入计算机,散布计算机病毒。进而截获、窃取或破译重要机密信息,以谋取非法利益,甚至从事计算机犯罪活动。

网络技术的飞速发展,使得现实世界与虚拟世界的界限愈发模糊,其对经济社会的整合、渗透和推动作用日益凸显,然而所带来的挑战也愈发严峻,网络空间的安全风险不断加剧。因此,伴随着信息化水平的提升,信息安全已逐渐成为社会安全的重要组成部分。当前,提升全民信息安全意识和素养,已成为亟待解决的问题。

信息安全意识是指人们对信息保护、网络安全和个人隐私保护的认识和理解程度,以及在日常生活中主动采取措施来确保信息安全的行为习惯。它是防范信息风险的第一道防线,包括但不限于对密码安全、数据加密、网络诈骗、社交工程攻击、恶意软件防范、个人信息保护等方面的认知与实践。

增强信息安全意识的方法有以下五个。

(1)学习和了解:定期学习最新的信息安全知识,关注行业动态,了解常见网络威胁的类型、手段及防范方法。

(2)制定并遵守安全策略:企业或组织应建立完善的信息安全政策,并确保所有员工都理解和遵守这些规定,如定期更换密码、不随意打开未知来源的邮件附件、不在公共网络环境下处理敏感信息等。

(3)实践养成良好习惯:不在不可信的网站上输入个人敏感信息,不轻易点击不明链接,安装正版防病毒软件并保持更新,及时修补系统漏洞,谨慎进行网络交易等。

(4)提高警惕性:对于网络诈骗、钓鱼邮件等欺诈行为要保持高度警觉,遇到疑似情况应及时核实信息真伪,避免因轻信而造成损失。

(5)定期检查:定期对自己的数字资产进行安全检查,及时发现并修复潜在的安全隐患。

通过以上方式,可以逐步建立起牢固的信息安全意识,有效抵御各种信息安全威胁。我们在享受信息技术带来的便利和效率提升的同时,必须充分认识到其带来的安全风险,并积极采取有效的预防和应对措施,提高信息安全意识和技术防护能力,以实现科技发展与安全保障的和谐共生。

任务 2 了解信息安全技术

1. 信息安全面临的常见威胁

随着 Internet 的迅速发展，网络应用日益广泛和深入，但随之而来的网络安全问题也越来越严重。很多世界著名的商业网站都曾被黑客入侵，造成了巨大的经济损失。

我国政府高度重视网络安全问题，制定了一系列政策和法规来加强网络安全的防护。其中，《中华人民共和国网络安全法》于 2017 年 6 月 1 日正式实施，这是我国首部专门针对网络安全制定的法律，标志着我国网络安全法治建设进入了新的阶段。此外，我国还加大了网络安全技术研发和人才培养的投入，以提高我国在网络安全领域的整体实力。

在企业层面，越来越多的企业开始重视网络安全，纷纷加大在网络安全方面的投入。一方面，企业要加强内部网络安全管理，建立严格的网络安全制度和规范，提高员工的网络安全意识。另一方面，企业需要借助先进的网络安全技术，如入侵检测系统、防火墙、数据加密等，来防范黑客攻击和网络犯罪。

对于个人用户而言，提高网络安全意识也至关重要。在日常生活中，我们要养成良好的网络使用习惯，如不轻信网络谣言，不随意泄露个人信息，及时更新操作系统和软件的安全补丁等。此外，安装杀毒软件、使用双因素认证等手段也能有效提高个人网络安全性。

下面列举一些典型的信息安全威胁。

(1)计算机病毒：一种能够自我复制、传播并感染其他计算机程序或文件的恶意软件。它们通常在用户不知情的情况下，通过电子邮件附件、网络下载、移动设备或其他途径进入计算机系统。一旦感染，计算机病毒可能会对计算机系统造成严重危害，如破坏数据、损坏硬件、降低系统性能、窃取敏感信息等。

(2)网络钓鱼：常见的社会工程学攻击手段，它利用了人类的信任、好奇心、紧迫感、恐惧或贪婪等心理特点来诱骗目标人员透露敏感信息，或者执行某些可能危害自身或组织安全的行为。这种攻击方式往往不依赖于技术漏洞，而是针对“人”这一安全链条中最脆弱的一环。

(3)数据泄露：是指未经授权的个体或组织获取敏感信息，如个人身份信息、商业秘密、财务记录等的事件。此类安全漏洞通常由技术缺陷、操作失误或恶意攻击引发，其危害性包括隐私侵犯、身份盗用、财务损失、企业信誉受损以及法律责任。数据泄露不仅对个人和企业造成直接损害，还可能对社会信任和整个经济体系产生深远影响。

(4)黑客入侵：是指精通计算机和网络技术的个人或团体，通过未经授权的方式进入他人的计算机系统、网络或设备，以窃取数据、破坏系统、植入恶意软件或进行其他非法活动。黑客利用各种技术手段，包括利用软件漏洞、社交工程、钓鱼攻击等，绕过安全措施，获取对目标系统的控制权限。这种非法行为不仅侵犯了个人和组织的隐私权和数据安全，还可能导致经济损失和公共安全威胁。

(5)物联网安全风险：许多物联网设备在设计时未充分考虑安全性，它们可能缺乏足够的加密措施或存在软件漏洞，使它们容易受到攻击。此外，物联网设备的广泛部署和多样化的通信协议也增加了安全风险，可能导致信息泄露或设备失控。

(6)内部威胁：企业内部人员因恶意行为、疏忽大意或离职携带敏感数据等，给企业信息安全带来风险。

针对上述安全威胁，我们应提升信息安全意识，实施有效的防护措施，确保信息系统的安全稳定运行。同时，企业、政府及个人之间应加强合作，共同应对网络安全挑战，共创和谐安全的网络环境。

2. 信息安全防御技术

信息安全防御技术是一系列用于保护信息系统免受未授权访问、使用、披露、破坏、修改或干扰的技术手段。这些技术通常被整合到一个多层次的安全架构中，以确保信息系统的全面保护。随着技术的发展，新的挑战也不断出现，例如云计算、大数据、物联网等新兴技术领域的安全防护，这要求信息安全防御技术不断更新和演进，以适应不断变化的威胁环境。

信息安全防御技术主要包括以下七种。

(1)防火墙技术：防火墙技术是一种网络安全系统，用于监控和控制进出网络的数据流。它的主要目的是在内部网络和外部网络(如互联网)之间建立一个安全屏障，以保护内部网络免受未经授权的访问、数据泄露和其他网络威胁。防火墙技术可以基于硬件、软件或两者的组合实现。

(2)加密技术：这是一种将信息转化为密文以保护其机密性的技术。它可以用于保护网络通信、数据存储等方面，使攻击者无法轻易窃取敏感信息。

(3)强密码策略：强密码策略要求用户使用复杂密码，以减少攻击者破解密码的可能性。密码应包括大写字母、小写字母、数字和符号等元素，并定期更换密码。

(4)防病毒和反恶意软件：安装防病毒和反恶意软件并保持其处于最新状态，可以扫描系统并识别恶意软件，以保护系统免受攻击。

(5)访问控制技术：这是一种限制对网络资源的访问的技术。它可以确保只有授权用户才能访问关键数据和系统。

(6)安全检测技术：包括漏洞扫描、入侵检测等，用于发现信息系统安全隐患，检测入侵行为并预警。

(7)应急响应与恢复技术：包括应急处理、系统与数据备份、异常恢复等，用于处置突发事件而采取的响应机制和容灾措施，使信息系统在发生灾难时能够得到恢复。

以上这些技术都是信息安全防御的重要组成部分，它们各自发挥着独特的作用，共同维护网络和信息的安全。然而，信息安全是一个持续的过程，需要不断更新和改进防御策略以应对新的威胁和挑战。

3. 信息安全保障的防护措施

信息安全是确保信息系统在采集、处理、传输、存储和应用程序数据等各个环节中,能够抵御各种潜在威胁,并保障数据的完整性、可用性和机密性。它涉及众多安全技术的应用,要求对系统进行全面的多维度防护。

(1)技术层面。

在技术层面,信息安全技术的核心包括实时扫描、实时监测、防火墙、完整性保护、病毒分析报告以及系统安全管理等诸多方面。总的来说,针对技术层面,我们可以采取以下有效的应对策略。

①重视预防,防患未然。通过修补(或修复)潜在隐患和漏洞,提升安全性,从而防止系统遭受攻击和破坏。

②访问控制。访问控制是信息安全防范和保护的主要策略,它的核心任务是确保数据资源不被非法使用和访问,是保证信息安全最重要的核心策略之一。访问控制机制通常包括:自主访问控制、基于角色的访问控制、基于规则的访问控制和基于标签的访问控制。总的来说,访问控制作为信息安全的核心策略,不仅需要与其他安全服务协同工作,还需要不断地研究和更新,以适应日益增长的安全需求和技术挑战。

③数据库的备份与恢复。数据库的备份与恢复是保证数据安全性和完整性的重要操作。备份是恢复数据库最容易的方法,将数据从主存储位置复制到其他存储介质,以确保在发生系统故障或操作失误时能够恢复数据。恢复是通过专门的软件和硬件工具从损坏的存储介质中检索和重构丢失或无法访问的数据,确保信息的完整性和可用性。

④密码技术。密码技术是信息安全的核心技术,为信息安全提供了可靠保证。基于密码的数字签名和身份认证是当前保证信息完整性最主要的方法之一。

⑤切断病毒传播途径。对被感染的硬盘和计算机进行彻底杀毒处理,不使用来历不明的U盘和程序,不随意下载网络可疑信息均可切断病毒传播途径。

(2)管理层面。

构建完善的安全管理体系,提升包括系统管理员与用户在内所有人员的技术素养及职业能力。信息安全管理的成效并非仅取决于所采用的安全技术及防范措施,还需关注其管理措施和对计算机安全保护法律法规的执行力度。唯有将二者紧密结合,方能确保信息安全的稳定可靠。信息安全管理涵盖对用户的安全教育、设立相应的安全管理机构、持续优化与强化计算机管理功能,以及加强计算机及网络的立法和执法等多个方面。

(3)物理安全层面。

为确保计算机网络系统的安全与可靠,必须确保系统实体所处的物理环境安全。安全的物理环境涵盖机房及其设施,包括计算机系统的环境条件、机房场地环境以及机房的安全防护等物理环境条件。其中，机房的安全防护包括针对环境的物理灾害，以及防止未经授权的个人或团体破坏、篡改或盗窃网络设施和重要数据所采取的安全措施及对策。

信息安全是一项复杂的系统工程，涉及技术、设备、管理和制度等多方面因素。为确保信息安全，须从整体上制定安全解决方案。信息安全解决方案汇集各种计算机网络信息系统安全技术，包括安全操作系统技术、防火墙技术、病毒防护技术、入侵检测技术和安全扫描技术等，形成一套完整、协调一致的安全防护体系。我们应注重管理与技术的平衡，将安全技术结合安全措施，加大计算机的立法和执法力度，建立备份和恢复机制，并制定相应的安全标准。

任务 3　配置防火墙及病毒防护

系统安全中心提供防火墙和病毒防护的配置功能，使得计算机系统的信息安全防护得以有效实现。通过学习本任务，读者将能够掌握防火墙配置技巧、病毒防护配置技巧，以及第三方安全工具的使用方法。

1. 配置防火墙

(1)执行以下步骤以开启 Windows 防火墙。首先，单击桌面左下角的“开始”按钮，在弹出的菜单中选择“设置”选项，接着在设置窗口中单击“网络和 Internet”图标，然后打开“高级网络设置”对话框。在对话框中，找到并单击“Windows 防火墙”按钮，打开如图 7-26 所示界面。

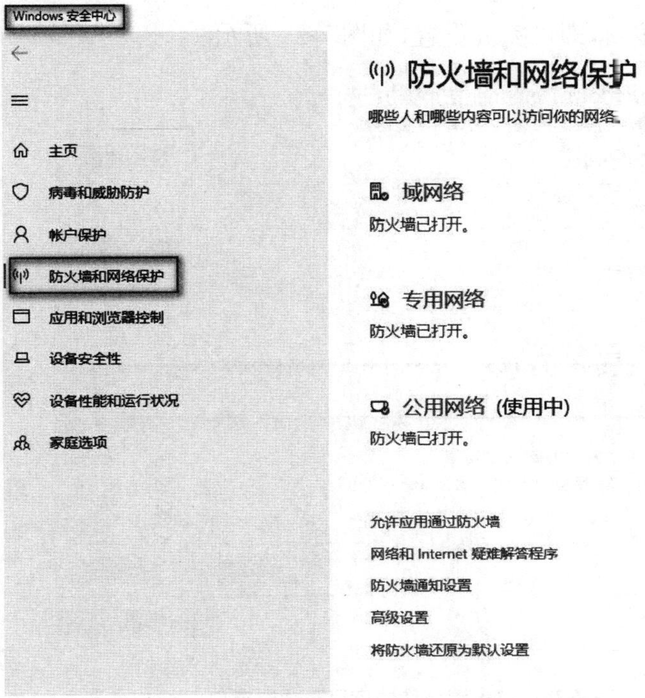

图 7-26　启动 Windows 防火墙

(2)进入计算机系统的"控制面板",找到"Windows Defender 防火墙",如图 7-27 所示。

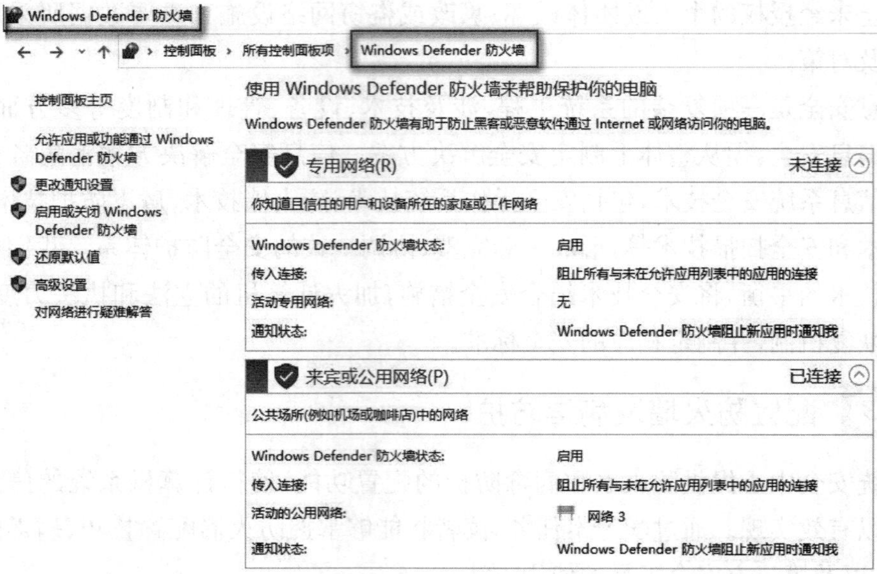

图 7-27 启动 Windows Defender 防火墙

(3)禁止远程桌面连接的配置方法。在图 7-26 所示界面中,单击"允许应用通过防火墙",在打开的"允许的应用和功能"窗口中,可以设置应用程序在专用或公用网络中通信的许可或禁止。向下滚动窗口内容,可找到防火墙的远程管理选项。确认"Windows 远程管理"及"Windows 远程管理(兼容性)"两项在专用、公用网络中均未被选中后,单击"确定"按钮,即可完成设置,如图 7-28 所示。

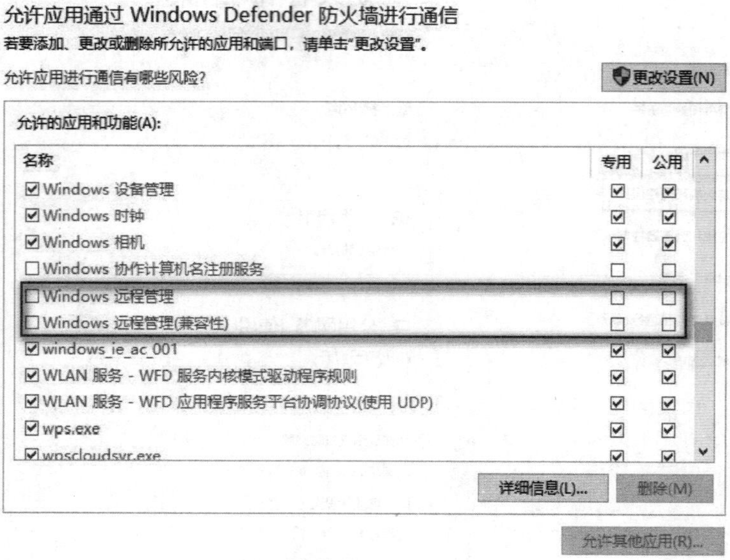

图 7-28 防火墙允许的应用和功能窗口

说明：防火墙与 Windows Security 中的网络保护功能允许用户查看 Windows Defender 防火墙的状态，以及了解设备所连接的网络情况。防火墙有助于管控允许进出网络或设备的流量。在理想情况下，防火墙仅允许经过验证的流量或已明确允许的流量通过。

2. 防治计算机病毒

(1)计算机病毒的特点。

计算机病毒通过破坏、篡改或盗取数据，影响计算机系统的正常运行，甚至可能导致整个网络系统瘫痪。计算机“中毒”后会出现：系统运行速度明显下降、频繁出现蓝屏死机、文件丢失或损坏、用户隐私泄露、网络连接异常、系统设置被篡改、硬盘空间迅速减少、无法安装或运行软件等情况。

计算机病毒的特点主要包括破坏性、隐蔽性、潜伏性和传染性，而其分类可以基于多个维度进行划分。

①破坏性：计算机病毒可能会破坏文件、删除数据、修改系统设置或导致硬件损坏，从而影响系统的正常运行。

②隐蔽性：病毒通常设计得非常隐秘，不易被用户察觉，它们可能在后台悄悄运行而不被发现。

③潜伏性：病毒在侵入系统后可能不会立即发作，而是等待特定条件触发，例如特定日期或用户执行某些操作。

④传染性：病毒能够通过网络、移动存储设备，如U盘、电子邮件附件等方式，传播、感染其他计算机系统。

(2)计算机病毒的分类。

计算机病毒自诞生以来，经过长时间的演变与发展，其种类日益繁多。我们可以根据病毒的行为特性、传播途径及破坏程度，将其划分为以下几个类别。

①引导扇区病毒(Boot Sector Viruses)：这类病毒通常感染启动扇区或硬盘的主引导记录。它们在系统启动时首先执行，有可能造成无法启动或数据丢失。

②文件型病毒(File Infector Viruses)：这种类型的病毒依附于可执行文件，如.com或.exe文件。一旦用户执行了感染的文件，病毒就会被激活并可能继续感染其他文件。

③宏病毒(Macro Viruses)：宏病毒主要感染使用宏的文档，如 Microsoft Office 文档。当打开这样的文档时，宏病毒会被执行，并能在不知情的用户中快速传播。

④网络蠕虫(Network Worms)：网络蠕虫是自复制的恶意软件，能够利用网络连接自我传播到其他计算机上。它们通常不需要任何用户干预就能传播，并能迅速影响大量计算机系统。

⑤木马程序(Trojans)：虽然严格来说不是病毒，但木马程序经常被误认为病毒。

它们伪装成合法软件，诱使用户安装，然后在背后进行恶意活动，如窃取信息、安装后门等。

⑥混合型病毒(Multipartite Viruses)：这类病毒结合了多种技术来感染系统，例如它们可能同时具备文件型和引导扇区型病毒的特点，使其更难被检测和清除。

⑦勒索软件(Ransomware)：这是一种特别恶劣的恶意软件类型，它通过加密用户的文件并要求支付赎金来解锁这些文件。勒索软件通常通过网络钓鱼或漏洞利用传播。

⑧隐匿型病毒(Stealth Viruses)：这类病毒设计用来避开防病毒软件的检测。它们可能使用根kit技术隐藏自己的痕迹，使得它们很难被发现和删除。

⑨加密货币挖矿病毒(Cryptojacking Malware)：随着加密货币的流行，新型的恶意软件开始利用受害者的计算资源来挖掘加密货币，导致系统变慢并增加电费支出。

随着科技的不断发展，计算机病毒的威胁也在不断演变。为了保护计算机系统和数据安全，我们需要加强安全意识，定期更新操作系统和软件，使用可靠的杀毒软件，以防范病毒带来的风险。

(3)计算机感染病毒的表现。

计算机感染病毒后，可能出现的表现是多种多样的，这些表现主要取决于病毒的类型和目的。下面是一些常见的表现。

①系统性能下降：计算机感染病毒后，病毒会在后台运行，占用系统资源，如CPU、内存和磁盘空间，从而导致系统运行缓慢，程序响应时间变长。

②异常弹窗：病毒可能会显示各种广告弹窗，或者不断弹出错误消息，干扰用户的正常操作。

③文件损坏或丢失：病毒可能会破坏或删除重要文件，或者加密文件并要求用户支付赎金才能解密(这种情况通常被称为勒索软件)。

④网络异常：病毒可能会尝试连接到外部服务器，下载更多的恶意软件，或者在没有用户许可的情况下上传用户数据。

⑤系统崩溃：在某些情况下，病毒可能会导致系统完全崩溃，无法启动。

⑥安全设置被篡改：病毒可能会修改防火墙设置、安全软件设置，甚至禁用这些安全功能，以便其能够在系统中更自由地运行。

(4)计算机病毒的预防。

为了预防病毒感染，可以采取以下措施。

①保持系统和软件更新：及时更新操作系统、浏览器、安全软件等，可以修补已知的安全漏洞，减少被攻击的风险。

②谨慎下载和安装软件：只从可信的来源下载软件，安装软件时仔细阅读并理解权限请求。

③使用安全软件：安装并定期更新防病毒软件和防火墙，以保护系统免受恶意软件的攻击。

④避免打开未知链接和附件：不要随意点击来自陌生人的邮件或消息中的链接，不要下载或打开未知来源的附件。

(5)感染计算机病毒后的应对措施。

如果不幸感染了病毒，可以采取以下应对措施。

①立即断开网络连接：这样可以防止病毒进一步传播或下载更多的恶意软件。

②运行杀毒软件：使用已安装的防病毒软件对系统进行全面扫描和清理。

③恢复重要数据：如果可能，从备份中恢复被病毒破坏或删除的重要文件。

④重装系统：在某些严重的情况下，可能需要重新安装操作系统以彻底清除病毒。

(6)使用第三方软件保护系统。

对于广大用户而言，确保计算机安全、维护其正常运行的关键方法是运用第三方软件。通常情况下，两类软件即可满足用户对计算机保护的需求。一是安全管理软件，例如腾讯电脑管家、360 安全卫士等；二是杀毒软件，如 360 杀毒、卡巴斯基反病毒软件等。以下以 360 杀毒软件为例，介绍如何运用杀毒软件进行操作。

访问 360 官网(https://sd.360.cn/)，下载并安装 360 杀毒软件。

安装完成后，启动 360 杀毒软件，如图 7-29 所示，进行全盘扫描。在扫描过程中，杀毒软件会自动检测并清除病毒文件，如图 7-30 所示。扫描完成后，查看杀毒软件的扫描报告，确认病毒是否被彻底清除。

图 7-29　360 杀毒软件启动窗口

图 7-30 360 杀毒软件扫描文件

如果病毒清除不彻底,可以尝试使用 360 杀毒软件的“强力清除”功能,以彻底删除病毒文件。

在病毒清除后,对计算机进行全盘杀毒,以确保不再感染同种病毒。

为了持续保护计算机免受病毒侵害,可定期更新 360 杀毒软件的病毒库,并设置为自动更新。安装 360 安全卫士等安全管理软件,加强对计算机的安全防护。

说明: 在执行杀毒操作时,若用户怀疑某个文件目录存在病毒,可以针对该区域进行针对性查杀。具体操作如下:在 360 杀毒软件的操作界面,单击“自定义扫描”按钮。在弹出的“选择扫描目录”窗口中,勾选需进行扫描的文件,并单击“扫描”按钮。

通过以上方法,我们可以有效地预防和清除计算机病毒,确保计算机系统和数据的安全。同时,不断提高自己的安全意识,学习如何识别和防范病毒,也是保护计算机安全的重要途径。在未来的日子里,让我们共同努力,抵御病毒的侵害,创造一个安全、健康的网络环境。

习题7

一、选择题

1. 计算机网络中实现互联的计算机之间是________进行工作的。

A. 独立　　B. 并行　　C. 相互制约　　D. 串行

2. 一座大楼内的一个计算机网络属于________。

A. PAN　　B. LAN　　C. MAN　　D. WAN

3. 以下IP地址正确的是________。

A. 322.11.0.1　　B. 127.168.10.0 1

C. 202.102.11.10　　D. 202.38.64.1

4. 以下选项中，不属于网络传输介质的是________。

A. 电话线　　B. 光纤　　C. 交换机　　D. 双绞线

5. IP地址能够唯一地确定Internet上的每台计算机与每个用户的________。

A. 关系　　B. 时间　　C. 位置　　D. 费用

6. 信息安全的CIA三元组目标，即________、完整性和可用性。

A. 流通性　　B. 准确性　　C. 保密性　　D. 一致性

7. 下列有关计算机病毒的说法中，正确的是________。

A. 计算机病毒发作后，将给计算机硬件造成损坏。

B. 计算机病毒可通过计算机传染给操作人员。

C. 计算机病毒是一种编写错误的程序。

D. 计算机病毒是一种影响计算机使用并能够自我复制、传播的计算机程序代码。

二、操作题

1. 打开网易的主页，进入体育频道，浏览其中的新闻。

2. 在百度搜索引擎中搜索“新能源汽车”的相关信息，并将有关信息复制到记事本文档中，并将记事本文档保存到桌面。

3. 扫描计算机“C盘”中的文件，如有病毒则将其清理。

4. 使用360安全卫士对计算机进行体检，修复有问题的部分。

第2部分

考试指导

全国高校（安徽考区）计算机水平考试一级计算机应用基础及MS Office（111）考试纲要

一、基本要求

1. 掌握计算机及计算机系统的基础知识。

2. 了解操作系统的基本功能和作用，掌握Windows的基本操作。

3. 了解计算机网络的基本概念和信息安全的基本知识，掌握因特网的基本知识和使用方法，以及信息检索的方法。

4. 了解文字处理的基本知识，熟练掌握文字处理软件Word的基本操作和应用，熟练掌握一种汉字输入方法。

5. 了解电子表格软件的基本知识，掌握电子表格软件Excel的基本操作和应用。

6. 了解多媒体演示软件的基本知识，掌握演示文稿制作软件PowerPoint的基本操作和应用。

二、考试内容

（一）计算机基础知识

1. 计算机的发展及工作原理。

2. 计算机的软件系统和硬件系统。

3. 多媒体技术。

4. 计算机应用。

5. 人工智能、大数据、云计算、物联网、移动互联网、虚拟现实等新技术及应用。

（二）操作系统的功能和使用

1. 操作系统的功能和分类。

2. Windows的桌面元素。

3. 文件、文件夹的概念及基本操作。

4. Windows 的管理和系统配置。

5. 规范地应用键盘进行中、英文的录入。

(三)Word 文字处理软件的功能和使用

1. Word 的基本功能和特点。

2. Word 的窗口组成和视图。

3. Word 文档的基本操作及内容的编辑。

4. Word 页面格式的设置、段落格式的设置和文字格式的设置。

5. Word 中文本框、图片、形状、艺术字、表格等对象的插入与设置。

6. Word 文档的打印与输出。

(四)Excel 电子表格软件的功能和使用

1. Excel 的基本功能和特点。

2. 工作簿、工作表、单元格的概念。

3. 工作簿的基本操作、工作表的管理和编辑。

4. 公式和函数的使用、单元格的引用。

5. 工作表中数据的格式、对齐方式、标题、底纹和边框的设置。

6. 格式、样式的使用。

7. 建立数据清单，进行排序、筛选和分类汇总，建立数据透视图。

8. 图表的建立、编辑与设置。

9. 页面设置。

(五)PowerPoint 演示文稿软件的功能和使用

1. PowerPoint 的基本功能和特点。

2. 演示文稿的基本操作。

3. 幻灯片的基本操作、幻灯片对象的插入及格式化。

4. 演示文稿主题与幻灯片背景的设置。

5. 幻灯片的动画设计、放映方式、切换效果的设置。

(六)计算机网络与安全

1. 计算机网络的基本概念、主要设备、拓扑结构、分类，局域网的组成与应用。

2. 因特网及 TCP/IP 协议，超文本及传输协议，IP 地址，域名，接入方式，电子邮件、文件传输及信息检索的使用。

3. 信息安全的基本概念、信息安全隐患的种类、维护信息安全的措施。

三、考试方式与环境

上机考试,考试时长 90 分钟,满分 100 分。Windows7(或 Windows 10)+Microsoft Office 2016。

四、题型及分值

题 型	题 数	每小题分值	总分值	备 注
单项选择题	20	1	20	
打字题	1	10	10	300 字左右,考试时间 10 分钟
Windows 操作	1	8	8	
Word 操作	1	25	25	
Excel 操作	1	22	22	
PowerPoint 操作	1	15	15	

模拟试卷 1

一、单项选择题(每题 1 分,共 20 分)

1. 在 Word 中,从一页中间分成两页,正确的操作方法是使用________。
   A. “插入”选项卡中“页”功能区的“分页” B. “插入”选项卡中的“页码”
   C. “插入”选项卡中的“页脚” D. “插入”选项卡中的“图片”
2. 下面关于 Wi-Fi 的说法,正确的是________。
   A. Wi-Fi 是一种可以将个人电脑、手持设备(如 PDA 手机)等终端以无线方式互相连接的技术
   B. 严格意义上讲,Wi-Fi 就是我们常说的 WLAN
   C. Wi-Fi 就是中国移动提供的无线网络服务
   D. 蓝牙就是 Wi-Fi
3. 通常说的百兆局域网的网络速度是________。
   A. 100MB/s(B 代表字节) B. 100B/s(B 代表字节)
   C. 100Mb/s(b 代表位) D. 100b/s(b 代表位)
4. 使用 IE 的________可以把自己喜欢的网址记录下来以便下次快速直接访问。
   A. 状态栏 B. 地址栏 C. 导航条 D. 收藏夹
5. 在信息时代,提供各种信息资源容量最大的是________。
   A. 报纸杂志 B. 广播电视 C. 图书馆 D. 互联网
6. 计算机由五大部件组成,它们是________。
   A. CPU、控制器、存储器、输入设备、输出设备
   B. 控制器、运算器、存储器、输入设备、输出设备
   C. CPU、运算器、主存储器、输入设备、输出设备
   D. CPU、控制器、运算器、主存储器、输入/输出设备
7. 下面的数值中,可能是二进制数的是________。
   A. 1101 B. 128 C. 74 D. 12B
8. 屏幕保护程序最主要的功能是________。
   A. 节省电能 B. 延长显示器寿命 C. 保护 CPU D. 保护主板
9. 在 Windows 中,鼠标指针呈四箭头形时,一般表示________。
   A. 选择菜单 B. 用户等待
   C. 完成操作 D. 选中对象可以上、下、左、右拖曳
10. 在 Windows 的资源管理器中,当删除一个或一组文件夹时,该文件夹下的________将被删除。
   A. 所有文件夹及所有文件 B. 所有文件
   C. 文件 D. 所有文件夹

11. 在 Word 中，下列关于查找、替换功能的描述，正确的是________。

A. 不可以指定查找文字的格式，但可以指定替换文字的格式

B. 不可以指定查找文字的格式，也不可以指定替换文字的格式

C. 可以指定查找文字的格式，但不可以指定替换文字的格式

D. 可以指定查找文字的格式，也可以指定替换文字的格式

12. 若要在 Excel 单元格中输入分数形式"1/10"，则正确的输入方法为________。

A. 1/10　B. 10/1　C. 01/10　D. 0.1

13. 在 Excel 中，当前工作表的 B1:C5 单元格区域已经填入数值型数据，如果要计算这 10 个单元格的平均值并把结果保存在 D1 单元格中，则要在 D1 单元格中输入________。

A. =COUNT(B1:C5)　B. =AVERAGE(B1:C5)

C. =MAX(B1:C5)　D. =SUM(B1:C5)

14. 网络中任何一个工作站发生故障都有可能导致整个网络停止工作，这种网络拓扑结构为________结构。

A. 星型　B. 环形　C. 总线型　D. 树型

15. 下列关于电子邮件的描述错误的是________。

A. 可以没有内容　B. 可以没有附件

C. 可以没有主题　D. 可以没有收件人邮箱地址

16. 要对演示文稿中所有幻灯片做同样的操作(如改变所有标题的颜色与字体)，以下选项正确的是________。

A. 使用制作副本　B. 使用母版

C. 使用幻灯片放映　D. 使用超链接

17. 下列________不是有效的安全控制方法。

A. 口令　B. 用户权限设置

C. 限制对计算机的物理接触　D. 数据加密

18. 多媒体信息不包括________。

A. 光盘、声卡　B. 音频、视频　C. 影像、动画　D. 文字、图形

19. 在 Windows 中，关于对话框叙述不正确的是________。

A. 对话框没有最大化按钮　B. 对话框没有最小化按钮

C. 对话框不能移动　D. 对话框不能改变大小

20. 下列有关信息的描述正确的是________。

A. 只有以书本的形式才能长期保存信息

B. 数字信号比模拟信号易受干扰而导致失真

C. 计算机以数字化的方式对各种信息进行处理

D. 信息的数字化技术已初步被模拟化技术所取代

二、打字题(共 10 分，用时 10 分钟)

党的二十大报告把教育科技人才单独成章进行布局，吹响了加快建设教育强国

的号角。我们要建设的教育强国，是中国特色社会主义教育强国，必须以坚持党对教育事业的全面领导为根本保证，以立德树人为根本任务，以为党育人、为国育才为根本目标，以服务中华民族伟大复兴为重要使命，以教育理念、体系、制度、内容、方法、治理现代化为基本路径，以支撑引领中国式现代化为核心功能，最终是办好人民满意的教育。我们要全面贯彻党的教育方针，坚持以人民为中心发展教育，主动超前布局、有力应对变局、奋力开拓新局，加快推进教育现代化，以教育之力厚植人民幸福之本，以教育之强夯实国家富强之基，为全面推进中华民族伟大复兴提供有力支撑。

三、Windows 操作题(共 8 分)

注意：考生不得删除考生文件夹中与试题无关的文件或文件夹，否则将影响考生成绩。

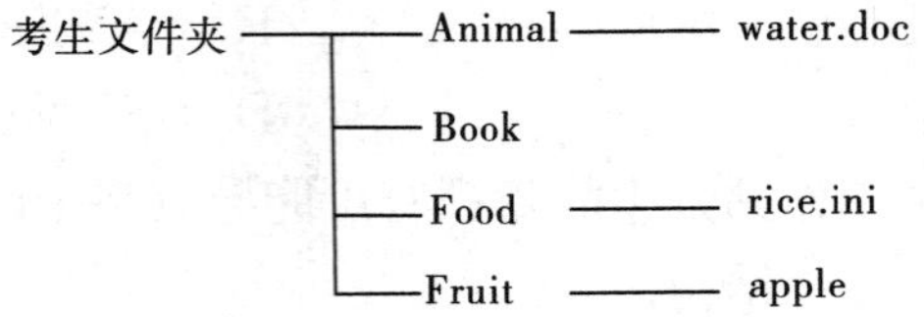

1. 将文件夹 Fruit 的子文件夹 apple 删除。
2. 在文件夹 Animal 中建立一个新文件夹 lion。
3. 将文件夹 Animal 中的文件 water. doc 移动到文件夹 Fruit 中。
4. 将文件夹 Book 重命名为 Maths。
5. 将文件夹 Food 中的 rice. ini 改名为 noodles. ini，并将该文件的属性设置为“只读”(不得修改其他属性)。

四、Word 操作题(共 25 分)

请在 Word 中对所给定的文档(见下图)完成以下操作。

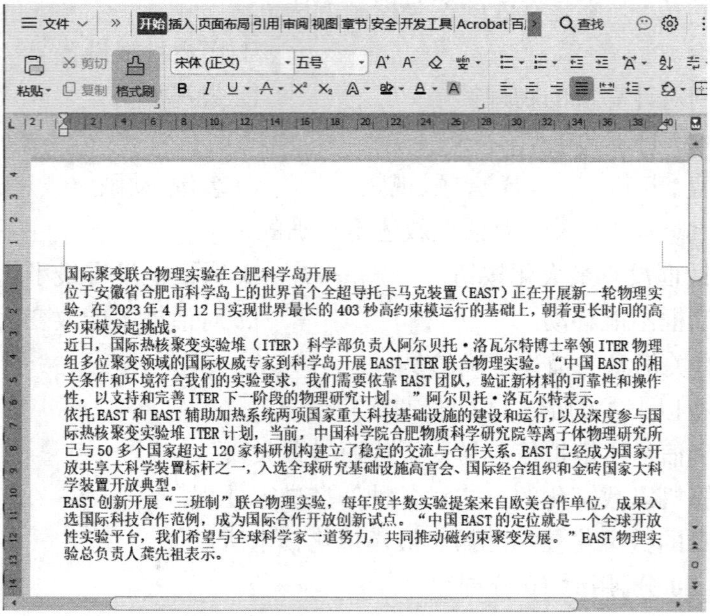
国际聚变联合物理实验在合肥科学岛开展
位于安徽省合肥市科学岛上的世界首个全超导托卡马克装置（EAST）正在开展新一轮物理实验，在 2023 年 4 月 12 日实现世界最长的 403 秒高约束模运行的基础上，朝着更长时间的高约束模发起挑战。
近日，国际热核聚变实验堆（ITER）科学部负责人阿尔贝托·洛瓦尔特博士率领 ITER 物理组多位聚变领域的国际权威专家到科学岛开展 EAST-ITER 联合物理实验。“中国 EAST 的相关条件和环境符合我们的实验要求，我们需要依靠 EAST 团队，验证新材料的可靠性和操作性，以支持和完善 ITER 下一阶段的物理研究计划。”阿尔贝托·洛瓦尔特表示。
依托 EAST 和 EAST 辅助加热系统两项国家重大科技基础设施的建设和运行，以及深度参与国际热核聚变实验堆 ITER 计划，当前，中国科学院合肥物质科学研究院等离子体物理研究所已与 50 多个国家超过 120 家科研机构建立了稳定的交流与合作关系。EAST 已经成为国家开放共享大科学装置标杆之一，入选全球研究基础设施高官会、国际经合组织和金砖国家大科学装置开放典型。
EAST 创新开展“三班制”联合物理实验，每年度半数实验提案来自欧美合作单位，成果入选国际科技合作范例，成为国际合作开放创新试点。“中国 EAST 的定位就是一个全球开放性实验平台，我们希望与全球科学家一道努力，共同推动磁约束聚变发展。”EAST 物理实验总负责人龚先祖表示。

1. 将标题文字“国际聚变联合物理实验在合肥科学岛开展”设为小二号字、黑体、居中对齐，标题文字填充“白色，背景 1，深色 15%”底纹，字符间距设置为加宽 6 磅。

2. 将正文第一段“位于安徽省合肥市科学岛上的世界首个……发起挑战。”设置为悬挂缩进 2 个字符。

3. 将正文第二段“近日，国际热核聚变实验堆(ITER)科学部负责人……洛瓦尔特表示。”的行距设置为固定值 22 磅，段后间距 1.5 行。

4. 将正文第三段“依托 EAST 和 EAST 辅助加热系统两项国家重大科技基础设施的建设和运行……开放典型。”添加双线型段落边框，设置框内正文距离边框上下各 3 磅、左右各 5 磅。

5. 将正文第四段“EAST 创新开展……龚先祖表示。”文字分为三栏，栏宽设为相等。

6. 在文档最后插入一个 4 行 5 列的表格，表格的列宽为 2 厘米，设置表格外边框为双线型、标准色绿色、线宽 1.5 磅。

7. 插入页码，在文档底端居中插入页码(注意页脚中无空行)。

8. 将页边距设置为上下各 2 厘米，左右各 3 厘米，纸张大小为 A3。

五、Excel 操作题(共 22 分)

请在 Excel 中对所给定的工作表(见下图)完成以下操作。

	A	B	C	D	E	F	G	H
1	学号	姓名	计算机期	平时分	综合得分			
2	2024001	宋文	84	80				
3	2024002	伍一	86	90				
4	2024003	王显	75	50				
5	2024004	张东望	78	80				
6	2024005	章福德	60	60				
7	2024006	徐龙	86	95				
8	2024007	李云文	85	80				
9	2024008	于飞	82	90				
10	2024009	王娇	84	95				
11	2024010	葛新	72	75				
12	2024011	计晨洋	60	50				
13	2024012	王晓波	81	85				
14	2024013	华虎	79	70				
15	2024014	王辉	77	60				
16	2024015	杨九万	87	70				
17	2024016	马升	52	40				
18	2024017	陈成	62	50				
19	2024018	张来	81	95				
20								
21				平均分				
22				最高分				
23				最低分				
24								
25								
26								

1. 将工作表 Sheet1 重命名为:计算机课程成绩表。

2. 对区域 A1:E23 自动调整列宽。

3. 设置 A1:E1 区域单元格的填充背景色为:标准色蓝色(RGB 颜色模式:红色 0、绿色 112、蓝色 192),将文字颜色设为主题颜色(白色、背景 1)。

4. 在表中 E 列对应单元格使用公式计算每位同学的综合得分(计算公式为:综合得分＝计算机期末考试得分×70%＋平时分×30%),设置 E2:E19 区域单元格的数字格式为:数值、保留 0 位小数,负数(N)选第三项。

5. 在单元格 E21 使用 AVERAGE 函数计算综合得分的平均分,在单元格 E22 使用 MAX 函数计算综合得分的最高分,在单元格 E23 使用 MIN 函数计算综合得分的最低分。

6. 在表中 F1 单元格内输入“排名”,在 F 列对应单元格使用 RANK 函数计算每位同学的综合得分的排名,其中 E2:E19 区域数据采用绝对引用方式获取。

7. 对表中 A1:F19 区域的数据根据“排名”列数值升序排列。

8. 根据姓名列 B1:B19 和综合得分列 E1:E19 数据制作二维簇状柱形图,图表的标题为“计算机综合得分”,添加数据标签,设置图例位置在底部。

9. 为 A1:F19 区域设置外双实线、内单实线边框。

六、PowerPoint 操作题(共 15 分)

请根据下图所示素材,使用 PowerPoint 完成以下操作。

1. 设置第一张幻灯片的版式为标题幻灯片,并添加标题内容为“十六字令三首”,副标题内容为“作者:毛泽东”。

2. 设置第二张幻灯片的标题文字字体为华文行楷,字号为 48。

3. 设置第二张幻灯片的内容文本框段落行距为 1.5 倍行距。

4.设置第三张幻灯片的标题文本框形状格式填充颜色为纯色填充，标准色浅绿，透明度为60％。将内容文本框添加段落项目符号设为带填充效果的钻石菱形。

5.设置第三张幻灯片的标题文本框动画为劈裂，效果选项为左右向中央收缩。

6.设置第四张幻灯片的内容文本框段落间距为段前5磅、段后5磅，首行缩进1.5厘米。

7.设置所有幻灯片的切换效果为棋盘，效果选项为自左侧。

【模拟试卷1参考答案】

一、单项选择题

1.A	2.A	3.C	4.D	5.D	6.B	7.A	8.B	9.D	10.A
11.D	12.C	13.B	14.B	15.D	16.B	17.C	18.A	19.C	20.C

二～六、(略)。

模拟试卷 2

一、单项选择题(每题 1 分,共 20 分)

1. 门禁系统的指纹识别功能所运用的计算机技术是________。

A. 机器翻译　　B. 自然语言理解　　C. 过程控制　　D. 模式识别

2. 银行使用计算机完成客户存款的通存通兑业务,在计算机应用上属于________。

A. 过程控制　　B. 文件处理　　C. 数据处理　　D. 人工智能

3. 下面关于 Windows 窗口的描述中,错误的是________。

A. 窗口是 Windows 应用程序的用户界面

B. Windows 的任务栏也是 Windows 窗口

C. 用户可以改变窗口的大小

D. 窗口由边框、标题栏、菜单栏、工作区、状态栏、滚动条等组成

4. 在 PowerPoint 幻灯片放映时,用户可以利用指针在幻灯片上写字或画画,这些内容________。

A. 自动保留在演示文稿中　　B. 可以选择保留在演示文稿中

C. 在放映中不可以选择墨迹颜色　　D. 在放映中可以擦除痕迹

5. 在计算机网络中负责提供并管理共享资源的计算机称为________。

A. 服务器　　B. 交换机　　C. 路由器　　D. 工作站

6. 因特网中的域名服务器系统负责全网 IP 地址的解析工作,它的好处是________。

A. IP 地址从 32 位的二进制地址缩减为 8 位的二进制地址

B. IP 协议再也不需要了

C. 用户只需要简单地记住一个网站域名,而不必记住 IP 地址

D. IP 地址再也不需要了

7. 用户在浏览网页时,有些是以醒目方式显示的单词、短语或图形,可以通过它们跳转到目的网页,这种文本组织方式称为________。

A. 超文本方式　　B. 超链接　　C. 文本传输　　D. HTML

8. 电子邮件中包含的信息________。

A. 只能是文字

B. 只能是文字与图像信息

C. 只能是文字与声音信息

D. 可以是文字、声音和图形图像信息

9. 在 PowerPoint 中，关于“链接”，下列说法中正确的是________。

A. 链接指将约定的设备用线路连通

B. 链接为发送电子邮件做好准备

C. 链接将指定的文件与当前文件合并

D. 单击链接就会转向链接指向的地方

10. 目前使用的防病毒软件的作用是________。

A. 查出任何已感染的病毒　　B. 查出并清除任何病毒

C. 清除已感染的任何病毒　　D. 查出已知名的病毒，清除部分病毒

11. 未经授权通过计算机网络获取某公司的经济情报是一种________。

A. 不道德但也不违法的行为　　B. 违法的行为

C. 正当的竞争行为　　D. 网络社会中的正常行为

12. 根据系统规模大小与功能的强弱来分类，笔记本电脑属于________。

A. 大型机　　B. 中型机　　C. 小型机　　D. 微型机

13. 以下描述错误的是________。

A. 计算机的字长即为一个字节的长度

B. 一个常用汉字占用两个字节

C. 计算机文件是用二进制存储的

D. 计算机内部存储的信息都是由 0、1 这两个数字组成的

14. 在计算机术语中，多媒体是指________。

A. 多种表示和传播信息的载体　　B. 各种信息的编码

C. 计算机的输入输出信息　　D. 计算机屏幕显示的信息

15. 新硬盘在使用前，首先应经过以下几步处理：低级格式化、________。

A. 磁盘拷贝、硬盘分区　　B. 硬盘分区、磁盘拷贝

C. 硬盘分区、高级格式化　　D. 磁盘清理

16. 在微型机中，一般有 IDE、SCSI、并口和 USB 等 I/O 接口，I/O 接口位于________。

A. CPU 和 I/O 设备之间　　B. 内存和 I/O 设备之间

C. 主机和总线之间　　D. CPU 和主存储器之间

17. 关于软件的概念，下列说法________是正确的。

A. 软件就是程序

B. 软件就是说明

C. 软件就是指令

D. 软件是程序、数据及相关文档的集合

18. 操作系统为用户提供了操作界面,其主要功能是________。

A. 用户可以直接进行网络视频通信

B. 用户可以直接进行各种多媒体对象的欣赏

C. 用户可以直接进行程序设计、调试和运行

D. 用户可以用某种方式和命令启动、控制和操作计算机

19. 在 Windows 中,要将文件直接删除而不是放入回收站,正确的操作是________。

A. 按 Delete(Del)键

B. 按 Shift 键

C. 按 Shift＋Delete(Del)键

D. 使用"文件"菜单下的"删除"菜单项

20. 在 Word 中,将文字转换为表格时,不同单元格的内容需放入同一行时,文字间________。

A. 必须用逗号分隔开

B. 必须用空格分隔开

C. 必须用制表符分隔开

D. 可以用以上任意一种符号或其他符号分隔开

二、打字题(共 10 分,用时 10 分钟)

语言是交流的工具、文化的载体,是促进文明对话的桥梁。推广普及国家通用语言文字是铸牢中华民族共同体意识的重要举措,也是构筑中华民族共有精神家园的重要途径。应全面推广普及国家通用语言文字,全面推行使用国家统编教材,以语言相通促进心灵相通、命运相通。发挥好教育教学和招生考试的主渠道作用,引导少数民族学生不断提高国家通用语言文字应用能力,加强民族地区教师教学能力培训,提升广大师生融入现代社会的能力和竞争力。充分发挥"各族青少年交流计划""各族群众互嵌式发展计划""旅游促进各民族交往交流交融计划"等各类实践平台和宣传教育渠道作用,促进各族人民交往交流交融,从而不断增进情感、凝聚共识。

三、Windows 操作题(共 8 分)

注意:考生不得删除考生文件夹中与试题无关的文件或文件夹,否则将影响考生成绩。

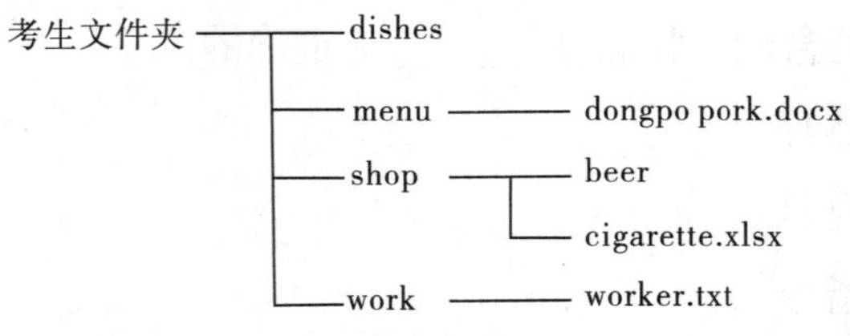

1. 在文件夹 dishes 中建立一个新文件夹 meat。

2. 将文件夹 menu 中的文件 dongpo pork. docx 复制到文件夹 dishes 中的 meat 文件夹内。

3. 在 shop 文件夹中删除 beer 文件夹。

4. 将 shop 文件夹中的 cigarette. xlsx 文件移动到文件夹 menu 中。

5. 将文件夹 work 中的文件 worker. txt 重命名为 resume. ini，并将该文件的属性设置为“隐藏”(不得修改其他属性)。

四、Word 操作题(共 25 分)

请在 Word 中对所给定的文档(见下图)完成以下操作。

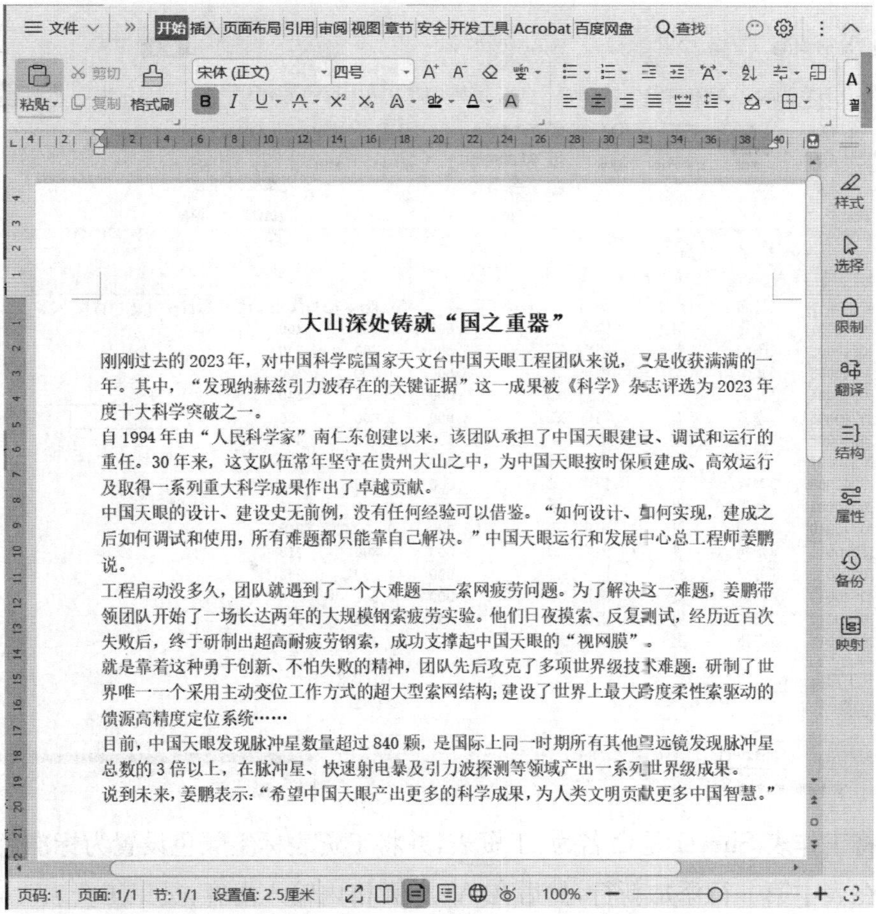

大山深处铸就“国之重器”

刚刚过去的 2023 年，对中国科学院国家天文台中国天眼工程团队来说，又是收获满满的一年。其中，“发现纳赫兹引力波存在的关键证据”这一成果被《科学》杂志评选为 2023 年度十大科学突破之一。

自 1994 年由“人民科学家”南仁东创建以来，该团队承担了中国天眼建设、调试和运行的重任。30 年来，这支队伍常年坚守在贵州大山之中，为中国天眼按时保质建成、高效运行及取得一系列重大科学成果作出了卓越贡献。

中国天眼的设计、建设史无前例，没有任何经验可以借鉴。“如何设计、如何实现，建成之后如何调试和使用，所有难题都只能靠自己解决。”中国天眼运行和发展中心总工程师姜鹏说。

工程启动没多久，团队就遇到了一个大难题——索网疲劳问题。为了解决这一难题，姜鹏带领团队开始了一场长达两年的大规模钢索疲劳实验。他们日夜摸索、反复测试，经历近百次失败后，终于研制出超高耐疲劳钢索，成功支撑起中国天眼的“视网膜”。

就是靠着这种勇于创新、不怕失败的精神，团队先后攻克了多项世界级技术难题：研制了世界唯一一个采用主动变位工作方式的超大型索网结构；建设了世界上最大跨度柔性索驱动的馈源高精度定位系统……

目前，中国天眼发现脉冲星数量超过 840 颗，是国际上同一时期所有其他望远镜发现脉冲星总数的 3 倍以上，在脉冲星、快速射电暴及引力波探测等领域产出一系列世界级成果。

说到未来，姜鹏表示：“希望中国天眼产出更多的科学成果，为人类文明贡献更多中国智慧。”

1. 为标题段落设置段前 1 行、段后 1.5 行，填充“灰色，个性色 3，淡色 80%”的底纹。

2. 将正文所有段落设置为首行缩进 2 个字符，行距为 1.5 倍行距。

3. 为正文第一段“刚刚过去的 2023 年……十大科学突破之一。”文字添加下划线，线型为双线，颜色为标准色红色。

4. 为正文第二段“自 1994 年……卓越贡献。”添加双实线、1.5 磅、绿色(RGB 颜色模式：红色 0，绿色 255，蓝色 0)的段落边框，并设置边框距正文上、下、左、右的间距均为 5 磅。

5. 将正文中所有“中国”替换成“China”。

6. 插入页眉，内容为“中国天眼”，并设置为左对齐(注意页眉中无空行)。

7. 在文档最后插入横向文本框，输入内容“中国科学院国家天文台中国天眼工程团队”，设置文本框形状填充为白色，背景 1，深色 5%，文本填充为标准色红色。

8. 将纸张方向设置为横向，添加页面边框，设置样式为波浪线、颜色为标准色绿色、线宽为 1.5 磅。

五、Excel 操作题(共 22 分)

请在 Excel 中对所给定的工作表(见下图)完成以下操作。

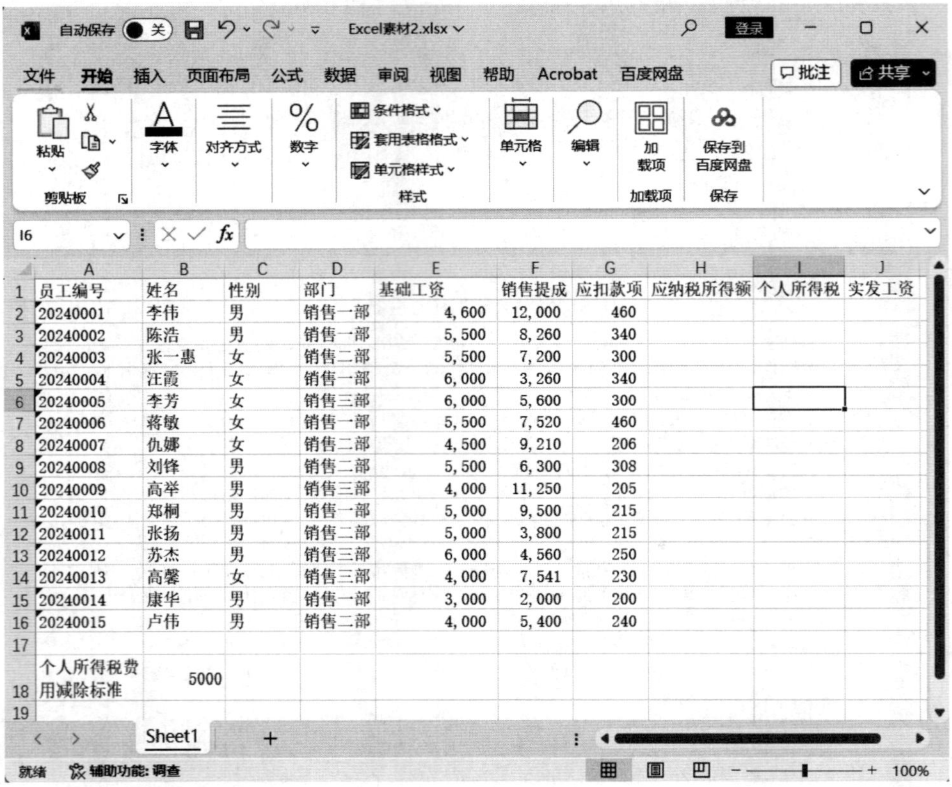

	A	B	C	D	E	F	G	H	I	J
1	员工编号	姓名	性别	部门	基础工资	销售提成	应扣款项	应纳税所得额	个人所得税	实发工资
2	20240001	李伟	男	销售一部	4,600	12,000	460			
3	20240002	陈浩	男	销售一部	5,500	8,260	340			
4	20240003	张一惠	女	销售二部	5,500	7,200	300			
5	20240004	汪霞	女	销售一部	6,000	3,260	340			
6	20240005	李芳	女	销售三部	6,000	5,600	300			
7	20240006	蒋敏	女	销售一部	5,500	7,520	460			
8	20240007	仇娜	女	销售二部	4,500	9,210	206			
9	20240008	刘锋	男	销售二部	5,500	6,300	308			
10	20240009	高举	男	销售三部	4,000	11,250	205			
11	20240010	郑桐	男	销售一部	5,000	9,500	215			
12	20240011	张扬	男	销售二部	5,000	3,800	215			
13	20240012	苏杰	男	销售三部	6,000	4,560	250			
14	20240013	高馨	女	销售三部	4,000	7,541	230			
15	20240014	康华	男	销售一部	3,000	2,000	200			
16	20240015	卢伟	男	销售二部	4,000	5,400	240			
17										
18	个人所得税费用减除标准	5000								
19										

1. 将工作表 Sheet1 重命名为：工资表，并将工资表标签颜色设置为标准色黄色。

2. 在表中第一行添加新行，然后在 A1 单元格内输入内容：员工工资表。

3. 将表中 A1：J1 区域单元格合并后居中，填充背景色为：白色、背景 1、深色 15%，并设置字体为黑体、字号为 18。

4. 在表中 H 列对应单元格使用 IF 函数计算每位员工的应纳税所得额(使用 IF 函数的条件是：基础工资＋销售提成－应扣款项－个人所得税费用减除标准>0，条件满足的取值：基础工资＋销售提成－应扣款项－个人所得税费用减除标准，条件不满足的取值：0，其中个人所得税费用减除标准采用绝对引用方式获取)。

5. 在表中 I 列对应单元格使用公式计算每位员工的个人所得税(个人所得税=应纳税所得额×10%),在表中 J 列对应单元格使用公式计算每位员工的实发工资(实发工资=基础工资+销售提成-应扣款项-个人所得税)。

6. 将 J2:J16 区域单元格的数字格式设置为:货币、保留 1 位小数,负数(N)选第三项。

7. 设置表中 A1:J16 区域单元格边框为:双实线外边框、单实线内边框,设置文本对齐方式为:水平居中对齐、垂直居中对齐。

8. 对表中 A2:J16 区域的数据根据部门列的笔画升序排序。

9. 查看分类汇总统计表中不同部门员工的实发工资均值。分类字段:部门;汇总方式:平均值;选定汇总项:实发工资;替换与显示复选框保持默认选项,分级显示选择分级 2,隐藏第 21 行。

六、PowerPoint 操作题(共 15 分)

请根据下图所示素材,使用 PowerPoint 完成以下操作。

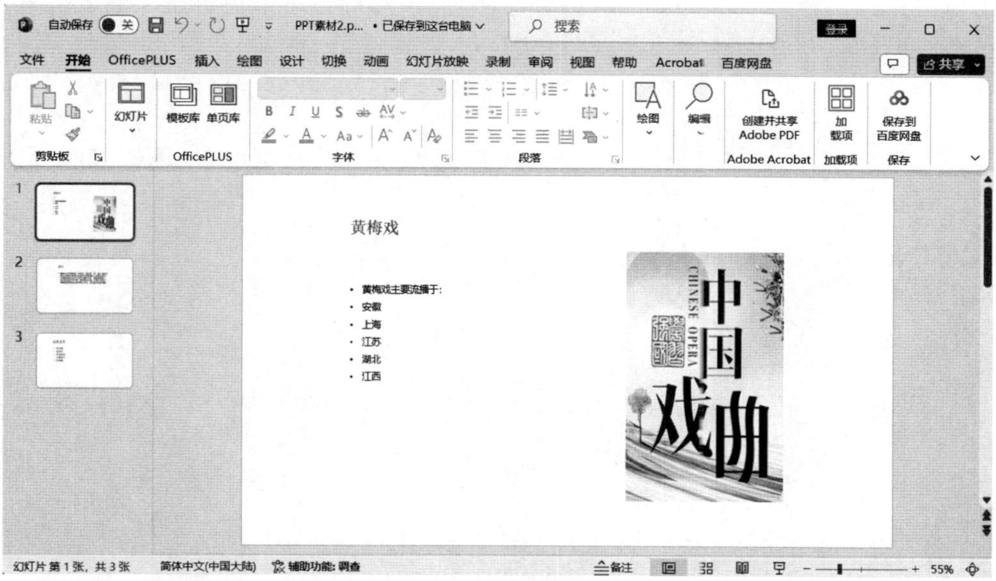

1. 为整个 PowerPoint 文档应用设计主题:环保。

2. 设置第一张幻灯片的标题内容字体为华文楷体,字号为 66。

3. 设置第一张幻灯片的内容文本框段落间距为段前 8 磅、段后 8 磅,并添加段落项目符号(项目符号为选中标记√)。

4. 设置第一张幻灯片的图片进入动画效果为弹跳,延迟 0.5 秒。

5. 设置第二张幻灯片的版式为竖排标题和文本。

6. 设置第三张幻灯片的切换效果为百叶窗,效果选项为水平。

7. 在最后插入第四张幻灯片,版式为空白,添加一个竖排文本框,并输入内容:黄梅戏。

【模拟试卷2参考答案】

一、单项选择题

1. D 2. C 3. B 4. B 5. A 6. C 7. B 8. D 9. D 10. D
11. B 12. D 13. A 14. A 15. C 16. A 17. D 18. D 19. C 20. D

二～六、(略)。

模拟试卷 3

一、单项选择题(每题 1 分,共 20 分)

1. 关于微机核心部件 CPU,下面说法错误的是________。

   A. CPU 是中央处理器的简称　　B. CPU 可以替代存储器

   C. PC 机的 CPU 也称为微处理器　　D. CPU 是计算机的核心部件

2. 微型机中,硬盘分区的目的是________。

   A. 将一个物理硬盘分为几个逻辑硬盘

   B. 将一个逻辑硬盘分为几个物理硬盘

   C. 将 DOS 系统分为几个部分

   D. 一个物理硬盘分成几个物理硬盘

3. 下面关于显示器的叙述中,错误的是________。

   A. 显示器的分辨率与微处理器的型号有关

   B. 显示器的分辨率为 1024×768,屏幕每行有 1024 个点,每列有 768 个点

   C. 显卡是驱动和控制显示器显示文本、图形、图像信息的硬件

   D. 像素是显示屏上能独立赋予颜色和亮度的最小单位

4. 在 Windows 中,如果要彻底删除系统中已安装的应用软件,最正确的方法是________。

   A. 用控制面板中的“程序和功能”或软件自带的卸载程序完成

   B. 对磁盘进行碎片整理操作

   C. 直接找到该文件或文件夹进行删除操作

   D. 删除该文件及快捷图标

5. 关于 Word,下面说法错误的是________。

   A. 既可以编辑文本内容,也可以编辑表格

   B. 可以利用 Word 制作网页

   C. 可在 Word 中直接将所编辑的文档通过电子邮件发送给接收者

   D. Word 不能编辑数学公式

6. 在 Word 中,页码与页眉、页脚的关系是________。

   A. 页眉、页脚就是页码

   B. 页码与页眉、页脚分别设定,所以二者彼此毫无关系

   C. 不设置页码,就不能设置页眉和页脚

   D. 如果要求有页码,那么页码是页眉或页脚的一部分

7. 下列关于网络协议的叙述中，正确的是________。

A. 网络协议是网民签订的合同

B. 网络协议，简单地说就是为了网络信息传递，共同遵守的约定

C. TCP/IP 协议只能用于 Internet，不能用于局域网

D. 拨号网络对应的协议是 IPX/SPX

8. 在 Excel 中，当工作表中的数据发生变化时，基于工作表中的数据建立的图表________。

A. 会自动更新　　B. 不会更新

C. 输入命令才会更新　　D. 需重新设置数据源区域才会更新

9. 关于电子邮件，下列说法错误的是________。

A. 电子邮件是 Internet 提供的一项最基本的服务

B. 电子邮件具有快速、高效、方便、价廉等特点

C. 通过电子邮件，可向世界上任何一个角落的网上用户发送信息

D. 可发送的多媒体信息只有文字和图像

10. 计算机病毒可能的感染途径是________。

A. 从键盘输入统计数据　　B. 运行未经杀毒软件严格审查的未知文件

C. 机房电源不稳定　　D. 显示器表面未清洁

11. 下列不属于冯・诺依曼提出的“存储程序工作原理”基本思想的是________。

A. 事先编好程序

B. 将程序存储在计算机中

C. 自动将指令从存储位置取出并执行

D. 需人工干预执行每条指令

12. 在 Excel 中，有关行高的叙述错误的有________。

A. 整行的高度是一样的

B. 系统默认设置行高自动以本行中最大的字符为准

C. 当行高增加时，该行各单元格中的字符也随之自动增大

D. 一次可以调整多行的行高

13. 为防止计算机病毒的传播，在读取外来 U 盘上的数据或软件时，________。

A. 一般先检查本机的硬盘有无计算机病毒，然后再读该 U 盘

B. 应把 U 盘加以写保护(只允许读，不允许写)，然后再用

C. 一般先用查毒软件检查该 U 盘有无计算机病毒，然后再用

D. 一般不会传染病毒，所以不必做任何工作就可用

14. 网络黑客是网络系统安全的一大威胁，________不属于防范黑客的行为。

A. 修复网络系统缺陷　　B. 加强网络系统管理

C. 不用网络协议分析类软件　　D. 设置防火墙系统

15. 在 Windows 操作系统中，________。

A. 在不同的文件夹中不允许建立两个同名的文件或文件夹

B. 同一文件夹中不允许建立两个同名的文件或文件夹

C. 在根目录下允许建立多个同名的文件或文件夹

D. 同一文件夹中可以建立两个同名的文件或文件夹

16. 下列关于系统软件的叙述中，正确的是________。

A. 系统软件的主要目的是提高系统的性能，与具体的硬件有关

B. 系统软件与具体的硬件无关

C. 系统软件是在应用软件基础上开发的，所以它依赖于应用软件

D. 系统软件就是操作系统

17. 在计算机上通过键盘输入一段文章时，该段文章首先存放在主机的________中，如果希望将这段文章长期保存，应以________形式存储于________中。

A. 内存、文件、外存　　B. 外存、数据、内存

C. 内存、字符、外存　　D. 键盘、文字、打印机

18. 在 PowerPoint 中，下列对幻灯片的超链接叙述错误的是________。

A. 可以链接到外部文档

B. 可以链接到互联网

C. 可以在链接点所在文档内部的不同位置进行链接

D. 一个链接点可以链接两个以上的目标

19. 下列关于 Excel 的样式与模板的叙述，正确的是________。

A. 样式只包括单元格格式的设定，模板则包括工作表的内容与所有格式

B. 样式只能设定单元格格式，而模板则用来设定单元格的大小

C. 模板与样式不同，但都只包括单元格格式的设定

D. 模板就是样式的另一种叫法

20. 在 Excel 中，下列关于数据筛选的叙述中，正确的有________。

A. 筛选可仅显示符合条件的数据，其余数据不显示，但未被删除

B. 筛选可仅显示符合条件的数据，其余数据被删除

C. 筛选和排序本质上是一样的

D. 进行筛选时不能自定义筛选条件

二、打字题(共 10 分，用时 10 分钟)

习近平总书记指出：当今世界，科学技术是第一生产力、第一竞争力。这是对马克思主义生产力学说的新发展，为强化教育科技人才对中国式现代化的基础性战略性支撑提供了科学指引。科技是国之利器，国家赖之以强，企业赖之以赢，人民生活赖之以好。科技自立自强是国家强盛之基、安全之要。面对空前激烈的科技竞争，只有不断抢占科技制高点，努力攀登科学高峰，把关键核心技术掌握在自己手中，才能从根本上保障高质量发展和高水平安全。唯有推动实现高水平科技自立自强，不断依靠科技创新和产业创新开辟发展新领域新赛道、塑造发展新动能新优势，才能打通从教育强、人才强、科技强，到产业强、经济强、国家强的高质量发展通道。

三、Windows 操作题(共 8 分)

注意:考生不得删除考生文件夹中与试题无关的文件或文件夹,否则将影响考生成绩。

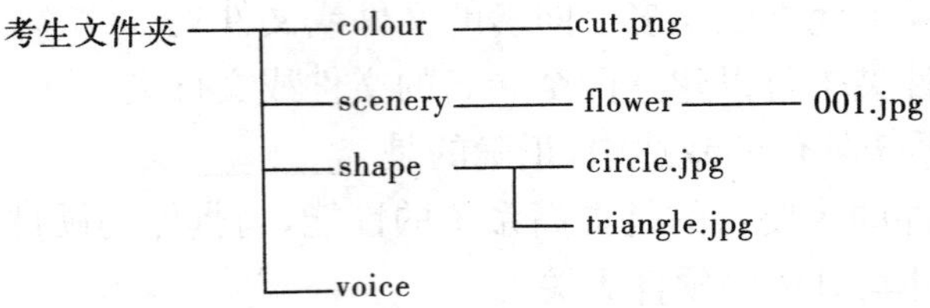

1. 在文件夹 colour 中建立一个新文件夹 green。
2. 将文件夹 colour 中的文件 cut. png 删除。
3. 将文件夹 shape 中的文件 triangle. jpg 移动到 colour 文件夹中的 green 文件夹内。
4. 将 voice 文件夹删除。
5. 将 scenery 文件夹中 flower 文件中的 001. jpg 重命名为繁花似锦. jpg,并将该文件的属性设置为"只读"(不得修改其他属性)。

四、Word 操作题(共 25 分)

请在 Word 中对所给定的文档(见下图)完成以下操作。

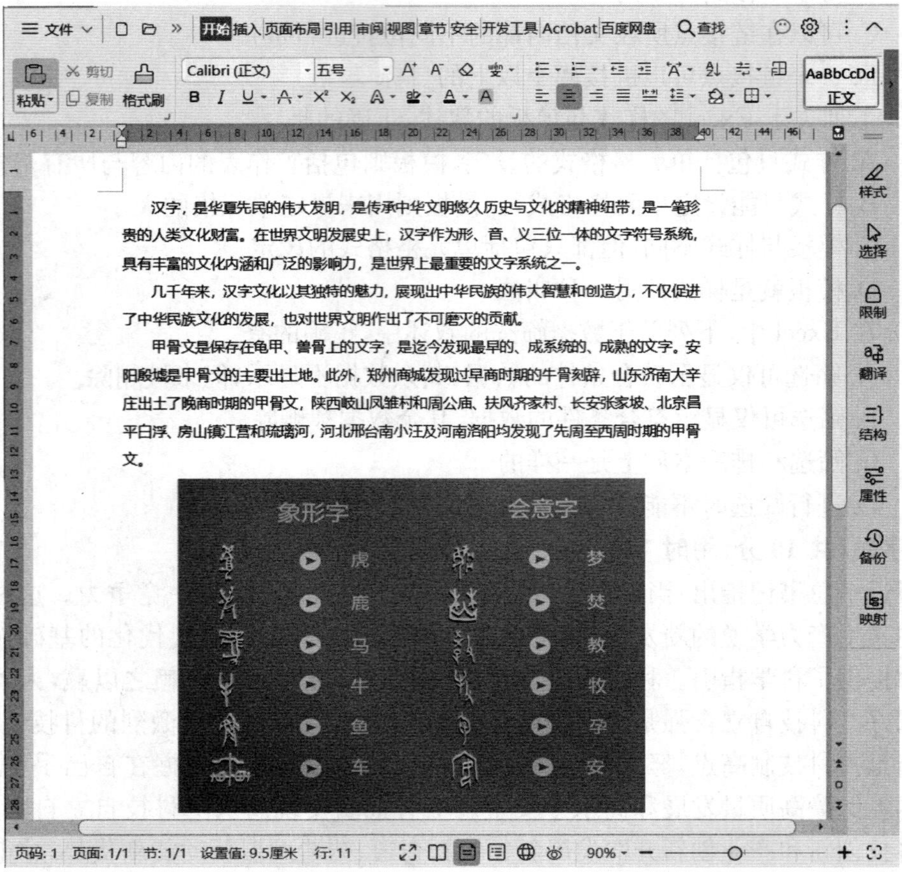

汉字，是华夏先民的伟大发明，是传承中华文明悠久历史与文化的精神纽带，是一笔珍贵的人类文化财富。在世界文明发展史上，汉字作为形、音、义三位一体的文字符号系统，具有丰富的文化内涵和广泛的影响力，是世界上最重要的文字系统之一。

几千年来，汉字文化以其独特的魅力，展现出中华民族的伟大智慧和创造力，不仅促进了中华民族文化的发展，也对世界文明作出了不可磨灭的贡献。

甲骨文是保存在龟甲、兽骨上的文字，是迄今发现最早的、成系统的、成熟的文字。安阳殷墟是甲骨文的主要出土地。此外，郑州商城发现过早商时期的牛骨刻辞，山东济南大辛庄出土了晚商时期的甲骨文，陕西岐山凤雏村和周公庙、扶风齐家村、长安张家坡、北京昌平白浮、房山镇江营和琉璃河，河北邢台南小汪及河南洛阳均发现了先周至西周时期的甲骨文。

1. 在正文第一段的前面插入标题“汉字”，并设置标题居中、黑体、小二号字。

2. 设置正文第一段“汉字，是华夏先民的伟大发明……文字系统之一。”文字加粗、倾斜、加下划线，将段前间距设为 0.5 行、段后间距设为 1 行。

3. 为正文第二段“几千年来，汉字文化以其独特的魅力……贡献。”设置首字下沉 2 行。

4. 将正文第三段“甲骨文是保存在龟甲、兽骨上的文字……甲骨文。”分为三栏，栏宽相等，栏间加分割线。

5. 设置文档中图片的轮廓线条为标准色红色，图片宽度为 13 厘米，并设置其环绕方式为四周型环绕。

6. 在文档最后插入艺术字，艺术字内容为“汉字，是华夏先民的伟大发明”，设置其字体为隶书，字号为 20，并设置艺术字形状填充颜色为标准色浅绿，艺术字高度和宽度分别为 3 厘米和 12 厘米。

7. 设置整篇文档页边距为上下左右各 3 厘米。

8. 插入页眉，内容为“甲骨文”，并设置为右对齐（注意页眉中无空行）。

五、Excel 操作题（共 22 分）

请在 Excel 中对所给定的工作表（见下图）完成以下操作。

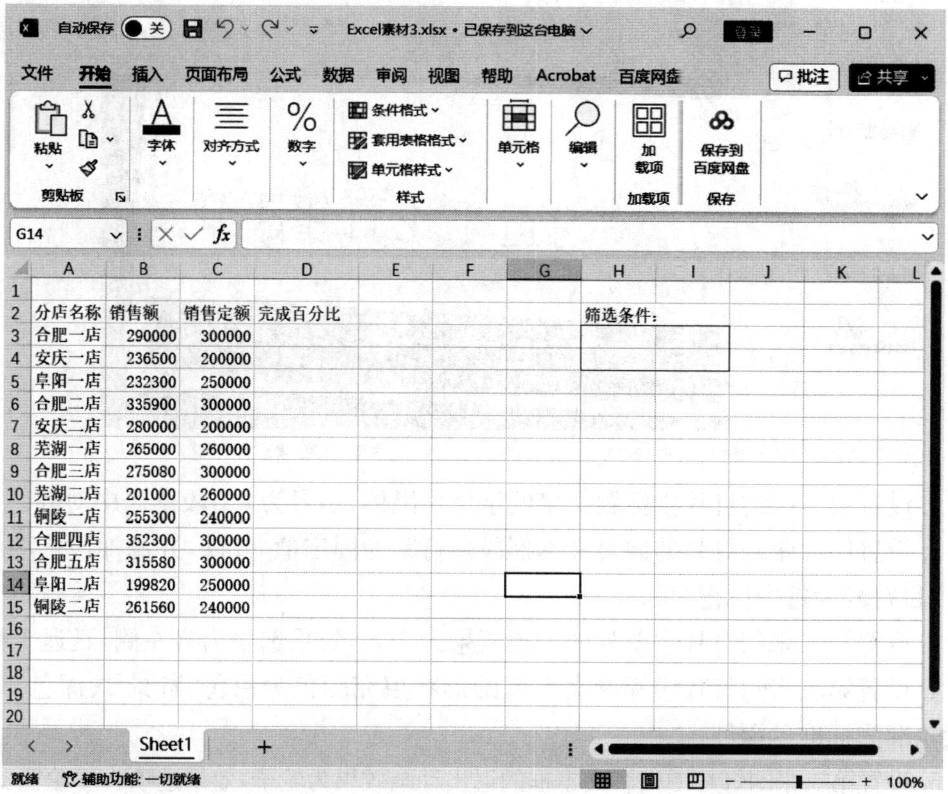

	A	B	C	D	H
1					
2	分店名称	销售额	销售定额	完成百分比	筛选条件:
3	合肥一店	290000	300000		
4	安庆一店	236500	200000		
5	阜阳一店	232300	250000		
6	合肥二店	335900	300000		
7	安庆二店	280000	200000		
8	芜湖一店	265000	260000		
9	合肥三店	275080	300000		
10	芜湖二店	201000	260000		
11	铜陵一店	255300	240000		
12	合肥四店	352300	300000		
13	合肥五店	315580	300000		
14	阜阳二店	199820	250000		
15	铜陵二店	261560	240000		

1. 将工作表 Sheet1 重命名为：销售情况统计表。

2. 在表中 A1 单元格输入：销售情况表。

3. 将表中 A1:D1 区域单元格合并后居中,设置字体为黑体、字号为 16。

4. 在表中 D 列对应单元格使用公式计算各分店销售额完成百分比(完成百分比＝销售额/销售定额)。

5. 设置表中 D3:D15 区域单元格的数字格式为:百分比、保留 2 位小数。

6. 设置表中 A1:D15 区域单元格为单实线边框,文本对齐方式为:水平居中对齐、垂直居中对齐,文本控制为自动换行。

7. 在表中应用高级筛选,筛选出销售额大于 25000 且完成百分比大于等于 100% 的数据。

要求:筛选区域选择 A2:D15 的所有数据,筛选条件写在 H3:I4 区域,将筛选结果复制到以 A18 单元格为起始位置的区域。

8. 根据分店名称列 A18:A26 和完成百分比列 D18:D26 制作三维饼图,在图例右侧添加数据标签。

六、PowerPoint 操作题(共 15 分)

请根据下图所示素材,使用 PowerPoint 完成以下操作。

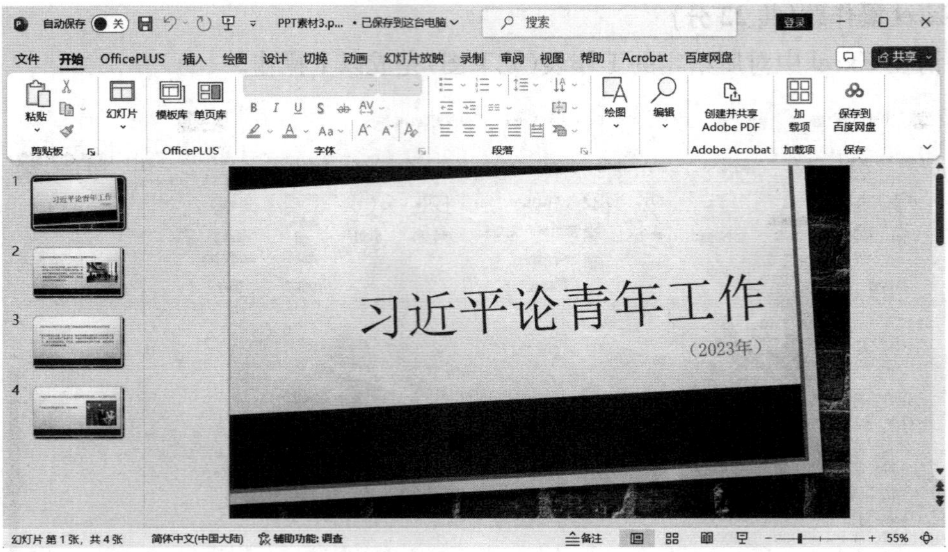

1. 设置第一张幻灯片中标题文字的字体为黑体,字号为 88,段落居中对齐。

2. 设置第二张幻灯片的内容文本框段落行距为固定值 30 磅,并添加段落项目符号(项目符号为选中标记√)。

3. 设置第二张幻灯片中图片的动画效果为飞入,效果选项为自左侧,延迟 1 秒。

4. 设置第三张幻灯片中标题文本框的形状填充颜色为白色、背景 1、深色 15%,形状轮廓为标准色深红。

5. 设置第三张幻灯片中内容文本框的退出动画效果为轮子,效果选项为 4 轮辐图案。

6. 为第四张幻灯片的图片添加超链接,链接到网址 http://www.gov.cn/。

7. 设置所有幻灯片的切换方式为:飞机,效果选项为:向左,持续时间为:2 秒。

【模拟试卷 3 参考答案】

一、单项选择题

1. B 2. A 3. A 4. A 5. D 6. D 7. B 8. A 9. D 10. B

11. D 12. C 13. C 14. C 15. B 16. A 17. A 18. D 19. A 20. A

二～六、(略)。

模拟试卷 4

一、单项选择题(每题 1 分,共 20 分)

1. 在下列关于因特网域名内容的叙述中,正确的是________。

A. CN 代表中国,COM 代表商业机构

B. CN 代表中国,EDU 代表科研机构

C. UK 代表中国,GOV 代表政府机构

D. UK 代表中国,AC 代表教育机构

2. 在 Windows 中,下列有关回收站的叙述,正确的是________。

A. 回收站只能恢复刚刚被删除的文件、文件夹

B. 可以恢复回收站中的文件、文件夹

C. 只能在一定时间范围内恢复被删除的磁盘上的文件、文件夹

D. 可以无条件地恢复磁盘上所有被删除的文件、文件夹

3. 关于网络“黑客”的概念,目前主要是指________的人。

A. 计算机水平较高,同时总在夜晚上网

B. 在网上恶意进行远程系统攻击、盗取或破坏信息

C. 计算机水平较高,可以不花钱上网

D. 匿名上网

4. 可以对幻灯片进行移动、删除、添加、设置幻灯片切换动画效果等操作,但不能直接编辑幻灯片中具体内容的视图是________。

A. 普通视图　　B. 幻灯片放映视图

C. 幻灯片浏览视图　　D. 备注页视图

5. 在 Excel 中,关于选定单元格区域的说法,错误的是________。

A. 鼠标选定指定区域左上角单元格,拖动鼠标到该区域右下角单元格

B. 在名称框中输入单元格区域的名称或地址并按回车键

C. 选定区域左上角单元格,再按 Shift 键,单击该区域右下角单元格

D. 单击要选定区域的左上角单元格,再单击该区域的右下角单元格

6. 下列有关快捷方式的叙述,错误的是________。

A. 快捷方式改变了程序或文档在磁盘上的存放位置

B. 快捷方式提供了对常用程序或文档的访问捷径

C. 快捷方式图标的左下角有一个小箭头

D. 删除快捷方式不会对源程序或文档产生影响

7. 通常所说的共享软件是指________。

A. 盗版软件

B. 一个人购买的商业软件，大家都可以借来使用

C. 在试用基础上提供的一种商业软件

D. 不受版权保护的公用软件

8. 显示器的分辨率一般用________表示。

A. 能显示多少个字符　　B. 能显示的信息量

C. 横向点数×纵向点数　　D. 能显示的颜色数

9. 关于随机存储器(RAM)功能的叙述，________是正确的。

A. 只能读，不能写　　B. 断电后信息不消失

C. 读写速度比硬盘慢　　D. 作为内存能直接与 CPU 交换信息

10. 下列关于计算机病毒的叙述中，正确的是________。

A. 反病毒软件通常滞后于新病毒的出现

B. 反病毒软件总是超前于病毒的出现，它可以查、杀任何种类的病毒

C. 感染过病毒的计算机具有对该病毒的免疫性

D. 计算机病毒会危害计算机用户的健康

11. 在 Excel 中，下列关于数据排序的叙述中，正确的是________。

A. 可以按指定的关键字递增排序

B. 不可以按指定的关键字递减排序

C. 最多可以指定三个关键字排序

D. 最少需指定两个关键字排序

12. 在 Word 中，下列有关"首字下沉"命令的叙述，不正确的有________。

A. 下沉的首字可跨行显示　　B. 最多可下沉三行

C. 可悬挂下沉　　D. 可根据需要调整下沉文字与正文的距离

13. 在 Windows 中，搜索功能不可以________。

A. 按名称和内容搜索　　B. 按文件的大小搜索

C. 按修改日期搜索　　D. 按删除的顺序搜索

14. 以下描述中，网络安全防范措施不恰当的是________。

A. 不随便打开未知的邮件　　B. 计算机不连接网络

C. 及时升级杀毒软件的病毒库　　D. 及时堵住操作系统的安全漏洞(打补丁)

15. 在 PowerPoint 的"切换"选项卡中，正确的描述是________。

A. 可以设置幻灯片切换时的视觉效果和听觉效果

B. 只能设置幻灯片切换时的听觉效果

C. 只能设置幻灯片切换时的视觉效果

D. 只能设置幻灯片切换时的定时效果

16. 计算机病毒的特点主要表现在________。

A. 破坏性、隐蔽性、传染性和可读性

B. 破坏性、隐蔽性、传染性和潜伏性

C. 破坏性、隐蔽性、潜伏性和应用性

D. 应用性、隐蔽性、潜伏性和继承性

17. 下列关于 TCP/IP 协议的描述中,错误的是________。

A. TCP/IP 协议有多层

B. TCP/IP 协议的中文名是“传输控制协议/互联协议”

C. TCP/IP 协议中只有两个协议

D. TCP/IP 协议是互联网的通信基础协议

18. 操作系统为用户提供了操作界面,其主要功能是________。

A. 用户可以直接进行网络视频通信

B. 用户可以直接进行各种多媒体对象的欣赏

C. 用户可以直接进行程序设计、调试和运行

D. 用户可以用某种方式和命令启动、控制和操作计算机

19. 在 Windows 中,用鼠标选定多个不连续文件的操作是________。

A. 按住 Shift 键,然后单击每个需要的文件

B. 按住 Ctrl 键,然后单击每个需要的文件

C. 单击第一个文件,然后按住 Shift 键单击最后一个文件

D. 单击第一个文件,然后按住 Ctrl 键单击最后一个文件

20. 关于微机核心部件 CPU,下面说法错误的是________。

A. CPU 是中央处理器的简称　　B. CPU 可以替代存储器

C. PC 机的 CPU 也称为微处理器　　D. CPU 是计算机的核心部件

二、打字题(共 10 分,用时 10 分钟)

习近平对政法工作作出指示:政法战线要全面贯彻落实党的二十大和二十届二中全会精神,坚持党的绝对领导,忠诚履职、担当作为,以政法工作现代化支撑和服务中国式现代化,为全面推进强国建设、民族复兴伟业提供坚强安全保障。要坚决维护国家安全,提高政治敏锐性和政治鉴别力,防范化解重大安全风险。要坚决维护社会稳定,坚持和发展新时代“枫桥经验”,正确处理人民内部矛盾,维护群众合法权益。要保障和促进社会公平正义,维护国家法治统一,全面推进科学立法、严格执法、公正司法、全民守法,深化司法体制综合配套改革,全面准确落实司法责任制。要以高水平安全保障高质量发展,依法维护社会主义市场经济秩序,提升法治化营商环境建设水平。

三、Windows 操作题（共 8 分）

注意：考生不得删除考生文件夹中与试题无关的文件或文件夹，否则将影响考生成绩。

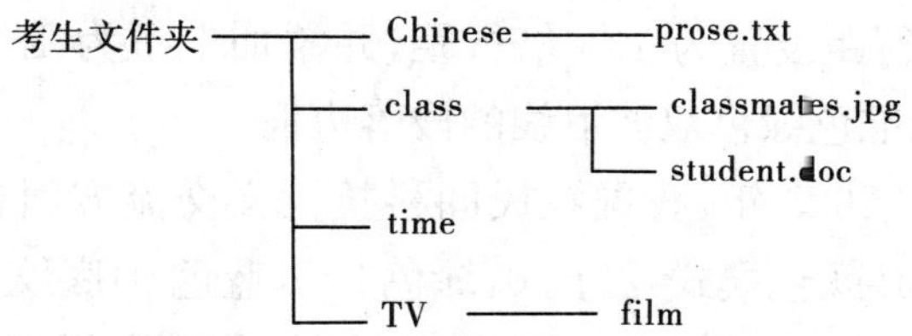

1. 将文件夹 class 中的文件 classmates. jpg 删除。

2. 将文件夹 class 中的文件 student. doc 重命名为 teacher. txt，并将该文件的属性设置为“隐藏”（不得修改其他属性）。

3. 将文件夹 TV 中的文件夹 film 删除。

4. 在文件夹 time 中建立一个新文件夹 hour。

5. 将 Chinese 文件夹中的 prose. txt 文件复制到 time 文件夹中的 hour 文件夹中。

四、Word 操作题（共 25 分）

请在 Word 中对所给定的文档（见下图）完成以下操作。

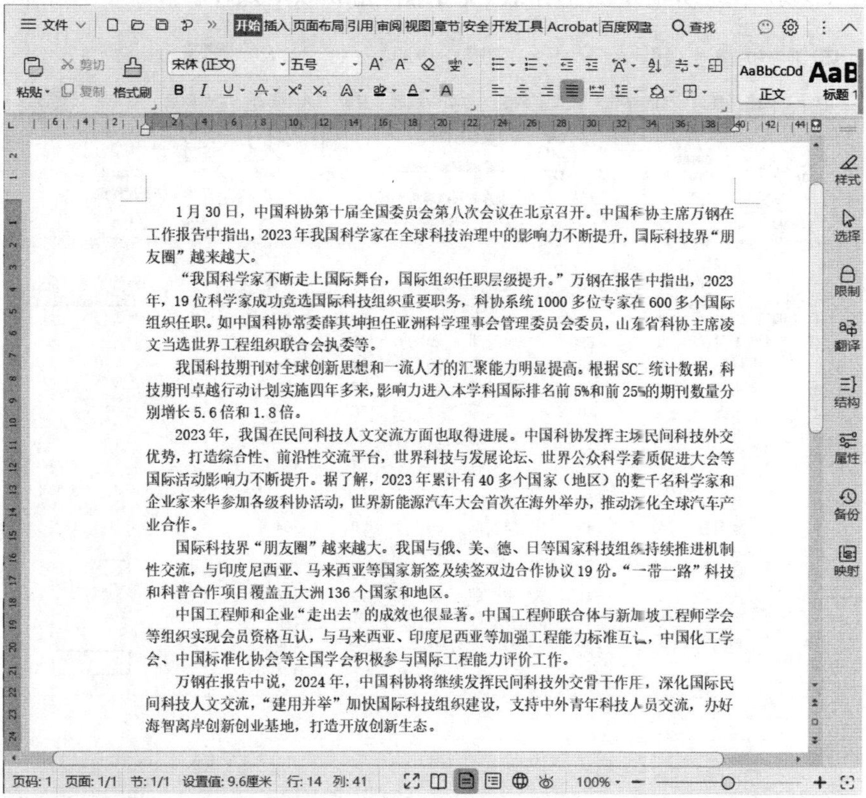

1 月 30 日，中国科协第十届全国委员会第八次会议在北京召开。中国科协主席万钢在工作报告中指出，2023 年我国科学家在全球科技治理中的影响力不断提升，国际科技界“朋友圈”越来越大。

“我国科学家不断走上国际舞台，国际组织任职层级提升。”万钢在报告中指出，2023 年，19 位科学家成功竞选国际科技组织重要职务，科协系统 1000 多位专家在 600 多个国际组织任职。如中国科协常委薛其坤担任亚洲科学理事会管理委员会委员，山东省科协主席凌文当选世界工程组织联合会执委等。

我国科技期刊对全球创新思想和一流人才的汇聚能力明显提高。根据 SCI 统计数据，科技期刊卓越行动计划实施四年多来，影响力进入本学科国际排名前 5%和前 25%的期刊数量分别增长 5.6 倍和 1.8 倍。

2023 年，我国在民间科技人文交流方面也取得进展。中国科协发挥主场民间科技外交优势，打造综合性、前沿性交流平台，世界科技与发展论坛、世界公众科学素质促进大会等国际活动影响力不断提升。据了解，2023 年累计有 40 多个国家（地区）的数千名科学家和企业家来华参加各级科协活动，世界新能源汽车大会首次在海外举办，推动深化全球汽车产业合作。

国际科技界“朋友圈”越来越大。我国与俄、美、德、日等国家科技组织持续推进机制性交流，与印度尼西亚、马来西亚等国家新签及续签双边合作协议 19 份。“一带一路”科技和科普合作项目覆盖五大洲 136 个国家和地区。

中国工程师和企业“走出去”的成效也很显著。中国工程师联合体与新加坡工程师学会等组织实现会员资格互认，与马来西亚、印度尼西亚等加强工程能力标准互认，中国化工学会、中国标准化协会等全国学会积极参与国际工程能力评价工作。

万钢在报告中说，2024 年，中国科协将继续发挥民间科技外交骨干作用，深化国际民间科技人文交流，“建用并举”加快国际科技组织建设，支持中外青年科技人员交流，办好海智离岸创新创业基地，打造开放创新生态。

1. 在正文第一段的前面插入标题“我国科学家在全球科技治理中影响力不断提升”，并设置标题居中、隶书、小二号字。

2. 将正文第一段“1月30日，中国科协第十届全国委员会第八次会议在北京召开……越来越大。”左右分别缩进一个字符和两个字符。

3. 将正文第三段“我国科技期刊对全球创新思想和一流人才的汇聚能力明显提高……1.8倍。”段落行距设置为1.5倍行距，并添加上下为1.5磅标准色红色双线型、左右为0.75磅标准色绿色双波浪线的段落边框。

4. 将正文第四段“2023年，我国在民间科技人文交流方面也取得进展……产业合作。”填充绿色(RGB颜色模式：红色0，绿色225，蓝色0)底纹。

5. 将正文第五段“国际科技界……国家和地区”分为两栏，栏宽相等，栏间加分割线。

6. 删除正文最后一段“万钢在报告中说，2024年，中国科协将继续发挥民间科技外交骨干作用……创新生态。”

7. 在文档最后插入4行3列的表格，并设置表格外边框为双线型、1.5磅、红色(RGB颜色模式：红色200，绿色0，蓝色0)。

8. 在文档最后插入圆角矩形标注形状，并输入内容“我国科学家不断走上国际舞台”。

五、Excel操作题(共22分)

请在Excel中对所给定的工作表(见下图)完成以下操作。

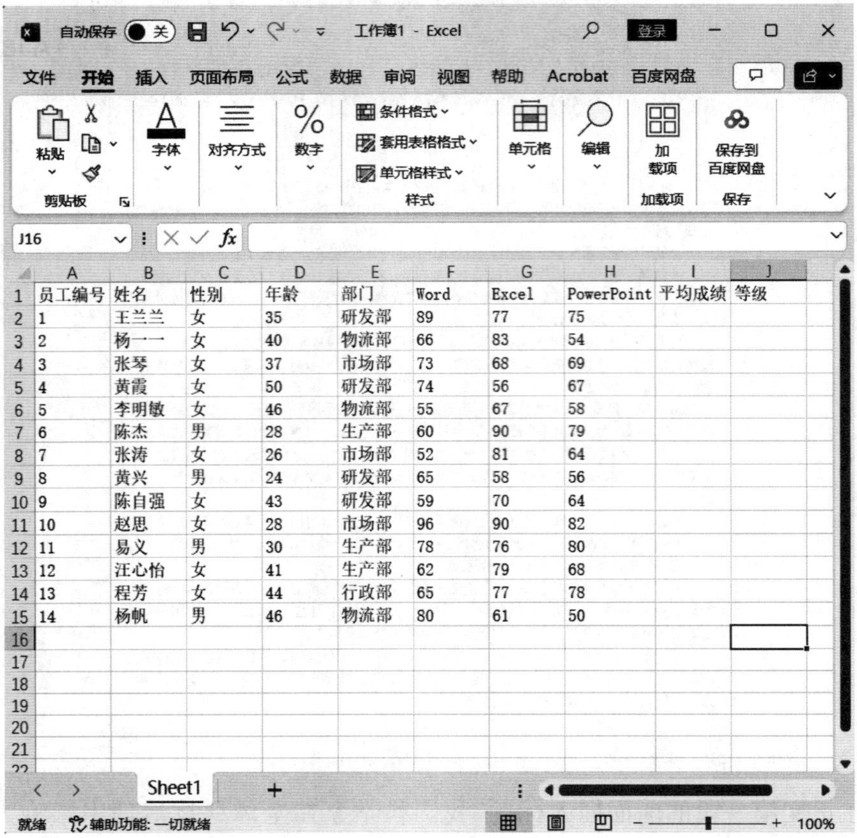

员工编号	姓名	性别	年龄	部门	Word	Excel	PowerPoint	平均成绩	等级
1	王兰兰	女	35	研发部	89	77	75		
2	杨一一	女	40	物流部	66	83	54		
3	张琴	女	37	市场部	73	68	69		
4	黄霞	女	50	研发部	74	56	67		
5	李明敏	女	46	物流部	55	67	58		
6	陈杰	男	28	生产部	60	90	79		
7	张涛	女	26	市场部	52	81	64		
8	黄兴	男	24	研发部	65	58	56		
9	陈自强	女	43	研发部	59	70	64		
10	赵思	女	28	市场部	96	90	82		
11	易义	男	30	生产部	78	76	80		
12	汪心怡	女	41	生产部	62	79	68		
13	程芳	女	44	行政部	65	77	78		
14	杨帆	男	46	物流部	80	61	50		

1. 将工作表 Sheet1 重命名为:职工 Office 水平成绩表。

2. 删除表中员工编号列。

3. 在表中第一行插入标题:职工 Office 水平,将(A1:I1)区域单元格合并后居中,设置字体为楷体,字号为 20。

4. 设置(A2:I2)区域单元格的填充背景色为:标准色浅蓝色,设置单元格文字颜色为:字体颜色(白色、背景 1)。

5. 在表中 H 列对应单元格区域使用 AVERAGE 函数计算平均成绩,在 I 列对应单元格区域使用 IF 函数计算等级(平均成绩大于等于 85 判定为优秀,平均成绩小于 85 但大于等于 70 判定为良好,否则为合格)。

6. 设置表中(H3:H16)区域单元格的数字格式为:数值、保留 1 位小数。

7. 设置表中(A2:I16)区域单元格格式的行高为 15,列宽为 12,文本对齐方式为:垂直居中、水平居中。

8. 隐藏性别列。

9. 根据姓名列(A2:A16)和平均成绩列(H2:H16)制作二维折线图,图标标题为“平均成绩图”,图例右侧显示,添加数据标签。

六、PowerPoint 操作题(共 15 分)

请根据下图所示素材,使用 PowerPoint 完成以下操作。

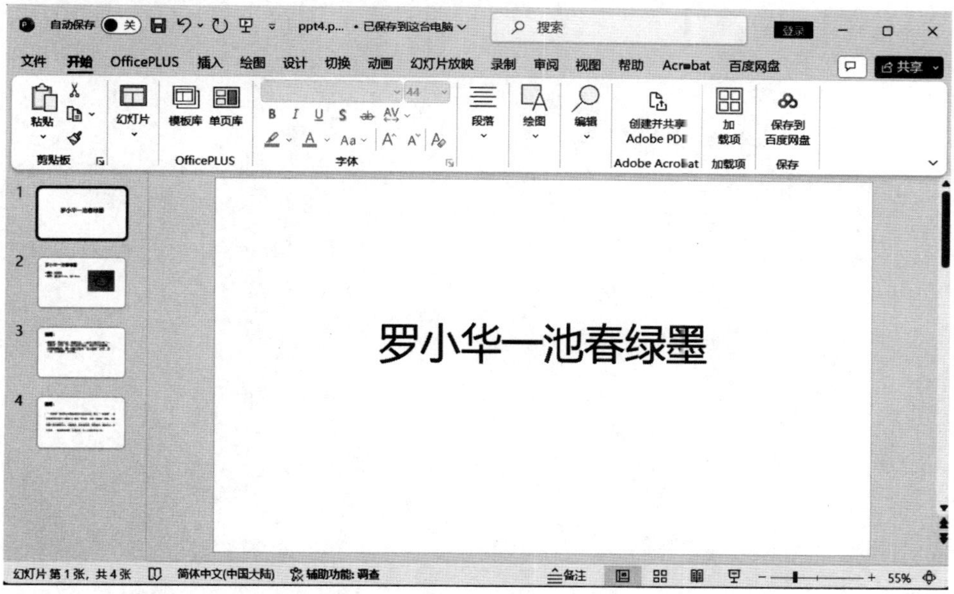

1. 设置整个 PowerPoint 文档的设计主题为画廊。

2. 设置第一张幻灯片的标题内容字体为华文琥珀,字号为 72,段落居中对齐。

3. 设置第二张幻灯片的内容文本框段落间距为段前 35 磅,行距为 2 倍行距,首行缩进 2 厘米。

4. 设置第二张幻灯片的图片进入动画效果为缩放，效果选项为幻灯片中心，并为图片添加超链接，链接到网址 www. baidu. com。

5. 设置第三张幻灯片的内容文本框段落行距为 2 倍行距，并添加带填充效果的钻石形项目符号。

6. 设置第四张幻灯片的版式为标题和竖排文字。

7. 设置所有幻灯片的切换方式为：覆盖，效果选项为：自底部，持续时间为：2 秒。

【模拟试卷 4 参考答案】

一、单项选择题

1. A　2. B　3. B　4. C　5. D　6. A　7. C　8. C　9. D　10. A

11. A　12. B　13. D　14. B　15. A　16. B　17. C　18. D　19. B　20. B

二～六、(略)。